城市规划经典译丛

欧洲空间规划体系与实践

——比较视角下的延续与变革

[德] 马里奥·赖默（Mario Reimer）
[希腊] 帕纳约蒂斯·格蒂米斯（Panagiotis Getimis） 编著
[德] 汉斯·海因里希·布洛特福格尔（Hans Heinrich Blotevogel）
贺璟寰 译

中国建筑工业出版社

著作权合同登记图字：01-2015-6649 号

图书在版编目（CIP）数据

欧洲空间规划体系与实践：比较视角下的延续与变革 /（德）马里奥 · 赖默，（希）帕纳约蒂斯 · 格蒂米斯，（德）汉斯 · 海因里希 · 布洛特福格尔编著；贺璟寰译
. —北京：中国建筑工业出版社，2021.11
（城市规划经典译丛）
书名原文：SPATIAL PLANNING SYSTEMS AND PRACTICES IN EUROPE A Comparative perspective on continuity and changes
ISBN 978-7-112-26784-2

Ⅰ. ①欧… Ⅱ. ①马… ②帕… ③汉…④贺… Ⅲ. ①城市规划—对比研究—欧洲 Ⅳ. ① TU984.5

中国版本图书馆 CIP 数据核字（2021）第 211488 号

Spatial Planning Systems and Practices in Europe: A Comparative Perspective on Continuity and Changes/edited by Mario Reimer, Panagiotis Getimis and Hans Blotevogel, 9780415727242

责任编辑：董苏华　孙书妍
责任校对：张　颖

城市规划经典译丛

欧洲空间规划体系与实践

——比较视角下的延续与变革

[德] 马里奥 · 赖默（Mario Reimer）
[希腊] 帕纳约蒂斯 · 格蒂米斯（Panagiotis Getimis）　　编著
[德] 汉斯 · 海因里希 · 布洛特福格尔（Hans Heinrich Blotevogel）
贺璟寰　译

*

中国建筑工业出版社出版、发行（北京海淀三里河路9号）
各地新华书店、建筑书店经销
北京点击世代文化传媒有限公司制版
河北鹏润印刷有限公司印刷

*

开本：787 毫米 × 1092 毫米　1/16　印张：19¾　字数：407 千字
2022 年 3 月第一版　2022 年 3 月第一次印刷
定价：**78.00** 元
ISBN 978-7-112-26784-2
（37079）

目　录

作者简介

汉斯·海因里希·布洛特福格尔（Hans Heinrich Blotevogel）是奥地利维也纳大学地理与区域研究系（Department of Geography and Regional Research at the University of Vienna）的访问教授，是多特蒙德工业大学空间规划系（Spatial Planning at Dortmund Technical University's Faculty of Spatial Planning）的荣誉教授。

贾恩卡洛·科特拉（Giancarlo Cotella）是都灵理工大学区域城市研究与规划系（Inter-University Department of Regional and Urban Studies and Planning，Politecnico di Torino）的助理教授。近期他担任德国凯撒斯劳滕（Kaiserslautern）大学、波兰弗罗茨瓦夫（Wroclaw）理工大学以及爱沙尼亚塔尔图（Tartu）大学的访问教授。他是欧洲规划院校协会（Association of European Schools of Planning，AESOP）执行委员会的宣传官（Communication Officer on the Executive Committee）。

奥勒·达姆斯高（Ole Damsgaard）是北欧外围国家秘书处（the EU Northern Periphery Secretariat）的负责人，负责应对高纬度地区（the High North）和北冰洋地区（the Arctic）的领土挑战和机遇。他过去一直担任北欧空间发展中心（Nordic Center for Spatial Development，Nordregio）主任和丹麦城镇规划研究所所长（Director of the Danish Town Planning Institute）。他具有人文地理专业背景。

雷纳·丹尼兹克（Rainer Danielzyk）是空间研究与规划学会（Academy for Spatial Research and Planning）的秘书长。在此之前，他曾担任多特蒙德区域与城市发展研究院（Research Institute for Regional and Urban Development，ILS）的研究分管董事。他曾经还是汉诺威莱布尼茨大学建筑与景观学院的空间规划和区域发展系（Spatial Planning and Regional Development at the Faculty of Architecture and Landscape at Leibniz University）的教授。

居尔登·埃尔库特（Gülden Erkut）是伊斯坦布尔理工大学建筑学院城市和区域规划系的区域规划方向（Regional Planning at Istanbul Technical University's City and Regional Planning Department，Faculty of Architecture）的教授。她于 2012 年 5 月至 2013 年 5 月受德国学术交流中心基金（DAAD）资助，担任柏林工业大学（Berlin Technical University）城市管理专业的客座教授。

戴维·埃弗斯（David Evers）是位于荷兰海牙的 PBL 荷兰环境评估局（海牙）（PBL Netherlands Environmental Assessment Agency）的资深空间规划研究员，也是阿姆斯特丹大学（University of Amsterdam）的助理教授。他拥有美国里德学院（Reed College）政治科学本科学位以及阿姆斯特丹大学(University of Amsterdam)城市规划硕士和博士学位。他的研究方向和著作包括零售政策及发展、欧洲法规对规划的影响、地域融合、规划法律以及制度变迁。

xii

安娜·格佩特（Anna Geppert）是法国巴黎索邦大学（University of Paris-Sorbonne）空间规划方向的教授。 她专注于法国规划体系的演变，尤其是城市和区域尺度的战略空间规划的发展。

帕纳约蒂斯·格蒂米斯（Panagiotis Getimis）是雅典派迪昂政治经济大学（Panteion University of Social and Political Sciences）经济与区域发展系城市与区域政策方向的教授。1996 年到 2007 年，他担任该校城市环境与人力资源研究所（Research Institute of Urban Environment and Human Resources，UEHR）主任。他的研究方向包括城市政策、空间规划、地方政府和区域政策。他是欧洲城市研究协会（European Urban Research Association，EURA）执行委员会委员，也是《城市研究与实践》（*Urban Research and Practice*）期刊的编委会成员，还是英国（牛津大学、曼彻斯特大学）和德国（达姆施塔特大学）大学中的客座教授。

乔治娅·贾纳库鲁(Georgia Giannakourou)是雅典大学规划环境机构与政策方向(Planning and Environmental Institutions and Policies at the University of Athens)的副教授。其研究方向和著作包括欧洲空间规划、欧盟对国内规划制度和政策的影响，以及希腊规划法律和政策的各个方面。

沙里·希尔沃尔－坎托拉（Sari Hirvonen-Kantola）是芬兰奥卢大学技术学院建筑系（Department of Architecture，Faculty of Technology，University of Oulu）的讲师。她擅长城市规划与设计方向，尤其是城市规划理论、实践和城市战略规划。她拥有城市规划历史的执业资格。她于 2013 年 4 月获得博士学位，研究主题为整合城市规划与开发。

安妮特·库克（Annette Kuhk）是比利时鲁汶大学建筑、城市与空间规划系（Department of Architecture，Urbanism and Spatial Planning at the University of Leuven）的博士后研究员。她拥有商业经济学和传播科学学位，以及社会学博士学位。她的研究方向是布鲁塞尔城市政策、未来发展研究及其区域政策。

埃尔斯·利埃瓦（Els Lievois）是比利时鲁汶大学建筑、城市与空间规划系的博士后研究员，空间发展政策研究中心的课程负责人（Coordinator at the Policy Research Centre on Spatial Development）。她还在旅游学硕士课程（Masters in Tourism course）中开设了空间分析课程。

瓦莱里娅·林瓜（Valeria Lingua）是意大利佛罗伦萨大学建筑学系（Department of Architecture，University of Florence）空间规划方向的研究员和兼职教授。她的研究和专业活动专注于合作治理，特别是区域到城市尺度关注制度过程和规划工具之间的关系。

卡雷尔·迈尔（Karel Maier）是捷克理工大学建筑学院（Faculty of Architecture，Czech Technical University）城市与区域规划方向的教授，以及空间规划研究所（Institute of Spatial Planning）的所长。

赖内·门蒂萨洛（Raine Mäntysalo）是芬兰阿尔托大学房地产、规划与地理信息学系（Department of Real Estate，Planning and Geoinformatics at Aalto University）的副主任，以及城市战略规划方向的教授。他还是芬兰奥卢大学规划理论和互动规划方向的兼职教授。

弗兰克·穆拉特（Frank Moulaert）是比利时鲁汶大学建筑、城市与空间规划系空间规划方向的教授，英国纽卡斯尔大学（University of Newcastle）和法国里尔大学（University of Lille）的客座教授。

安格利卡·明特尔（Angelika Münter）是多特蒙德区域与城市发展研究中心（Research Institute for Regional and Urban Development，Dortmund，ILS）和多特蒙德工业大学空间规划学院（Faculty of Spatial Planning at Dortmund Technical University）的研究员。

文森特·纳丁（Vincent Nadin）是荷兰代尔夫特理工大学建筑学院城市规划系（Department of Urbanism，Faculty of Architecture，TU Delft）空间规划与战略方向的教授，也是中国华南理工大学城市体系与环境研究联合中心主任。他曾在德国汉诺威的莱布尼茨大学（Leibniz University）、中国台湾的成功大学（Cheng Kung University）和台北大学（Taipei University）担任客座教授。他是《英国城乡规划》（*Town and Country Planning in the UK*）和《欧洲空间规划与领土合作》（*European Spatial Planning and Territorial Cooperation*）（Routledge 出版社出版）的作者之一。

马里奥·赖默（Mario Reimer）是多特蒙德区域与城市发展研究院的博士后研究员。他的研究方向是大都市和区域治理、规划文化以及战略规划活动。

扬·施罗伊斯（Jan Schreurs）的研究方向是通过分析和设计进行有关创造力和创新的场所研究和形态类型学研究。他在鲁汶大学担任物质规划学科领头人达 10 年之久。其先前获得的房地产学位为其研究动机增添了强烈的现实感。因此，弥合理论与实践之间的鸿沟一直是其核心教育法。目前，他是跨学科空间质量研究项目（SPINDUS）和比利时空间规划政策研究中心（Flemish Policy Research Centre for Spatial Planning，Steunpunt Ruimte）的共同推动者。

洛里斯·塞维略（Loris Servillo）是鲁汶大学建筑、城市与规划系（ASRO Department）的博士后研究员。他的研究方向涉及欧洲空间规划，特别是欧盟尺度的政策辩论和政策分析；欧洲的战略性空间规划和城市区域 / 大城市管理，尤其是地方开发工具、以地区为基础的整合项目和领土治理程序；空间规划、欧洲一体化和规划体系比较分析的制度研究。

埃尔温·赛兹金（Ervin Sezgin）是伊斯坦布尔理工大学（Istanbul Technical University）建筑学院城市与区域规划系的研究与教学助理。

多米尼克·斯特德（Dominic Stead）是代尔夫特理工大学城市与区域发展方向（Urban and Regional Development）的副教授。他的研究专长包括欧洲空间规划与治理、欧洲尺度的交通政策，以及空间规划与交通决策的政策转译。

彼得·范·登·布勒克（Pieter Van den Broeck）是 OMGEVING 事务所的资深规划师，该事务所专注于空间规划、景观规划和建筑领域的私人咨询。他还是鲁汶大学建筑、城市与空间规划系的兼职博士后研究员。

xiv

维尔·宗内维尔德（Wil Zonneveld）是代尔夫特理工大学建筑学院城市与区域发展方向的教授。他的研究方向是区域和国家层面的战略规划、战略规划中概念和愿景的作用，以及领土治理的欧洲一体化。

前　言

xv

本书是基于欧洲研究小组（European Research Group）的集体工作。该小组成立于2008年，由德国汉诺威的空间研究与规划学院（Academy for Spatial Research and Planning，ARL）协调组织。来自12个欧洲国家的空间规划专家发展出一套系统的方法论，用来分析规划体系和实践的变化。他们都将此方法论应用于各自国家章节的撰写。

作者们大量引用有关空间规划制度框架和政策的比较分析文献，而没有固守已有的类型学分析。当然之前的类型学分析作为研究基础，帮助我们从已有的每类规划体系中选择至少两个国家作为案例进行分析。最近几十年新的欧洲政策和欧洲领土的发展，使人们以欧洲层面的循证知识为基础开辟了空间规划研究的新方向。地域融合与合作议题成为焦点。但是人们鲜有提及规划体系的总体变化、其刚性和弹性以及不同的转型轨迹，因此，本书特别关注“欧洲一体化”（Europeanization）对空间规划系统、政策和实践的影响。作者一方面区分规划体系，另一方面基于12个国家规划体系的法律和行政框架内的具体实践，对规划文化进行区分。他们还从比较研究的视角审视规划文化的概念。与此同时，他们关注规划实践的不同逻辑，即规划体系演变的逻辑，并反思规划实践多样化的表现形式。

与之前有关规划体系的研究相比，本书的贡献在于总结了过去20年来规划体系和实践的变化模式。它的创新方法是基于对欧洲各国规划体系中空间规划的变化与连续的比较分析和解释。作者强调了特定且基于文脉的规划演变的多样性和异质性。

本书的目标读者主要是关注空间规划、规划议程和区域政策的欧洲一体化，以及通过比较分析研究规划体系、文化和实践的相关人员。本书将吸引空间与规划科学领域的相关研究人员，以及城市与区域规划和区域发展（例如地方和区域当局）从业人员的极大兴趣。由于规划演变问题目前在许多研究机构和决策机构的制度议程中占据重要位置，本书还将吸引欧洲不同国家的学者和决策者。

xvi

本书的概念和结构

本书主要受到有关欧洲成员国规划体系和实践的趋同和/或分异的辩论的启发。传统的有关规划体系的比较分析主要聚焦于法律和行政传统的静态比较分析，最终描述的是连贯一致的"规划家族"（Newman 和 Thornley，1996）或"规划传统"（欧洲共同体委员会，1997）。本书着眼于规划体系在过去 20 年中的演变，批判性地解释了欧盟成员国规划实践的异质性和多样性（Stead 和 Cotella，2011）。我们的主要目的是勾勒出欧洲各国规划实践自 20 世纪 90 年代以来连续和变化并存，融合和分异并存。

本书共 14 章，每章的作者都熟知各个欧盟成员国的规划体系。根据《欧盟空间规划体系与政策纲要》（欧洲共同体委员会，1997）中确定的各种规划体系以及 Farinos Dasi（2006）的最新研究，至少两个国家将从以下四个不同的"理想类型"或"规划传统"中被挑选出来：

- 区域经济类型（法国、德国）；
- 城市设计类型（希腊、意大利）；
- 全面/整合类型（丹麦、芬兰、荷兰、德国）；
- 土地管理类型（英国、捷克、比利时）。

另外两个案例研究分别是土耳其（东南欧）与波兰（中东欧）的最新发展。

所有章节均遵循多尺度的分析框架，并避免将其发现局限在国家层面，而是更多地关注来自超越国家层面（欧洲一体化、全球化）的挑战和驱动力，并深入分析规划权力（区域、城市）的重新调整。规划体系的改变涉及五个维度（范围、模式/工具、层级、参与者和风格）；这为跨国比较研究和结论提供了丰富的基础。

马里奥·赖默、帕纳约蒂斯·格蒂米斯和汉斯·海因里希·布洛特福格尔在第 1 章中介绍了对规划体系和规划实践进行比较分析的技术路线和方法，该技术路线将结构理论和行动理论相结合，从而避免了规划体系比较研究的"盲点"。他们首先讨论了以往有关规划体系的比较研究的方法论考量；随后基于空间规划对欧洲一体化的辩论，提出了情境化的或者说基于文脉的方法来分析空间规划；最后再讨论与欧洲规划体系发展有关的若干论点。

xvii

奥勒·达姆斯高在第 2 章中讨论了丹麦规划体系的最新变化。该体系在 20 世纪 80 年代和 90 年代以渐进的方式改变，其主要原则或规划范围没有任何重大改变。《2000 年规划法》的出台，引入了城市规划战略的概念。但市政当局的实际行动直到 2007 年地方治理改革之后才真正改变。新合并的城市不得不在新的区域环境中重新自我定位。

正如沙里·希尔沃尔-坎托拉和赖内·门蒂萨洛在第3章中强调的那样，芬兰的地方规划机构承担了较为独立的角色。在规划体系权力下放的过程中，地方政府扮演着决定性作用；同时旨在促进经济的地方性的、非正式的补充性工具得以运用。这一方面产生了制度上的模糊性，另一方面使体系能灵活地应对新的可能性。

维尔·宗内维尔德和戴维·埃弗斯在第4章中谈到了荷兰规划体系的分权。荷兰住房、空间规划和环境部（Dutch Ministry of Housing, Spatial Planning and Environment，荷兰语缩写为VROM）最近被撤销。这是“空间规划”自1965年以来首次从荷兰的政府部门名称中消失。这暗示着荷兰规划体系在制度联系、内容和范围层面正在发生根本性转变。

汉斯·海因里希·布洛特福格尔、雷纳·丹尼兹克和安格利卡·明特尔在第5章中阐明德国空间规划的制度体系在20世纪六七十年代保持着稳定，尽管在国家活动或空间规划意欲应对的挑战方面已经发生了根本性的变化。在正式的规划体系之外，非正式的规划工具在所有空间尺度上都变得越来越重要。如今，现代的领土管理往往结合了硬性和软性的控制模式。

由安娜·格佩特撰写的第6章探讨了法国的规划体系。她的主要论点是法国的空间规划已从典型的“区域经济”类型转变为“全面/整合”类型［基于《欧盟空间规划体系与政策纲要》的归纳和命名系统（欧洲共同体委员会，1997）］。本章是基于对规划政策和话语的回顾以及作者过去20年研究积累的案例。

瓦莱里娅·林瓜和洛里斯·塞维略在第7章中讨论了意大利规划体系的现代化。在过去20年中，意大利的空间规划现代化过程经历了一系列的创新努力。这一实验阶段已经结束，因此我们可以更好地评估已获得的进展、错过的机会和所走的弯路。本章聚焦于现代化过程，分析相应议题、目标和轨迹，以突出当前规划体系改革趋势的优势和局限性。

xviii

帕纳约蒂斯·格蒂米斯和乔治娅·贾纳库鲁在第8章中描述了20世纪90年代以后希腊空间规划的演变。本章尤其关注推动希腊规划体系发生重大变化的主要问题和挑战、规划体系变革的维度和方向，并强调各种参与者和参与者群体在推动变革和制度创新过程中所起的作用。此外，本章还关注当前经济危机对希腊空间规划政策的影响。

彼得·范·登·布勒克、弗兰克·穆拉特、安妮特·库克、埃尔斯·利埃瓦和扬·施罗伊斯在第9章中解释了比利时的空间结构规划是如何转型的。作者直到最近才分析了推动或阻碍空间规划的特殊方法的社会力量，并将这些力量与嵌入这些方法的制度动力的深层原因联系起来。

英国的规划自1990年以来已经发生了重大变化，尽管其基本特征没有改变。正如文森特·纳丁和多米尼克·斯特德在第10章中所述，普遍会削弱规划地位的新自由主义政府在

20 世纪 90 年代初期结束执政。托尼・布莱尔（Tony Blair）领导的左翼工党政府自 1997 年执政起便迅速还原了包括规划在内的政府职能，鼓励英国境内规划实践的多样性。此后又有一系列的尝试，这包括在世纪之交人们试图改变“规划文化”；从 2004 年开始旨在加强规划战略属性以及从 2008 年开始旨在加快主要基础设施决策进程的新工具的运用。从 2010 年起，随着政府战略规划的废止、向“地方主义”的转变以及对国家政策的精简，这些趋势突然逆转。

卡雷尔・迈尔在第 11 章中讨论了不断变化的捷克规划体系。尽管 1945 年至 1989 年时期的空间变化完全服从中央政府；但自 1990 年以来，几乎所有空间变化都是由个人选择驱动的，而规划环境却相当薄弱且常常缺失明确的愿景、使命和目标。本章简要介绍了最近和正在进行的规划和规划方面的变化的最重要特征，并提到影响规划变革的历史性局限。

居尔登・埃尔库特和埃尔温・赛兹金在第 12 章中描述了土耳其空间与战略规划的制度变迁以及新挑战。基于对主要历史时期的简短描述，作者分析了有关空间规划的社会经济和立法的变化，以及规划变革的主要驱动力，这包括内部（行政改革、新自由主义）动力和外部（入欧进程、全球化）动力。它们提供了有关立法和制度变革及其存在理由的相关信息。

贾恩卡洛・科特拉在第 13 章中回顾了波兰空间规划自苏联解体以来的演变。波兰政府在 1989 年之后迅速调整了经济结构，以期建立一个新的、有利于市场的经济体系。新自由主义在短短几年内加剧了地区差异，宏观经济手段呼之欲出以求恢复区域政策并在国家层级重新引入空间规划。外资日益重要的作用和入欧进程的推进是促使波兰空间规划迅速适应新环境并引入自选区域政府的众多驱动力之一。

xix 帕纳约蒂斯・格蒂米斯、马里奥・赖默和汉斯・海因里希・布洛特福格尔在第 14 章以各国的例证和结论为基础，总结了空间规划实践变革的共性和多样性趋势；强调了连续性和变化的多样性。他们认为，空间规划体系和实践的趋同或分异问题（请参阅有关空间规划欧洲一体化的讨论）应让位于规划变革的连续性和变化的多重趋势问题。

参考文献

CEC – Commission of the European Communities. (1997). *The EU Compendium of Spatial Planning Systems and Policies*. Luxembourg: Office for Official Publications of the European Communities.

Farinos Dasi, J. (2006). *ESPON Project 2.3.2, Governance of Territorial and Urban Policies from EU to Local Level, Final Report*. Esh-sur-Alzette: ESPON Coordination Unit.

Newman, P. and Thornley, A. (1996). *Urban Planning in Europe: International Competition, National Systems, and Planning Projects*. London: Routledge.

Stead, D. and Cotella, G. (2011). Differential Europe: Domestic Actors and their Role in Shaping Spatial Planning Systems, *disP*, *47*(3), 13–21.

xx
致　谢

德国汉诺威的空间研究与规划学院（ARL）、编委们和作者们感谢所有作者所代表机构的同事们，以及那些以各种方式支持本书创作的人。其中特别要感谢空间研究与规划学院的卡特琳娜·博恩沙因（Katharina Bornschein）、海伦娜·弗兰克（Lena Franke）和莉娜·陶德曼（Lina Trautmann），他们负责最后的打字稿。我们非常感谢匿名评审为本书提供的宝贵建议，以及出版社代表尼科尔·索拉诺（Nicole Solano）和弗雷德里克·布兰特利（Fredrick Brantley）的大力支持。我们感谢各国愿意接受访谈以及为本书提供必要资料和信息支持的相关个人和机构。编委们和作者们感谢以伊芙琳·古施泰特（Evelyn Gustedt）为代表的空间研究与规划学院在旅行费用、会议、文字润色以及与出版社联络等方面对这项研究的支持和提携。

第 1 章　比较视野下的欧洲空间规划体系与实践

1

马里奥·赖默，帕纳约蒂斯·格蒂米斯，汉斯·海因里希·布洛特福格尔

1.1　引言

空间规划用于协调对空间产生影响的跨部门决策和专项规划，其中包括环境、基础设施和区域经济发展。它在制度上通常涉及至少两个空间层次（城市和国家）。此外，在区域层次上，不同国家的组织机构形式也有很大差异。因此空间规划需要不断地调整以适应这种差异。面对不断变化的社会和空间挑战，它必须不断地重新定位自己，以证明其社会价值、长期运作以及解决问题的能力。如弗里德曼（Friedmann）所说，“在任何既定的环境下，规划必须不断地自我修正以适应环境的变化。”当代社会政治、制度、经济、技术和社会价值观经历持续的，通常是激进的变化，规划师们因此常常感到困惑，他们的职业处于危机的边缘（Friedmann，2005：29）。

空间规划这种“不断自我修正”的需求要求其制度环境也能容纳创新。这包括决定规划实践的正式和非正式制度。正式制度包括空间规划的法律和行政基础，而非正式制度主要包括认知、信仰、共同价值观和参与者行为的固定认知模式。基于此，对空间规划变化趋势的判断显然不会被简化到纯粹的法律和行政层面。事实上，这是一种针对欧洲规划体系“经典”研究方法的批评（Newman 和 Thornley，1996），那些旨在构建空间规划类型学和分类的研究，总是或多或少地寻找空间规划的共性。这些研究实际是有问题的，因为它们对不同系统之间和内部的差异不太敏感，并且将差异性和异质性置于较次要的地位（相较于共同特征和同质性）。

显然，对欧洲规划体系和实践的适应性进行比较分析需要有扎实的理论和认知基础。本书介绍了研究规划体系和实践的比较分析方法，其独特性表现为结合结构和行动理论，从而避免对规划体系比较研究的“盲点”。我们首先对已有的关于规划体系的比较研究方法进行讨论。基于空间规划的欧洲一体化的讨论，我们提出了基于文脉的空间规划分析方法，然后讨论了几个有关欧洲规划体系和实践发展的论文。

2

通过比较研究我们发现欧洲空间规划已然趋同。与此同时，个别国家也采用了非常具

体和个性化的适应机制和做法（Healey 和 Williams，1993；Davies，1994），但这些不能归因于单一的逻辑。我们整理本书旨在梳理每一个国家规划实践的变化与连续性之间的具体关系，并关注“空间规划体系和实践的多样性”（Stead 和 Cotella，2011：13）。

1.2　回顾空间规划比较研究的方法论要点

比较研究方法在（欧洲）规划体系的研究中有着悠久的历史（见 Newman 和 Thornley，1996；欧洲共同体委员会 CEC，1997；Booth 等，2007；Nadin 和 Stead，2008）。将国家规划体系类型化极受重视，正如纽曼和索恩利（Newman 和 Thornley，1996）的工作成果至今在规划科学中被广泛地引用。比较研究表现出明显优点，但也受到不断的批评。历史悠久的法律和行政框架基础与具体的规划体系之间保持着密切的关系。因此，规划的社会地位不仅取决于法律和行政传统，还依赖于其“社会模式”，即“用来概括各种价值观和实践的理想模型，它们又形成国家、市场和公民在特定地区之间的紧密关系”（Stead 和 Nadin，2009：283）。因此，空间规划体系不仅依赖于法律、行政体系，而且也依赖于各国不同的社会经济、政治和文化结构及其时事动态。在历史上，每个国家都有不同的内部结构和动力，包括经济模式和周期（增长、衰退、危机）、国家传统（Loughlin 和 Peters，1997；Loughlin 等，2011）、福利制度（Esping-Andersen，1990）、政治文化（March 和 Olsen，1989；Lijphart，1999）、治理模式（Sorensen 和 Torfing，2007；Heinelt，2010），以及参与者的各种结构关系（Adams 等，2011a）。因此，社会文化、规划体系和因地而异的规划实践之间复杂的相互作用可以作为参考。

有关规划体系的“经典”研究侧重于比较与其有关的制度框架和结构。这必然会过分强调宪法和法律框架条件，而忽视这些框架内特殊的、独特的“微观实践”（Healey，2010）。纳丁（Nadin，2012：3）指出“过分聚焦正式制度框架，所掩盖的事实与其揭露的真相几乎旗鼓相当。”赖默和布洛特福格尔 Reimer 和 Blotevogel，2012：10）更提出“规划现实是否根植于它的法律基础仍然颇受争议。”的确，纽曼和索恩利（Newman 和 Thornley，1996：39）认为，至少在整个欧洲范围内，将法律框架条件与实际的规划实践等同起来存在一定程度的风险：

> 目前有假设认为，如果一个国家有一系列的法律和行政法规与规划相关，则它们塑造并影响着规划的实施……这个假设在欧洲不同国家的适用程度各异。

借用阿格纽（Agnew，1994）提出的“领土陷阱”，规划体系的比较研究明显与“结构陷阱”相冲突。关于系统固有的规划实践的结论不能仅从法律行政框架条件的比较中得出。此外，国家层级的分析比较适合规划体系的比较研究。然而，这种“方法论民族主义”未能认清所谓的国家规划体系在不同尺度上是有区别的，比如联邦制国家（如德国）。德国在联邦政府层面的国家框架条件相对稳定、具体；而区域规划组织差异很大。

我们因此需要从多尺度和关联视角（Getimis，2012）阐明空间规划复杂的结构框架条件的互动及其本地化实践。此外，在不忽略制度背景的情况下，多尺度的比较分析着重于在特定时期，在一定的参与者序列和“知识秩序”（Zimmermann，2009）中不同尺度（在地方、城市、区域和跨边界层面）的规划实践出现的变化。在这方面，特别值得注意的是地方的“内在”逻辑以及参与者秩序、知识和政策风格等被忽视的方面（Getimis，2012：26）。我们还需关注参与者的秩序，以能解释参与者的参与和退出逻辑及其利益关系。此外，关键参与者像守门员一样把持着某些资源（权力、财政资金、具有战略意义的联系网络）。一般参与者是特定知识的载体（例如科学 / 专家、指导 / 机构、地方 / 环境知识），这些知识被输入规划过程中，或者被故意隐瞒。参与者及其利益之间的特定互动反过来又形成了具体的“政策风格”，即“政策制定和实施风格，反映出根深蒂固的价值观”（Getimis，2012：34）。这也证明了规划科学中文脉研究的重要性（Sykes，2008）。

除了过分强调结构框架和聚焦于国家尺度，值得注意的是，在过去，对规划体系的静态描述方法占主导地位，但它们都无法捕捉最新的动态或发展方向：

> 对欧洲空间规划体系的比较研究在空间规划传统、类型学和理想类型几个层面强调了其重要差异和相似性。但是，它们倾向于在某一特定尺度上（国家层级）和一个具体时间范畴内，强调制度、法律和行政方面的差异。因此，比较分析仍然是静态的，无法帮助理解规划体系的变化过程，以及在动态条件下参与者秩序的重要作用。
>
> （Getimis，2012：26）

4

相关研究近年才开始关注个别规划体系模式转变的问题，尤其是欧盟逐步扩张背景下规划体系的反应和适应能力（见 Adams，2008；Stead 和 Cotella，2011；Giannakourou，2012）。在此背景下，尽管空间规划的欧洲一体化的说法一直在流传，但有关欧洲空间发展政策对单个国家规划体系影响的讨论仍有意义。只有对欧洲空间发展政策在不同地区的工作机制和效果进行差异化评估，才能提供比较准确的参考（Bohme 和 Waterhout，2008）。

对规划制度的比较研究在一定程度上忽视了文化背景对于规划行动的重要影响。规划文化有时被视同于“规划参与者的价值观、态度、思维模式和行为定式”（Fürst，2009），但对规划文化的理解如何匹配社会文化概念、规划体系以及具体规划实践还没有得到回答。尽管近期有关规划文化的比较研究关注规划的文化层面（Knieling 和 Othengrafen，2009），但它们缺乏可操作性和系统性的比较分析方法且停留在抽象层面。在规划体系的“经典”研究中，利用规划文化的概念弥补上述薄弱环节的综合分析观点是非常罕见的（参见 Stead 和 Nadin，2009；Othengrafen，2012；Reimer，2012）。

过去有关规划的比较研究有明显缺陷。对规划体系的研究（其本身定义都不甚明确），需要更新的理论、概念和方法路径。亚宁·里沃林（Janin Rivolin，2012：64）指出，“缺乏对比较对象清晰的定义似乎阻碍了更有效的观察和评价。”基于这些批评，我们把规划体系解释为：

> 通过法律和行政结构规定空间秩序和结构，以确保土地用途在特定区域内的空间发展，并在不同的层次，即国家、区域和地方体现。因此，它们规定了规划实践的行动路径，但这也可能表现出一定的差异性。
>
> （Reimer 和 Blotevogel，2012：14）

5 因此，理解规划体系有两个重要 / 关键维度。首先，它们具有适应能力并能从容应对外部变化与挑战。然而，其灵活程度取决于环境背景，本质上是取决于规划体系本身的成熟度和功能性。因此，现有的结构可以表现出明显的持久性，这种持久性或许只能通过对参与者施压来分解。规划的演变依赖于参与者的变化。规划改革依赖于基础制度和政治力量的积极支持。相比之下，如果缺乏制度支持，或者政客们不愿承担规划转型的高昂政治成本，那么就必须事先为游说和谈判做好准备。其次，规划体系的背景（即法律和行政结构）并不能完全定义规划活动。在大多数情况下，它能引导规划实践的发展方向。

1.3 空间规划的欧洲一体化：趋同还是分异？或两者兼有？

关于欧洲一体化的研究为研究机构与变革之间的关系、国际政治和政策对国内制度的影响等议题提出了新的见解和解释（Risse 等，2001；Giuliani，2003）。无论将欧洲一体化理解为治理、制度化或是话语权，都引入了不同的治理机制和模式：等级制结构、讨价还价和促进协调（Radaelli，2004）。国内制度如何适应欧洲一体化带来的新挑战，它们是否存在趋同或分化趋势都会因具体国家、相关政策部门及时间框架而异。

欧洲的规划体系不是静态的、限定规划活动的正式条例，而是由社会协商、自适应和动态结构组成的。基于此，我们同意亚宁·里沃林（Janin Rivolin，2012：69）对规划体系的定义："在特定时空的制度环境中的一种社会建构，其特征是建立并运用某些社会秩序与合作的技术，目的是允许并规范空间利用的集体行动。"

这里提到的"制度环境"主要指的是在欧洲一体化程度日益提高的情况下，各国的"国内制度"面临巨大的调整压力以适应这种变化（Börzel，1999）。在《欧洲空间发展愿景》（ESDP）或《欧盟领土议程》（TAEU）这样的战略性文件出台后，欧洲空间发展政策的构想萌生了一个复杂的"催化剂环境"（Morais Mourato 和 Tewdwr-Jones，2012）。在这个环境中，各国规划体系必须有清晰的自我定位。显而易见的是，各国的规划体系（适应机制和 / 或阻力）会有很大的差异。影响"催化剂环境"的欧洲空间发展政策有三种基本方法（参见 Sinz，2000）：（1）战略导向的非正式工具；（2）正式法规；（3）货币激励制度。关于空间规划欧洲一体化的辩论（参见 Dühr 等，2007；Adams 等，2011a；Zonneveld 等，2012）在过去的 20 年里引起了人们的关注，讨论的焦点集中在各个国家规划体系的适应过程和阻力。欧洲一体化进程导致规划体系的趋同或分异的程度成为重中之重。 6

1.3.1　欧洲空间发展政策的战略趋向与非正式工具

"欧洲话语"的空间影响在国家层面主要表现为（1）欧洲的基本目标和（2）"欧洲语言"被纳入各国空间发展战略。例如 Servillo（2010）在地域融合（territorial cohesion）目标背景下谈论的"干扰链"与"霸权战略概念"。"地域融合"这个术语已经进入了国家导向的空间规划战略。地域融合与领土治理密切相关，其共同目标是参与者的自愿协调和连线作业。"开放式协调方式"和"治理白皮书"影响了多层次治理的欧洲话语，促进了参与、问责、效率和合法性原则的制定（Heinelt 等，2006；Heinelt，2010）。然而，欧洲这番理想的丰满与现实的存在之间有着微妙的差距（Adams，2008）。像《欧洲空间发展愿景》或《欧盟领土议程》这样的战略空间概念是非正式的、法律上不具有约束力的，所以他们无法强加于人，只能通过"促进协调"和"讨价还价"的机制推行。作为欧洲空间发展政策的元叙事*，它们培育了中长期的欧洲空间发展目标，强化了"欧洲"的理念，并试图将其嵌入国家话语中。与法定规划的影响不同，它们的目的是发挥典范作用，并为参与者塑造"共同心智模

* meta-narrative，通常称作"大叙事"。这一术语在批判理论，特别是在后现代主义的批判理论中，指的是完整解释，即对历史的意义、经历和知识的叙述。它通过预期实现，对一个主导思想赋予社会合法性。——译者注

式”。为满足欧洲议程，它们加快了学习过程以期改变参与者的认知逻辑，并能（但不一定会）使正式结构逐渐适应。

1.3.2 欧洲空间发展政策的正式法案

欧洲元叙事的力量和势头不可低估，但是国家层级没有义务把它们考虑在内。与欧洲空间发展政策的法定工具（如法规和条例）不同，后者代表了欧盟重大且等级分明的控制能力。《欧洲水框架指引》和《人居指引》是典型的欧洲空间发展政策的正式法案，欧盟可以利用这些法案在某些领域内，对各个国家的空间发展施加直接影响，并推动与空间发展有关的目标实施。尽管如此，正式法规追求严格的部门划分和层次分明的管理逻辑，不允许像欧洲元叙事（例如《欧洲空间发展愿景》和《欧盟领土议程》）所期待的那样进行全面的跨部门协调。

7

1.3.3 欧洲空间发展政策的货币激励制度

上文提及的欧洲元叙事常与货币激励制度结合以提高效率。其中包括欧盟的INTERREG项目。将特定的空间发展目标与财政激励联系起来，可以提高它们在各个国家的接受程度。特别是在东欧成员国，话语层面高层次结构目标与欧盟结构基金的耦合带来了大规模的规划话语和规划体系的调节适应（参见第11章和第13章）。在这些国家中，长期实行的不恰当的计划经济结构的崩溃使规划体系十分脆弱，并使其具有强烈的接受市场经济和新自由主义的意愿，这种意愿比在西北欧的其他规划体系中表现得更为强烈。欧洲空间发展政策对各个规划体系的影响有明显差异。只有充分、综合地考虑到各种工具和激励制度，欧盟的影响力才能得到充分的评估。Faludi（2003）将此称为“一揽子交易”。

除了第1.3.1、1.3.2和1.3.3节所述的欧洲空间发展政策的三种方法之外，欧洲空间规划观察网络（ESPON）的作用也不容小觑。作为一个专注于欧洲空间监测的全欧洲网络，它成为联系研究和实践的桥梁：持续地收集并透明地处理空间相关数据；推动建立跨边界开发网络，并启动相互学习过程。Stead（2012）虽指出了这种经验交换的局限性，但欧洲空间规划观察网络的研究项目为各国之间的经验交流和政策输出作出了重大贡献。从根本上说，欧洲空间规划观察网络为不同国家之间的横向协调提供了平台，从而在欧洲空间发展框架下所谓“领土知识通道”（territorial knowledge channels）的复杂网络中承担了重要角色（Adams等，2011b）。

很显然空间规划的欧洲一体化不局限在一个维度上。国家规划体系只有同时受到纵向和横向两种方法的作用时才会从整体上改变。其适应过程相对复杂；它们既不遵循统一的逻辑，也无法被简单地归纳为趋同或分异趋势，因此空间规划的欧洲一体化可以理解为兼具“自上而下”和“自下而上”的、动态且充满矛盾的过程。20 世纪 90 年代，欧洲空间规划议程逐步形成，并关注“地域融合”“领土治理”“可持续性”“环境保护”“可达性”和“多中心”等议题（《欧洲空间发展愿景》、欧洲空间规划观察网络）。这些议题通过不同方式影响着欧盟国家的空间规划话语（Dühr 等，2007）。不同国家的规划体系对这些概念的接受程度和节奏，尤其是规划议程和规划实践的优先秩序是各不相同的。尽管欧盟空间规划议程推动了各国规划体系的改革，但这并没有带来整个欧洲空间规划体系和实践的“协调统一”。

8

在空间规划比较研究的语境下，欧洲“多层级治理”的复杂性要求我们接受规划体系和实践的不同适应能力，并抵制类型学和分类研究的习惯。各国的参与者以多样的方式被赋权，无论是推动、促进规划改革，或是反对甚至阻碍改革，都在增强欧盟规划制度和实践的持续差异化。然而我们认为，随着欧洲空间规划议程的推进与自由化和放松管制目标的提出，欧盟的空间规划仍然出现了一定程度的趋同。揭示欧洲的规划体系和相关规划实践多样性的做法有利于准确地评价体现在不同空间层次上的趋同和差异化的趋势。本书旨在打破分类逻辑并避免传统规划研究中对文脉的忽视。尽管各国规划体系对相似的空间挑战表现出类似的反应（Lidström，2007），但到目前为止我们并未找到令人满意的具体适应机制。

1.4　文脉问题：比较空间规划研究的多尺度分析框架

采用综合的分析方法研究空间规划的欧洲一体化是十分必要的。该方法着眼于规划行动的结构框架条件（制度设定）和各个规划体系的具体实践（变化的参与者）。我们有必要研究空间和制度挑战带来的规划体系特征（包括法律配置、工具和空间相关的话语）改变的前提条件，并回答这些改变是如何在历史文脉背景下的“规划场景”（planning episodes）框架中进行的（Healey，2007）。我们提出的分析方法包括不同的空间层次，并考虑各个层次的相互渗透（Getimis，2012），它们包括（1）高于国家层次（宏观层面）的规划的空间和制度挑战；（2）国家层级（中观层次）的规划体系结构及其适应能力；（3）依附于规划体系的规划实践（微观层面），具有时空上的多样性。

1.4.1　宏观层次上的空间与制度挑战

在宏观层面，应区分空间和制度上的挑战。就空间挑战而言，几乎所有欧洲国家都会遇到类似的显著经济、社会和生态发展，尽管各国的处理方式不同。

全球化和经济结构转型加剧了地区间竞争。激烈的竞争趋势不仅触发了促进公平政策和注重发展导向的政策之间的博弈，而且也触发了个别国家的空间结构调整。在此背景下，9 大都市区域作为全球网络的重要节点作用日渐增强（参见第3章）。新自由主义意识形态对空间开发过程的影响以及空间规划的“经济化”带来的危机又是另一个有趣的议题(Waterhout等,2012)。新自由主义通过私有化、外包、宽松管制和公私合营等手段夯实了空间规划的“市场化导向”（Allmendinger 和 Haughton，2012）。虽然各个国家表现不同，但对竞争力的优先考量（prerogative of competitiveness）和市场主导的空间规划将在一些国家得到普及。在社会转型过程中，人口的变化导致欧洲城市和地区的重大变化。例如，城市衰退和人口老龄化过程影响住房市场、居住密度、土地利用和公共服务设施的供给。从生态角度看，气候变化和可持续能源问题目前主导着欧洲许多国家的空间规划政策议程。大都市地区的可持续问题和气候相关发展战略仍值得关注。事实上绿色基础设施的潜力不仅在欧洲，而且在全世界都引起了广泛的关注（Thomas 和 Littlewood，2010）。

空间规划的制度挑战与制度架构适应能力紧密相关。这方面的“欧洲一体化趋势”也很明显。欧洲空间规划政策对各国规划体系的影响，主要表现在复杂的结构调整和尺度调整过程对现有的制度结构形成巨大挑战。有意思的是，基于行政边界划分的空间和职能逐渐弱化，或称为“软化”；依据“需求”形成的空间划分（“柔性空间”和“模糊”边界，参见 Allmendinger 和 Haughton，2009）逐步建立。此外，不同国家对于全球经济和金融危机的反应各不相同，这将大大限制空间活动范围，改变空间规划的“逻辑理性”，如市场主导和发展导向的战略趋势、规划外包服务或严格的环境法规的弱化。

1.4.2 中观层次的适应能力：在刚性和灵活性之间徘徊的规划体系

规划体系在应对上述空间和制度上的挑战时压力巨大。如果将政治系统理论的结论应用于空间规划领域（参见 Reimer 和 Blotevogel，2012），这里提到的挑战可以被理解为规划体系必须处理的“输入”。规划体系的处理能力往往表现为通过规划行动的制度框架条件(通常以法律为基础）和空间开发的基本目标应对这些挑战的能力。

10 当法律和行政框架条件不足以充分处理已有的空间和/或制度挑战，或当规划体系面临新的、有选择性的空间和/或制度挑战时，规划体系适应能力受到巨大的压力。很常见的一个例子：传统的、正规的空间开发程序往往辅以非正式的工具。这种非正式工具因具有更多的灵活性和非法定性而可以从根本上减少冲突。新的空间挑战正在培育新的方法、概念和工具，而后者尚未经过充分的检验或成功引入制度内。这些挑战包括有关气候变化和城市及区域可持续发展的密集讨论，如韧性城市概念。

规划体系一直在波动。无论它们是全面的断层式骤变或是逐步适应策略，基本框架条件的变化（社会、经济、生态、技术或文化层面）对规划体系的灵活性提出了很高的要求。基于对许多东欧国家的研究，苏联解体后社会整体转型的力量重构了规划的社会价值（参见 Nedović-Budić，2001）。新的欧盟成员国（东欧国家）更愿意将其国家空间规划的讨论及其相关的空间原则开放给欧洲的元叙事。当然，欧洲结构性基金所发挥的财政激励作用在这里也不可低估。相比之下，西、北欧国家的规划体系更倾向于渐进式改革，其空间规划的社会价值并没有从根本上受到质疑（但仍存在争议）。

如上所述，规划体系是处理空间和制度方面挑战的结构性过滤器。其工作机制差别很大。例如，欧森格兰芬（Othengrafen，2010）通过对芬兰（赫尔辛基）和希腊（雅典）规划实践的比较研究发现：基本的社会传统和价值观极大地影响了空间发展进程。在芬兰，公民对公共部门的接受程度高，也对国家管制权力有基本的信任。而在希腊，中央政府一直受到质疑，因此非正式和非常规的规划行动发挥了重要作用。

我们基于亚宁・里沃林（Janin Rivolin，2012）的研究，将规划体系区分为四个维度：话语、结构、工具和实践。它们紧密相关并可以充分解释规划体系的演变过程。在话语维度上，空间政策的社会基础表现为“占支配地位的战略概念”（Servillo,2010）;它展现了“空间规划框架中某些观点、概念和论据的流行”（Janin Rivolin，2012：71），因此可以解释为“规划准则”（Alexander 和 Faludi，1996；Faludi，1999）。它们影响“结构”，即“允许和支配规划体系运作的宪法和法律规定的集合”（Janin Rivolin，2012：71）。结构框架条件也限定了空间规划工具本身；与经典的规划一样，这些规划包括“调控机制、监控和评估程序、各种形式的经济激励，包容各种实践机会”（Janin Rivolin，2012：71）。国家层级的话语、结构和工具在相互作用下为系统内的规划实践指明了行动路径（详见下文）。

11

1.4.3　微观层面的规划实践和政策风格

系统内的规划实践遵从这样一个事实，即上述行动路径的应用差异非常大。Oc 和蒂耶斯德尔（Oc 和 Tiesdell，1994）发现，尽管共享土耳其国家层级的规划体系架构是相同的，但伊斯坦布尔和安卡拉的规划文化差异悬殊。这涉及“城市规划体系”（Healey 和 Williams，1993）、具体的“政策风格”（Jordan 和 Richardson，1983）和“操作模式”（Fürst，1997），它们被地方的以及不同议题的规划实践区分开来。因此我们建议拓宽研究规划体系的视角，即以规划文化角度梳理空间规划实践的结构框架。我们对于各个规划体系的理解，应该着眼于地方和区域层次来解读具体的规划行动（参见 Reimer 和 Blotevogel，2012）。

格蒂米斯（Getimis，2012）基于城市社会学的讨论，利用“内在逻辑”（Berking and Löw，2008）这一术语来描述规划实践的情境依赖和差异化形式。这样，他就在规划研究的分析和理论建构中提出了关于“情境敏感性”的规划理论（Howe 和 Langdon，2002；Cardoso，2005；Van Assche，2007）。凡·纳什（Van Assche，2007）对卢曼（Luhmann）的系统理论方法进行了深入研究。豪和兰登（Howe 和 Langdon,2002）以及卡多佐（Cardoso，2005）引用了布迪厄（Bourdieu）的文化社会学思想。他们是讨论规划文化的特定内在逻辑的先驱者。文化的特定内在逻辑被认为是场域和惯习*在具体的文脉背景下的配置结果。

布迪厄对场域的广义理解是特定社会背景下决定参与者行为的目标配置。在一个场域中，参与者带着各自的利益结合在一起并形成特定关系。每个场域有自己的逻辑和历史（Bourdieu 和 Waquant，1996）；其中的参与者变得活跃并付诸行动。场域影响着惯习，也就是说，持久的角色逻辑被巩固为知觉和行动的无意识模式。从规划研究的角度来看，场域代表一种特定的社会制度，这种制度使参与者在具体的规划情境下相互关联并形成自我定位。这类规划场域结合了与行动有关的目标结构，包括现有的物理结构、空间设计挑战及其衍生的行动、可用的规划工具、现有的货币和社会资本以及参与者之间的关系定位。参与者个体习惯决定微观情境建构过程，这一过程又补充了宏观文脉，也决定了场域结构的认知并指导场域中的一系列行动。（规划）场域和惯习的逻辑辩证关系只能在其自身的语境中，并通过描述规划文化的内在逻辑得出。通过“反身规划分析”来重构和分析这些逻辑（Howe 和 Langdon，2002；Cardoso，2005）将帮助我们更深刻地了解规划实践。

12

1.5 比较分析的理论框架

前文提到的规划系统和规划文化的复杂性（后者在这里被理解为在结构框架条件下局部的和与主题相关的规划实践）使得我们无法假设规划体系经历了整体性的趋同。这种假设通常只与规划的某些方面有关，例如，在欧洲层面上的空间相关论述的同质化，或在个别国家层面上对空间规划的结构框架条件的逐步适应。相比之下，这里几乎没有考虑描述各个层次和各种变革性能力之间的关系，使得单个体系内的连续性和变化的并行性受到阻塞。因此，在规划研究中考虑单个规划片段是非常必要的（Healey，2007），因为只有这种方法反映了个体参与者之间的关系和作用、特定工具和过程的应用，以及复杂的权力结构。

* “场域”和“惯习”是社会学词汇。——译者注

布思（Booth，1993：220）认为：

> 对规划过程本质的认识决定了前方的道路。工厂的定位、发展孵化器的长远决策、规划收益保障，都是一种决策模式的产物。而这种决策模式反映了特定社会的权力结构。权力结构是由文化决定的；而参与者之间的关系虽然也是由他们的文化传承所塑造的，但仍处于不断发展的状态。这些决策制定和规划（有时作为最终产品，有时作为临时文件）采纳的过程实际上是这种不成文的权力模式的表现。他们只是给“眨眼”和“耸肩”赋予了意义。

尽管本书不会对规划实践进行深入定性的微观分析，对规划演变的分析不会局限在国家层次的制度设定上，而是包含了各个国家、不同层次的规划实践（规划文化）的特征案例，并强调特定的参与者关系网络和政策风格。

我们的分析方法不受某一特定的规划理论（如互动规划或规划文化）支配。相反，它从那些被忽视的方面出发，如参与者关系网络、规模尺度和政策风格；从不同的理论背景出发，如以参与者为中心的制度主义和治理理论、激进的地理和规模的政治。本书的目的是进一步明确我们的方法。

接下来，我们在这些理论讨论的基础上提出了一些由各个章节反复讨论和不同章节提到的“变化维度”。我们特别关注五个方面：（1）空间规划的范围和目标；（2）空间规划的模式和工具；（3）空间规划尺度；（4）空间规划中的参与者及其关系网络；（5）政策和规划风格。这五个方面为各国比较分析建构了一个共同的分析框架。分析的切入点是中观层次，即国家规划体系；然而，它仍会涉及宏观层面（挑战和驱动力），也会涉及微观层面（规划实践）。 13

1.5.1　空间规划的范围和目标：转向规划战略？

20 多年来，战略导向规划的重要性在规划科学中得到了讨论（Albrechts 等，2003；Albrechts，2004，2006；Newman，2008；Walsh 和 Allin，2012）。在最近的一篇论文中，阿尔布雷克特（Albrechts，2013：52）提出了战略空间规划的构想：

> 一个具有革新性和综合性的，由公共部门领导的，但具有共同生产力的社会—空间过程。通过这一过程，规划愿景或观点、一致行动的正当性，以及实施都得以完成，并形成或塑造一个具有身份特征的空间。

根据他的观点，战略规划应该被理解为一种相当开放的程序。它可以补充经典的和正式的规划，但无法取代之。技术逻辑被有意识地收缩；规划在战略意义上成为一种导航的过程，其目的是整合短期和中期的行动规划与总体指导方针，同时寻找可能从变化的框架条件中产生的可适应性（Van Wezemael，2010：53）。战略规划“通过打破传统部门政策的鸿沟，提取其具有空间影响力的部分进行整合、协调的统筹发展”（Walsh 和 Allin，2012：377）。城市和地区之间不断增加的竞争压力使得新的空间发展战略变得必要，这尤其助长了战略规划。地方和区域寻求新的身份认同，需要新的和横向的社交网络和欧洲一体化过程。因此面向区域的策略和原则变得十分必要，因为它往往也是获取财政支持的先决条件（Albrechts 等，2003）。

在这一理论讨论的背景下，空间规划中的“战略转向性”尤为明显。本书的章节集中讨论了战略导向的规划逻辑对上述各个层次空间规划的影响，并深入研究了它们与传统规划逻辑之间的关系（即正式的制度架构和法律法规）。在这里，不同国家之间的利益冲突和差异是可以预期的，因为具有战略导向的规划方法的特征风格、内容和含义差别会很大。因此它们的战略规划目标和内容成为关注的焦点。在以战略为导向的规划方法的框架内，究竟哪些与空间相关的元叙事被采用，以及这在多大程度上代表着与过去的决裂是一个开放的问题。可以想象新自由主义逻辑的压力可能会使空间规划的角色和地位受到根本质疑，市场原则赢得了上风，而更平衡的方法则失去了意义。本书的各个章节也反复地提供了对“空间战略制定”的不同过程的见解（Healey，2009）。

1.5.2 空间规划的模式和工具：转向非正式化？

规划范式向战略规划转型的过程中，规划工具也日益分化。此处特别指在制度化的规划体系之外的非正式的操作模式和工具（Briassoulis，1997），它们使得规划具备了“更广泛的维度（领域）”（Sartorio，2005）。新模式和新工具的出现，涉及一般和具体的规划条例和文件，以及对领土治理的正式和非正式操作，并增加了更多参与者且强化其协作网络。尽管规划的非正式化程度日益提高，但本书也观察到不同国家的正式和非正式规划之间的具体关系似乎是不同的。人们普遍认为规划实践变得越来越不正式，这似乎很难持续下去。更确切地说，规划行动的正式和非正式基础都在改变，两个极端之间的平衡和相互作用对于理解空间规划相当关键。我们可以假设，当正式规划的职能遇到结构性瓶颈时，非正式工具就变得特别有吸引力。非正式的规划工具就像机油一样，确保正式规划这个轮子正常运转。应该指出规划工具表现出来的这种新的复杂性，体现了两种不同的“规划模型”。这两种模型可以与“规划、现状一致性”（conformance）和“绩效表现”（performance）两个术语相联系（Janin Rivolin，2008）。规划、现状一致性原则强调通过明确定义的、层次分明的决策链来实现规划，它强调规划的技术和规则性。绩效表现（参见 Faludi，2000）认为规划除了技术和规则性之外，还可以实现其战略和非正式的功能（Janin Rivolin，2008）。这两种原则相互渗透，相互补充，并使与空间相关的行动符合制度设置。

1.5.3　重新调整规划权力：分权还是再度集中？

深入认识到以国家为基础的控制和管理的局限性，有助于探索在国家层级以下的新行动空间。“国家地位重构”（Brenner，2004）导致了行动空间的分化，大都市区域尤甚。大都市区域作为重要的节点，提升了跨区域地域竞争的可见度。但我们也必须解决这类新的空间单元的制度障碍，或者说明确相应的治理机构和组织形式以保证其合理的行动力。“国家地位的变化”（Brenner，2009：124）所产生的多形态空间结构，与我们的本体论基础上地理结构的尺度认知不再相容。因此布伦纳（Brenner，2001：592；也可参见 Swyngedouw，1997，2004；Smith，2004）提出：

15

> 传统的欧几里得、笛卡尔和威斯特伐利亚（Westphalian）的地理尺度概念作为一个固定的、有界的、自封闭的和预先给定的容器，目前（至少在关键的地理理论和研究中）已经由对过程、演化、动态和社会政治争论高度重视的视角所取代。

这个观点明确指出，单个国家的行动空间的分化及与其相关的新空间复杂性并不是单行道。更确切地说，权力分散和重新集中的过程相互渗透；这使得国家管制和空间规划出现了新的模式。因此我们可以观察到“实验性的区域主义”过程（Gualini，2004）：它可以是低于国家尺度的新的“空间和制度逻辑”（Gualini，2006）的应验；也可以被视为新的“空间修复”的重要阶段（Harvey，2001）。但在许多地方，“实验性区域主义”过程往往会让位给“实验地方主义”过程（参见第 2 章）或者是让位给一种强有力的职权的再度集中。

政治秩序和规划职权的重新调整伴随着“柔性空间”的产生（Allmendinger 和 Haughton，2009）。空间划界的功能原则日益超越地域空间的限制。这使得“柔性空间”取代了“正式规划的硬空间”，从而弥补了“在规划执行过程中，非定型的、流动的、功能化的空间发展需求以及部门整合等问题上的尺度不匹配”（Haughton 等，2010：52）。因此，“柔性空间”迫使规划者们改变固有认识，因为“永远要有一个硬性的地域空间边界似乎是一种错觉”（Faludi，2010：20）。

1.5.4 参与者及其关系网络：权力关系的转移？

在认识到国家管控的局限性和从政府管治到治理的过渡过程中，协作的行动模式逐渐走到了前台。治理的概念表达了除国家等级模式之外的社会控制方法。它象征着政府的反义——国家往往代表一种控制权威，将自己从市场和公民社会中分离出来，并利用法律和金钱等经典控制手段、依赖等级化的法治结构来引导社会发展。

治理意味着并要求共同管理。正如理想的治理类型所描述的那样，公共部门、经营性团体和市民社会作为参与者之间的合作，其集体行动也需要特殊的管制结构。当然公共领域和非公共领域之间的界限变得模糊，因此不同的期望和利益成为讨论和谈判的对象。这表明集体决策的模式也必须经过深刻讨论和制度化，以保证其行动力。

16

成功的共同管理在很大程度上取决于参与者是否能够引导他们不同的行动逻辑，从而使共同的目标得以整合并实现，因为和谐与合作不是常态。当有更多参与者且关系更复杂时，以前由国家定义的利益和行动逻辑不再占据垄断地位。他们必须通过与商业团体和公民社会的利益博弈与讨价还价坚持自己的立场，而且必须是可以谈判的。因此，治理需要高度的开放性、灵活性以及更多的参与者。

这种混合型的控制在“治理”中非常典型，网络化是其重要特征（“争论”的网络和“讨价还价”的网络；参见 Heinelt，2010）。它在协调不同参与者之间的集体行动时似乎是特别有效的方式。网络化并没有被制度化，它们允许横向的行动协调（Fürst，2006：44），并且不会影响到自治。有关网络化的讨论已多次提到网络从根本上是没有层级的。换言之，网络化站在了等级控制的反面，其相互协作是在相对平权的自治伙伴之间进行的。然而，声称网络没有权力和等级区别的说法似乎被神话了（Blatter，2003）。在网络化过程中，也有“守门员”占据统治地位；在谈判中也有一些群体比其他群体拥有更大的权力。网络化不可避免地也存在潜在的权力分布（Börzel，1998：256）。国家在空间开发过程中起到的作用，及其在复杂的网络结构中如何定位自我也是非常微妙的。比如，国家故意将其控制能力的某些部分转移到其他层次，这种职能的转移其实每个国家都不同。荷兰最近的变化就反映了一个极端趋势：国家似乎已经竭尽所能地减少其对空间发展的干预（参见第 4 章）。

1.5.5 政策与规划风格：不同规划风格共存？

规划实践受到不同政策风格和政治文化的影响。政策风格有“指挥控制”型和“以共识为导向”的治理类型（Richardson 等，1982；Fürst，1997，2009）。每个国家的政治文化既可以是“联盟的”（非多数主义决定）也可以是“矛盾的”（多数主义原则）（Lijphart，1999）。规划改革通常喜欢引入“以共识为导向的规划方式”的创新规划实践，但介于政策风格的不融合，这种改变是非常缓慢的，因此不同规划风格共存在不同层次的规划实践中可能会出现。

齐默尔曼（Zimmermann，2008）从政治学的角度，研究了城市能否展示因地而异的本地政策形式和内在逻辑结构；或者整体社会发展的力量使城市没有独立的机动空间进行局部行动，而采取被动适应的策略是唯一的选择。后一种情况将导致地方政策形式的广泛同质化。齐默尔曼得出的结论是，合乎内在逻辑的政策模式以及在可比框架下政策行动的不同结果，一直是地方政治研究的辩论准则的一部分。他还指出，关于城市治理的内在逻辑的论述与 20 世纪 80 年代自治和权力下放的观点并不冲突（Zimmermann，2008：214）。规划行动不能脱离政治环境，因此，在地方和区域层面的规划实践中，其本质的逻辑结构也能得到体现。这个猜想在本书的各个章节中都有讨论。

17

参考文献

Adams, N. (2008). Convergence and policy transfer: an examination of the extent to which approaches to spatial planning have converged within the context of an enlarged EU. *International Planning Studies*, *13*(1), 31–49.

Adams, N., Cotella, G. and Nunes, R. (2011a). *Territorial Development, Cohesion and Spatial Planning: Knowledge and policy development in an enlarged EU*. London: Routledge.

Adams, N., Cotella, G. and Nunes, R. (2011b). Territorial knowledge channels in a multijurisdictional policy environment: a theoretical framework. In N. Adams, G. Cotella and R. Nunes (eds) *Territorial Development, Cohesion and Spatial Planning: Knowledge and policy development in an enlarged EU* (pp. 26–55). London: Routledge.

Agnew, J. (1994). The territorial trap: the geographical assumptions of international relations theory. *Review of International Political Economy*, *1*(1), 53–80.

Albrechts, L. (2004). Strategic (spatial) planning reexamined. *Environment and Planning B: Planning and Design*, *31*, 743–758.

Albrechts, L. (2006). Shifts in strategic spatial planning? Some evidence from Europe and Australia. *Environment and Planning A*, *38*(6), 1149–1170.

Albrechts, L. (2013). Reframing strategic spatial planning by using a coproduction perspective. *Planning Theory*, *12*(1), 46–63.

Albrechts, L., Healey, P. and Kunzmann, K. R. (2003). Strategic spatial planning and regional governance in Europe. *Journal of the American Planning Association*, *69*(2), 113–129.

Alexander, E. R. and Faludi, A. (1996). Planning doctrine: its uses and implications. *Planning Theory*, *16*, 11–61.

Allmendinger, P. and Haughton, G. (2009). Soft spaces, fuzzy boundaries, and metagovernance: the new spatial planning in the Thames Gateway. *Environment and Planning A*, *41*, 617–633.

Allmendinger, P. and Haughton, G. (2012). The evolution and trajectories of English spatial governance: “neoliberal” episodes in planning. *Planning Practice and Research*, *28*(1), 6–26.

Berking, H. and Löw, M. (2008). *Die Eigenlogik der Städte*. Frankfurt: Campus Verlag.

Blatter, J. (2003). Beyond hierarchies and networks: institutional logics and change in transboundary political spaces during the 20th century. *Governance: An International Journal of Policy, Administration and Institution*, *16*, 503–526.

Böhme, K. and Waterhout, B. (2008). The Europeanization of planning. In A. Faludi (ed.) *European Spatial Research and Planning* (pp. 225–248). Cambridge, MA: Lincoln Institute of Land Policy.

Booth, P. (1993). The cultural dimension in comparative research: making sense of development control in France. *European Planning Studies*, *1*(2), 217–229.

Booth, P., Breuillard, M., Fraser, C., and Paris, D. (2007). *Spatial Planning Systems of Britain and France: A comparative analysis*. Abingdon: Routledge.

Börzel, T. A. (1998). Organizing Babylon: on the different conceptions of policy networks. *Public Administration*, *76*(2), 253–273.

Börzel, T. A. (1999). Towards convergence in Europe? Institutional adaptation to Europeanization in Germany and Spain. *Journal of Common Market Studies*, *37*(4), 573–596.

Bourdieu, P. and Waquant, L. J. D. (1996). *Reflexive Anthropologie*. Frankfurt am Main: Suhr-kamp Verlag.

Brenner, N. (2001). The limits to scale? Methodological reflections on scalar structuration. *Progress in Human Geography*, *25*(4), 591–614.

18 Brenner, N. (2004). *New State Spaces: Urban governance and the rescaling of statehood*. Oxford: Oxford University Press.

Brenner, N. (2009). Open questions on state rescaling. *Cambridge Journal of Regions, Economy and Society*, *2*(1), 123–129.

Briassoulis, H. (1997). How the others plan: exploring the shape and forms of informal planning. *Journal of Planning Education and Research*, *17*, 105–117.

Cardoso, R. (2005). *Context and Power in Contemporary Planning: Towards reflexive planning analytics*. London: University College London, Development Planning Unit (DPU Working Paper, 128).

CEC – Commission of the European Communities (1997). *The EU Compendium of Spatial Planning Systems and Policies*. Luxembourg: Office for Official Publications of the European Communities.

Davies, H. W. E. (1994). Towards a European planning system? *Planning Practice and Research*, *9*(1), 63–69.

Dühr, S., Stead, D. and Zonneveld, W. (2007). The Europeanization of spatial planning through territorial cooperation. *Planning Practice and Research*, *22*(3), 291–307.

Esping-Andersen, G. (1990). *The Three Worlds of Welfare Capitalism*. Cambridge: Polity Press.

Faludi, A. (1999). Patterns of doctrinal development. *Journal of Planning Education and Research*, *18*(4), 333–344.

Faludi, A. (2000). The performance of spatial planning. *Planning Practice and Research*, *15*(4), 299–318.

Faludi, A. (2003). Unfinished business: European spatial planning in the 2000s. *Town Planning Review*, *74*(1), 121–140.

Faludi, A. (2010). Beyond Lisbon: soft European spatial planning. *disP*, *46*(3), 14–24.

Friedmann, J. (2005). Planning cultures in transition. In B. Sanyal (ed.) *Comparative Planning Cultures* (pp. 29–44). New York: Routledge.

Fürst, D. (1997). Humanvermögen und regionale Steuerungsstile: Bedeutung für das Regionalmanagement? *Staatswissenschaften und Staatspraxis*, *6*, 187–204.

Fürst, D. (2006). Regional governance: ein Überblick. In R. Kleinfeld, H. Plamper and A. Huber (eds) *Regional Governance: Steuerung, Koordination und Kommunikation in regionalen Netzwerken als neue Formen des Regierens* (pp. 37–59). Band 1. Osnabrück: V&R unipress.

Fürst, D. (2009). Planning cultures en route to a better comprehension of "planning processes"? In J. Knieling and F. Othengrafen (eds) *Planning Cultures in Europe: Decoding cultural phenomena in urban and regional planning* (pp. 23–38). Farnham: Ashgate.

Getimis, P. (2012). Comparing spatial planning systems and planning cultures in Europe: the need for a multi-scalar approach. *Planning Practice and Research*, *27*(1), 25–40.

Giannakourou, G. (2012). The Europeanization of national planning: explaining the causes and the potentials of change. *Planning Practice and Research*, *27*(1), 117–135.

Giuliani, M. (2003). Europeanization in comparative perspective: institutional fit and national adaptation. In K. Featherstone and C. M. Radaelli (eds) *The Politics of Europeanization* (pp. 134–155). Oxford: Oxford University Press.

Gualini, E. (2004). Regionalization as "Experimental Regionalism": the rescaling of territorial policy-making in Germany. *International Journal of Urban and Regional Research*, *28*(2), 329–353.

Gualini, E. (2006). The rescaling of governance in Europe: new spatial and institutional rationales. *European Planning Studies*, *14*(7), 881–904.

Harvey, D. (2001). Globalization and the "spatial fix." *Geographische Revue*, *2*, 23–30.

Haughton, G., Allmendinger, D., Counsell, D. and Vigar, G. (2010). *The New Spatial Planning: Territorial management with soft spaces and fuzzy boundaries*. London/New York: Routledge.

Healey, P. (2007). *Urban Complexity and Spatial Strategies: Towards a relational planning for our times*. London: Routledge.

Healey, P. (2009). In search of the "Strategic" in Spatial Strategy Making. *Planning Theory and Practice*, *10*(4), 439–457.

Healey, P. (2010). Introduction to Part One. In J. Hillier and P. Healey (eds) *The Ashgate Research Companion to Planning Theory: Conceptual challenges for spatial planning* (pp. 37–55). Farnham: Ashgate.

Healey, P. and Williams, R. (1993). European urban planning systems: diversity and convergence. *Urban Studies*, *30*(4/5), 701–720.

Heinelt, H. (2010). *Governing Modern Societies: Towards participatory governance*. Oxford: Oxford University Press.

Heinelt, H., Sweeting, D. and Getimis, P. (2006). *Legitimacy and Urban Governance: A cross-national comparative study*. New York: Routledge.

Howe, J. and Langdon, C. (2002). Towards a reflexive planning theory. *Planning Theory*, *1*(3), 209–225.　　19

Janin Rivolin, U. (2008). Conforming and performing planning systems in Europe: an unbearable cohabitation. *Planning Practice and Research*, *23*(2), 167–186.

Janin Rivolin, U. (2012). Planning systems as institutional technologies: a proposed conceptualization and the implications for comparison. *Planning Practice and Research*, *27*(1), 63–85.

Jordan, A. G. and Richardson, J. J. (1983). Policy communities: the British and European policy style. *Policy Studies Journal*, *11*(4), 603–615.

Knieling, J. and Othengrafen, F. (eds) (2009). *Planning Cultures in Europe: Decoding cultural phenomena in urban and regional planning*. Farnham: Ashgate.

Lidström, A. (2007). Territorial governance in transition. *Regional and Federal Studies*, *17*(4), 499–508.

Lijphart, A. (1999). *Patterns of Democracy: Government forms and performance in thirty-six countries*. New Haven, CT: Yale University Press.

Loughlin, J. and Peters, B. G. (1997). State traditions, administrative reform and regionalization. In M. Keating and L. Loughlin (eds) *The Political Economy of Regionalism* (pp. 41–62). London: Routledge.

Loughlin, L., Hendriks, F. and Lidström, A. (2011). *The Oxford Handbook of Local and Regional Democracy in Europe*. Oxford: Oxford University Press.

March, J. G. and Olsen, J. P. (1989). *Rediscovering Institutions: The organizational basis of politics*. New York: Free Press/Oxford: Maxwell Macmillan.

Morais Mourato, J. and Tewdwr-Jones, M. (2012). Europeanisation of domestic spatial planning: exposing apparent differences or unspoken convergence? In W. Zonneveld, J. De Vries and L. Janssen-Jansen (eds) *European Territorial Governance* (pp. 157–173) (Housing and Urban Policy Studies, 35, IOS Press).

Nadin, V. (2012). International comparative planning methodology: introduction to the theme issue. *Planning Practice and Research*, *27*(1), 1–5.

Nadin, V. and Stead, D. (2008). European spatial planning systems, social models and learning. *disP*, *44*(1), 35–47.

Nedović-Budić, Z. (2001). Adjustment of planning practice to the new eastern and central European context. *Journal of the American Planning Association*, *67*(1), 38–52.

Newman, P. (2008). Strategic spatial planning: collective action and moments of opportunity. *European Planning Studies*, *16*(10), 1371–1383.

Newman, P. and Thornley, A. (1996). *Urban Planning in Europe: International competition, national systems, and planning projects*. London: Routledge.

Oc, T. and Tiesdell, S. (1994). Planning in Turkey: the contrasting planning cultures of Istanbul and Ankara. *Habitat International*, *18*(4), 99–116.

Othengrafen, F. (2010). Spatial planning as expression of culturised planning practices: the examples of Helsinki, Finland and Athens, Greece. *Town Planning Review*, *81*(1), 83–110.

Othengrafen, F. (2012). *Uncovering the Unconscious Dimensions of Planning: Using culture as a tool to analyse spatial planning practices*. Farnham: Ashgate.

Radaelli, C. M. (2004). Europeanization: solution or problem? *European Integration Online Papers*, *8*(16). Retrieved from http://eiop.or.at/eiop/texte/2004-016a.htm.

Reimer, M. (2012). *Planungskultur im Wandel: Das Beispiel der REGIONALE 2010*. Detmold: Rohn.

Reimer, M. and Blotevogel, H. H. (2012). Comparing spatial planning practice in Europe: a plea for cultural sensitization. *Planning Practice and Research*, *27*(1), 7–24.

Richardson, J. J., Gustaffson, G. and Jordan, G. (1982). The concept of policy style. In J. J. Richardson (ed.) *Policy Styles in Western Europe* (pp. 1–16). London: Allen and Unwin.

Risse, T., Caporaso, J. and Green Cowles, M. (2001). Europeanization and domestic change: introduction. In M. Green Cowles, J. A. Caporaso and T. Risse (eds) *Transforming Europe: Europeanization and domestic change* (pp. 1–20). Ithaca, NY: Cornell University Press.

Sartorio, F. S. (2005). Strategic spatial planning: a historical review of approaches, its recent revival, and an overview of the state of the art in Italy. *disP*, *41*(3), 26–40.

Servillo, L. (2010). Territorial cohesion discourses: hegemonic strategic concepts in European spatial planning. *Planning Theory and Practice*, *11*(3), 397–416.

20 Sinz, M. (2000). Gibt es Auswirkungen der europäischen Raumentwicklungspolitik auf nationaler, regionaler oder kommunaler Ebene? *Informationen zur Raumentwicklung*, *3/4*, 109–115.

Smith, N. (2004). Scale bending and the fate of the national. In E. Sheppard and R. B. McMaster (eds) *Scale and Geographic Inquiry* (pp. 192–212). Oxford: Blackwell.

Sorensen, E. and Torfing, J. (2007). *Theories of Democratic Network Governance*. Basingstoke: Palgrave Macmillan.

Stead, D. (2012). Best practices and policy transfer in spatial planning. *Planning Practice and Research*, *27*(1), 103–116.

Stead, D. and Cotella, G. (2011). Differential Europe: domestic actors and their role in shaping spatial planning systems. *disP*, *47*(3), 13–21.

Stead, D. and Nadin, V. (2009). Planning cultures between models of society and planning systems. In J. Knieling and F. Othengrafen (eds) *Planning Cultures in Europe: Decoding cultural phenomena in urban and regional planning* (pp. 283–300). Farnham: Ashgate.

Swyngedouw, E. (1997). Neither global nor local: glocalization and the politics of scale. In K. Cox (ed.) *Spaces of Globalization: Reasserting the power of the local* (pp. 137–166). New York: Guilford Press.

Swyngedouw, E. (2004). Globalisation or "Glocalisation"? Networks, territories and rescaling. *Cambridge Review of International Affairs*, *17*(1), 25–48.

Sykes, O. (2008). The importance of context and comparison in the study of European spatial planning. *European Planning Studies*, *16*(4), 537–555.

Thomas, K. and Littlewood, S. (2010). From green belts to green infrastructure? The evolution of a new concept in the emerging soft governance of spatial planning. *Planning Practice and Research*, *25*(2), 203–222.

Van Assche, K. (2007). Planning as/and/in context: towards a new analysis of context in interactive planning. *METU Journal of the Faculty of Architecture*, *24*(2), 105–117.

Van Wezemael, J. (2010). Zwischen Stadtplanung und Arealentwicklung: Governance-Settings als

Herausforderung für die Planung. *STANDORT, Zeitschrift für Angewandte Geographie*, *34*(2), 49–54.
Walsh, C. and Allin, S. (2012). Strategic spatial planning: responding to diverse territorial development challenges: towards an inductive comparative approach. *International Planning Studies*, *17*(4), 377–395.
Waterhout, B., Othengrafen, F. and Sykes, O. (2012). Neo-liberalization processes in spatial planning in France, Germany, and the Netherlands: an exploration. *Planning Practice and Research*, *28*(1), 141–159.
Zimmermann, K. (2008). Eigenlogik der Städte: eine politikwissenschaftliche Sicht. In H. Berking and M. Löw (eds) *Die Eigenlogik der Städte: Neue Wege für die Stadtforschung* (pp. 207–230). Frankfurt am Main: Campus Verlag (Interdisziplinäre Stadtforschung, 1).
Zimmermann, K. (2009). Changing governance-evolving knowledge scapes: how we might think of a planning relevant politics of local knowledge (special issue). *disP*, *45*(2), 56–66.
Zonneveld, W., De Vries, J. and Janssen-Jansen, L. (eds) (2012). *European Territorial Governance* (Housing and Urban Policy Studies, 35, IOS Press).

21 # 第2章　1990—2010年的丹麦规划体系：延续与衰退

奥勒·达姆斯高

本章目标

丹麦案例表明：

- 规划体系从传统的自上而下地协调土地利用向自下而上的体系转变，对活力和个人主义的追求取代了稳定性和逻辑性等价值观；
- 然而这种转变并非线性、单向的过程；其中充满反复甚至自相矛盾的步骤；
- 通过两个案例展示出这一变化过程和其中两个主要角色的作用，即中央政府和丹麦城市协会（Kommunernes Landsforening）；
- 城市尺度已成为规划层次中最重要的一环；各市之间的差异相当大，且会越来越明显。

2.1　引言

丹麦的规划体系自20世纪70年代以来发生了深刻的变化。这些或大或小的改变基本尊重正式的规划体系并与原有的规划形式和内容保持相关性。

各参与方特别是规划部门的作用和权力也发生了变化。20世纪70年代，规划体系分为三个层级，中央政府位于顶层，市政府位于底层。城市规划必须得到区域机构的批准，区域规划必须得到中央政府的批准。国家政府通过强制性准则和政府规划报告对区域规划和城市规划发挥着主导作用。因为区域规划对城市规划具有法定约束力，因此国家规划政策是通过区域规划实施的。

如今，城市政府可以通过自己的方式规划和发展自己的规划理念。每个城市的规划和规划过程对城市的作用可以完全不同。某些城市的规划保持传统的土地利用规划的特性；另22 一些城市的规划则具有更广泛的空间规划特征，其包括经济、社会和文化主题等。因此城市规划过程也可以是年度预算编制过程的一部分，牵涉整个市政组织架构，也包括政治机构。

与此同时，区域和中央政府的部分作用也发生了巨大的变化。区域发展规划的编制尽量不受限于区域视野；国家的干涉，相比之前，更弱化了。

然而，这个转变过程并非是从“自上而下”向“自下而上”的线性转变。相反，这些变化受到或大或小的偶然事件的影响。总之，权力和任务在不同规划层级间转换，而规划面临的核心问题和/或挑战成为不同的参与者互相讨论的基础。本章将聚焦于20世纪90年代至今的一些最重要的变化，并围绕它们展开论述。

2.2 丹麦规划体系

2.2.1 一种全面整合的方法

《欧盟空间规划体系与政策纲要》(以下简称《纲要》)将丹麦现代规划体系归纳为全面整合类型*(欧盟委员会，1997)。《纲要》指出，丹麦的规划早在20世纪90年代早期就已从国家到地方层面建立了非常系统和正式的规划体系。它协调不同公共部门的行动，其目的在于空间协调多于经济发展(欧盟委员会，1997：36)。当时丹麦规划体系最主要的特点是它能够协调部门之间和跨行政边界的土地利用。但是，这个体系协调其他具有空间影响力的活动和政策的能力是非常有限的。从这一点出发，丹麦的正式规划体系极其关注土地利用规划[1](CEMAT，1983)。

丹麦规划立法体系自20世纪70年代以来经历了数次改变。《规划法》于1992年生效，它将一系列涉及不同行业和行政层级的相关法案合并。《规划法》近期发生的重大变化是2005—2007年的地方政府结构改革。

2.2.2 现行规划体系

自2007年以来，城市政府掌握了城市和农村的规划工作；而区域政府作为原有的城市规划管理机构失去其先前掌握的相关权利。现在城市政府是编制强制性土地利用规划的唯一主体，而区域政府/委员会仅保留了为区域制定空间发展战略甚至更概要的规划的次要权力。区域规划虽提供区域发展愿景，却对城市政府没有任何约束力。

23

20世纪70年代以来，环境部长(Minister for the Environment)一直通过国家规划维护

* 文森特·纳丁和多米尼克·斯特德将欧洲的规划体系分为四类：(1)区域经济类型；(2)全面整合类型；(3)城市设计类型；(4)土地管理类型。——译者注

国家利益（丹麦环境部，2007），2007年的地方政府改革进一步加强了这一职能。国家规划的干预工具包括国家规划报告、法定指令、指导方针以及涉及国际、国家、地区利益的地方城市规划和项目。这意味着环境部长作为政府代表，有权否决违背国家利益的城市规划。此外，环境部长在沿海地区和零售贸易规划方面具有特定的权力和职责（丹麦环境部，2007）。

大哥本哈根地区一直有特殊的空间规划地位。从20世纪70年代早期到1990年以及从1999年到2007年，首都圈功能区由各个地方城市议会管辖，它们有权协调和指导城市发展，并负责协调城市发展与公共交通系统的发展。2007年以后，中央政府接管了这一职能。

2.3 问题与挑战

2.3.1 引言

在第二次世界大战后经济复苏时期带来的城市化和城市扩张的背景下，丹麦规划体系开始发展。该时期城市规划体系着眼于界定和管理城市增长过程，并确保城市不仅在地方和行政市域层面，同时也在区域和国家层面的连贯发展。在这个人口数量少且密度高的国家，另一个重要任务是在土地利用竞争激烈的状况下保护现有耕地（Von Eyben, 1977）。

典型的功能规划通过更具参与性的规划模式以及生态、环境保护的理念得到补充。这些理念根植于20世纪60年代后期在丹麦进行的讨论和规范中，当然也深受当时欧洲其他国家正在进行的规划讨论的启发。20世纪70年代对规划讨论的重要部分和对规划实践的公共批判都是由学者和专业人士主导的（Gaardmand，1993），他们声称规划体系的公众参与和审议潜力并未得到充分发挥。

以下部分主要根据时间展开论述，重点突出1992年、1997年、2002年和2007年丹麦在规划立法方面的重大变化，同时也关注这些变化背后的理由和争议。正规体系的两个显著变化及其相关讨论将作为两个案例用于探讨：面对新的挑战，不同行政层级的参与者将采取什么行动面对？这两个案例表明严格的自上而下的监管体系在向多层面、以治理为导向的体系转变。文章最后还补充了2009年围绕市政规划策略的评估。

24

图2.1表明2007年之前国家、区域和城市规划之间的关系。总体规划决策是在国家层面进行的，其实施是通过较低行政层级的规划活动来实现的。

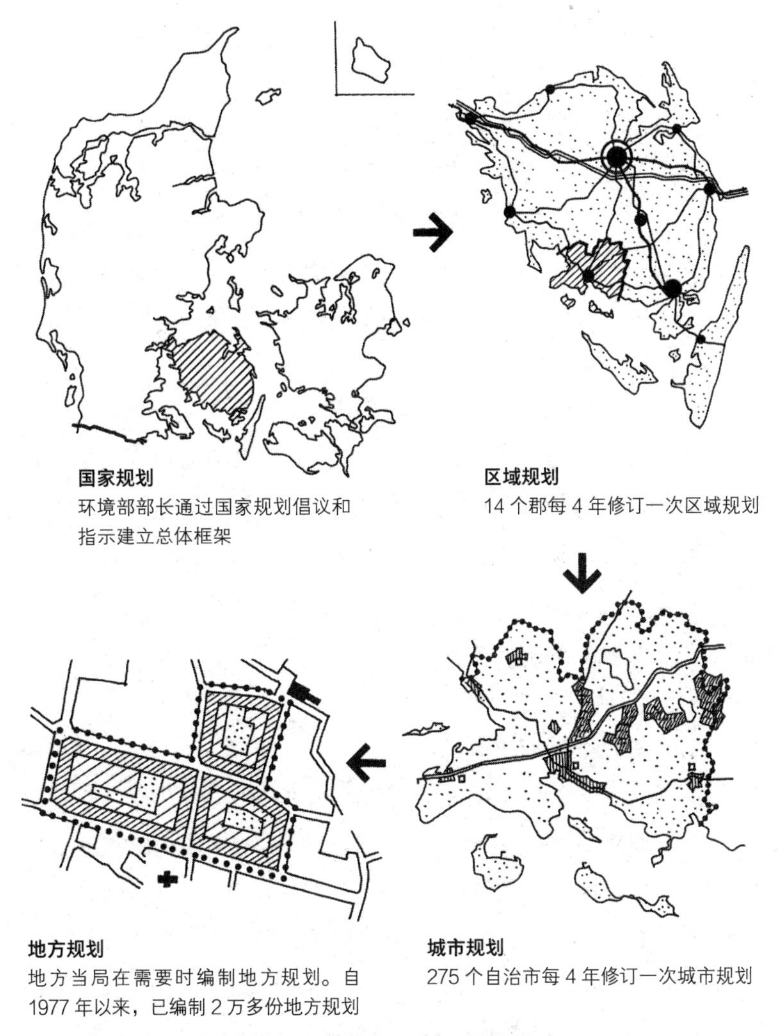

图 2.1　不同规划层次之间的关系

资料来源：丹麦环境部（Danish Ministry of the Environment，1995）

2.3.2　1992 年的《规划法》

25

20 世纪 80 年代，随着得到主要公务员支持的地方政客（政府官员）、地市的规划师和一些规划讨论的性质也在发生变化。如上所述，20 世纪 70 年代之前和在 70 年代期间，讨论主要围绕公众参与的议题，由专业人士和学者主导。现在，有批评认为规划过于官僚化，技术上过于复杂，并且程序也不够透明。此外，还有人认为用于维持这一复杂体系的资源水平根本不可持续，特别是该体系本身并不适于解决任何未来的挑战。至少就城市层级而言，地方的独立性和补贴原则并没有得到国家规划机关的尊重（Gaardmand，1993）。这轮讨论的重要参与者就是丹麦城市协会。

因此为了简化规划制度，所有规划立法于 1992 年被合并为一个《规划法》。先前有关自然和环境保护的部门规划已经开展，大量独立的部门规划出台。1992 年以后，各部门规划整合到区域规划；一个整合的规划（即区域规划）概括了城市地区以外的各类土地利用活动。这种变化使得城镇政府要经常说明，1992 年的《规划法》是为了在郡和城市之间建立一种分工：城市政府负责城市地区的规划，而郡政府则负责乡村地区的规划（丹麦城市协会，1998）。

另一个重要的制度精简是，各郡政府不再需要审批城市规划，国家也不再需要审批区域规划。然而，规划依然不可以和上位规划冲突；同时郡政府可以因为城市规划与区域规划有直接矛盾而否决前者。这使得国家规划机构在制定区域规划的纲要时更为细致。这些纲要被表述为“国家对区域规划的期待”，并在每 4 年修订区域规划之前启动。

2.3.3 城市中心与零售 / 商业功能的重构

经历了 20 世纪 70 年代中期的经济衰退和城市增长变缓，零售业在 20 世纪 80—90 年代经历了巨大的结构性变化。与历史城区的零售业衰退同时发生的是大型购物中心在大城市外部地区兴起以及新的商店概念的发展，这些都对开发产生了明显的影响。

国家规划机构在 1996 年的一份报告中预测，即使是拥有 5000—10000 名居民的中型城镇也可能面临一个不可持续的未来，因为这些城镇传统上是各种私人和公共服务的混合体（环境能源部，国家空间规划部，1996）。进一步的观察回应了这一预测，当时有相当多的外部购物中心项目在筹备中，这些规划中的“新的城郊中心”都位于或靠近大城市中心。

在这一背景下，社会民主党部长斯文·奥肯（Sven Auken）负责规划并任命了一个委员会。该委员会的主要任务是利用区域规划为零售业和城市中心寻求未来发展，从而让中小城市继续发挥中心地作用。另一任务是尽量减少大型城郊购物中心对环境的影响（比如私家车的交通需求不断增加）。在该委员会的建议下，《规划法》于 1997 年再次改变。

1997 年的《规划法》规定各郡要对城市中心的未来发展编制全面而详细的规划，包括其范围界定和定位。《规划法》还指出区域规划应该根据指定的零售活动的楼面面积和单个中心可以容纳的最大商铺面积来定义新的和已经存在的中心。如果商铺的最大面积超过了限制而不能被国家否决，那么现在各郡就有责任用事实来证实这些提议。总之，规划应建立在各种零售商店未来需求的切实证据和具体评估的基础上（环境能源部，空间规划部，2000）。

此外，新的《规划法》暂停了新的城郊中心和商店的开发，直到各郡进行了充分的规划，并由各市跟进。

这本非常详细的指南显然不符合国家对郡、市规划活动引导的详细程度的“传统”。首先，规划法按传统定义出参与者的责任、规划过程的正式程序以及涉及规划内容的一般性指令；而新法案对规划方法和所需数据给出了详细指令以及规划的具体内容。此外，新规划法的指令代表了一种理性的、以定量指标为基准和保守的风格。这种规划方式基于的逻辑是：零售业和其他服务应该在一个等级体系中进行地域组织，个体服务中心应该反映其明确的腹地规模及其在等级体系中的地位。因此，规划应该能自上而下纠正市场力量并确保公民个人得到最佳服务。

新《规划法》受到地方政客的批判，特别是那些来自正在进行新项目的大城市的官员和大型零售连锁机构。具有影响力的城市协会也非常反对，但因为其成员所代表的利益各不相同，所以行动也无法统一、明确。但丹麦城市协会特别指出，划定城市中心的任务应该留给郡政府，因为这违背了辅助性原则。后来，他们发布了一本小册子（丹麦城市协会，1998），并主动展开了广泛的关于规划体系本质的讨论（见下文）。

27

在这本小册子里，有人认为新的法律实际上冻结了城市发展规划，该法律的官僚主义思想严重，且违反了以前商定的“市郡分工”等。此外，丹麦城市协会通过 10 个具体的例子说明法律产生的意想不到的后果往往为不同规模的城市带来严重的问题。即使是小型的城市中心，该法律的原意是为了保护当地的零售中心不走向消亡，现实却被证明它反而造成一些困扰。

然而新的法案却得到了代表个体商户的组织、来自农村地区的官员、消费者以及环境组织的支持。这里值得注意的是，城市政府之间的争论并没有围绕规划是否应该或能否抵消市场力量，或某些地区是否会失去获得基本的本地服务等问题展开。它们争论的焦点在权力问题上。在公开辩论中表达意见的少数几位规划师对新法律持批评态度，他们认为规划过程所需的数据太昂贵甚至可能无法获取。

总之，我们可以认为部长和国家规划机构在与丹麦城市协会的第一回合对战中“获胜”了。如果将 1997 年的《规划法》变动与 1992 年的变化相比较，规划风格的变化方向是相反的：1992 年的变化体现了多层级合作或者说是自下而上的规划风格；1997 年的变化则体现了自上而下的方式。

2.3.4　城市规划战略

城市增长和新建住房在 1973 年石油危机以后便开始下降，并在接下来的几十年间持续下降。1992 年，房屋建设活动下降到 20 世纪 40 年代中期水平。

对此的一个解释是，政府惯以使用建筑和建设活动中公共和私人的投资水平来应对经济衰退对社会的影响。在这一时期，禁止公共项目的建设与利率的上升从根本上影响了新住房的建设，同时也抑制了需求（Gaardmand，1993）。这些政策直接导致这一时期私人住房市场几乎停止了运作。

经济衰退还使得 20 世纪 80 年代到 90 年代上半段失业率上升。许多城市将高失业率作为理由，继续规划和建设传统工业区，即便这些工业活动产品根本没有市场。加上第一代城市规划的住宅新区，大量规划的城市地区完全不符合经济的实际需求。

国家规划机构在 20 世纪 90 年代后期的一项调查显示：如果建设活动维持同一水平，那么一些城市拥有足够的空间来承载未来 25 年的新建住宅；对于未来工业、商业用途的建设，一些城市在接下来的 40—50 年间都是有足够空间的。城市发展空间如此巨大，说明土地利用管理制度运转不良，最坏的情况是可能导致城市无节制蔓延。与此同时，相当多的城市并没有按规划条例所规定的每 4 年更新一次城市规划。

28

事实上，很多城市的规划已经超过 10 年未更新。这些规划作为规划工具不再具有任何正式效力。负责规划的斯文・奥肯部长在 1997 年 10 月丹麦城镇规划研究所（Danish Town Planning Institute）的年会中就提出了这个问题。1998 年初出台的一项法案指出地方政府不能依据超过 4 年未更新的城市规划批准新的地方规划（环境能源部，空间规划部，1999）。如果该法案被议会通过，它将对市政府造成深刻影响。

丹麦城市协会遵循了这一法案，并在此后进行了一系列活动，例如，1998 年 5 月起草的辩论文件（丹麦城市协会，1998）。这份文件是在市政府的一些资深规划师的协助下，由该协会的管理委员会起草的。它除了包含大量的政治信息外，还具有一定的专业分量。

该文件的政治语境遵循协会之前给出的声明，即部长已经无视 1992 年改革后有关市和郡的职能分工，因此城市规划就变成了城市政府自己的事（丹麦城市协会，1998）。然而，这种说法没有法律文本或中央政府出台的各种指引的支持。

此外，丹麦城市协会还特别强调，从 1997 年开始的有关零售业规划的扩展指令表明国家干预导致官僚程度过高。

事实上，275 个自治市中的 100 个并没有按照法律规定的那样更新它们的城市规划，这提醒我们：也许法律与实际的规划需求并不一致。若假设成立，这便是全面更新法律体系的一个契机，而没有必要再简单地惩罚那些顽劣的不按规矩行事的城市政府。

“真实的规划需求”这个概念往往被表述为动态的和以质量为导向的规划。因此，城市规划不必再像以前那样，被国家和郡政府过度关注由城市政府制造的那些“形式上和技术上的小错误”，它们可以与城市一级的经济规划产生联动以发挥更大的战略作用。

规划与公民之间的关系，更确切地说是规划过程中的公众参与问题得到重视。就规划成果而言，规划编制过程对公众参与的要求过于苛刻，经常受到抱怨。丹麦城市协会明智地指出城市规划每四年更新一次是依照相应更新的指引自动履行而并非根据当地的需求，这个法律和规划系统本身就会损害公民利益和公共参与。相比之下，社区层面的规划能够确保高水平的公众参与。这应该是对城市规划的一个有效补充；相应的，城市规划则可以覆盖整个市域范围，并具备超越市民视角的整体性和抽象性。

29

这位部长并没有与丹麦城市协会陷入公开争论，而是成立了一个新的委员会，负责考虑如何夯实城市规划，以期在当年早些时候提出的法案框架内提出具体改进措施（环境能源部，空间规划部，1999）。从社会民主党少数派政府的角度来看，与丹麦城市协会保持良好的关系在当时是十分必要的，因为政府需要协会在公共部门管理尤其是公共支出方面的支持。正因如此，该协会的声音在委员会中得到了良好的表达。[2]

该委员会在 1999 年通过相当开放的程序完成了指令。各城市之间举办了多次研讨会以及有专家、学者参与的圆桌会议，补充了所有市镇都参与的调查。委员会采纳并执行了这些倡议，而丹麦城市协会则开展了自己的平行会议。因此，委员会的建议在交给部长之前已经得到了城市规划师和官员的支持。值得注意的是，各郡及其对应的机构 / 协会在这个过程中表现得相当被动。

委员会在最后的报告中就今后的城市规划提出了 10 条主要建议，基本汇总如下：

- 各市之间存在差异，且它们在规划上有不同的需求，因此城市规划的更新应根据各自需求，按照不同的轨道进行；
- 城市规划是一个政治问题，它应该被视为具有战略性的、动态的管理工具；
- 只有在真正需要参与的情况下才强调公众参与。

根据委员会的提议，《规划法》于 2000 年经历了新一轮修改。其中重要的变化是，城市规划每 4 年修订一次的要求变为每一选举周期的第一阶段由城镇政府制定城市规划战略。这项规划战略将和新的城市规划方案一样，经历相同的公众参与过程并颁布。

修订程序可分为以下三种情况：

1. 遵循以前的规定，对城市规划进行全面修订；

2. 对一个 / 几个特定主题或地理区域进行部分修订；

3. 在未来4年继续沿用现有规划。

新的《规划法》总体上强调了三个规划层次的不对称发展。城市获得了更高程度的多样性且更关注个性化和地方需求。而各郡失去了对区域规划的掌控力，在国家“自上而下”的细节管理与强势的城市政府之间的狭缝中艰难生存。

30 在“自下而上”或是“自上而下”的议题上，2000年的《规划法》继承且延伸了1992年《规划法》提出的一些自下而上的内容。“自下而上”要素的延伸与1997年以来引入的有关零售规划的自上而下元素并驾而驱。然而2000年秋，社会民主党*输掉了丹麦的全国大选，民粹主义极端右翼党派支持并组建了由自由党和保守人民党组成的一个新政府。丹麦新的政治时代拉开帷幕，同时也对丹麦的规划体系产生了深远的影响。这些影响将在下文展开论述。

2.3.5 2007年的地方政府改革

2002年10月，新政府成立了一个委员会，负责对地方政府结构进行“批判性评估”，并为公共部门变革作出决策分析。这一新机构的任命在2002年夏季仅经过一轮相对短暂的公开辩论后就仓促实行了。

该委员会于2004年1月向政府提交了报告，报告中提出了未来行政机构改革的三种可能模式（结构委员会，2004）。整个报告提出两个主要目标:（1）重点关注公民个人的需求;（2）实现单个行政单位和功能实体的可持续发展。经过2004年6月短暂的公开辩论后，政府启动了“第四种”模式，这个模式得到了民粹主义右翼党派（丹麦人民党，Dansk Folkeparti）的支持，因此在议会获得多数通过。

该协议（上文提及的第四种模式）确定了三个行政层级和它们之间的分工。它将14个郡合并为5个新的大区，并规定未来城市的最小规模应为3万居民［丹麦卫生部（Indenrigsog Sundhedsministeriet），2004］。各个城市政府有半年的时间提出未来城市划分的方案，更准确地说就是谁与谁合并？2005年初，将270个城市合并为98个的协议获得通过。该方案于2007年1月1日开始实施。

与此同时，议会对大量法律进行必要的修改，顺利地使三个层级之间的任务和事权相互移交。就规划体系而言，郡政府的规划权利和任务主要转移给城市政府，少数转移给中央政府。中央承担了有关零售职能全面发展的规划职责、沿海地区规划、水资源规划和《自

* 社会民主党是丹麦的第一大政党。——译者注

然 2000》(Natura 2000，欧盟层面的自然保护区网络)的拟定；而各城市政府则承担有关城市格局、零售、环境以及与乡村相关的所有规划任务（丹麦环境部，2007)。

五个新的大区和博恩霍尔姆岛（Bornholm）[3] 负责编制区域空间规划以指导该区域总体发展战略。康尼·赫泽高（Connie Hedegaard)(保守党环境部长）在 2004 年发表的一项讲话中指出，区域空间规划对城市的空间发展不具备法律约束力，如土地利用和其他的 31 物理功能议题（Themsen，2008)。除了编制区域空间规划，这些区域现在正在为包括商业、高等教育机构、城市和地区在内的区域经济增长论坛提供服务。区域经济增长论坛指导欧盟区域政策（EU Regional Policy）的实施以及结构和融合基金（Structural and Cohesion Funds）的分配，并负责制定该区域的经济发展战略。

政府和区域经济增长论坛确认合作关系后，随即共同拟定了经济发展目标。令人吃惊的是，政府直接与论坛建立了合作关系，而不是民选的区域理事会。

区域空间规划必须符合商业发展战略，并且必须将地方行动小组的发展战略纳入欧盟乡村发展计划（EU Rural Development Program)。

公众对地方政府改革所致的规划体系的变化关注较少。2004 年年初，政府首先表明新的大区将全权负责医院的管理；而各地区无权征税或直接选举区域委员会成员。但是在与反对党（社会民主党）谈判的过程中，更多的任务分配给了新的大区，并决定新的大区理事会应该是直接选举产生的（Jensen，2008)。

丹麦城镇规划研究所对此持怀疑态度。一方面区域空间规划被评估为一个有保证有前途的要素，但另一方面区域空间规划将郡的环境与乡村规划任务转嫁给城市政府和中央政府的做法受到了批判（Damsgaard 和 Rolandsen，2004)。有人认为，这可能导致更加碎片化的、部门主导的专项规划的产生。新大区的划分往往将重要的城市功能区分为两个或两个以上的区域，这一点也受到批判。最糟糕的情况是大哥本哈根地区被划分到两个不同的大区。因此，国家在首都功能区的规划协调上拥有绝对的权力与责任。

2.3.6　2007 年以后的国家规划

一份规划报告《2007 年手指规划》(Fingerplan 2007）推动了首都地区的职能分工（环境部，2007)，该报告具有国家规划指令的地位。规划报告参照 1947 年经典的《手指规 32 划》，并延续前一版区域规划中关于城市发展、绿化、交通基础设施等城市规划的强制性纲领。

《2007 年手指规划》具有典型的土地利用规划的特点，它详细列出不同土地用途分配 33

的可能性，以及各个手指上新的建成区域的位置与分布等。该规划将功能区划分为不同类别的土地用途，例如中心城区、外围城市地区、绿网结构和乡村地区。每一种土地利用类别都有相应的强制性准则。城市地区的交通基础设施与新就业机会和服务功能有密切联系，绿色保护区里禁止城市开发。《手指规划》的布局主要是基于对自然环境和景观的保护，而不是从广泛的区域角度来关注首都地区在丹麦甚至全球范围的角色。因此，报告总体上可以说是缺乏战略考虑，特别是关于首都地区未来发展以及厄勒海峡地区（Øresund Region）不断的功能整合过程的影响。

国家规划在一定程度上取代了区域规划的历史作用，这可以通过东日德兰半岛（Eastern Jutland）和西兰岛（Zealand）两个主要的城市地区的合作体现。其中，各城市和中央政府的规划机构通过合作为未来城市和交通基础设施的发展提出愿景。该合作仍然很关注典型规划问题（如城市发展、交通和绿地），但缺乏对更广泛的战略和空间维度的思考，诸如未来城市大区的地位和作用，以及该地区未来如何应对日益增长的国家和全球城市区域之间的竞争和其他重大挑战。

2009 年的国家规划报告缺乏对国家未来空间发展的总体愿景。该报告强调，各城市在 2007 年的改革之后拥有了更为广泛和多维度的规划权利（环境部、城市景观局，2009），国家规划报告应该在政治上界定物质规划的方向以及城市和区域规划活动的优先等级；然而它并没有做到这一点。丹麦城镇规划研究所就国家报告回应公众意见时表示（丹麦城市规划实验室，Dansk Byplanlaboratorium，2009），该报告缺乏对国家未来发展的明确预判，同时对未来的趋势和空间发展也未作必要的分析。城镇规划研究所认为，国家规划报告将“国家绿色增长战略”（Green Growth Strategy）作为国家未来发展的一个重要先决条件，却并未考虑战略实施的空间影响。

“规划 09 项目”（Plan09 Project）是一个完全不同的国家规划的例子。它是国家规划机构和利尔达尼亚（Realdania）私人基金会之间的合作项目，后者为该项目提供资金。该项目旨在 2007 年改革之后扩展和强化城镇政府的规划职权。2006—2009 年期间，该项目与 40 个城市合作并开展了 27 个项目。这些项目主要解决典型城市规划问题，也有涉及公众参与及战略规划等议题的（环境部 / Realdania 基金会，2009）。此外，“规划 09 项目”秘书处还推出了许多其他举措，如研讨会、出版物、研究等。

简而言之，利尔达尼亚基金会是一个旨在提高丹麦城市和建筑质量的非营利基金会。该基金会背后的资本是在 2000 年创建的。当时，该基金会作为丹麦最大的会员制建筑协会被一家私人银行收购。资金创建的初衷是建筑协会的成员几代人创造的巨额资本应该转移到一个独立的基金会。该基金会由保障性住房协会、一些大城市和私人业主选举产生的董事会领导。基金会从其资本中划拨资金，其年度预算总额相当可观，甚至比国家预算还要多。

除了非营利活动之外，利尔达尼亚基金会还经常与城镇政府或大型业主密切合作，将部分资金直接投资于城市开发项目。这个基金会在投资时扮演着苛刻且议程设置[*]的角色，但是其资金资助对于许多城市而言，已成为吸引其他私人和公共投资以及实施更大规模的城市开发项目的重要保障。因此，该基金会对地方和国家的规划决策有相当大的影响，甚至在某种程度上发挥了过去中央政府的作用。

比起 20 世纪 90 年代，国家规划在政治层面上议程设置的角色在 2007 年之后逐渐淡化。中央政府已经承担了协调哥本哈根大区未来城市发展的作用；但其并未对首都区在国家和国际范围内的未来角色作任何深入思考。在城市层面，中央政府与利尔达尼亚私人基金会合作，旨在扩展城市政府的规划职能和提高城市规划的质量。

2.3.7　2007 年后的区域规划与城市规划

第一批区域空间规划和 98 个新城市的城市规划战略先后在 2008 年颁布。基于这 6 个大区的 4 个区域空间规划的评估，我们不难发现这些新组建的政治相对薄弱的区域政府，利用国家有关新空间规划在内容和形式上的模糊指示，制定了非常不一样的规划（Jensen，2008），或者说是不同于之前区域规划的规划文件。另外，各区域政府也致力于发展城市政府和其他重要利益相关方在整个开发过程中的参与。

新的区域空间规划通常涉及一些跨学科议题，如“学习型区域”（learning region）[**]、“科技与网络”“全球视角”和“可持续发展”（Themsen，2008）。此外，在当今政治议程上的各种议题出现在所有新的规划中，例如，旅游业和体验经济与自然、环境、能源和气候联系在一起，乡村发展则与城乡关系联系在一起。让人欣喜的是新的区域战略规划与以往不同，它不再关注土地利用或城市形态等传统规划问题。

2009 年，“规划 09 项目”委托哥本哈根大学对城市规划战略进行评估。该评估对所有城市战略的内容进行筛选，选中代表丹麦不同类型的 8 个城市战略进行了详细的案例研究

35

* 议程设置（agenda-setting），传播学概念，指的是媒介对受众认知领域中议题的优先性顺序的影响作用。简言之就是大众媒介能够影响我们更关注哪些事情——译者注

** “学习型区域”理论又称为学习型区域发展理论，指的是综合运用经济学、社会学、经济地理学、区域经济学等学科的理论与方法，探索学习本质与区域经济发展之间的关系、知识生产与价值实现和区域发展之间的关系，阐述学习型区域发展的内在逻辑，构建完整的学习型区域发展框架的发展理论。——译者注

（Sehested 等，2009）。跟区域空间规划一样，各个城市规划战略在概念和形式上都表现出丰富的多样化。

在内容方面，这些战略规划虽然都对城市规划中的强制性议题有所体现，但不同议题在不同城市战略中的轻重分配差异很大。值得注意的是，尽管城镇政府已经承担了乡村规划的责任，但 98 个战略规划中只有 40% 的规划提及乡村发展和自然保护的议题。

此外，与区域空间规划保持一致的这些战略规划，根据各自情况反映了当代政治议程的不同方面，例如，卫生、体验经济、商业和大学之间的合作，以及城市政府各自关注的重要事件。

与第一代城市规划战略（Damsgaard 和 Rolandsen，2004）相比，2008 年的战略规划更清晰地认识到城市政府在区域背景和与丹麦其他地区的竞争关系中，所具备的实际和潜在的领土治理的作用。

8 个案例研究被归纳为 3 种不同类型的战略规划：（1）注重物质空间发展的战略规划；（2）聚焦于几个或少数城市发展议题的战略规划；（3）回应城市一切政策和战略的全面战略规划。从管理的角度来看，这三种类型的战略规划也反映了不同的城市机构组成。例如，注重物质空间发展的战略规划常被传统的土地利用规划部门操纵，而全面战略规划则是在与市长关系密切的组织和市政机构的全面管理中运行的。

另外，被研究的城市政府已经能够积极参与当地的政治活动，这与 2002 年《规划法》修订的目标相符，即城镇政府已经成功地提升其在规划进程中的政治权利。因此，在后两种类型的战略规划（聚焦型战略规划和全面型战略规划）中，政治家们较容易参与其中。相反，在这 8 个城市的战略规划中，公民和利益相关群体（例如企业）都比较难介入其中。

2.3.8 金融危机的影响

2008—2009 年的金融危机起初对丹麦的影响甚微。但后来房地产市场普遍降温，接着一些出口型工业出现了严重问题。丹麦媒体报道最多的案例是维斯塔斯公司（Vestas）决定关闭位于丹麦偏远地区的两家风力涡轮机工厂。不同政治团体利用这一决策为这些偏远地区发声：如果不想让边缘地区全面衰退，政府和国家就必须采取行动。

36

自由党 - 保守人民党政府在 2010 年提出了一项议案，建议在沿海地区和农村地区的约 30 个边缘城市实行更“自由”和更少限制的正式规划规则，包括总体规划和发展新的大型零售功能。该议案于 2011 年获得国会批准。政府认为对于经济落后的地区而言，规划本身限制了经济发展，减少规划的约束和限制有利于提高这些地区的竞争力。

然而，2011 年丹麦全国大选之后，新的社会民主党政府上台。2012 年，社会民主党政府便收回了对丹麦偏远地区放松规划管制的政策。他们声称这样做的目的是为了让偏远地区免受自由竞争之祸。因为自由原则会对偏远地区现有的运作良好的商业中心造成威胁，并且自由原则也许会危害到沿海地区的自然环境。

2.4　变化的维度和方向

2.4.1　规划目标和规划范围的转移

20 世纪 70 年代，丹麦的规划体系最初是比较全面的、整合的和以土地利用为导向的规划方法。这个体系在 20 世纪 80 年代和 90 年代也有一些渐进式的发展，但其主要原则或规划的范围没有任何重大改变。

直到 2000 年《规划法》出台，城市规划战略的概念被引入，规划体系才经历重大变化。这意味着，城市一级的规划范围已超出其传统体系所关注的协调土地利用和城市发展管理问题；它开始包含更积极主动和战略性的规划方式。尽管如此，直到 2007 年地方行政框架改革之后，城市政府的实际行动才真正改变。新合并的城市政府不得不在新的区域环境下重新自我定位。

2009 年的一项评估表明，正式的规划框架目前正以不同的方式被各个城市采用，即城市规划的性质和功能变得越来越多样化。有的城市将城市规划作为一种战略工具；有的城市仍然把它作为土地利用协调的工具；而另一些城市则把它与市政预算结合使用，作为一种内部组织工具。这种差异化的趋势在未来可能会进一步加强。5 个新的大区在 2007 年被委任编制所谓的区域空间规划时，区域层级的规划范围完全改变了。这些规划并不是土地利用规划，也没有正式的权力来协调城市政府或其他公共机构的规划活动。新的区域空间规划的作用相当于在广义上对该区域的发展作出设想和启发，例如在全球化和区域竞争等议题方面发挥作用。 37

国家规划在 2007 年以后的变化有着两种截然不同的特点。首先它保持着非常传统的物质功能模式，例如 2009 年的国家规划报告中涉及的首都区域规划《2007 年手指规划》；其次，它寻求合作的意向也很明显，例如中央政府与关注未来区域发展的区域增长论坛达成的合作协议，还有“规划 09 项目”倡议国家规划机构与一家私人基金会合作以加强城市规划。

2.4.2 权力下放和重新集权

20世纪80年代甚至90年代，规划权力与任务从国家层面下放到区域和城市层面。丹麦这三个规划层次的关系基本上保持不变：中央政府保持调节和监察功能；区域和城市层级负责编制详细规划。

以前区域规划必须获得中央政府的批准，所有城市规划又必须获得区域政府的批准。而现在的规划不需要上级批准，只是如果城市规划与国家或区域的规划相矛盾，后者对下一级规划有否决权。只有各级规划之间出现重大偏差时，否决权才生效。

区域政府一般只会在如下几种情况下提出否决意见：城市的新区开发违反自然区域保护，国家利益没有得到保护，或者环境承载力未得到尊重（例如新的污染或噪声活动及其范围的扩大）。

城市规划在20世纪90年代出现了一定程度的重新集权。这使中央政府重新引入了一种方法，该方法依赖于区域和城市高度详细的、自上而下的规划管理。零售规划以及国家强制城市政府每4年更新一次城市规划就是典型的例子。

2007年的地方治理改革过程既体现了权力下放也体现了重新集权。一部分规划权力和任务从各郡转移到城市政府；另一部分规划任务则由郡转移到国家。例如，国家接管了沿海区域规划、《欧盟水框架指令》（EU Water Framework Directive）的实施和首都区域总体规划的责任。

2.4.3 参与者和权力关系的变化

20世纪70年代和80年代，中央政府无论是在正式的还是非正式的层面都发挥着重要作用。在正式层面，中央政府为区域规划和城市规划提供详细的规划编制指引；在非正式层面，中央政府通过非法定指引为规划形式和规划工作方法提供参考和帮助。

38

20世纪70年代，公共规划话语由专业人士和学者主导。公众参与，特别是公众参与的潜力是否得到充分发挥的议题经常出现在公共讨论中。20世纪80年代初开始，由地方政客和主要市政公务员引导的规划体系所产生的官僚主义受到越来越多的批评。

城市政府起到更加积极的作用的同时，丹麦城市协会所扮演的角色也愈发重要。它一方面在与中央政府就新的国家举措进行谈判的过程中扮演着正式的利益相关者的角色；另一方面在有关规划讨论中（尤其是涉及城市规划的限制议题）扮演着批判区域政府和中央政府的角色。这一角色在20世纪90年代后期和2000年达到高潮。2000年，首先零售规划立法发生改变，后来城市规划故步自封，使得城市规划战略理念被引入规划立法体系。

零售规划这一案例显示出多方参与者参与到规划实践中。然而，负责空间规划的部长和国家空间规划机构（National Agency for Spatial Planning）仍占了主动地位。这时，中央政府得到了以个体店主和消费者组织为代表的商会的支持，但遭到了城市政府的反对，尤其是丹麦城市协会和大型零售连锁机构的反对。这一规定在不同的党派间展开了讨论，但在当时，部长有权力和意愿来对城市零售规划进行详细、自上而下的监管。国家层级的行动结果之一是城市政府尤其是其相关机构的话语更加积极和野心勃勃。

第二个案例是关于城市规划的改革问题以及城市规划战略的引进。对此，部长方面采取了一种较为包容的态度，而丹麦城市协会则设法让当地政客和首席规划师参与其中，以使这一进程获得比较广泛的共识。

丹麦城市协会日益增长的影响力和日益积极的态度以及国家比较包容的态度被解释为社会民主党少数派政府在当时遇到了严重的经济问题，需要就公共财政这个问题与城市政府达成共识。而 2001 年以后，城市政府因为政治制度的转变至少在一段时间内很快失去了影响力。

零售规划法案的改变体现了一种自上而下的规划模式 / 风格，因为在这个过程中废止了城市政府的权力，由此产生的法规与城镇政府自我角色定位相矛盾。有关城市规划战略相关法规的变化体现的则是一种自下而上的规划风格，或者更确切地说是多层次的治理方式，城市政府对最终结果有相当大的影响力。这个过程使得规划体系可以根据不同地方政府的需求和差异得到不同的诠释，从而增加地方政府参与规划过程的机会。同样值得注意的是，这两项改革是在同一届政府任期内实施的，所以这两种不同的风格同时存在。

39

在 2007 年之后，区域政府失去了空间规划的权力；城市政府拥有相当可观的规划事权，因而成为空间规划最重要的参与者。首都哥本哈根的情况有所不同，中央政府承担了总体空间规划以及土地利用和基础设施规划的协调责任。中央政府起草了《2007 年手指规划》并与其他两个大区的城镇政府建立了伙伴关系，以拟定未来的城市和交通基础设施发展愿景。但是，中央政府将这些活动限定在一种狭窄且相当静态的土地利用规划模式中，而不包含其他更具战略性和重要的空间发展问题。

此外，利尔达尼亚私人基金会的作用也越来越重要，这有助于城市规划质量的发展。它所起到的作用通常是传统制度下中央政府应该承担的。除了非营利活动，利尔达尼亚也直接投资城市开发项目。这意味着基金会具有非常强大的地位和双重作用：一方面提高城市环境的质量；另一方面保证投资的良好回报。

2.5 结论

本章主要讨论了 1990 年至 2010 年期间丹麦规划体系在法律和制度上的改革，包括规划的工作范围、规划工具和不同层次的参与者。此外，本章还关注由这些变化引发的讨论和话语。

直到 2000 年，丹麦的规划体系演变具有高度的连续性，传统的综合土地利用体系因得到了战略性规划方法的补充而更具多样化。2007 年后，丹麦的 14 个郡合并成 5 个大区，区域政府摆脱了传统的土地利用协调者的角色；城市政府保持了传统的规划方法，但同时也越来越多地寻求新的伙伴关系概念。

如前所述（参见第 2.3.8 节），2011 年春季通过了一项法案，规定城市政府在其周边地区可以使用更为“自由”的、限制较少的正式规划规则。这意味着规划法案在 98 个丹麦城市的实践中延伸出三种不同形式：一种是在首都区域，国家协调城市规划；另一种是在边缘城市，在沿海地区扩大发展的可能性与在各地新建零售中心的自由；第三种则是在丹麦全国范围内的其他地方。这一变化与 2007 年行政改革的结果是，《欧盟空间规划体系与政策纲要》（1997）所描述的逻辑连贯的规划体系在 14 年之后已经完全变样。这一过程可以看成一种分权和重新集权同时发生的过程，中央政府和城市政府获得了权力，但区域政府失去了空间规划的影响力。此外，中央政府让位于利尔达尼亚基金会，缩小其对城市规划中定性内容的影响。对于城市政府来说，新的机遇和可能性意味着规划所体现出的高度政治利益，以及城镇政府在规划的布局、规划内容和规划实施方面存在巨大差异。

总的来说，丹麦的空间规划体系在过去的 20 年里变得更加破碎，也更多样化。在此期间，丹麦的规划演变所依托的经济、社会和政治背景都发生了巨大变化。相应的，规划所面临的挑战和机会，以及参与主体的价值观和心态都不可同日而语。

注释

1. 空间规划的定义繁多。最早的定义来自 1983 年由负责区域规划的欧洲部长会议通过的欧洲区域 / 空间规划宪章（European Regional/Spatial Planning Charter，通常称为“Torremolinos Charter”）[有关空间 / 区域规划的欧洲委员会部长会议（CEMAT），1983：13]：“区域 / 空间规划为社会的经济、社会、文化和生态政策提供地理上的表达。它同时是一门科学、一项行政技术和一项政策。它作为一种跨学科和综合的方法，旨在依据一项总体战略，实现区域发展和物质空间组织之间的平衡。”

2. 委员会有 8 名成员，3 名来自国家一级，3 名来自丹麦城市协会，1 名来自丹麦郡协会，另一名来自哥本哈根市政府（哥本哈根市政府当时并不是丹麦城市协会的成员）。丹麦城市协会任命他们的执行董事、一个部门主管和一个大城市的市长作为他们的代表，而丹麦郡协会则任命了一个没有任何官职的公务员作为该组织的负责人。

3. 拥有 5 万居民的博恩霍尔姆岛成为首都地区的一部分，但在区域发展政策方面，它保持了自治地位。

参考文献

CEMAT – Council of Europe conference of ministers responsible for spatial/regional planning. (1983). European Regional/Spatial Planning Charter. Retrieved from www.coe.int/t/dg4/cultureheritage/heritage/cemat/versioncharte/Charte_bil.pdf.

Damsgaard, O. and Rolandsen, S. E. (2004). *Plansystemet, hvordan virker det?* Copenhagen: Realdania Medlemsdebat.

Danish Ministry of the Environment. (1995). *Spatial Planning in Denmark* (p. 9). Copenhagen: Ministry of the Environment, Spatial Planning Department.

Danish Ministry of the Environment. (2007). *Spatial Planning in Denmark*. Copenhagen: Ministry of the Environment, Spatial Planning Department.

Dansk Byplanlaboratorium. (2009). Refleksioner over foslag til Landsplanredegørelse 2009. Retrieved from www.byplanlab.dk/?q=node/395.

European Commission. (1997). *The EU Compendium of Spatial Planning Systems and Policies, EU Compendium No 28*. Brussels: European Commission.

Gaardmand, A. (1993). *Dansk Byplanlægning 1938–1992*. Copenhagen: Arkitektens Forlag.

Indenrigs- og Sundhedsministeriet. (2004). *Aftale om strukturreformen*. Copenhagen: Indenrigs- og Sundhedsministeriet.

Jensen, J. U. (2008). En ny plan og en ny samarbejdsmodel. *BYPLAN NYT*, *2*, 4–7.

Kommunernes Landsforening. (1998). *Forenkling og fornyelse på planområdet. Oplæg til debat med kommunerne om kommunernes fremtidige udvikling*. Copenhagen: Kommunernes Landsforening, Kontoret for Tekinik og Miljø.

41

Miljø- og Energiministeriet, Landsplanafdelingen. (1996). *Detailhandelsudvalgets rapport*. Copenhagen: Miljø- og Energiministeriet, Landsplanafdelingen.

Miljø- og Energiministeriet, Landsplanafdelingen. (1999). *Strategi og kommuneplanlægning. Rapport fra Udvalget om fornyelse i kommuneplanlægningen*. Copenhagen: Miljø- og Energiministeriet, Landsplanafdelingen.

Miljø- og Energiministeriet, Landsplanafdelingen. (2000). *Udviklingen i region-, kommune- og lokalplanlægningen for detailhandelsstrukturen*. Copenhagen: Miljø- og Energiministeriet, Landsplanafdelingen.

Miljøministeriet. (2007). *Forslag til Fingerplan 2007. Landsplandirektiv for hovedstadsområdets planlægning*. Copenhagen: Miljøministeriet, Skov- og Naturstyrelsen.

Miljøministeriet (2009). *Forslag til Landsplanredegørelse 2009*. By- og Landskabsstyrelsen.

Miljøministeriet/Realdania. (2009). *Udvikling af Plankultur I. 27 kommunale eksempler*. Copenhagen: Plan09.

Sehested, K., Groth, N. B. and Caspersen, O. (2009). Evaluering af kommuneplanstrategier: notat 3: casebeskrivelser – tværgående analyse – konklusion. *Arbejdsrapport Skov and Landskab*, 63/2009. Copenhagen: Skov and Landskab, Københavns Universitet.

Strukturkommissionen. (2004). *Strukturkommissionens Betænkning*. Copenhagen: Strukturkommissionen.

Themsen, B. (2008). RUP og stub. *BYPLAN NYT*, *2*, 10–13.

Von Eyben, W. E. (1977). *Dansk Miljøret*. Copenhagen: Akademisk Forlag.

延展阅读

Galland, D. and Enemark, S. (2013). The shifting scope of spatial planning: assessing the impact of structural reforms on planning systems and policies. *European Journal of Spatial Development*, *52*.

Olesen, K. (2010). Danish strategic spatial planning in transition. 24th AESOP Annual Conference, Finland. Retrieved from http://vbn.aau.dk/files/43876932/Danish_strategic_spatial_planning_in_transition_Kristian_Olesen.pdf.

The Danish Nature Agency. (2007). Spatial planning in Denmark. Retrieved from www.naturstyrelsen.dk/Planlaegning/Planlaegning_i_byer/Udgivelser_og_vejledninger/Udgivelser/Udgivelser.htm#andre_sprog.

第3章　芬兰规划体系的最新发展——以万塔市为例

42

沙里·希尔沃尔-坎托拉，赖内·门蒂萨洛

本章目标

本章节的目标是：

- 表明1958年建立的芬兰土地利用规划体系大部分得以保留，但在战略性土地利用规划方面有诸多重大变化；
- 阐明地方政府（城市政府）的决定性作用已得到强化；
- 说明芬兰的土地利用规划体系的关注要点已经从规划实质转向规划过程；
- 结论：为了加强可持续性发展，制度改革、跨部门规划工具的优化和整合、对城市和区域发展进行双向评估和持续监测以及相关的可持续性衡量指标都是十分必要的。

3.1　引言：芬兰规划体系的发展轨迹

本章介绍了芬兰规划体系的发展演变、有关立法的变化和讨论、规划工具的运用及其与规划意识形态的结合、国家政治背景和经济机遇。

作为一项可行性研究，本章回顾了万塔市（Vantaa）过去50年规划演变的历史（Hirvonen，2005，2007），以及万塔市整合规划的实践。这个城市从农村社区发展成为赫尔辛基大都市区（HMR）不可分割的一部分。伴随其变化的还有城市规划体系，虽然它所附属的赫尔辛基大区是芬兰唯一的大都市区（具有一定的特殊性），但这并不影响其规划体系作为一个具有代表性的案例。本研究通过对关键文献的调查，阐述了规划体系的发展，并进一步解释对可行性研究的结果。

我们主要关注过去20年的变化轨迹，对再之前的发展轨迹稍有着墨。在回顾了芬兰的规划体系之后，以其当下面临的挑战及未来的发展方向作为结束。

芬兰规划体系大概可以分解为四个发展阶段：建立区划制度、建立规划等级体系、土地利用协议制度的出现，以及服务系统的权力下放。 43

3.1.1 区划制度的建立

区划制度的创建是为了在功能主义的原则下构建规划。首都周边的城市经历了严重的蔓延，对私有土地的划分/区划就变得十分必要了。独立的城市当局终于在1968年从实质上获得了规划自主权，但它的法律依据是1932年的《城镇规划法》(城市住区法1931/185)。区划制度的建立在第二次世界大战后十分有必要，一方面因为芬兰需要安置大量的退役军人;另一方面因为芬兰也经历着从农村社区进化为城市化国家的结构性转变。

在这个阶段，万塔的城市规划机构只不过是农村和无规划郊区发展的旁观者。技术发展的需求推动了规划发展。一些规划师试图控制荒地，为社区带来一些专业知识，以配合由首都赫尔辛基为首的区域合作规划组织。其目的是支持当地的产业政策和规划市政工程(Hirvonen，2007)。

3.1.2 规划等级的建立

等级制的政治控制体系是为了实现理性主义规划而建立的。国家规划始于1956年，也就是国家规划机构成立那一年。规划最初只关注土地利用，但其逐渐扩大到包括教育、工业、交通和社会规划在内的各个领域，即与社会发展相关的领域。社会规划体系建立初期，1958年的《建筑法》[建筑法案(Rakennuslaki)1958/370]就已经建立了等级制的城市规划体系:强大的中央政府掌舵以及总体规划指导详细规划。在20世纪六七十年代，这个理性主义和等级化的体系被认为是为了传达北欧社会民主福利国家的超级意识形态而存在的(Vuorela，1991:100，102;Haimi，2000:171)。

实施方法包括土地利用规划、经济规划和其他受到经济监督的专项规划(Vuorela，1991:101—103;Haimi，2000:157)。理性主义规划并未运用于所有的部门，它们只在城市规划和土地利用规划中得到运用(Haimi，2000:254)。规划工作也是分层次组织的。城市政府主要关注政治家设定的目标规划。1977年至1995年间，《市政法》(Kunnallislaki 1976/953)要求地方政府至少编制为期五年的城市规划(Haimi，2000:172)，以此与土地利用总体规划相协调(Airamo和Permanto，1997:62)。1958—2000年期间，土地利用规划直接由中央政府监督。区域规划、城市总体规划以及大部分详细规划，必须先得到内政部批准，再递交环境部批准。

《建筑法》(Rakennuslaki 1958/370)的改革始于20世纪70年代早期。这是因为等级制的理性规划核心议题是土地政策。明确的城市土地政策被认为是区划制度成功的先决条件(Vuorela，1991:101，104)。在芬兰，土地所有者在是否开发自己的土地问题上有绝对的话语权（Jauhiainen 和 Niemenmaa，2006：19），之前改变这种传统的尝试都遭到了反对。

同时，万塔的村镇规划师做了一切可能的尝试。他们优先考虑现有的城市结构。在经历了一段快速城市化过程后，集约的城市发展方式（避免城市结构蔓延）到了 20 世纪 70 年代中期逐渐被接受。这些目标其实非常难以实现，因为它会涉及万塔极为关注的平等议题（退休副市长 Seppo Heinänen，2004 年 10 月 20 日，引自 Hirvonen，2007：111）。由于土地所有权的不确定性（尤其在农村地区），总体规划直到 1987 年才被批准（名誉教授 Kaj Nyman，2004 年 11 月 9 日，引自 Hirvonen，2007：76）。尽管《建筑法》早在 1958 年就已确立总体规划的地位，但直到 20 世纪 70 年代，芬兰也没有几个获批的总体规划（Hirvonen，2007：115）。

3.1.3　土地利用协议制度

1964 年出台了一项非正式的土地利用协议制度，该制度旨在为新开发地区的公共基础设施提供资金，这也是资源稀缺型的城市能够管理人口增长的先决条件。1960 年，未经批准的土地租让是被禁止的；而在 1966 年以万塔行政中心命名的《蒂库里拉法》（Lex Tikkurila）规定，村镇有权在未得到中央政府的许可或命令时编制详细规划（Hirvonen，2007：65）。

地方政府与建筑公司就郊区住宅区的规划和实施进行协商合作，土地利用协议在 20 世纪 60 年代的芬兰颇受欢迎。现今建筑公司通常大片收购迅速扩张的城市周边的乡村生地。推动开发商、承包商和地方政府共同达成土地利用协议的基本动力是一样的。开发商和承包商依赖于当地政府的规划目标，因为地方政府持有规划垄断权。另一方面，地方政府因依赖开发商的财政支持而与其达成协议。而且通过土地利用协议，地方政府在未购买土地的情况下仍有权规划该地区。

3.1.4　服务系统的权力下放

当前规划体系发展轨迹中的第四阶段是服务系统的权力下放，这是在多元主义和渐进主义的框架下实现的。在芬兰，理性主义因实践不足而受到批评（Vuorela，1991：108）。中央政府主导的社区总体规划也告一段落。重大变化发生在 1993 年，当时财政体系变革，城市政府开始自负盈亏（Moisio，2002）。权力的下放，使得地方政府在土地利用规划方面拥有了更多的决策权，地方政府获得审批地方规划的权力。中央政府的监督集中在明确的战略性问题上（Vuorela，1991：114—115，参考 Ympäristöministeriö，1988：33）。早在 1989 年，当“自由社区试验”（Free Commune Experiment）启动并招募成员时，万塔就抓

45

住机会批准自己的详细规划（Vuorela，1991：124）。它吸引规划师为这个不完整的系统服务（Hirvonen，2005）。2000年颁布的《土地利用和建筑法》（Land Use and Building Act，LBA，Maankäyttö-ja rakennuslaki 1999/132）进一步强化了城市政府对其土地利用规划的权力。详细规划和总体规划现在由市政府自己批复，而不必交中央政府审议。

审批程序中的权力下放强调了城市规划为利益相关者服务的功能（Vuorela，1991：109）。在经济繁荣时期，这一点表现得尤为明显，而且投资者驱动的规划项目在万塔出现；20世纪90年代初的规划经验强调了透明度的必要性。此后，关于利益相关者参与规划立法的讨论一直很激烈，新的《土地利用和建筑法》更注重规划互动方法。

3.2 芬兰的规划体系

当前的芬兰空间规划体系是以土地利用规划为基础的规范性和多层次的系统。《欧盟纲要》（EU Compendium）将芬兰的规划体系定义为全面/综合类型。该国最重要的法律《土地利用和建筑法》（LBA，Maankäyttö-ja rakennuslaki 1999/132）控制土地利用、空间规划和开发。1958年建立的土地利用规划制度基本被延续下来。它一直是一个功能主义和理性主义的等级体系，其中总体规划指导详细规划，并且旨在制定具有法律约束力[1]的规划以监督开发和规划的实施。

20世纪90年代以来，规划体系中国家层级的规划已经彻底被改变。等级森严的行政体系及治理方法更注重生产效率。中央政府只在某些事务上较为活跃，而在其他事务上，它将权力移交给地方一级政府（Jauhiainen和Niemenmaa，2006：165）。在环境议题上，欧盟则掌握主要话语权（Jauhiainen和Niemenmaa，2006：165）。

负责区域发展的法定机构是18个区域议会。它们都是间接政治选举（politically elected）产生的。唯一的特例是卡依努（Kainuu）区域委员会，它是2005—2012年间唯一直接选举（directly elected）产生区域议会的地区。这一实践经验将为芬兰其他地区的区域城市行政管理提供参考（Suomi.fi编辑组和国库，2012）。区域议会在协调欧盟结构基金方案（EU Structural Fund）方面发挥了重要作用，这些方案对于芬兰北部和东部人口稀少和边缘地区的生计，以及遭受经济转型的贫困城市地区至关重要。

46

3.2.1 土地利用规划的层级

芬兰并没有国家层级的规划。政府制定《国家区域发展目标》（National Regional

Development Targets）并以此明确《区域发展法案》（Regional Development Act）的目标（Laki alueiden kehittämisestä 2009/1651），以及确定了中央政府任期内的区域发展措施的优先等级。这个决定旨在加强区域竞争力，确保区域在开放的经济中有效运作；确保基础设施和服务水平，并建立一个保证芬兰全国经济和就业更顺利发展的区域结构。政府还制定了具有指导性的《国家土地利用指南》（National Land Use Guidelines）。这些指南在芬兰全国范围内影响着土地利用政策；涉及区域和城市结构、生活环境质量、通信网络、能源供应、自然和文化遗产以及自然资源的利用（Ympäristöministeriö，2009b）。

编制《国家土地利用指南》的原因是，以前国家层级的规划目标在通过区域土地利用规划转译到地方规划时往往是缓慢且不充分的（Puustinen 和 Hirvonen，2005：62；Ympäristöministeriö，2009b）。《国家土地利用指南》的核心目标之一是赫尔辛基—万塔机场与区域通勤铁路网的连接。尽管如此，从 20 世纪 90 年代初到 2009 年，万塔市不得不等待其历史上最大投资项目的决策，即连接赫尔辛基—万塔机场、邻近的阿维亚波利斯（Aviapolis）商业零售区大量未来住宅区的铁路环线，并将其与赫尔辛基通勤铁路网相连。

实际的土地利用规划工具就层级顺序而言包括区域规划、总体规划和详细规划（表 3.1）。以上三者都具有法律约束力，只有总体规划在这方面有一定的机动性。当一项具有法律约束力的土地利用规划得到审准时，它就取代了该地区的较高层次的规划。

芬兰的土地利用规划体系　　表 3.1

	规划主体	规划工具	法律效力
国家层级	中央政府	国家土地利用指南	咨询性
区域层级	区域议会	区域规划	具有法律约束力
地方层级	市议会	选择性的联合总体规划	咨询性 / 具有法律约束力
		总体规划	咨询性 / 具有法律约束力
		详细规划	具有法律约束力

区域规划旨在指导地方层级的土地利用规划。它对调整国家、区域和地方的目标具有特殊意义。但是，区域规划却对城市规划的影响微乎其微（例如 Puustinen 和 Hirvonen，2005；Jauhiainen 和 Niemenmaa，2006：83；Koski，2007；Sairinen，2009：277；Ympäristöministeriö，2009a；Mäntysaloet 等，2010）。

城市政府编制自己的土地利用规划（总规和详规），审批权交由当地市议会。毗邻的城市也可以选择起草联合总体规划。这种联合总体规划就必须得到区域委员会或各城市共同建立的联合机构的批准，然后才由环境部审批。总体规划可以覆盖全部或部分市域范围，

47

也可以涵盖多个市域。地方总体规划通常具有法律约束力，它们决定各市的整体土地利用框架，从而为地方的详细规划提供指导。

详细规划通过明确建筑所有权、效率、规模、细分功能和土地归属权等信息来规范开发实践。详细规划的规划范围既可以涵盖整个住宅区，也可以只涉及单一地块。规划的编制可由土地所有者和城市政府牵头组织。投资者和环境部则期待加速详细规划的编制。

3.2.2 正式的规划等级受到挑战

芬兰的规划实践很少符合正式的规划等级。各个项目似乎都违背了较高规划层级确定的战略指引。项目导向的规划与战略用地规划之间的冲突不计其数（如 Tulkki，1994；Vesala，1994；Jauhiainen，1995；Mäenpää 等，2000；Rajaniemi，2006；Mäntysalo，2008）。冲突在某些情况下会导致主要管理者与其相关部门之间的分歧。通常规划部门会捍卫正式的规划层级，而建筑和房地产部门则更推崇项目驱动的开发（参见 Tulkki，1994；Mäenpää 等，2000 年；Rajaniemi，2006）。

项目驱动的开发在万塔市随处可见。例如 1989 年环境部限制一个商场的总建筑面积在 45000 平方米这个数字，后来它被解释为实际店铺的面积，从而使建筑物的总建筑面积变得相当大（Hirvonen，2007：149—151）。这个商场就是当时芬兰第二大购物中心 Jumbo，这在当时也是一个突破总体规划的案例。

3.2.3 土地所有者的权利

土地所有者的权利在《土地利用和建筑法》中得到了非常好的保护。在各个规划层级上，规划要求任何开发都要避免对土地所有者造成不合理的伤害。而且，土地所有者有基本的建筑权——这是一个用于规划的概念，尽管芬兰的规划立法一般不使用或直接提到这个概念，但它会一直有效。

基本建设权大多被解释为土地所有者在农村和人烟稀少的地区建设独立住宅的权利。如果法定土地利用规划或建筑规范没有特别限制，那么芬兰的土地所有者有权在自己的土地上建设。这与欧洲其他国家的情况形成鲜明对比。例如在丹麦和瑞典，这种权利的限定刚好相反：只有法定的土地利用规划或高层级的特别许可，才对土地所有者开放不可逆建设和改变土地利用方式的权利。芬兰的基本建设权是通过社会的整体责任体现的，即在丧失这项权利时可以得到赔偿。除了当地的详细规划，这一责任在地方法定总体规划和区域土地利用规划中也有所体现，这些规划本身是建筑许可的基础（芬兰规划体系，2007：23）。

3.2.4　公众参与的理想模式

虽然土地所有者的基本建设权只在《土地利用和建筑法》中被提到，但该法案的基本目标中大胆地宣称了公共领域的理想："每个人都有权参与规划编制的过程；如果得到了专家的全面咨询并且对有关事项保持信息公开，则规划体现了高质量和互动性"（《土地利用和建筑法》1 §，2. Mom.）。规划过程中的参与者范围已经扩大，公众参与的需求也很高。规划部门必须公布规划信息，以便相关利益群体能够做到遵循并影响规划流程（《土地利用和建筑法》62 §）。在启动新规划的编制时，公众参与和评估都必须提上议程并向社会公布。议程包括公众参与和互动程序以及规划影响评估过程（《土地利用和建筑法》63 §）。

3.3　问题与挑战

芬兰面临的基本挑战包括经济结构调整（去工业化和全球化）、国内经济差距、维护和发展基础设施与公共服务的资金来源，以及人口变化（如人口老龄化以及新移民所带来的问题）（Jauhiainen 和 Niemenmaa，2006：269）。在下面的章节中，我们将集中讨论当下与芬兰规划体系有关的一些问题，这些问题引起了很多争议并亟需采取各种纠正措施。

3.3.1　制度上的歧义

芬兰的土地利用规划体系旨在制定促进城市和区域发展的法定规划。规划被认为是战略性的，但是不同层次、部门、规划与政策工具之间缺乏协调。门蒂萨洛和罗伊尼宁（Mäntysalo 和 Roininen，2009）认为城市开发越来越复杂且多元化，因而理解这种复杂性和多元化是指导城市发展的先决条件。我们需要一个重大的改变。城市开发工作需要自上与自下两个方向的指导，需要更全面和跨部门的治理（Mäntysalo 和 Roininen，2009：76）。经济合作与发展组织（简称经合组织，OECD）也批评芬兰的部门规划太过强势（Lau，2010），尽管政府主导的综合规划是发展目标，国家层级的部门规划系统仍然强大（Haimi，2000：161，169—170）。部门专项规划之间缺乏一致性；他们服务于不同的目的和领域，而且规划时限也不一致。例如已有的区域政策规划和渔业专项规划（Haimi，2000：170）。

除了法定规划工具之外，新的战略工具和项目工具也有所发展，且它们更适合在网络化的城市结构中运作（Jauhiainen，2012）。总体规划被简化为静态的区划，而这使得综合分析和评估的要求负担沉重。城市开发被拆分成一个个项目（Wallin 和 Horelli，2009：112），例如到 2006 年为止最重要的城市政策项目“2000—2006 年城市二期”（Urban II），这个项目包含了万塔市。但这些规划工具无论如何都应当作为一个整体加以处理（Jauhiainen，2012：37）。如果忽视具有规范作用（的规划工具）和具有经济指导作用的规划工具的整合，制度上的歧义就显现出来了（Mäntysalo 和 Roininen，2009：76；Bäcklund 和 Mäntysalo，2010；另见经合组织，2005；Jauhiainen 和 Niemenmaa，2006：222）。

49

与其他一些城市一样，万塔已经启动了为期 10 年的土地利用规划实施评估项目。该项目比经济规划时间长，以土地利用规划目标、规划带来的机遇、部门目标、资源和持续监测为基础。如果所有因素都要调整，至关重要的是控制影响土地利用的项目。但是，区域规划并未配套规划的实施评估项目（Laitio 和 Maijala，2010：18）。

3.3.2 城市外围的购物中心

万塔历史上所有的总体规划都在土地利用方面考虑到了其对于国际机场、国家高速公路和城市产业政策的战略依附关系。1976 年的一个政治决定引发了一项规划事件：一家大公司规划并成功地争取到在 E18 高速公路和三环的交界处开发一个商业中心。[2] 土地所有者运用美国购物中心的概念（退休的总规划师 Vappu Myllymäki，2004 年 11 月 24 日，引自 Hirvonen，2007：175），计划先建立一个购物中心，然后建住宅区。Jumbo 项目为多中心结构的万塔市成就了一个新中心，然而其周边的城市肌理尚未准备就绪。Jumbo 项目于 1999 年开业。在后来的 2007 年总体规划中，万塔市开发了控制不同类型零售的方法。

不幸的是，Jumbo 项目在芬兰并不是特例。最近的一项调查显示，大型购物中心的发展趋势令人担忧，城市核心区外围的大型购物中心的发展在近期的战略区域规划中都有体现（Ympäristöministeriö，2009a）。地方政府的利益往往与更广泛的城市区域的结构功能和可持续发展的观点冲突（参见 Mäntysalo 等，2010）。在环境部近期的调查问卷中，地方政府对大型商业项目采取的特立独行的行为成为战略性土地利用规划的关键问题之一（Maijala，2009）。环境部的报告指出芬兰区域规划在指导商业开发方面相当被动（Koski，2007）。然而，区域规划中关于商业开发的准则很好地传递给了城市规划所获得的积极评价，使之前的批判观点黯然失色（Koski，2007：26）。事实上，区域规划往往缺乏适当的区域视角，其只是或多或少地被动反映地方政府的规划意图。地方政府通过其在区域委员会中的代表，共同决定区域准则来管理自己的城市规划。作为一个联合机构，区域委员会毕竟只是附属于其成员城市。

这类开发激起有关控制大型零售项目的激烈讨论，环境部也加大了政策力度。环境部于 2008 年提名了一个专门的委员会制定纠正措施。该委员会提议修改《国家土地利用指南》（National Land Use Guidelines），将有关服务网络的区域研究纳入其中。此外，它还建议最大的零售项目应该进入环境影响评估程序（Ympäristöministeriö，2009a：9—10）。《土地利用和建筑法》修正案于 2011 年 4 月 15 日生效（71 § ），它限制核心城区外围的大型零售项目建设。

50

3.3.3　城市区域间缺乏规划协同

邻近城市之间大型购物中心项目的竞争凸显了城市间规划合作的不足，这可能会加剧城市结构的碎片化。芬兰城市蔓延的加速（例如 Ristimäki 等，2003；Ristimäki，2009）造就了一个术语“fennosprawl”（Ylä-Anttila，2007），这意味着其城市密度更接近澳大利亚和北美洲的情况，而不是欧洲国家（Newman 和 Kenworthy，1998；Kosonen，2007：81）。

尽管各城市尝试过战略协调，但它们仍然关系紧张，尤其在土地利用方面（参见 Sjöblom，2010：257）。芬兰首都赫尔辛基拥有丰富的土地资源和庞大的城市规划机构，在城市引导土地利用政策方面与相邻城市（包括万塔）差别很大。万塔受到其悠久的乡村历史的影响，土地资源较少，且奉行土地所有者主导的政治文化。管理增长的能力一直是保障城市独立性的重要政治条件。1946 年，万塔的村镇因无法应付郊区规划，无奈将其三分之一的面积交付赫尔辛基。自那以来，万塔市就一直在推动区域合作，因为合作是城市兼并的有利选择（Hirvonen，2007：84—85）。万塔市的竞争力也反映了区域在日益增长的人口、税收和社会融合方面长期不平等的问题。作为赫尔辛基的小兄弟，万塔市想要和首都一起发光、发亮（参见 Mäenpää 等，2000：190；Kivistö，2011）。

当今，各城市都在为国家的基础设施拨款以及不同地区的大型项目竞争。万塔主要的城市结构是在 20 世纪 50 年代形成的。自 20 世纪 90 年代后期，其对建筑环境改造和更新的需求越来越高，例如改造学校和技术基础设施（主要分析人员 Raila Paukku，2004 年 12 月 9 日，引自 Hirvonen，2007：185）。这有助于万塔市在吸引企业、零售商和所谓的优质纳税人等方面提升竞争力（如 Jauhiainen 和 Niemenmaa，2006：264）。

城市之间在投资和移民方面的竞争导致了城市扩张的加剧。万塔的工业区和居住区是完全分开的，这使混合用地规划变得复杂（总规划师 Matti Pallasvuo，2005 年 1 月 14 日，引自 Hirvonen，2007：190）。万塔最大的工业区受到飞机噪声的影响，因此政界人士一直不愿意支持该地区的住宅填充计划，如 K2 土地利用规划（2004 年提出）。[3] 不过在 2007 年的总体规划中，万塔市选择了现有的严峻的密质化 / 紧缩城市结构而非预留新的开发区域。51万塔市虽然质疑以首都为中心的指状模型，但还是选择了在维持赫尔辛基大都市区结构基础上建立以生活社区为支点的多中心网状城市结构。[4]

中央政府出台的《土地利用和建筑法》修正案《首都地区总体规划》[§46a（2008/1129)]，指定赫尔辛基大都市区的四个核心城市 [赫尔辛基、埃斯波（Espoo）、万塔和考尼艾宁（Kauniainen）] 编制联合总体规划，但没有规定编制的最后期限。环境部最近发布的关于大都市区治理的研究（Tolkki 等，2011）得出结论，土地利用规划和交通协调应该涵盖芬兰南部更多城市。

城市间合作问题在芬兰其他跨城市地区同样存在，只是程度不同而已。这与赫尔辛基大都市区情况类似。《帕拉斯法》(Paras Act)(2007/169）启动了城市服务结构改革，旨在将小城市联合起来以减轻市政服务职能的经济负担，尤其是在卫生和社会服务部门。在城市地区，该法案推动各城市加强战略规划合作，尤其是整合土地利用、住房和交通运输。然而在地方层面，城市地区的融合和战略规划合作意愿较弱（Haveri，2006；Sjöblom，2010：258）。各地的政治、制度和经济模式继续维持现状。例如，上班通勤区通常包括几个城市，每个城市都依靠税收并实行自己的产业政策。因此，《帕拉斯法》的实施受到质疑。它很可能仅仅被转译为城市地区间的战略性联合规划，但不能解决城市之间对企业和居民的恶性竞争（Mäntysalo 等，2010）。

2011 年 5 月，议会选举的新政府已经开始筹备一项新的《结构法》(Structure Act)，以取代《帕拉斯法》。对于大、中城市地区，其目的是将各城市合并起来，并废除之前各个城市之间建立的包括社会和医疗服务在内的各种合作安排 / 设置。涉及新城市联盟方案的《结构法》于 2012 年 11 月向公众征求意见（Valtiovarainministeriö，2012）。新的《结构法》受近期的经济挑战驱动，并激发了关于基础服务的政治基础以及关于芬兰各个城市职能重组的深刻讨论。

3.4 改革尺度和方向

区划只是土地利用规划的一部分。各个城市的战略规划和土地政策对土地利用规划的实施状况具有关键意义。这不仅包括规划体系，还包括规划实践（Puustinen 和 Hirvonen，2005：62，64）。万塔市经历了一个繁忙的时代，在此期间，它试图以极少的规划和实施资源干预 / 吸收大规模的增长，采用补充性和非正式的规划工具管理增长，维持机构的自主权，并获得赫尔辛基大都市区公认的全球商业区的地位。

3.4.1　更多地运用互补的、非正式的规划工具

非正式的规划工具是建立在 1964 年土地利用协议出台以来，万塔市极力倡导的公私合作伙伴关系的基础上的。自 20 世纪 70 年代以来，各城市一直推荐并授权利用法律工具配合土地政策。然而万塔市虽然仅拥有 35%的土地所有权[5]，却在土地利用协议中处于先驱地位（业务发展总监 Leea Markkula-Heilamo，2004 年 12 月 10 日，引自 Hirvonen，2007：196），并通过这种方式达到了相同的结果（退休的办公室主任 Veikko Heino，2004 年 11 月 18 日，引自 Hirvonen，2007：138）。在项目开发繁忙时期，万塔市要求开发商—承包商制定详细的社区规划以保证其建筑环境的质量。后来，万塔市的规划部门开始在土地出让协议中附上详细的建设规划以规范和限制开发商。近年来，规划部门开始与开发商 / 承包商谈判，在规划项目初期就设定共同目标并绑定合作伙伴。规划的实施结合到规划的全流程中，详细规划变为项目规划的一种。

在新自由主义背景下，万塔市已开始利用非正式规划，并将其作为规划实践的核心工具。非正式规划工具的流行是恰到好处的（Airamo 和 Permanto，1997：40；Mantysälo 和 Jarenko，2012：42）。20 世纪 80 年代后期，非正式的土地利用协议即将取代土地利用规划体系（Vuorela，1991：120），但在 1995 年，万塔市战略性地引入商业投资的方法。接着是建立一个项目机构，将城市规划体系与城市参与者的外部网络联系起来。这进而促成了包括城市规划、商业发展、金融和行政服务在内的合作伙伴机构的普及，这些合作伙伴机构又进一步促进了城市政策和土地利用规划的实质性合作关系，为产业政策提供相应的土地利用规划；另一方面帮助土地利用规划在战略规划机构和议价网络中奠定核心地位。基于此，向市政府提交的规划被认为是这些合作机构的核心。

《土地利用和建筑法》改革的一个关键动力是 20 世纪 90 年代初严重的经济衰退。中央政府部门显然无力单独承担福利国家的各项开支。城市各级政府、私营部门需要在区域发展、规划和实施等层面展开不同程度的合作（Jauhiainen，1995：277；Kurunmäki，2005：65）。虽然中央政府在经济和战略上的地位在下滑，但该体系一直在呼吁包括新的责任和可能性方面的更多地方活动。随着《土地利用和建筑法》的改革，地方政府在土地利用规划方面的权威得到加强。这促成了包括独立市政参与者、相关的开发商联盟和非政府组织（Suomen Kuntaliitto，2008）组成的合作伙伴关系，如 2004—2011 年万塔市的 Leinelä 住宅区一体化开发项目。规划实践中的专家咨询越来越多，万塔市规划当局的作用已转向规划管理。

53

3.4.2 城市政策的兴起

经济衰退及其带来的一系列城市经济问题，以及大量的失业人口向大城市的密集迁移都促成了国家层面的城市政策和项目的形成。事实上，芬兰的“城市政策”指的是中央政府通过政策和项目解决城市问题的国家层级的活动（Kurunmäki，2005：70）。1995 年欧盟一体化以及欧盟层面有关城市政策的讨论促使我们重新定义城市政策，并为城市发展创造了先决条件（Jauhiainen 和 Niemenmaa，2006：179）。当今芬兰奉行的发展政策是“以增长为导向”和“以城市为基础”，但其经历了城市政策工具的更迭，进入网络化结构的新阶段。2006 年，城市开始运行“专业技术中心项目”（Centre of Expertise Program）和“区域中心项目”（Regional Centre Program）。芬兰全国互联互通的新活动正在进行（Antikainen 和 Vartiainen，2006：39）。

下一个阶段是在国际尺度上的城市地区网络化（Antikainen 和 Vartiainen，2006：39）。城市政策中最显著的变化是上届政府在 2007 年编制的大都市政策。为了保证芬兰的全球竞争力，赫尔辛基大都市区（HMR）被定义为优先发展地区。借助赫尔辛基大都市区和其他大城市地区提高全国竞争力，已经取代了以往的区域均衡发展战略（Antikainen 和 Vartiainen，2006：39）。

包括万塔市和周边城市在内的赫尔辛基大都市区四大核心城市近期成立了一个委员会，颁布了若干战略文件以确保该地区的全球竞争力、社会和文化凝聚力，并协调土地利用、住房、交通问题以及区域服务。考虑到赫尔辛基大都市区的核心战略地位，中央政府启动了一个特定的大都市政策项目（Metropolitan Policy Program）。中央政府和各地方政府也正在起草一系列的合作协议，旨在研究不同的区域空间结构模式及探索合作愿景的名为“赫尔辛基愿景 2050 年”（Greater Helsinki Vision 2050）的国际创意大赛于 2007 年举办。这次竞赛由大都市区的 14 个城镇以及环境部联合组织（大赫尔辛基市政府等，2007）。面积更大的新地区（Uusimaa）的区域规划也正在修改。

万塔市的城市开发机构对投资者的需求一直保持着轻松的态度，并能够迅速回应。20 世纪 90 年代，万塔市与曾经拥有规划审批权的环境部密切合作，而今万塔市从这种快速回应中获益。1990 年，万塔市明确了自身拥有国际机场和 E18 公路的优势（Vantaan kaupunki，1990：17）。自 2001 年以来，万塔市成功营销了位于其城市边缘的一个顶级国际商务区阿维亚波利斯（Aviapolis）。这个新一代的中心包括 33500 个工作岗位（占万塔市的 33%），建立了一个芬兰—中国合作委员会（Finland and China Cooperation Committee）和创新研究所（Innovation Institute），并为芬兰和中国企业提供服务。该研究所隶属于万塔市，它将与大赫尔辛基推广有限公司（Greater Helsinki Promotion Ltd）（Tuomi，2011）和新地区区域理事会（Uusimaa Regional Council）合作，为包括波罗的海地区（新地区区域理事会，2011）在内的广泛地区提供利益。万塔市在赫尔辛基大都市区有了新的地位，并在国际上扮演起独立的角色。

3.4.3　可持续发展规划

54

尽管环境问题早在 20 世纪 70 年代就受到重视，但可持续发展的原则直到 1990 年才被立法（Laki rakennuslain muuttamisesta 1990/696）。依据环境部、就业与经济部（Ministry of Employment and the Economy）的专家建议，以及经济发展、交通和环境中心（Centres for Economic Development，Transport and the Environment）的指导，可持续发展主要涉及与自然、贸易和其他行业有关的区域问题。此外，《土地利用和建筑法》的改革旨在促进在每一个规划层级上的生态、经济、社会和文化的可持续发展（《土地利用和建筑法》1 §）。关于可持续性问题的引导效率仍然有待观察，而新的《国家土地利用指南》的影响正受到监测。城市结构的连贯性在缓解气候变化方面的重要意义得到强化（环境部，2009：3），地方开支主要投放到高标准的公共服务和基础设施上。

《土地利用和建筑法》还将居住环境的概念引入详细规划。除了物理因素外，理想的生活环境满足了不同市民群体的社会需求。在每一个规划层次上，都必须考虑到自然景观和文化环境的价值。

《土地利用和建筑法》培育了一种互动式的规划文化，但公众参与尚未渗透到整个规划过程中。尽管万塔市内部建立了以区域为基础的制度，但主要的规划目标经由代议制民主选举出的城市议会审批，规划任务接着被分配到各部门。共同协商配置规划目标的项目库已经在开展（例如 2011 年万塔“Korso 规划框架”），但这些项目库的分配和协商网络还是有商议余地的。此外，区域层级的公众参与并未找到有效渠道（Sjöblom，2010：257）。

作为一种专家互动模式，评估虽然没有运用到整个规划过程中，但构成了交互式理性的一部分。规划不再被视为对连续变化的讨论和监测（参见 Jauhiainen，2012：37）。《土地利用和建筑法》提倡可持续发展。如果不用多元化的互惠指标评估这些变化，那么如何鉴定规划是可持续的呢？[6] 规范性和监督性规划实践正在发生变化，但我们的规划体系或规划文化中没有足够的工具实现这种横向协作的、综合的规划（参见 Helsingin kaupunki 和 Vantaan kaupunki，2006：5）。此外，规划、公众参与和决策形成之间的联系成为关键挑战（Helsingin kaupunki 和 Vantaan kaupunki，2006：14；Söderman 和 Kallio，2009）。

可持续发展政策的实施，依赖于加强各政府部门在所有规划层级上的合作（参见

Ympäristöministeriö，2005：122）。首先环境部门就应该明确可持续性问题（Jauhiainen 和 Niemenmaa，2006：203）。1997 年的《欧盟空间规划体系与政策纲要》（EU Compendium of Spatial Planning Systems and Policies）（后简称纲要）考虑到规划与环境部门的结合，将芬兰的规划体系归为综合全面类型（参见欧洲委员会，1997：34，47）。当今《区域发展法案》
55（Regional Development Act，Laki alueiden kehittämisestä 2009/1651）的最终目标是建立一个基于交互的网络化体系：为平衡和可持续发展创造基础，通过预测、监测和评估来强化发展与规划的关系（8 §）。此外，可以在当地开展实践。

在《万塔环境政策》（Environmental Policy of Vantaa of 1995）中，环境问题被放在与经济和功能问题同等重要的位置上（Vantaan kaupunki，2004：6）。土地利用与环境部门包含城市规划、商业发展、财务与行政服务、公用事业服务中心、环境中心和建筑监理业务。这个横向联合组织主要是为实行经济和产业政策设计的，这些政策与土地利用、土地政策、住房政策和教育政策也关联紧密（Hirvonen，2007：183）。当今可持续发展居于万塔市的三大战略价值[7]中的第二位。"这个城市的解决方案和决策都考虑到了生态前景、公平和平衡的经济发展"（万塔市市议会，2010：4）。

3.5 结论

目前芬兰的空间规划体系是一种基于土地利用规划的规范性的多层次体系。《纲要》将芬兰界定为全面 / 综合型规划体系。当下，规划师认为三级土地利用规划体系是有逻辑的、系统的和无所不能的——人们可以运用此工具专注于创造性工作（Puustinen，2006：306；Soudunsaari，2007：99—100；Hentilä 和 Soudunsaari，2008：13）。规划体系具有等级层次属性，但也允许普通的规划价值的介入和当地非正式的补充工具的运用，包括战略规划——尽管这会引起制度上的歧义（Bäcklund 和 Mäntysalo，2010）。更确切地说，2012—2013 年间的《土地利用和建筑法》正在反省当前的等级制规划体系（参见 Hentilä，2012；Jauhiainen，2012；Mäntysalo 和 Jarenko，2012）。

公共部门和私营部门（独立的市政参与者、相关的开发者联盟、非政府组织和公民）在规划和实施过程中的互动模式表现出多样性（Majamaa，2008）。利益团体的参与得到重视且被认为是必须的，但规划网络还有待商榷。

万塔市的规划历史演进过程表现出几个重要变化：它可以通过城市战略土地利用规划的独立性程度来区分。万塔市的土地利用规划最先由国家融合政策提出，然后被区域发展影响下的独立斗争污名化，最后在城市演化为独立的国际角色的过程中变成附属于国家都市政策的内部政策和外部竞争力的工具。万塔市的土地利用规划已从区域和国家政府住房政策和基础设施责任的执行人的角色演变为具有稀缺的经济资源的区域工具，再到今天为赫尔辛基大都市区提供全球商业机会的独立而积极的参与者。规划体系分权的重大变化发生在1993年，那一年，金融系统更新，各城市必须自负盈亏。在《欧盟空间规划纲要》刚出台的时候，战略规划的执行主体是区域政府（欧洲委员会，1997：58）。而今地方政府规划部门也被赋予了独立的权力，包括编制战略规划。若要对规划权力下放做一个总结的话，现行的规划体系已经放弃了通过等级制度设定来实现规划目标的政治控制系统，而这正是我们制度的最初目标。另一方面，该系统又为积极运用战略规划的城市提供了全球性机会。

56

土地利用规划体系的重点已从规划内容转变为规划过程，新补充的和非正式的规划工具也逐渐发展。总的来说，地方政府的决定性作用在权力下放的芬兰规划体系中具有越来越重要的地位。这使得该体系能够灵活应对各种可能性（Puustinen和Hirvonen，2005：62）。该体系还可以通过调整指导方针和发展规划实践来应对各种挑战（Ympäristöministeriö，2005：155）。

无论是最近有关大规模零售项目的《土地利用和建筑法》修正案，还是正在筹备的《城市结构法案》，都体现了权力重新集中的早期迹象。《城市结构法案》针对通勤区域的城市结构以及社会和卫生服务供给。然而，城市土地利用规划的战略指导和区域资源规划都在区域层级相对薄弱（参见Laitinen和Vesisenaho，2011），因而无法阻止持续的城市结构蔓延进而危及城市可持续发展。为了阻止芬兰的城市蔓延，我们需要进行制度改革、创造适合跨部门的规划工具，并辅以对城市和区域发展的双向评价和持续监测（着重附带可持续性的相关指标）。

注释

1. 土地利用规划中的严重冲突在法律程序中得以处理。规划体系被认为具有同等的法律约束力；芬兰是世界上最廉洁的国家之一（Joutsen和Keränen，2009）。
2. 参见第3.2.2节。
3. K2土地利用规划最近已经开始推行。该规划在将万塔市中心的一个大型工业区改造成一个混合用地区域的项目中具有重要意义，因此它也连接了该市的东部和西部地区。
4. 参见第3.4.2节。
5. 2004年的情况。
6. 对可持续发展的持续监测是具有挑战性的，因为没有一套国际上、区域上或是组织上通用的监测指标体系。

包括万塔市在内的芬兰六大城市一直在尝试完成环境问题报告。

7. 第一个价值就是创新文化："创新指的是创造有利于万塔市变化的能力。第二个价值是充当开拓者，并有勇气寻求新的更有力的方式为市民服务"（万塔市市议会，2010）。第三个价值是社会归属感，指的是促进公民的社会包容和共同目标的建立。

57 参考文献

Airamo, R. and Permanto, T. (1997). *Yleiskaavoitus ja vaikutusten arviointi. Esimerkkinä Lahden yleiskaavoitus 1946–1996*. Helsinki: Ympäristöministeriö, Suomen ympäristö 88/1997.

Antikainen, J. and Vartiainen, P. (2006). A patchwork of urban regions: structures and policies in support of polycentricity. In H. Eskelinen and T. Hirvonen (eds) *Positioning Finland in a European Space* (pp. 30–40). Helsinki: Ministry of the Environment and Ministry of the Interior.

Bäcklund, P. and Mäntysalo, R. (2010). Agonism and institutional ambiguity: ideas on democracy and the role of participation in the development of planning theory and practice – the case of Finland. *Planning Theory*, *9*(4), 333–350.

City Council of Vantaa. (2010, 15 November). *Vantaa's Balanced Strategy. Financial Plan 2011–2014*. Special publication. Retrieved from www.vantaa.fi/instancedata/prime_product_julkaisu/vantaa/embeds/vantaawwwstructure/65622_Erillisstrategia_EN_netti_1_.pdf.

Ekroos, A. and Majamaa, V. (2000). *Maankäyttö- ja rakennuslaki*. Helsinki: Oy Edita Ab.

European Commission. (1997). *The EU Compendium of Spatial Planning Systems and Policies*. Luxembourg: European Commission, Regional Development Studies 28.

Greater Helsinki municipalities, the State of Finland and the Ministry of the Environment. (2007). *Greater Helsinki Vision 2050 – International Ideas Competition*. Retrieved from www.hel.fi/hel2/helsinginseutu/FINAL_GreaterHelsinki_200x200mm_english_03-09-2010_LOW.pdf.

Haimi, O. (2000). *Yhteiskuntasuunnittelun pitkä marssi. Suomalaisen sosiaalipoliittisen suunnittelun kehitys. Tapaus kuntien valtionosuusuudistus*. Doctoral dissertation. Helsinki: Helsingin yliopisto, Sosiaalipolitiikan laitos, Tutkimuksia 2.

Haveri, A. (2006). Complexity in local governance change: limits to rational reforming. *Public Management Review*, *8*(1), 31–46.

Helsingin kaupunki and Vantaan kaupunki. (2006). Urbaani tulevaisuus – Kaupunki kaikille. Urban II -yhteisöaloiteohjelman juhlakirja.

Hentilä, H.-L. (2012). Tavoitteena hyvä elinympäristö ja kestävät yhdyskunnat – alueidenkäytön suunnittelun haasteita ja kehityssuuntia. In M. Airaksinen, H.-L. Hentilä, J. S. Jauhiainen, R. Mäntysalo, K. Jarenko, T. Määttä, M. Pentti, J. Similä and A. Staffans (eds) *Katsauksia maankäyttö- ja rakennuslain toimivuuteen* (pp. 50–62). Helsinki: Ympäristöministeriön raportteja 4/2012. Retrieved from www.ym.fi/download/noname/%7B0011C42D-E36A-43E3-A7A5-22E15FFCC42A%7D/30355.

Hentilä, H.-L. and Soudunsaari, L. (2008). *Land Use Planning Systems and Practices Oulu–Skanderborg–Umeå. InnoUrba*. Oulu: University of Oulu, Department of Architecture, Publications B 29.

Hirvonen, S. (2005). *Ruraali urbaani. Vantaan kaupunkisuunnittelun historia*. Vantaa: Vantaan kaupunki, Kaupunkisuunnittelu, Julkaisu 8/2005, C 18:2005.

Hirvonen, S. (2007). *Vantaan kaupunkisuunnittelun historia*. Licentiate thesis. Oulu: Oulun yliopisto, Arkkitehtuurin osasto.

Jauhiainen, J. S. (1995). *Kaupunkisuunnittelu, kaupunkiuudistus ja kaupunkipolitiikka. Kolme eurooppalaista esimerkkiä*. Doctoral dissertation. Turku: Turun yliopiston maantieteen laitos, Julkaisuja 146.

Jauhiainen, J. S. (2012). Aluekehitys ja maankäyttö- ja rakennuslain uudistamisen haasteet. In M. Airaksinen, H.-L. Hentilä, J. S. Jauhiainen, R. Mäntysalo, K. Jarenko, T. Määttä, M. Pentti, J. Similä and A. Staffans (eds) *Katsauksia maankäyttö- ja rakennuslain toimivuuteen* (pp. 32–41). Helsinki: Ympäristöministeriön raportteja 4/2012. Retrieved from www.ym.fi/download/noname/%7B0011C42D-E36A-43E3-A7A5-22E15FFCC42A%7D/30355.

Jauhiainen, J. S. and Niemenmaa, V. (2006). *Alueellinen suunnittelu*. Tampere: Vastapaino.

Joutsen, M. and Keränen, J. (2009). *Corruption and the Prevention of Corruption in Finland*. Finland: Ministry of Justice. Retrieved from www.om.fi/material/attachments/om/tiedotteet/en/2009/6AH99u1tG/Corruption.pdf.

Kivistö, P. (2011). Aviapolis – takapihasta näyteikkunaksi. *Vantaa suunnittelee ja rakentaa 2011*, 16–17.

Koski, K. (2007). *Kauppa maakuntakaavoituksessa*. Helsinki: Ympäristöministeriön raportteja 23/2007. Retrieved from www.ym.fi/download/noname/%7BDE61BB3A-F815-4C7A-A68B-BAAEE685709A%7D/32075.

Kosonen, L. (2007). *Kuopio 2015. Jalankulku-, joukkoliikenne- ja autokaupunki*. Helsinki: Ympäristöministeriö, Suomen ympäristö 36/2007.

Kurunmäki, K. (2005). *Partnerships in Urban Planning. "Development Area" in National and Local Contexts in Finland, Germany and Britain*. Doctoral dissertation. Tampere: Tampere University of Technology, Datutop 26.

Laitinen, J. and Vesisenaho, M. (2011). *Kaupunkiseutujen yhdyskuntarakenne maakuntakaavoissa. Arviointi valtakunnallisten alueidenkäyttötavoitteiden vaikuttavuuden kannalta*. Helsinki: Ympäristöministeriö, Suomen ympäristö 2/2011.

Laitio, M. and Maijala, O. (2010). *Alueidenkäytön strateginen ohjaaminen*. Helsinki: Ympäristöministeriö, Suomen ympäristö 28/2010.

Lau, E. (ed.) (2010). *Finland 2010: Working Together to Sustain Success*. OECD Public Governance Reviews.

Mäenpää, P., Aniluoto, A., Manninen, R. and Villanen, S. (2000). *Sanat kivettyvät kaupungiksi. Tutkimus Helsingin kaupunkisuunnittelun prosesseista ja ihanteista*. Espoo: Teknillinen korkeakoulu, Yhdyskuntasuunnittelun tutkimus- ja koulutuskeskuksen julkaisuja B 83.

Maijala, O. (2009). STRASI-hankkeen tilanne. In *STRASI work seminar*. Seminar conducted at the meeting of the Ministry of the Environment, Helsinki.

Majamaa, W. (2008). *The 4th P – People – in Urban Development Based on Public–Private–People Partnership*. Espoo: TKK Structural Engineering and Building Technology Dissertations: 2 TKK-R-VK2.

Mäntysalo, R. (2008). Dialectics of power: the case of tulihta land-use agreement. *Planning Theory and Practice*, 9(1), 81–96.

Mäntysalo, R. and Jarenko, K. (2012). Strategisen maankäytön suunnittelun legitimaation haaste maankäyttö- ja rakennuslaille. In M. Airaksinen, H.-L. Hentilä, J. S. Jauhiainen, R. Mäntysalo, K. Jarenko, T. Määttä, M. Pentti, J. Similä and A. Staffans (eds) *Katsauksia maankäyttö- ja rakennuslain toimivuuteen* (pp. 42–49). Helsinki: Ympäristöministeriön raportteja 4/2012. Retrieved from www.ym.fi/download/noname/%7B0011C42D-E36A-43E3-A7A5-22E15FFCC42A%7D/30355.

Mäntysalo, R. and Roininen, J. (eds) (2009). *Kuinka alueellista muutosta hallitaan – parhaat keinot ja käytännöt. Esiselvitys sektoritutkimuksen neuvottelukunnan Alue- ja yhdyskuntarakenteet ja infrastruktuurit -jaostolle (teema 3)*. Espoo: Teknillinen korkeakoulu, Yhdyskuntasuunnittelun tutkimus- ja koulutuskeskuksen julkaisuja C 71.

Mäntysalo, R., Peltonen, L., Kanninen, V., Niemi, P., Hytönen, J. and Simanainen, M. (2010). *Keskuskaupungin ja kehyskunnan jännitteiset kytkennät. Viiden kaupunkiseudun yhdyskuntarakenne ja suunnitteluyhteistyö Paras-hankkeen käynnistysvaiheessa*. Helsinki: Suomen Kuntaliitto, Acta 217.

Ministry of the Environment. (2009). *The Future of Land Use is Being Decided Now: The Revised National Land Use Guidelines of Finland*. Retrieved from www.ym.fi/download/noname/%7B331CBF76-8C6B-4AAF-93E6-95DCCF1E2AC2%7D/58466.

Moisio, A. (2002). *Essays on Finnish Municipal Finance and Intergovernmental Grants*. Doctoral dissertation. Helsinki: University of Jyväskylä, Valtion taloudellisen tutkimuskeskuksen tutkimuksia 93.

58

Newman, P. and Kenworthy, J. (1998). *Sustainability and Cities: Overcoming Automobile Dependence*. Washington, DC: Island Press.

OECD. (2005). *Territorial Review of Finland*. Paris: OECD Publications.

Planning System of Finland. (2007). *COMMIN: The Baltic Spatial Conceptshare*. Retrieved from http://commin.org/upload/Finland/FI_Planning_System_Engl.pdf

Puustinen, S. (2006). *Suomalainen kaavoittajaprofessio ja suunnittelun kommunikatiivinen käänne. Vuorovaikutukseen liittyvät ongelmat ja mahdollisuudet suurten kaupunkien kaavoittajien näkökulmasta*. Doctoral dissertation. Espoo: Teknillinen korkeakoulu, Yhdyskuntasuunnittelun tutkimus- ja koulutuskeskuksen julkaisuja A 34.

Puustinen, S. and Hirvonen, J. (2005). *Alueidenkäytön suunnittelujärjestelmän toimivuus*. AKSU. Helsinki: Ympäristöministeriö, Suomen ympäristö 782/2005.

Rajaniemi, J. (2006). *Kasvun kaavoitus. Tapaus Raahe 1961–1996*. Doctoral dissertation. Kankaanpää: Messon.

Ristimäki, M. (2009). Autoriippuvainen yhdyskuntarakenne ja täydennysrakentamisen haaste Suomessa. In R. Sairinen (ed.) *Yhdyskuntarakenteen eheyttäminen ja elinympäristön laatu* (pp. 61–77). Espoo: Teknillinen korkeakoulu, Yhdyskuntasuunnittelun tutkimus- ja koulutuskeskuksen julkaisuja B 96.

Ristimäki, M., Oinonen, K., Pitkäranta, H. and Harju, K. (2003). *Kaupunkiseutujen väestömuutos ja alueellinen kasvu*. Helsinki: Ympäristöministeriö, Suomen ympäristö 657/2003.

Sairinen, R. (ed.) (2009). *Yhdyskuntarakenteen eheyttäminen ja elinympäristön laatu*. Espoo: Teknillinen korkeakoulu, Yhdyskuntasuunnittelun tutkimus- ja koulutuskeskuksen julkaisuja B 96.

59 Sjöblom, S. (2010). Finland: the limits of the unitary decentralized model. In J. Loughlin, F. Hendriks, A. Lidström (eds) *The Oxford Handbook of Local and Regional Democracy in Europe* (pp. 241–260). New York: Oxford University Press.

Söderman, T. and Kallio, T. (2009). Strategic environmental assessment in Finland: an evaluation of the Sea Act Application. *Journal of Environmental Assessment Policy and Management*, *11*(1), 1–28.

Soudunsaari, L. (2007). *Hyviä käytäntöjä etsimässä. Vertaileva tutkimus alankomaalaisesta ja suomalaisesta suunnittelujärjestelmästä ja kaavoituskäytännöstä*. DECOMB. Oulu: Oulun yliopiston arkkitehtuurin osasto, Julkaisuja B 28.

Suomen Kuntaliitto. (2008). *Julkisen ja yksityisen sektorin yhteistyö maankäytössä*. Helsinki: Suomen Kuntaliitto. Retrieved from www.kunnat.net/fi/asiantuntijapalvelut/mal/maankaytto/yhdyskuntasuunnittelu/tonttituotanto/yhteistyo-julkinen-yksityinen/Documents/JYMY_raportti.pdf.

Suomi.fi editorial team and State treasury. (2012). *Joint authorities*. Retrieved from www.suomi.fi/suomifi/english/state_and_municipalities/municipalities_and_local_government/joint_authorities/index.html.

Tolkki, H., Airaksinen, J. and Haveri, A. (2011). *Metropolihallinta. Neljä mallia maailmalta ja niiden sovellettavuus Suomessa*. Helsinki: Ympäristöministeriö, Suomen ympäristö 9/2011.

Tulkki, K. (1994). Murtumia. *Kaupunkisuunnittelu taitekohdassa. Keravan keskustan suunnittelu 1990–91*. Espoo: Teknillinen korkeakoulu, Yhdyskuntasuunnittelun täydennyskoulutuskeskuksen julkaisuja C 34.

Tuomi, S. (2011). Innovaatioinstituutin saavutuksia: Rahoitushanat avattu Kiinaan ja Airport Cluster nousukiidossa. *Vantaa suunnittelee ja rakentaa 2011*, 18.

Uusimaa Regional Council. (2011). *A Partnership Agreement with China Development Bank Opens the Way to the Chinese Market for Companies in Uusimaa*. Retrieved from www.uudenmaanliitto.fi/?5525_m=8055andl=enands=7.

Valtiovarainministeriö. (2012). *Kuntauudistus*. Kuntarakenneuudistus kuntiin lausunnoille. Retrieved from www.vm.fi/vm/fi/05_hankkeet/0107_kuntauudistus/index.jsp.

Vantaan kaupunki. (1990). *Vantaan kehitysnäkymiä*. Vantaa: Vantaan kaupunki, Hallintopalvelukeskus, Tietopalvelut and Yleiskaavoitus C4:1990.

Vantaan kaupunki. (2004). *Vantaan kestävän kehityksen indikaattorit*. Vantaa: Vantaan kaupunki, Ympäristökeskus C17:2004.

Vesala, R. (1994). *Maankäytön suunnittelun strategiat ja käytäntö – Esimerkkinä Lahti*. Espoo: Teknillinen korkeakoulu, Yhdyskuntasuunnittelun täydennyskoulutuskeskuksen julkaisuja A 21.

Vuorela, P. (1991). Rakennetun ympäristön suunnittelun johtavista periaatteista Toisen maailmansodan jälkeen. In P. von Bonsdorff, C. Burman, H. Lehtonen, M. Norvasuo, J. Rautsi, Y. Sepänmaa, S. Säätelä and P. Vuorela. (eds) *Rakennetun ympäristön kauneus ja laatu. Esteettisesti ja laadullisesti korkeatasoinen fyysinen ympäristö ja uudet suunnittelutekniikat. Osa 1* (pp. 92–153). Espoo: Valtion teknillinen tutkimuskeskus, Tiedotteita 1234.

Wallin, S. and Horelli, L. (2009). Arvioinnin paikka alue- ja yhdyskuntasuunnittelussa? *Hallinnon Tutkimus*, *28*(5), 109–116.

Ylä-Anttila, K. (2007). FennosprOawl and network urbanism. In K. Ylä-Anttila and S. Alppi (eds) *Processing Utopia. City Scratching II* (pp. 112–119). Tampere: Tampere University of Technology, Institute of Urban Planning and Design.

Ympäristöministeriö. (1988). *Selvitys kaavoitustoimen kehittämisestä ja kuntien omavastuisen päätöksenteon lisäämisestä*. Helsinki: Ympäristöministeriön raportteja 1988.

Ympäristöministeriö. (2005). *Maankäyttö- ja rakennuslain toimivuus. Arvio laista saaduista kokemuksista*. Helsinki: Ympäristöministeriö, Suomen ympäristö 781/2005.

Ympäristöministeriö. (2009a). *Kaupan sijainnin ohjauksen arviointityöryhmän raportti*. Helsinki: Ympäristöministeriön raportteja 21/2009.

Ympäristöministeriö. (2009b). *Valtakunnalliset alueidenkäyttötavoitteet*. Retrieved from www.ymparisto.fi/fi-FI/Elinymparisto_ja_kaavoitus/Maankayton_suunnittelujarjestelma/Valtakunnalliset_alueidenkayttotavoitteet/Valtakunnalliset_alueidenkayttotavoittee(13419).

延展阅读

60

Eskelinen, H. and Hirvonen, T. (eds) (2006). *Positioning Finland in a European Space*. Helsinki: Ministry of the Environment and Ministry of the Interior.

Havel, M. B. (2009). *Property Rights Regime in Land Development: Analysis of the Influence of Institutions on Land Development in Terms of Property Rights Theory*. Doctoral dissertation. Helsinki: Helsinki University of Technology, Faculty of Engineering and Architecture, Department of Surveying.

National Planning Systems: Finland. (2007). BSR INTERREG III B project "Promoting Spatial Development by Creating COMmon MINdscapes." Retrieved from http://commin.org/en/planning-systems/national-planning-systems/finland/1.-planning-system-in-general/1.2-basic-principles.html

61 # 第4章 20世纪末荷兰的国家空间规划

维尔·宗内维尔德，戴维·埃弗斯

本章目标

直到20世纪90年代，荷兰的空间规划被广泛认为是全面整合类型的一个近乎完美的案例：

- 组织结构是缜密的，尤其在国家这一层面；
- 规划体系有效控制住宅的位置，特别是在20世纪90年代。

此后，全面整合类型逐渐被国家层面的一种区域经济类型所取代：

- 大多数国家层级的城市化政策已经被抛弃；
- 空间质量——长期以来的一个关键目标——不再被视为国家共同利益；
- 经济发展已成为空间规划的主要优先事项。

荷兰的国家空间规划已经在不止一个意义上发生了转变：

- 内容：不太关心将土地用途整合到单一的国家空间视野；
- 治理：省域及城市对城市化负责；
- 地理范围：比原来狭窄得多，主要关注经济上最具竞争力的地区。

4.1 引言

2010年11月12日，广大公众和大多数专业规划人员没有注意到一个象征性的事件。当年新政府就职后，直接对公共部门进行了重组，住房、空间规划及环境部（Ministry of Housing，Spatial Planning and the Environment）的牌匾VROM（荷兰语的首字母缩略词）被从海牙主楼的门头摘下（图4.1）。与英国几乎每届选举都必改部委名称、范围、宗旨和组成不同，荷兰的各部委相对受到较好的保护，避免了政党政治和总理换届的动荡。62 VROM不只是一个单词意义上的机构，自1965年以来，“空间规划”（VROM中的RO）一直是其名称的一部分（Siraa等，1995：64）。新挂牌的部委名称“基础设施和环境”（Infrastructure and the Environment）中明显缺失了“空间规划”字样。

图 4.1　国家空间规划当真结束了?

移除“空间规划”字样不仅仅是一种象征性的行为：它印证了新政府所说的“把空间规划留给省和城市”[联盟协议（Coalition Agreement），2010：38]。上任不到一年，新一届部委就发布了新的空间规划战略，将国家层级的规划职能最小化 [基础设施与环境部（Ministerie van IenM），2011]。由此，发展中心、新城镇、缓冲区、绿心和 VINEX[1] 等国家城市化政策的传统已经进入尾声（Faludi 和 Van der Valk，1994；Zonneveld，2007）。对于外国人来说，这些变化可能看起来很激进也很突然，但实际上它们是渐进式的系统性变革的一部分。

20 世纪 90 年代初以来，国家空间规划的外部制度环境发生了根本性转变。国家住房政策曾经在帮助空间规划引导城市发展中扮演了重要角色；而如今它在很大程度上已经被私有化了（Salet，1999）。农业政策一度在保护农村地区免受城市侵蚀方面发挥作用，但随着欧盟的影响力和改革力度的加强而减弱。此外，曾经与规划保持着既竞争又合作关系的强大的国家运输和基础设施部门（Siraa 等，1995；Priemus，1999），而今与规划整合。区域经济政策也是如此：它已成为主要的空间政策主旨。与此同时，国家规划从内部发生了重大变化。

63

在21世纪初期，国家规划署（National Planning Agency，RPD）的研究部门转变为一个独立的组织（Halffman，2009; Roodbol-Mekkes等，2012）。被动规划和详细规划实践被认为过于被动。从那时起，规划就开始变得更加“实际”且以开发为导向（Gerrits等，2012）。2008年《空间规划法案》（Spatial Planning Act）的一项主要改革就是重新调整不同政府层级之间的权责和期望，其目的是简化治理，加快规划程序，刺激积极的规划。与之相伴的是一系列的行政平衡：权力下放，放松管制，提出新的立法建议并进一步精简规划过程。

最后，规划在荷兰社会的作用在这个时期似乎也发生了变化。市民社会对政府的普遍信任和对专家意见的信任已经减少，这与其他许多国家的发展情况不同（Albrechts，2006）。公民变得更加畅所欲言，公民社会出现两极分化。在第二次世界大战后的历史上，国家空间规划首次不再对此具有免疫力。关于国家规划必要性的共识即使在规划师和学者的队伍中也已经受到动摇和侵蚀。城市的增长（以及对其进行管理的需要）不再是不言自明的。治理的重新调整（区域和欧盟层面的崛起）使得国家层面作为空间规划的核心地位受到质疑。

后文将批判性地反思历史背景下荷兰国家空间规划近期的变化。第2节将回顾国家空间规划发展的制度条件；第3节将详细描述上文所述的外生性和内生性的发展与变化；第4节就当下的国家政策文件和围绕它的各种争议展开讨论；最后，第5节反思了这些变化在今后可能产生的影响。

4.2 荷兰空间规划的制度化

和大多数国家一样，荷兰的规划已经从一个特定的制度结构中萌芽，并对其作出反应。规划议题很难与公共行政模式匹配，因此它涉及多级政府，同时还有不同的行业部委。为了充分了解荷兰的规划体系及其目前的无论是外因的或是内生的变化，我们必须清楚地把握国家的总体结构。

4.2.1 分权而又统一的国家

荷兰历史上集权与分权之间的紧张关系一直存在。低地国家，包括目前比利时的部分地区，自中世纪以来的特征就是区域比较强大。七联省共和国（Republic of Seven United Provinces）在经历了长达80年的战争后，终于在1588年独立，形成了今天荷兰的前身，但同时也获得了“七省不和共和国”的绰号（Faludi和Van der Valk，1994：33）。荷兰自成立以来就从来没有过像西班牙、法国和英国那样的中央集权政府，后面这类国家倾向于形成单中心的城市结构。相反，分散在低地国家的城市和地区仍然相对独立和自治，而且通常保持相互竞争关系（Wagenaar，2011）。拿破仑一世（Napoleonic France）在 19 世纪初占领七联省共和国并将其转变为君主政体时，这种情况发生了变化。

1848 年，席卷欧洲的革命之风吹到了荷兰，但这只是一阵微风。1848 年的新宪法不仅限制了国王的权力，而且也接受了自治原则。整个国家分为三级政府：国家级、省级和市级。除了为省或中央政府保留的某些权力之外，各城市默认是自治的，各省也成为自治实体。该制度与英国差别很大，英国的地方政府行使职能必须得到中央政府的明确授权。荷兰则或多或少是英国的镜像。

与德国这样的联邦国家不同，对于荷兰公共行政混合式的组织框架最常用的描述是“分权的统一国家”（Decentralized Unitary State）（如 Toonen，1987，1990）。共同治理是其基本原则：中央政府在制定和执行政策时会涉及省、市或者两者兼有。其深层哲学是，团结统一不能从上层强加，而必须来自多重力量，在议定的框架内解决他们的分歧（Faludi 和 Van der Valk，1994）。换句话说，“分权的统一国家”的团结统一是通过共识建立的，它通常被称为“圩田合作”[2] 的活动。20 世纪 90 年代，荷兰式的自愿民主模式受到国际赞誉，“圩田模式”被视为最佳实践。而国内却逐渐出现反对的声音，全因这个系统减慢了决策效率。过度的审时度势产生了一个“黏性状态”——慢如蜜糖的进展（Hendriks 和 Toonen，2001）。

4.2.2　圩田合作与规划

荷兰是一个以自愿民主为基础的分权的统一国家，这一理念在许多政策领域都留下了烙印，其中包括空间规划。荷兰规划体系的法律和制度基础是 1962 年的《空间规划法》（Spatial Planning Act，WRO）。该法案于 1965 年生效。它的立法进程可追溯到第二次世界大战之前，这充分体现了这种黏性状态。这个过程花了几十年的时间，因为就不同层级的政府之间的作用，以及与政策部门的任务和职能范围有关的空间规划方法达成共识难上加难。

在《空间规划法》之后，国家空间规划的作用主要是协调。规划依靠运输、住房或农业等政策部门的资金，而不是自己的预算。国家空间规划也没有公开监管——很少采用限制下级政府的法定权力。对于国家规划师来说，这个行业的工具主要是用来交流的：国家层面的各部委（即协调的“横向轴线”）和其他各级政府（即“垂直轴线”）一样，概念、规划和愿景文件都是为了激发其他人的想象而绘制的。有时，这些交流工具的力量，特别是“兰斯塔德”（Randstad）、“绿心”（Green Heart）和“主港”（Mainport）这样的概念，已超

65

越政府并渗透到专业和学术界以及整个社会。

实现这种协调的一个重要的制度实践是国家空间规划委员会（National Spatial Planning Committee，RPC：Rijksplanologische Commissie）。[3] 该委员会的任务是为所有影响空间发展的部门制定一个共同的政策框架。国家空间规划委员会的成员在各自部门担任高级职务，多数是总监一级。但该委员会的秘书处附属于空间规划总局（Directorate-General for Spatial Planning）。国家空间规划委员会的月度例会从未对公众或议会成员开放（Hajer 和 Zonneveld，2000）。比缺乏透明度更重要的是，一旦幕后建立了官僚共识，这将限制随后的政治辩论中关于替代方案的讨论。

荷兰的规划跨越了许多政府层级和部门，并试图达成一个协调、全面整合的解决方案，这使得它成为国际文献中“全面整合类型”的缩影。事实上，根据《欧盟纲要》（EU Compendium project）的综合报告，荷兰的体系全面概括了这一类型，因为它以“一个非常系统且正式的从国家到地方的层级结构规划协调不同部门的公共活动”（欧洲共同体委员会，1997：36）。虽然关于协调方面的认知是正确的，但有关规划层级的认知值得质疑。三个层级政府和其各自的规划文件之间的关系是相当微妙且灵活的。荷兰并没有一个明确的法定的国家规划定义其层级结构。相反，在制定规划和设计政策时，下级政府会再解读政府高层的规划和政策。咨询和谈判是这一过程的关键，并严格遵循荷兰“圩田合作”的传统（Frissen，2001）。尽管近年来规划发生了许多变化，并且有证据表明空间规划已变得更加政治化（Boonstra 和 Van den Brink，2007）和司法化，其保持共识方面的特征仍然相对稳定。

4.2.3 国家空间规划的实施

容纳式城市发展政策（Urban Development and Containment Policy）可以很好地说明荷兰国家空间规划的运作方式。关于它是否成功还没有达成共识（比如 Nozeman，1990）。尽管荷兰国家规划在国外获得了“几乎是神话般的地位”（Faludi 和 Van der Valk，1994），但在实践中，尼达姆（Needham，2007）指出，许多城市利用模糊的层级结构界限单方面实现他们的增长、开发和建设愿望。事实上，拜德耶（Bontje，2001）发现，物质空间的发展经常达不到中央政府的目标。鉴于国家规划的本质是协调和沟通，重要的不是符合规划的物质目标，而是规划的实际作用（即绩效）——规划的概念、愿景和意识形态对他人的影响程度（Faludi 和 Korthals Altes，1994；Faludi，2000；Korthals Altes，2006）。从绩效的角度看，国家规划的成功应该以重要空间概念和规划方法被国家规划部门以外的机构采用的程度来衡量。

66

从 20 世纪 60 年代初开始，国家空间规划的概念基石就是“绿心”（荷兰版的绿带政策）（Zonneveld，2007）。虽然这个政策没有得到有效的区划制度的支持，但是它正在被逐渐接受，尤其是其涉及的三个省份。有时候这些省份对规范中央政府所青睐的城市扩建规划不那么严格，但是绿心不仅仅是纸上条文：20 世纪 50 年代后期被指定为兰斯塔德中央开敞空间的大部分地区至今仍然是开敞空间。90 年代，中央政府曾威胁要用立法权力来迫使下级政府遵守，但最终并没有这样做。这主要是因为其他政府已经充分内化了绿心的概念。除了兰斯塔德，绿心也为大众所熟知。“兰斯塔德”和“绿心”这两个概念有一个重要的区别：前者没有强大的捍卫者，多年来仅作为一个地名存在；而后者就有。来自民间社会、非政府组织甚至商业界的强烈支持（图 4.2）使绿心地区保持绿色，这体现了纵向协调的强劲效力。

空间规划和经济政策的结合是规划具有效果的另一个例子。加强荷兰的竞争地位是空间政策 20 多年来的主要目标。1988 年《第四次空间规划政策文件》（Fourth Policy Document on Spatial Planning of 1988）确定了“主要空间经济结构”，其中“主要港口”作为一个关键的空间概念出现，它指鹿特丹港（Port of Rotterdam）和斯希普霍尔机场（Schiphol Airport）在荷兰经济中的重要作用（荷兰住宅、空间规划与环境部，1988），这是大型公共投资的论证基础（Van Duinen，2004）。荷兰规划的另一个成功经验是：通过与经济事务部和交通运输部合作：规划能够利用其资源（Hajer 和 Zonneveld，2000），同时它们的主要策略和主要的空间经济结构都源于规划部门（Zonneveld and Waterhout，2007）。从这个意义上说，《第四次空间规划政策文件》是一个很好的交互式法案，其中内部化是横向政策传播与沟通的基础。

然而，并不是《第四次空间规划政策文件》中的所有概念都发挥了积极效果。ABC 政策（ABC Policy）就是一个反例，其旨在指导企业选址。为了促进紧缩城市的发展和公共交通，该政策将商业地点分为三类：A（市中心、火车站附近和限制停车之处）；B（小汽车和公共交通容易到达之处）和 C（外围及依赖汽车到达之处）（Van der Cammen 和 De Klerk，2012：393—394）。虽然中央政府对前两类发展给予优惠和投资，但大部分的建设仍在 C 类地区进行。其结果立竿见影：蔓延的商业建筑沿着荷兰的高速公路分布（Hamers 和 Piek，2012），其中部分由于危机而空置了。ABC 政策失败的一个主要原因是它违背了现行的规划实践，即市政府利用廉价土地吸引开发商在其管辖范围内建设商业园区。ABC 政策在不同层级政府之间的渗透效果不佳表明，尽管空间发展原则和概念十分强势，但地方会因其自身利益视而不见。除非在地方一级能获得适当的激励措施，否则空间政策可能很容易失败。20 世纪 90 年代以来，随着国家空间政策在制度变迁和公共部门削减开支中挣扎，这一现象着实令人痛心。

图 4.2　绿心旗下的商会在阿姆斯特丹日报《Het Parool》2011 年夏季刊上为其休闲娱乐项目作广告（Programmabureau Groene Hart，2011）

4.3　国家空间规划的本质变化

1990 年，国家规划署在其年度汇报中发表了其活动的 25 周年回顾报告，结尾是：

> 就公共利益而言，空间规划没有什么可抱怨的。相反，社会始终要求空间规划促进经济发展，保障可持续发展。为了回应这一要求，规划权力应该得到加强。
>
> （Galle，1990：52；作者翻译）

任何熟悉荷兰国家规划现状的人都会惊叹其 20 年来的变化。国家规划失去了独立（self-explanatory）状态，变得政治化，许多人认为这既是问题的解决办法，也是问题的一部分。另一方面，规划已经接受了其内在的实用主义，并更加注重为市场提供便利，而不是与之抗衡。在这一节中，我们将回顾自写下这些文字以来发生了什么变化。

4.3.1　制度联系的脱钩与重新耦合

如上所述，荷兰国家规划试图对其他人的行动进行战略协调；当然这样做时也在很大程度上依靠其他部门的预算。要想有效，就必须找到互补的目标或共同的利益。多年来，各部门在规划中发挥了“双重利益”的作用［荷兰政府政策科学委员会（NSCGP），1999：16］。自 1990 年以来，规划与这些利益的关系发生了根本性的变化。

住房和空间规划之间的联系超越了单纯的共同利益。荷兰的现代规划出现在 1901 年的《住房法》（Housing Act）之后，该法赋予城市政府强制购买以及划定街道和广场的权力，并规定了建筑条例。在国家层面，住房和规划之间的联系在第二次世界大战后立即蓬勃发展（Van der Cammen 和 De Klerk，2012：185）。作为该部委的另一部分责任，规划负责提供建筑位置，以解决战时破坏和战后婴儿潮所造成的严重住房短缺问题。起初，新建建筑一般在现有的城市中寻找地点，但到了 20 世纪六七十年代，规划师开始利用大量的住房补贴，创建新的城镇和增长中心。到 20 世纪八九十年代，重点再次回到城市建成区，紧凑型城市和 VINEX 政策指定城市及其边缘地区为新建建筑目的地（荷兰住宅、空间规划与环境部，1991）。虽然不是所有的政策目标都已实现，例如限制私家车的使用，但这些政策可以说是非常成功的（从物质目标方面来说），因为自 20 世纪 70 年代初以来，荷兰住房建设的很大一部分是在国家空间规划选定的地点实现的。VINEX 项目实施以来（从 20 世纪 90 年代初期开始），这一比例甚至超过了 50%（Korthals Altes，2006）。

69

即使在偏右翼政府联盟连续执政期间，用于公共住房的开支也不断上升。1990 年，在议会进行了严格调查之后，政府决定完全停止对公共住房建设的补贴（Boelhouwer 和 Priemus，1990）。为穷人提供住房的责任转移到住房协会，这些协会之后陆续经历了私有化。在过去 10 年中，这些住房协会越来越多地承担了私营公司的角色：开拓新的市场，如营利性住房（而不仅仅是经济适用房），参与复杂的金融建设，进行并购，抛售现有股票。协会在私有化过程中一方面获得了前所未有的利润；另一方面又面临新的风险。这种情况在 21 世纪头 10 年的后半段达到了顶峰。欧盟委员会（European Committee）开始关注这类新的规划实践，他们怀疑这些协会的混合身份是在破坏正当竞争，因为他们在土地交易中继续享有优惠待遇和低利率（Tasan-Kok 等，2011）。这些质疑导致了强制性的业务分离，并加强了管理和控制。与此同时，金融危机前的许多投资都事与愿违，回报远低于预期。目前，相当数量的住房协会濒临破产。

这意味着规划无法保证其在恰当的位置和密度下实现新的住房项目。住房开发的时机也不再与公共政策相关，而与市场回报紧密相关。2010 年，部门拆分已经完成：住房总局正式从规划中剥离出来，转移到另一个部门。

规划和农业之间的联系相较其与住房之间的联系不那么顺畅，这与其说是一项共同的任务，不如说是利益趋同。农业部门希望保持对乡村的建设控制，以实现农作物生产最大化，并通过一系列重大“土地调整”来巩固土地所有权并使景观合理化（Needham，2007：79—83）。农业受益地区对容纳式城市发展政策空间规划目标的实现有间接推动作用，因为农民不那么急于出售土地以求发展。就像住房部门一样，农业部门自 1990 年以来也发生了巨大的变化。政策在很大程度上受欧盟牵制，逐步取消了以生产为基础的补贴（Van Ravesteyn 和 Evers，2004）。荷兰农民希望强化生产（特别是畜牧业和园艺），保持收益，并使活动（娱乐、服务和自然 / 景观管理）多样化，以获得额外收入。因此，农业利益相关者不再热衷于保留农作物生产的土地。与此同时，大量的温室和畜舍开始主导乡村景观，荷兰的农村变得日益工业化。这进一步破坏了其与规划的关系，因为传统规划旨在明确城乡分割。21 世纪头 10 年的中期，国家规划开始短暂实施“美丽的荷兰”（Beautiful Netherlands）政策以对抗景观隐患，包括保护公路景观（Van der Cammen 和 De Klerk，2012：401—409）。与此同时，规划界认为农村田园已不复存在，这些地区有望成为城市居民区。人们对农业的矛盾心理反映在公众反对建造能容纳超过 7500 头猪、250 头牛或 10 万只鸡的所谓超级农场上。从商业的角度来看，这是一个完全合理的发展；但从环境、美学或动物福利的角度来看，许多人却憎恶这种发展。[4]

70

自 1990 年以来，环境政策，尤其是自然保护政策，部分填补了农业留下的空白。国家生态网络（National Ecological Network，EHS）于 20 世纪 90 年代得以命名，其中大部分由《自然 2000 栖息地》（Natura 2000 habitats）组成，因此受到欧洲法律的保护。国家生态网络的主要内容之一是"关键走廊"，其旨在引导动物从一个保护区迁移到另一个保护区。这些廊道除了在城市遏制政策中扮演缓冲区的角色，还通过指定某些区域为限建区来协助规划师引导发展。环境政策是个例外，大部分环境政策来源于欧洲，它们往往会强化部门框架，使得规划师难以平衡相互竞争的土地利用权（Zonneveld 等，2008）。然而逃避条款确实存在 [如果没有其他选择并存在压倒一切的公共利益，仍未通过人居环境评估（Habitant Assessment）的项目依然可以实现]，实际上欧洲的部门政策优先于其他利益。这给荷兰的全面整合方法带来了压力（欧洲共同体委员会，1997）。

运输和基础设施可以说是所有政策领域中对国家规划最重要的。然而，其与规划之间的制度联系在这些年来发展得并不顺利，其与 1966 年《第二次空间规划政策文件》（Second Policy Document on Spatial Planning）的分歧就体现了这一点。该文件因对 2000 年"国家空间结构"的强大愿景而在规划界享有盛名，其特点是通过强调形成城市区域（用今天的话说就是"网络城市"）来建构错综复杂的城市拼图，而不是继续发展自治的市镇。但是这些想法与交通部（Department of Transport）的规划师关于国家未来布局的看法完全脱节。交通规划师认为，需要一个庞大而复杂的公路系统连接整个国家的交通网络。这是空间规划师想不到的：在他们看来，公共交通应该起主导作用。交通规划师并没有调和这些差异，而只是把他们想要的高速公路网络生硬落实到空间规划师的城市系统上，这破坏了空间概念（Siraa 等，1995：44，48）。空间规划师也有这种消极的感觉。20 世纪七八十年代的中心增长政策引起了交通部的不满。交通规划师认为，他们没有充分参与选址，尽管他们必须将新市镇与节点城市连接起来。

最后是空间规划与经济发展政策的制度联系。20 世纪 80 年代后期，国际竞争力成为空间规划的主要目标。我们已经讨论过如何把"主要经济结构"和"主要港口"等空间规划概念输出到经济发展政策中，接下来将讨论 20 世纪 90 年代经济政策出现的"空间化"。然而这并没有形成新的联系，反而破坏了空间规划的政治地位（参见 Hajer 和 Zonneveld，2000）。90 年代中期，政府成立了加强经济结构的跨部际委员会（Interdepartmental Commission for the strengthening of the Economic Structure，ICES）。经过多年削减开支后，这个缺乏官方地位的委员会开始研究政府可以为经济复苏作出贡献的方式。当政府决定以天然气收入支持政策时，加强经济结构的跨部际委员会提出的关于扩大和改善物质基础设施的建议得到了极大的推动。随着其慢慢成熟，加强经济结构的跨部际委员会开始越来越多地参与国家规划活动，尤其是国家空间规划委员会的规划活动。由加强经济结构的跨部

71

际委员会形成的可替代流程以其自己的范式进行工作，这种范式更类似于区域经济类型的规划风格，而不是全面整合的方法，因为它不是着重于战略性的地域框架，而是关注特定基础设施项目的投资。加强经济结构的跨部际委员会跟进了另一个名为 ICRE 的计划（后两个字母 RE 代表空间经济），这个计划更适合空间规划。但是，由于主要的决策支持工具往往偏向于经济利益的计算，所以定性的标准如“空间质量”虽是规划的组成部分，但是难以量化，往往被排除在考虑之外（Marshall，2009：23）。

有明显的迹象表明，规划、经济发展和基础设施之间的差距正在缩小。自 1999 年以来，运输、公共工程和水管理部（Ministry of Transport，Public Works and Water Management）的预算投资都通过年度出版的《基础设施和运输多年度规划》（Multi-Annual Plan for Infrastructure and Transportation，MIT）而变得透明。应荷兰议会的要求，投资计划的范围扩大到包括中央政府的所有重大空间投资。该规划的名字缩写由 MIT 变为 MIRT（新的字母 R 代表“Ruimte”，即荷兰语的“空间”）。更重要的是，投资选择标准扩大到包括空间议题。这使得“通过部门大的支出把项目决策与更大的空间化目标相联系”的目标得以实现（Marshall，2009：26）。人们认为《基础设施和运输多年度规划》几乎复制了早先住房和农业政策与规划的联系。值得注意的是，根据《基础设施和运输多年度规划》的官方程序，投资决策应在国家和低层级政府制定的七个地区性领土议程之一的框架内进行。因此，《基础设施和运输多年度规划》的进程主要由旨在获得项目补贴的省份和大城市主导。这种做法深深根植于行政和政治文化之中——在一定程度上因为所有税收的 94% 都是由中央政府收集，因此地方政府高度依赖中央资金——且在短期内不会显著改变（Merk，2004）。空间规划总局已被纳入基础设施和环境部（Ministry of Infrastructure and Environment），其地位岌岌可危，并且在强大的利益面前黯然失色。而且，国家空间规划的地位已经从内部弱化了。

4.3.2 层级的调整和改革

尽管在 21 世纪初对国家规划的自我评估是乐观的（Galle，1990），但在 20 世纪 90 年代，行业内外都充满了不满情绪。首先是对“被动规划”的做法提出批评，政府只是等待其他人的主动行动，并通过土地利用规划和空间政策评估其延续性。这种做法与公共部门紧缩、新的人口和经济挑战以及全球网络社会的兴起脱节（Hajer 和 Zonneveld，2000）。被动规划被认为是房屋建设放慢的主要原因。2010 年前后，受人尊敬的荷兰政府政策科学委员会（Netherlands Scientific Council for Government Policy，NSCGP）提出了一个新的方向：

政府应该积极参与并推动发展，而不是规范发展（荷兰政府政策科学委员会，1999）。2000 年后，通过指定 VINEX 住房地点并建立公私合作关系实施，政府的确发挥了积极作用。但是随着 VINEX 政策的推进，人们越发认识到地方政府和私人部门应该自行决定如何发展新住房。

到 2000 年，促进增长已成为国家空间政策的核心内容。规划系统的简化流程加快了大型基础设施项目的进程（参见 Pestman，2000），中央政府开始将城市发展的责任下放给省市。尽管辅助性原则的概念在《第五次空间规划政策文件》（Fifth Policy Document on Spatial Planning）中已经出现（荷兰住宅、空间规划与环境部，2001：266），但权力下放成为《空间备忘录草案》（Spatial Memorandum）的指导原则，其标题是"给发展腾空间：尽可能分散权力，必要时进行集中"（荷兰住宅、空间规划与环境部等，2004）。《空间备忘录草案》比《第五次空间规划政策文件》的规定要少，后者实行了绿色和红色的增长边界制度（Priemus，2004）。[5] 此外，再没有新的住房开发项目被指定，有关零售商业的 ABC 政策也被抛弃。最后，《空间备忘录草案》宣布一项国家政策：限制外来零售业发展。

国家零售政策的取消说明荷兰多层次治理的复杂性。30 年来，国家规划的限制几乎让郊区购物中心、零售公园或超市无法获得许可。政府希望通过权力下放来刺激发展（Evers，2001）。然而，各省共同决定维持先前的限制性政策，通常在其规划和政策文件中都使用了相同的术语。开发商创造第一个"荷兰商场"的尝试很快就违背了以共识为导向的圩田政治。位于高速公路 A2 和 A15 的交界处（荷兰具有战略性的位置）的一个开发方案，在相邻城市的反对下，被格尔德兰省（Gelderland）否决。紧接着又有一个类似的开发项目，在东南部芬洛省（Venlo），遭遇了相同的命运。第三个类似的开发建议是在南部蒂尔堡（Tilburg），它引起了诸多骚动，当地政府举行了公民投票来解决这个问题。当地公民因担心市中心衰败而自己投票否决了这个建议。这些例子表明，权力下放不会带来放松监管，中央政府的开发导向的立场也不一定总能在实践中得到落实。总之，零售政策自由化的表现相当差。

除了鼓励开发的国家政策之外，为了使公共部门更加积极主动，正式的规划体系也在调整。正式规划体系的调整基于 1965 年《空间规划法》（WRO）的重大修订。新规划法的政治敏锐性，加上几个政府联盟的崩溃，大大推迟了立法程序。新的《空间规划法》（Wro）于 2008 年生效，这是在相关建议提出 10 年后才生效的。[6] 像其前身一样，《空间规划法》没有像德国那样处理实质性的规划问题，只是明确了规划体系的规则、责任、程序和工具。新的《空间规划法》对这些规则进行了深远的改革，取代了薄弱的等级规划结构。其中包括三个层级的政府（国家、省、市）都可以利用相同法律工具（包括法定的土地利用规划）。在新制度下，一个省政府甚至中央政府也可以单独制定地方规划，并将其强加给一个大都市（Needham，2007）。实际上，这种情况通常只发生在基础设施或无争议的议题上，但也有个别案例是省政府为了实现城市的综合发展而违背市级政府意愿。到目前为止，这一举措收效有限（Evers 和 Janssen-Jansen，2010）。

各省和中央政府取消对土地利用规划的评估是规划制度的另一个重要变化，其基础是被动规划实践。更高层级的政府会通过提前在法定条例中建立一般规则来采取积极行动。如果地方规划符合相应要求，一经城市议会批准，即可获得法律效力，不需要上级政府审批。规划审查的废除让业界许多人担心开发将不受控制。事实却恰恰相反：许多省份制定相应条例以引入或维持高度监管规划制度。一些条例事实上禁止现有中心以外的所有开发，但同时又包含给省级政府开绿灯的例外条款，这在已有法律框架下有效地恢复了省级审查制度。这种做法虽然不符合《空间规划法》的精神，但确实遵循了法律的规定，也证明了正式制度的灵活性，以促进集权或分权（Evers，2013）。这再次表明，荷兰的规划体系不在所有行政层面上一成不变，它在省级和市级两个层面上，甚至不同规划文化之间，提供了多样性的可能。

4.4 当前的发展、挑战和争议

自 1990 年以来，企图破坏国家空间规划稳定的力量近年来有所加强。尽管它可以被看作一种长期政治趋势的延续，但在 2010 年 9 月 30 日提出的联合协议（Coalition Agreement）仍然遭到荷兰规划师的怀疑。经过多年政策方面的权力下放，许多人都希望中央政府能提出指导性愿景。但中央政府在空间规划上惜字如金：我们尽可能地将权力留给低层级的地方政府。雪上加霜的是，官方的态度居然是鼓励在绿心范围内进行小规模住宅建设（联合协议，2010：61）。2010 年秋天，政府将致力于新的政策以取代《空间备忘录》。

4.4.1 有关基础设施和空间规划的国家政策战略

74

鉴于国家空间政策的制定通常需要几年的时间，新成立的基础设施与环境部在进行重大机构重组的几个月内制定了一项战略草案——《国家基础设施和空间规划政策战略》（National Policy Strategy for Infrastructure and Planning，SVIR）。这份文件只有 100 多页，比它所取代的许多政策文件都简洁得多。[7] 草案强调，只有在国家利益受到威胁的情况下，中央政府才会采取行动，而这些利益一直被控制在最低限度。具体来说，这个数字已经从 39 个下降到 13 个（其中只有一个直接关系到城市化）。该文件比其前身的信条更极致（尽可能下放权力，必要时进行集中)，使权力下放本身成为目标。其开篇词具有指示性：

> 为了使荷兰具有竞争力、可达性、宜居性和安全性，我们需要改变我们的空间规划和移民政策。过多的政府层级、复杂的监管和分隔都太普遍了。因此，中央政府有意将空间规划尽可能地与那些直接受影响的人（和企业）联系起来，并将此权力留给市级和省级政府（权力下放作为第一选择）。这将意味着更少关注国家利益和更简化的监管。中央政府希望其他层级政府在空间政策领域也力争更简洁和更整合。
>
> （基础设施与环境部，2011：10；作者翻译）

这篇文章的主题就是“改变方针”，它的基调和内容有意识地将其与半个世纪以来的荷兰国家规划区分开来。其中最清晰的表达便是上文提及关于尽可能拉近空间规划与公民和企业关系的陈述。它与戴维·卡梅伦（David Cameron）的“大社会”极度相似并非偶然：首相和负责空间规划的部长都属于荷兰自由党，相当于英国保守党（Lord and Tewdwr-Jones，2012）。

《国家基础设施和空间规划政策战略》取消了旨在控制城市发展的大多数国家政策（表 4.1）。其中许多已经存在了数十年，如缓冲区。国家规划中的重要国家利益，比如新建住房的位置，也减少了。相反，《国家基础设施和空间规划政策战略》指出：“只有在主要港口（阿姆斯特丹和鹿特丹）附近的城市地区，中央政府才会就城市开发项目达成协议”（基础设施与环境部，2011：12；作者翻译；“城市开发”主要指房屋建设）。但是，城市开发项目中的“项目”这个词指的是房子的数量，而不是像之前几十年那样指它们的位置。涉及规划的唯一国家利益是“城市可持续发展的阶梯”（基础设施与环境部，2011：55），其中引入了规划新城市功能的三步程序。[8] 人们对这项政策的有效性的期望喜忧参半，因为它只是简单要求遵循程序，而不是要求取得实质性的结果。换句话说，该政策对绩效性而不是一致性有要求。有意思的是，《国家基础设施和空间规划政策战略》宣布中央政府将不再检查规划实施的一致性程度，而提倡其与其他政府的关系应建立在信任的基础上。当然，这与开发的宽松监管总体目标是高度一致的，但又与过去的做法明显不同。

另外，城市化概念正在被经济概念所取代——《国家基础设施和空间规划政策战略》中几乎的所有新政策都是为了刺激经济增长。荷兰曾经是“全面整合类型规划”的领军者，可它如今正在朝着“区域经济类型”转变。另一个变化是许多政策目标（一般被表述为“国家利益”）在质量方面的关注有所下降，例如景观质量、文化遗产质量、休闲质量和空间质量（基础设施与环境部，2011：94—99）。试图在效率和可持续发展之间取得平衡的空间质量原则已经被放弃，因其与全面整合类型规划密切相关。这些政策变化（特别是消除开发障碍的目标）带来另一个效应，即超越中央政府控制范围的限制（比如欧盟的环境指引）事实上对国家空间结构有更加明显和决定性的作用（Evers，2012）。

空间规划政策的变化　　表 4.1

废止的《空间备忘录》(2004) 政策	新的《国家基础设施和空间规划政策战略》(2011) 政策
城市聚集区（超过一半的发展必须发生在指定的聚集区域）	主要部门（对九个经济集群的援助）
强化（大约 40%的新开发应该在建成区内进行）	优先地区［参与阿姆斯特丹和鹿特丹大都会区以及埃因霍温（Eindhoven）的开发］
商业和零售的选址政策（中心位置或靠近交通节点）	可持续的城市发展路径（城市发展的三步走）
基本的环境质量水平	奥运会
城市网络（的发展）	
国家景观（限制城市发展）	
城市更新政策	
缓冲区（的开发限制）	
城市周边的休闲娱乐（资金）	
集约化农业	

4.4.2 应对与绩效表现

在《国家基础设施和空间规划政策战略》草案的引文中，最后一行明确提到了中央政府的愿望，即低层级政府模仿其简化空间政策的做法。在这份文件中，国家政策的分权（或废除）与各省试图通过法定条例调节空间发展的意愿之间存在着明显的紧张关系。在与省、市的行政协议中，中央政府重申了有关空间规划的立场和政策选择（行政协议，2011：40）。地方政府在多大程度上将这一理念融入自己的政策中还有待观察。如上所示，权力下放不一定会导致放松管制，肯定有一些省份不愿意按照中央政府倡导的发展方式放松管制。中央政府是否会通过一般性行政命令将自己的治理理念强加于省市还有待时间的验证。有迹象表明这可能不会发生，因为《国家基础设施和空间规划政策战略》草案中存疑的语句在最终版本中已被删除（基础设施与环境部，2012）。

76

关于《国家基础设施和空间规划政策战略》的效果已经出现了一些有趣的议题（Kuiper 和 Evers，2011）。城市可持续发展是一个典型的例子。《国家基础设施和空间规划政策战略》要求土地利用规划必须解释说明其如何应用可持续发展的方法。但实际的开发不一定符合可持续的城市发展意图，即相关解释说明只是在理论上有效。另一个需要密切关注的议题是国家生态网络中的“关键连接”。此前，中央政府刺激了这些地区的土地优先收购，但其在 2011 年又强制将土地出售给农民。这已超越权力下放和放松管制的局面。地方的利益相关者是否会听从这个号召尚无定论。2012 年选举之后，关键连接得到恢复。最后，各省政府在《国家基础设施和空间规划政策战略》出台以后没有继续取消对郊区零售业发展的限制。

4.5　结论

中央政府正在退出空间规划的舞台。《国家基础设施和空间规划政策战略》已放弃大多数国家城市化政策，空间质量不再被视为国家利益，反而经济发展是空间规划的重中之重。至少在国家层级，全面整合的规划方法正在被区域经济的规划方法所取代。而区域经济方法的一个主要策略——均衡发展并未被荷兰采用。相反，其资金集中在国家最具竞争力的地区。《国家基础设施和空间规划政策战略》草案只涉及阿姆斯特丹、鹿特丹和埃因霍温周边地区，但在最终版本中扩大到七个地区。因此，对于欧洲来说，政策趋同和分异并存：趋同是因为经济目标的主导，分异是因为各地经济的公平发展（通常被称为地域融合的一个方面）并不是荷兰目前政策所追求的目标。

78

荷兰的国家规划体系已经不完全是全面整合规划类型，而与其他更广泛的事态发展有关。可以说，荷兰的空间规划体系是福利国家制度建设的一部分。全民保障性住房、国家空间经济均衡发展、均衡的城市体系（通常被称为“集中地分散”）和开放的农村地区作为公共空间（包括绿心），是作为荷兰福利国家制度一个特殊分支的空间规划的最优表达。作为国家政策理念的绿心的消失，说明目前的变化前所未有。“绿心”是所有规划原则的基石（Faludi 和 Van der Valk，1994）；它的失踪标志着这一原则的终结（Faludi，1991，1999；Faludi 和 Van der Valk，1997；Roodbol-Mekkes 等，2012）。目前刺激经济发展的目标、概念和手段可能会成为一个新的理论，因其在一段时间内具有一定的持久性。但是，除非扎根于地方，否则很难将其称为空间规划原则。

荷兰的国家空间规划已经在不止一个意义上发生改变：（1）内容：不再全面；（2）对低层级政府的影响：过去具有约束力的东西已移交给各省、市；（3）地理范围：更狭窄。[9] 这些变化可能是突然的，强度也是前所未有的，但这不足为奇。虽然空间规划的政治化属性较弱，但这个制度无法从其历史根源的福利国家的重组中分离出来，也不会受到荷兰社会发生的深刻变化的影响。20 世纪 90 年代以来，随着社会愈演愈烈的政治上的两极分化，圩田模式受到威胁，对以共识 / 妥协为导向的技术专家活动的支持，也遭到侵蚀。90 年代后半期有预言道：规划在议题和地理范围层面变得更加“有选择性”，它们更倾向于刺激发展而不是控制发展。但是目前的变化要比 90 年代末荷兰政府政策科学委员会（National Scientific Council for Government Policy，NSCGP）提倡的改革激进得多（荷兰政府政策科学委员会，1999）。目前的变化是政治决策的结果，包括在目标概念和工具方面缩减国家规划，并将其剩余部分转化为旨在提高国家竞争力最强的区域的竞争地位的部门政策。与荷兰政府政策科学委员会的规划改革报告不同，目前的政策方针普遍受到规划界的质疑（Warbroek，2011）。

2012 年 4 月，在《国家基础设施和空间规划政策战略》最终版发布一个月之后，政府解散，同年 9 月举行了新的选举，工党和自由党组成联合政府。[10] 新选举的原因主要是对欧盟紧缩措施的分歧。荷兰不是欧洲唯一一个因经济危机和欧洲预算控制而发生政府更迭的国家。但当前持续的危机的确影响了领土开发。我们已经提到商业楼宇的空置率上升，加上不少银行在商业物业上投入巨资，因此金融体系的压力更大。更重要的是，这破坏了荷兰城市的发展模式。因为荷兰商业地产的财政收入会用于公共住房和城市更新。在荷兰全国范围内，公共部门过于依赖金融服务的城市发展已经停滞不前。一方面，这可能会制约无序发展；另一方面，这可能会对规划制度施加压力，使其进一步放宽对发展的限制。

79

注释

1. 荷兰语首字母缩写 VINEX 来自 Vierde Nota over de Ruimtelijke Ordening Extra（《第四次额外空间规划政策文件》），这是 1988 年文件的附件。“VINEX”这个词已经深入人心，被用来描述 20 世纪 90 年代的郊区。
2. 这个动词来自名词圩田，这个水管理单位用于比利时西部的大部分地区和邻近地区。填海造地和建造防御工事来保护海域不受干扰等行动，只有通过合作和在圩田层面平衡各方利益才能实现，自上而下的宏伟计划无法达到目标。
3. 国家空间规划委员会不存在了。2007 年，它与环境政策类机构区域维护中心（RMC）合并。这个新的实体称为可持续建筑与自然环境委员会（Committee on Sustainable Built and Natural Environment，CDL）。合并背后的基本原理是精简荷兰政府的谈判和审议机构，并对抗政策区隔。尽管国家空间规划委员会和区域维护中心一直在幕后悄悄地工作（这受到主要批评），围绕可持续建筑与自然环境委员会的沉默更令人印象深刻。可持续建筑与自然环境委员会的评估没有对公众开放，而且这种情况也不太可能发生改变。
4. 请参阅：www.animalfreedom.org/english/information/megastables.html（2013 年 3 月 23 日登入）。
5. 绿色边界是在宝贵的绿地周围绘制的防线；红色边界围绕建成区划出，同时也界定了城市增长的边界。
6. 我们在这里遵循荷兰的惯例，即将旧的《空间规划法》（Wet Ruimtelijke Ordening，WRO）与新的《空间规划法》首字母缩写（Wro）用大小写区分开来。
7. 它们包括《空间备忘录》（Nota Ruimte）、《兰斯塔德 2040 年结构远景》（Structuurvisie Randstad 2040）、

《出行备忘录》(Nota Mobiliteit)、《出行工具备忘录》(Nota Mobiliteitsaanpak)、《高速公路环境的结构性视觉》(Structuurvisie voor de Snelwegomgeving)、《景观会议》(Agenda Landschap)、《重要农村会议》(Agenda Vitaal Platteland) 和《三角洲峰会》(Pieken in de Delta)。

8. 方法分为三步。首先，相关机构应确定是否存在区域需求 (即市场需求); 其次，在确定绿地位置之前应考虑棕地开发; 最后，新的多节点位置应该优先于依赖汽车的地点。这种做法已在商业园区的实践中运用，结果喜忧参半。

9. 1988 年的第四次政策文件提出将最后一项措施的重点放在兰斯塔德西部的刺激政策上。这引起政治上的强烈抗议和政策修改，以扩大受益人的范围。《国家基础设施和空间规划政策战略》似乎也遭受了同样的命运——顶级区域的数量已经从 3 个增加到 7 个。

10. 在撰写本文时，新政府没有发生重大变化，《国家基础设施和空间规划政策战略》仍然是官方政策。然而，前一届政府废除了自然政策中的“关键连接”，这十分具有争议性，因此没多久就被推翻了。

参考文献

Administrative Agreement. (2011). *Bestuursakkoord 2011–2015*. Vereniging van Nederlandse Gemeenten, Interprovinciaal Overleg, Unie van Waterschappen en Rijk.

Albrechts, L. (2006). Shifts in strategic spatial planning? Some evidence from Europe and Australia. *Environment and Planning A*, *38*(6), 1149–1170.

Boelhouwer, P. and Priemus, H. (1990). Dutch housing policy realigned. *Journal of Housing and the Built Environment*, *5*(1), 105–119.

Bontje, M. (2001). *The Challenge of Planned Urbanisation*. PhD dissertation, University of Amsterdam.

Boonstra, W. J. and Van den Brink, A. (2007). Controlled decontrolling: involution and democratisation in Dutch rural planning. *Planning Theory and Practice*, *8*(4), 473–488.

CEC – Commission of the European Communities. (1997). *The EU Compendium of Spatial Planning Systems and Policies*. Luxembourg: Office for Official Publications of the European Communities.

80

Coalition Agreement. (2010). *Freedom and Responsibility*. Coalition Agreement VVD-CDA, 30 September.

Evers, D. (2001). The rise (and fall?) of national retail planning: towards an abolition of national retail planning in the Netherlands. *Tijdschrift voor Sociale en Economische Geografie*, *93*(1), 107–113.

Evers, D. (2012). *The Significance of European Policy in the Context of Decentralization of Planning: The Case of the Netherlands*. Paper presented to AESOP conference, 11–15 July, Ankara.

Evers, D. (2013). *Formal Institutional Change and Informal Persistence: The Case of Dutch Provinces Implementing the 2008 Spatial Planning Act*, Environment and Planning C (accepted).

Evers, D. and Janssen-Jansen, L. (2010). *Provincial Diversity: A Preliminary Assessment of the Implementation of the Dutch Spatial Planning Act of 2008*. Paper presented to PLPR Congress, 10 February, Dortmund.

Faludi, A. (1991). Rule and order as the leitmotif: its past, present, and future meaning. *Built Environment*, *17*(1), 69–77.

Faludi, A. (1999). Patterns of doctrinal development. *Journal of Planning Education and Research*, *18*(4), 333–344.

Faludi, A. (2000). The performance of spatial planning. *Planning Practice and Research*, *15*(4), 299–318.

Faludi, A. and Korthals Altes, W. (1994). Evaluating communicative planning: a revised design for performance research. *European Planning Studies*, *2*(4), 403–418.

Faludi, A. and Van der Valk, A. (1994). *Rule and Order: Dutch Planning Doctrine in the Twentieth Century*. Dordrecht: Kluwer.

Faludi, A. and Van der Valk, A. (1997). The Green Heart and the dynamics of doctrine. *Journal of Housing and the Built Environment*, *12*(1), 57–75.

Frissen, P. (2001). Consensus democracy in a post-modern perspective. In F. Hendriks and Th. A. J. Toonen (eds) *Polder Politics: The Re-invention of Consensus Democracy in the Netherlands* (pp. 61–75). Aldershot: Ashgate.

Galle, M. (1990). 25 jaar realisering van ruimtelijk beleid [25 year implementation of spatial policy]. In *Ruimtelijke Verkenningen 1990* [*Spatial Reconnaissances 1990*] (pp. 12–52). Den Haag: Rijksplanologische Dienst.

Gerrits, L., Rauws, W. and De Roo, G. (2012). Dutch spatial planning in transition. *Planning Theory and Practice*, *13*(2), 336–341.

Halffman, W. (2009). Measuring the stakes: the Dutch planning bureaus. In W. Lentsch and P. Weingart (eds) *Scientific Advice to Policy Making: International Comparison* (pp. 41–65). Opladen: Verlag Barbara Budrich.

Hajer, M. and Zonneveld, W. (2000). Spatial planning in the network society: rethinking the principles of planning in the Netherlands. *European Planning Studies*, *8*(3), 337–355.

Hamers, D. and Piek, M. (2012). Mapping the future urbanization patterns on the urban fringe in the Netherlands. *Urban Research and Practice*, *5*(1), 129–156.

Hendriks, F. and Toonen, T. A. J. (2001). *Polder Politics: The Re-invention of Consensus Democracy in the Netherlands*. Aldershot: Ashgate.

Korthals Altes, W. (2006). Stagnation in housing production: another success in the Dutch "planner's paradise"? *Environment and Planning B*, *33*(1), 97–114.

Kuiper, R. and Evers, D. (2011). *Ex-ante evaluatie Structuurvisie Infrastructuur en Ruimte* [*Ex-ante Evaluation of National Policy Strategy for Infrastructure and Spatial Planning*]. Den Haag: Netherlands Environmental Assessment Agency.

Lord, A. and Tewdwr-Jones, M. (2012). Is planning "under attack"? Chronicling the deregulation of urban and environmental planning in England. *European Planning Studies*, *20*. doi:10.1080/09654313.2012.741574A.

Marshall, T. (2009). Infrastructure and spatial planning: Netherlands working paper. Oxford: Department of Planning, Oxford Brookes University. Retrieved from http://planning.brookes.ac.uk/research/spg/projects/infrastructure/resources/NLWPmay182009final.pdf.

Merk, O. M. (2004). Internationale vergelijking omvang decentrale belastingen: Nederland in middenpositie [International comparison of decentralized taxes: the netherlands takes a middle position]. *BandO November 2004*, 21–23.

Ministerie van IenM – Infrastructuur en Milieu. (2011). *Ontwerp Structuurvisie Infrastructuur en Ruimte* [*Draft National Policy Strategy for Infrastructure and Spatial Planning*]. Den Haag: Ministerie van IenM.

Ministerie van IenM – Infrastructuur en Milieu. (2012). *Structuurvisie Infrastructuur en Ruimte* [*National Policy Strategy for Infrastructure and Spatial Planning*]. Den Haag: Ministerie van IenM.

81 Ministerie van VROM – Volkshuisvesting, Ruimtelijke Ordening en Milieubeheer. (1988). *Vierde Nota over de Ruimtelijke Ordening* [*Fourth Policy Document on Spatial Planning*]. Den Haag: Ministerie van Volkshuisvesting, Ruimtelijke Ordening en Milieubeheer.

Ministerie van VROM – Volkshuisvesting, Ruimtelijke Ordening en Milieubeheer. (1991). *Vierde Nota over de Ruimtelijke Ordening Extra* [*Fourth Policy Document on Spatial Planning Extra*]. Den Haag: Ministerie van Volkshuisvesting, Ruimtelijke Ordening en Milieubeheer.

Ministerie van VROM – Volkshuisvesting, Ruimtelijke Ordening en Milieubeheer. (2001). *Vijfde Nota Ruimtelijke Ordening deel 1: Ontwerp* [*Fifth Policy Document on Spatial Planning part 1: draft*]. Den Haag: Ministerie van Volkshuisvesting, Ruimtelijke Ordening en Milieubeheer.

Ministerie van VROM – Volkshuisvesting, Ruimtelijke Ordening en Milieubeheer, Ministerie van LNV – Landbouw, Natuur en Voedselkwaliteit, Ministerie van VenW – Verkeer en Waterstaat, and Ministerie van EZ – Economische Zaken. (2004). *Nota Ruimte* [*National Spatial Strategy*]. Den Haag: Ministeries van VROM, LNV, VenW and EZ.

Needham, B. (2007). *Dutch Land Use Planning*. The Hague: Sdu Uitgevers.

Nozeman, E. (1990). Dutch new towns: triumph or disaster? *Tijdschrift voor Economische en Sociale Geografie*, *81*(2), 149–155.

NSCGP – Netherlands Scientific Council for Government Policy. (1999). *Spatial Development Policy*. Summary of the 53rd report, Netherlands Scientific Council for Government Policy Reports to the Government. The Hague: SDU Publishers.

Pestman, P. (2000). Dutch infrastructure policies. In J. Van Tatenhove, B. Arts and P. Leroy (eds) *Political Modernisation and the Environment: The Renewal of Environmental Policy Arrangements* (pp. 71–95). Dordrecht: Kluwer Academic Publishers.

Priemus, H. (1999). Four ministries, four spatial planning perspectives? Dutch evidence on the persistent problem of horizontal coordination. *European Planning Studies*, 7(5), 563–585.

Priemus, H. (2004). Spatial memorandum 2004: a turning point in the Netherlands' spatial development policy. *Tijdschrift voor Economische en Sociale Geografie*, *95*(5), 578–583.

Programmabureau Groene Hart. (2011, Summer). Advertisement by the chambers of commerce within the Green Heart praising its leisure opportunities. In *Het Parool* [Newspaper].

Roodbol-Mekkes, P. H., Van der Valk, A. J. J. and Korthals Altes, W. K. (2012). The Netherlands spatial planning doctrine in disarray in the 21st century. *Environment and Planning A*, *44*(2), 377–395.

Salet, W. (1999). Regime shifts in Dutch housing policy. *Housing Studies*, *14*(4), 547–557.

Siraa, T., Van der Valk, A. J. and Wissink, W. L. (1995). *Met het oog op de omgeving: Een geschiedenis van de zorg voor de kwaliteit van de leefomgeving* [*In View of the Environment: A History of Care about the Quality of the Environment*]. Het ministerie van Volkshuisvesting, Ruimtelijke Ordening en Milieubeheer (1965–1995). The Hague: Sdu Uitgevers.

Tasan-Kok, T., Groetelaers, D. A., Haffner, M. E. A., Van der Heijden, H. M. H. and Korthals Altes, W. (2011). Providing cheap land for social housing: breaching the state aid regulations of the single European market? *Regional Studies*, *47*(4), 628–642. doi:10.1080/00343404.2011.581654.

Toonen, T. A. J. (1987). The Netherlands: a decentralised unitary state in a welfare society. *West European Politics*, *10*(4), 108–129.

Toonen, T. A. J. (1990). The unitary state as a system of co-governance: the case of the Netherlands. *Public Administration*, *68*(3), 281–296.

Van der Cammen, H. and De Klerk, L. (2012). *The Selfmade Land: Culture and Evolution of Urban and Regional Planning in the Netherlands*. Houten/Antwerpen: Spectrum.

Van Duinen, L. (2004). *Planning Imagery: The Emergence and Development of New Planning Concepts in Dutch National Spatial Policy*. PhD dissertation, University of Amsterdam.

Van Ravesteyn, N. and Evers, D. (2004). *Unseen Europe: A Survey of EU Politics and its Impact on Spatial Development in the Netherlands*. Rotterdam/Den Haag: NAi Uitgevers/Ruimtelijk Planbureau.

Wagenaar, C. (2011). *Town Planning in the Netherlands since 1800: Responses to Enlightenment Ideas and Geopolitical Realities*. Rotterdam: 010.

Warbroek, B. (2011). Planologie zonder plan [Planning without a plan]. *Binnenlands Bestuur*, 21 May, 28–35.

Zonneveld, W. (2007). A sea of houses: preserving open space in an urbanised country. *Journal of Environmental Planning and Management*, *50*(5), 657–675.

82

Zonneveld, W. and Waterhout, B. (2007). Polycentricity, equity and competitiveness: the Dutch case. In N. Cattan (ed.) *Cities and Networks in Europe: A Critical Approach of Polycentrism* (pp. 93–104). Montrouge: John Libbey Eurotext.

Zonneveld, W., Trip, J. J. and Waterhout, B. (2008). *The Impact of EU Regulations on Local Planning Practice: The Case of the Netherlands*. Paper presented at the ACSP-AESOP 4th Joint Congress, 6–11 July 2008, Chicago.

83 第5章　德国空间规划：制度惯性与新的挑战

汉斯·海因里希·布洛特福格尔，雷纳·丹尼兹克，安格利卡·明特尔

本章目标

- 解析德国空间规划的制度体系，其被认为是一个分权的、多层次的系统，并由于该国的联邦制政治结构而被渲染得非常复杂；
- 探讨德国空间规划的新、旧问题，比如平等的居住条件、大都市空间与乡村地区的关系、人口变化等；
- 强调德国空间规划的制度体系已发展出显著的持久性；此外，非正式的规划工具在空间规划所要解决的挑战中起到日益重要的作用；
- 当今，作为现代领土治理的一种模式，硬性和软性的规划控制模式会结合使用。

5.1　引言

在国家规划体系的跨国比较研究中，德国常被定义为"全面整合类型"空间规划的始祖。旨在引导住宅开发和交通基础设施建设的区域规划协会成立得非常早（该机构在大柏林地区于1911年成立，在鲁尔地区于1920年成立）。在1935年的国家社会主义制度背景（National Socialist regime）下，其空间规划逐渐形成了从国家层面到城市层面的等级体系（Blotevogel和Schelhaas，2011）。第二次世界大战后，东部的民主德国与西部的联邦德国分立。西部的联邦德国（由联邦州组成，联邦州在德语中为Länder，是Land的复数形式*）拥有广泛的立法权。经历漫长而激烈的讨论，全国性的空间规划体系于20世纪60年代至70年代间建立；其特征是各城市和各联邦州具有强势地位。两德合并后，原联邦德国的多层次空间规划体

* 德国是联邦制共和国，其行政层级分为四个层次：（1）联邦国家（Federal）；（2）联邦州（Länder）；（3）区域（Regional）；（4）县（包括乡村和市）（Kreise）。境内拥有16个联邦州（Länder），其中有8个较大的联邦州又细分为行政区（Regierungsbezirke）。这8个州和另外5个州以及3个城市州（柏林、汉堡和不来梅市）下面分设县（Kreise），县又下设乡村（Landkreise）和城市（Kreisfreie stadte）。——译者注

系普及到东部的新联邦州。无论是国家活动和公共规划的程序性特征，还是空间规划所应对的挑战都发生了根本的转变，但德国空间规划的制度体系已存在超过 40 年，具有一定的稳定性。 84

下文将展开介绍德国空间规划体系的制度框架。在此基础上，我们将归纳空间规划面临的五大挑战，并介绍空间规划在尺度和方向上的转变。

5.2　规划体系概述

5.2.1　德国空间规划体系

德国的空间规划体系（包括跨部门的空间规划以及与空间议题相关的部门规划）是一个分权的、多层次的体系，并因国家的联邦制结构而变得非常复杂。德国的 16 个联邦州，每一个都有自己的宪法、自己选举产生的议会和政府。下文先介绍全面整合类型空间规划的多层次体系，再全面回顾与空间议题相关的最为重要的各部门政策 / 规划（参见第 5.2.2 节）。

在《联邦空间规划法》（Federal Spatial Planning Act，ROG）中，德国空间规划旨在引导“可持续的空间发展，使得地区的社会和经济需求与其生态功能相一致，在大尺度范围内形成具有平等生活条件的稳定秩序”（2008，§1 第 2 段）。其最重要的工具是以图形和文字形式显示出整个国家未来的空间结构的“规划文件”，这可以用“分散的集中”（decentralized concentration）的空间指导原则加以描述：指定“中心地区”（central places）是为了使人口、就业和基础设施集中而均匀地分布在德国全境不同规模的城市（Scholl 等，2007：14 ff.）。

德国规划体系的等级结构受到三个原则的影响：

- *辅助性原则*，每一项政治决策都应该在尽可能最低的行政层级上作出（国家的联邦制结构也是基于该项原则）；
- 紧密联系的*地方或城市的规划自治权*是宪法保障的城市地方自治的一部分：这使得城市 / 地方政府有权在土地利用规划的框架内独立组织当地的开发；
- *相互反馈原则*，各层级规划需要考虑到其他层级的要求和条件。

（Scholl. 等，2007：18）

德国的空间规划体系包括四个空间层次（图 5.1），它们具有以下任务和职责：

（1）联邦（国家）层面：这是德国规划体系的最高层次。除了可持续空间发展的指导

85 愿景之外，《空间规划法》还规定了空间规划所谓的“原则”（即关于空间组织的一般规定，特别是居住区、开敞空间结构以及基础设施），并包含联邦州的立法规定。它还明确了规划目标、原则和其他空间规划要求的法定约束力，并规范了联邦州级别的空间规划（Krautzberger 和 Stüer，2009）。联邦空间规划不是通过具体的规划来起作用，而只是为德国的空间规划提供架构性和物质性的指导方针，然后在随后的规划层级上具体化。空间规划部长级会议（Ministerial Conference on Spatial Planning，MKRO）由联邦和各州负责空间规划的部长组成，负责交流和协调具有全国战略意义的空间规划和空间发展议题。

（2）联邦州层面：联邦州颁布的规划法附属于国家层面和区域层面等空间规划机构。各州通过自己的空间规划方案，将联邦空间规划层面在部门和空间维度所规定的原则具体化，并在州域范围内制定空间发展的目标和策略。因此，各州的空间规划方案一方面是为了协调各州层面上与空间议题相关的部门规划；另一方面则为下一级的空间发展制定指导方针。该层级的空间规划方案在不同的联邦州，其名称也不同，但它们通常被称为“联邦州发展规划”（Landesentwicklungsplan）（Goppel，2005，2011；Scholl. 等，2007：24）。

（3）区域层面：区域规划的任务主要在于协调区域层面的空间发展。因此，区域规划采用了相互反馈原则，一方面将联邦州空间规划的规定具体化；另一方面为市镇的空间发展提供框架（Scholl 等，2007：26）。因此，区域规划处于市镇、区域和区域范围内大规模利益群体之间的复杂关系网络中，同时涉及整个区域的利益和该区域的部门利益。它承担了公共国家规划、城市土地利用规划和部门规划之间的中介作用（Schmitz，2005：965）。区域规划的组织形式各不相同。在某些情况下，区域规划完全是各市镇的责任，并由各乡村地区或城市规划协会实施。在其他情况下，区域规划属于集体区域规划，由联邦州规划主管部门负责起草区域规划，并由地方政府代表组成的委员会审批。也有一些区域规划完全是通过联邦州来实行的（Schmitz，2005：968）。总之，区域规划单元的规模和边界的差异性也很大（Einig，2010）。

（4）城市层面：城市土地利用的规划决策是由各城市政府在土地利用规划（城市发展规划）的框架内制定的。各城市政府在规划事务上拥有广泛的自主权。这是《基本法》（Basic Law）所保障的权利，但受到各联邦州和区域规划所设定的框架的限制（Steger 和 Bunzel，2012）。土地利用规划，作为城市政府的义务工作，由《联邦建筑法》（Federal Building 86 Code，BauGB）在德国全境范围内进行管理。它的任务是指导各城市的建设开发或地块的其他用途。它以可持续的社区发展和社会公平的土地利用为目标（2004，《联邦建筑法》§1）。土地利用规划有两层结构。《分区规划》（Zoning Plan）涵盖了城市的整个地区。它只对公共机关有约束力，并梳理了未来城市开发地区的土地利用类型（2004，《联邦建筑法》第 5 章）。

在需要城市开发和整理的地方，地方政府为城市部分地区编制《地方建筑和施工规划》(Local Building and Construction Plans)，作为具有普遍约束力的土地利用规划。这些规划定义了规划区内每块土地可开发的建筑类型和数量（2004,《联邦建筑法》§ 8)。

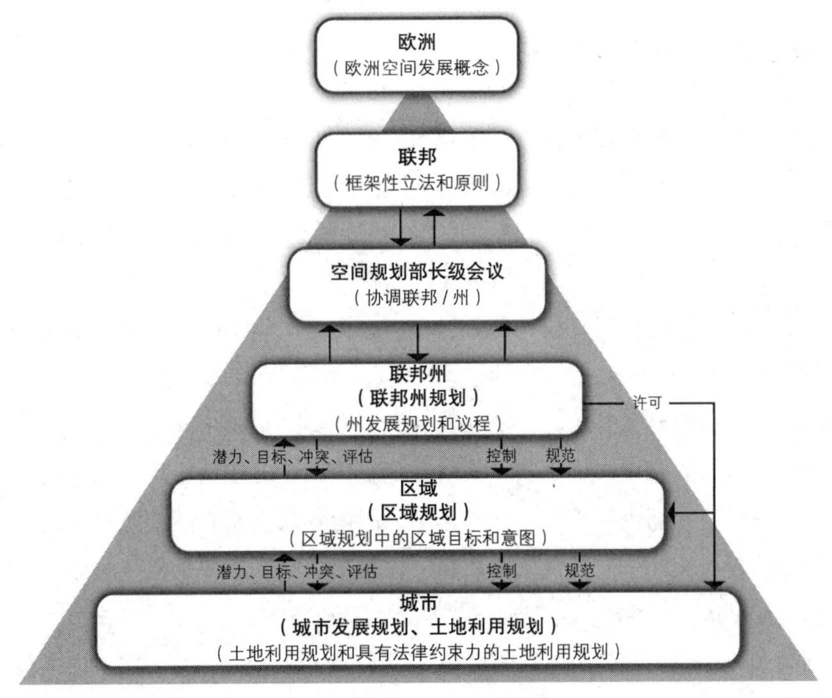

图 5.1　德国的空间规划体系

资料来源：改绘自 Scholl 等（2007）

我们一方面强调规划法规定的正式规划体系下的各种“规划”（的编制）；另一方面，非正式的规划实践和工具在各个规划层次上也发挥着日益重要的作用。非正式规划实践并不与特定的工具或程序挂钩，但因特定情况而出现不同的组织架构。规划的权威和实施并不依赖于各种规章制度，而更需要通过相关参与者的承诺实现。这些非正式的规划实践的优点在于灵活性，它们可以根据具体情况做具体问题的规划说明；更重要的是规划过程和其产品可以在短期内改变。因此，我们可以依据不同的情境区分相关主题、空间关系和参与者（包括来自民间社会和商业领域的参与者）的优先级别。与正式规划相比，非正式规划的缺点在于其随时可能需要作出一些不恰当的让步以避免个别参与者退出规划过程。非正式规划追求参与者之间的“双赢局面”，但激烈冲突有时难以避免（Danielzyk 和 Knieling, 2011)。现在的情况是，在规划实践的各个层面，非正式规划会出现在正式规划之前、同时

87

和之后。非正式规划是在正式规划之前进行的（例如制定指导纲要、专家报告、情景预设），它能为正式规划的编制过程（例如缓和及调解）寻找折中方案，同时有助于正式规划的实施（Danielzyk 和 Knieling，2011）。

5.2.2 德国空间相关政策的多层次体系

尽管这套全面的空间规划体系具有地域差异性，并在德国范围内实行，但其对实际空间开发过程的影响力不应被高估。其他与空间相关的政策不仅配备了相当多的预算资源，而且也获得了更大的政治关注；因此这些政策往往能够动用更强大的支援团来实施其战略、措施和项目。

因此，空间规划若能通过其战略纲要、目标和愿景影响空间相关的政策和部门规划来提高其效率十分关键（Vallée，2011）。这同时也适用于区域政策（Eckey，2011）、交通规划（Langhagen-Rohrbach，2011）、环境政策和景观规划（von Haaren 和 Jessel，2011）。公共财政体系在各联邦州和城市层面实行的财政平衡政策，对于确保均衡的空间发展也很重要。空间规划的普遍原则也在这里发挥了作用，因为各联邦州之间的财政平衡政策有助于实现生活条件的相对均衡，而在几个州之间，各城市之间的财政平衡政策涉及优先中心地的问题（Zimmermann，2011）。

与空间规划一样，空间相关领域最重要的政策也被构建为多层次的体系（表 5.1）（Blotevogel，2012）。例如，区域政策的职责被划分为五个层次。在由市级构成的两个较低层次上，政策是作为具体的项目和措施来实施的。这主要是各个城市政府的任务，但在农村地区，各市镇因其规模有限而缺乏必要的行政能力；在这种情况下，各城市间的合作常以各种名目的组织团体形式出现。在大多数联邦州，高于这一层级的空间相关领域的政策由区域界定，这些区域与劳动力市场地区和工商联合会（Chamber of Industry and Commerce）地区范围重叠。它们作为特别的分析和项目规划区域，若被制度化（例如变为市级协会），则可以承担项目主管任务。

88 区域政策的战略性规定均建立在国家级层面，即联邦州 / 联邦政府一级，尤其在欧盟的跨国家层面上具有分级标准。行动计划（Action Programs）由各联邦州（基于欧盟术语）或区域层面制定。这些行动计划必须符合联邦国家和欧盟的计划框架。这些项目和发展措施通常由相关的联邦州、欧盟以及在较小的范围上由联邦中央政府和各城市联合资助。这 89 或多或少地反映了对区域政策结构产生影响的各个要素：欧盟制定最重要的战略方针，德国各联邦州在贯彻实施方面起着决定性的作用。

德国空间相关政策的多层次体系　　**表 5.1**

88

	空间规划	区域政策	农业政策	环境政策	交通政策
欧盟（EU）	欧洲空间规划（ESDP、领土议程）	区域政策（ERDF、ESF、融合基金）	农村发展政策（EAFRD）	环境政策，如 FFH-Area	交通政策，特别是 TEN
联邦层面	联邦空间规划（BMVBS，2006；ROG，2008）	联合计划 GRW；欧盟区域政策 NSRF	联合计划 GAK；乡村发展政策	自然保护和环境政策	联邦交通运输规划，特别是 BVWP
联邦州层面	联邦州规划（如联邦州发展规划）	欧洲和国家区域政策的打包、操作程序	乡村发展政策	自然保护和环境政策、景观规划	联邦州交通运输规划
区域层面	区域规划	区域发展概念	农村综合发展 ILEK、Leader	景观结构规划、FFH-Area	区域流动性概念
城市层面	城市发展规划、地方土地利用规划	城市商业提升	农村综合发展、村落更新	环境规划、景观规划、绿色空间规划	城市流动性和交通运输规划

注：欧盟（EU）层面：ESDP= 欧洲空间发展愿景；ERDF= 欧洲区域发展基金；ESF= 欧洲社会基金；EAFRD= 欧洲乡村发展农业基金；FFH= 动植物及生境保护；TEN= 泛欧网络。联邦（Federal）层面：GRW= 国家 / 联邦州区域经济结构联合改善计划；NSRF= 国家战略参考框架；GAK= 国家 / 联邦州农业结构和海岸保护联合改进计划；BVWP= 联邦交通运输基础设施规划。区域（Regional）层面：ILEK= 乡村综合发展理念；Leader= 促进乡村经济发展行动网络。
资料来源：由 Blotevogel 自绘

89

由于篇幅限制，在这里不可能进一步详细讨论与空间相关的部门政策或部门规划。总之，多层次的体系结构也反映在其他政策领域（参见表 5.1），尽管不同系统中各层次指代的含义差别很大。在此背景下，重要的是哪些政策已经被“欧盟化”（communitairzed）以及《基本法》如何界定联邦国家与联邦州之间的责任分工。众所周知，农业政策是被欧盟化的，因此布鲁塞尔的规定在这里起着决定性的作用。但作为第二支柱的农业政策的实施由于涉及乡村地区的发展，因此地方和区域层面尤为重要。近几十年来，欧盟层面在环境政策上也产生了重大影响，例如《动植物及生境保护》（Fauna and Flora Habitats，FFH）指令和战略环境评估等。

与之相反的是德国的景观规划一直与空间规划密切相关，它是地方和区域层面的关注重点。而交通规划的情况则大不相同。联邦中央政府编制的《联邦交通运输基础设施规划》（Federal Transport Infrastructure Plan）作为一项法律，会规定联邦交通运输基础设施（即公路、铁路和水路，但不包括机场）的扩建和更新要求。

互动和协调的问题无论是在纵向上（政策和规划层面之间），还是在横向上（产生空间影响的各类政策之间）都存在。这些问题包括主题重叠、协议不足和互惠关系不明确。部门政策之间是否有协调所产生（预料之中或预料之外）的空间效应都没有足够的案例支撑，但一些调查至少考察了部门政策在平衡地区差异方面所作的贡献，以及在多大程度上导致了空间极化效应。其结果非常明确：大多数联邦国家政策，特别是那些受高资助的政策，对农村和结构薄弱的各联邦州和地区具有明显的帮扶效果。这包括社会和就业政策、国防政策、交通政策、财政均等化政策、城市开发和住房政策、高等教育政策、农业政策，以及区域政策。只有科研政策效应相反——因为结构性较强的地区拥有绝大多数研究机构，它们成为科研政策的受益方[区域经济研究所（BAW）和德国经济研究所（IW），2009:84]。法伯（Färber等，2009）指出，特别是"促进城市开发"和"住房福利"相关政策的效应符合这些目标：它们有助于实现区域间的均衡，尤其对德国东部各联邦州产生了正面影响。

作为《空间规划报告》(Spatial Planning Report)(最新版)[联邦建筑与空间规划局（BBR），2012]的一部分，联邦建筑和区域规划办公室（Federal Office for Building and Regional Planning）定期汇报与空间效应相关的联邦基金在各联邦州的分配情况。报告显示，以居住人口为基础，具有结构性问题的联邦州在空间相关政策方面所获得的联邦支出份额占比极大。这包括德国东部地区全部五个新联邦州以及两个城市州(city states)—柏林和不来梅市。尤其财政均等化政策以及社会和劳动力市场政策也使得结构薄弱地区受益匪浅。此外，交通运输政策和区域政策也有明显的平衡倾向（联邦建筑与空间规划局，2012：220）。

90

各种具有空间影响力的结构性基金和发展政策之间的战略协调尚未得到解决。开发政策以部门条块为基础，即在战略和组织上都主要遵循部门的原则：它们首先根据功能，其次才是根据空间层次进行区分。然而，它们共同作用于独立的空间层次，有时又会因预期和预料之外的效应叠加而相互抵触。这个问题集中出现在联邦州以下的区域层次，部门协调视各州政府的情况主要发生在联邦国家和联邦州层级，而在区域层级则大体上缺乏相应的协调工具。在大的联邦州中，地方政府可以部分承担协调任务，但有时也会在区域一级部署单独的非正式工具，例如区域发展概念和区域管理机构。

具有空间影响力的政策在空间效应方面的协调是完全不够的。除了明确的空间相关政策，如财政平衡政策以及区域空间政策，大多数的部门政策在空间维度上只起到辅助作用。对区域政策、农业政策、能源政策、基础设施政策、社会和劳动力市场政策等最具空间影响力的政策之间的系统性协调显得尤为紧迫。这种紧迫性也体现在联邦州层面具有空间影响力的政策上，比如尤为重要的教育和高等教育政策。

5.3 新、旧挑战

5.3.1 挑战1：平等的生活条件以及大都市与乡村地区的关系

追求相对平等的生活条件一直是德国空间规划的核心议题。多年以来，繁荣的城市群与结构薄弱的乡村地区的对比一直影响着空间政策。然而这一议题在 20 世纪 70—80 年代失去了意义，因为许多乡村地区得到了大规模的扶持，而许多城市则受到了去工业化和移民的冲击。1990 年德国统一后，新加入的联邦州呈现出严重的结构性弱点，平等生活条件的原则又变得紧迫而重要。然而在基础设施、住房和城市发展方面进行的大量投资以及对工业部门和其他财政转移的高资金激励，都未能缩小东部和西部之间的经济效益差距。

平等和等价原则在 20 世纪 90 年代仍然处于中心地位，但也出现了两个新的侧重点。其一，1998 年修订的《空间规划法》提出了新的普遍原则：尽管平衡区域差距的原则仍然很重要，可持续空间发展概念将作为空间规划最重要的规范取向；其二，联邦国家空间规划更加关注增长和竞争力的议题。空间规划部长级会议（MKRO）在 1995 年通过划定“欧洲大都市地区”来证实这些观点［联邦区域规划、住房和城市发展部（BMBau），1995］。 91
他们将大都市地区定义为

> 在国际上具有突出作用的空间和功能区位，其影响超越国界……作为社会、经济和文化发展的动力，它们将代表德国甚至欧洲的业绩和竞争力，并有助于加速欧洲一体化进程。
>
> （联邦区域规划、住房和城市发展部，1995：27）

大都市地区最初是 6 个，后来变为 7 个。空间规划部长级会议于 2005 年决定将其扩大到 11 个。大都市地区是融合了公共和私人参与者的区域发展联盟。在许多大都市地区，战略目标都在区域发展概念中有所体现。典型的行动则集中在经济（基础设施、区位营销）、科学和知识（科研及其转化）以及生活质量（文化、休闲）领域。然而，不同的大都市区的政治影响差别很大。

空间规划部长级会议在《德国空间发展概念与战略》（Concepts and Strategies for Spatial Development in Germany）中进一步强调了空间规划的城市增长与竞争力议题［联邦交通、建设与城市发展部（BMVBS），2006］。该文件不具有法定的约束力，但其旨在影响联邦部门政策的空间效应，并为各联邦州提供了空间规划修订内容的指导。该文件包含了三条指导原则，其中“增长与创新”（Growth and Innovation）占据了首要位置。与欧盟所谓的“里斯本目标”（Lisbon goals）相一致，这一指导原则强调了空间规划对促进增长、创新实力和竞争力的贡献。大都市地区在推动开发方面发挥着特别重要的作用，而乡村地区则被视为“稳定地区”，或被称为“增长地区”。虽然这并不表示空间规划发生了 180° 大转变，却意味着一种新的规范重点在补充传统的均等化目标，并最终达标。2006 年以来围绕指导原则所引起的激烈且富争议的讨论表明：尽管地区差异问题远比公众视角下的大都市和乡村地区的对立问题要复杂得多，但平等的生活条件议题依然热门。

平等生活条件的原则是极具争议性的议题。这是由于它涉及一种不确定的法律概念，需要通过学术—政治话语来解释，因此它被理解的方式必然会受到社会约束和时间限制。误解和曲解几乎肯定会发生。这里有两个重要的标准［参见空间研究与规划学院（ARL），2006］:（1）有足够的机会进入劳动力市场并谋生（这主要与区域经济表现和区域劳动力市场有关）;（2）获得提供基本服务设施的可能性。其重点主要是在教育、卫生和文化设施、交通基础设施以及零售业的可达性上。

92

有关德国地区差异的实证研究显示，空间格局自 1990 年以来已相对稳定；更确切地说，空间格局分层已基本形成（参见联邦建筑与空间规划局，2012）：

- 明确的东西差异（尤其是在经济指标方面的差距持续存在，在主观生活满意度方面也非常明显）；
- 轻微的南北差距（自 20 世纪 70 年代以来，经济指标的差距持续存在，但在主观生活满意度方面并不明显）；
- 城乡差距，或在城市地区的城乡分化（近几十年来城市化逐步取代势衰的郊区化趋势）。

各项指标发展在过去的 20 年里并不均衡。一些指标表明地区差距普遍增加，而另一些指标则相反。我们不利用简单的二分法，而是在广泛的城市群和乡村地区寻找繁荣 / 增长的区域以及结构性薄弱 / 衰败的区域。

“平等的生活条件”的规范性原则（normative principle）是一项核心的社会—政治任务。时至今日，对于平等原则的理解已跟 20 世纪六七十年代的福利国家模式下的理解不同了。当时，差距补偿首先意味着为那些受外来移民威胁的地区提供德国全国性的基础设施供给，其次是区域间的资源转移。当今的平等化政策指的是提供平等的机会（而不是综合服务）。随着基础设施不可避免的老化，服务重点应该集中在为需要长期稳定的中心地区提供邻里服务（空间研究与规划学院，2006）。

长期以来，增长目标与均衡差距目标之间可能存在的冲突一直在区域经济和区域政治中备受争议，同时也成为空间规划的热门议题。最终，每个社会都必须就其能够 / 或许容忍的空间不平等程度达成一个政治决定（与增长目标相妥协）。无论如何，德国空间规划和区域政策的平等化任务仍然保持着相当的热度。

5.3.2　挑战 2：人口结构的变化

“德国面临着人口减少、老龄化、外来人口入侵等问题”——这是概括德国“人口结构变化”的精辟总结，这一现象不仅体现在劳动力市场和社会系统中，还反映在空间规划的诸多问题中。虽然人口结构的变化并不是什么新鲜事，但人口结构转型的过程在 20 世纪 90 年代末才引起德国公众的重视，从那以后，它即成为德国空间规划所面临的最大挑战之一。

人口结构变化的第一个特征是人口减少。根据 2009 年的官方统计预测，德国人口将从 2012 年的 8200 万缩减到 2060 年的 6500 万至 7000 万［德国联邦统计局（Statistisches Bundesamt），2009］。假设未来仍保持 20 世纪 80 年代以来的低生育率（每个妇女 1.4 个孩子），那么未来的人口减少主要是生育赤字的影响。然而人口队列效应和生命周期的延长意味着老年人（65 岁以上），特别是高龄老人（80 岁以上）的数量正在增加。假设每年有 10 万至 20 万移民迁入的话（这一数字与近几十年的平均移民数量相符），人口数仍将减少。移民导致非德裔公民的人口增加到 740 万（2011 年），相当于总人口的 9.1%。迄今为止，最大的外国人群体是土耳其人（160 万人），其次是意大利人和波兰人（各 50 万人）。据联邦统计局（Federal Statistical Office）估计，大约有 1600 万（2009 年）有移民背景的人（包括自 1950 年以来的移民及其后裔）居住在德国，相当于总人口的 19.6%（德国联邦统计局，2011）。

93

与人口稳定的城市地区和大都市地区相比，人口变化对许多乡村地区的影响更大，且存在更大的地区差异性（联邦交通、建设与城市发展部和联邦建筑、城市与空间研究所，2009；Reichert-Schick，2010）。自德国统一以来，极低的出生率和持续的人口迁移导致了德国东部许多乡村地区的人口急剧下降；同时人口的大规模、连续性减少使得人口老龄化严重。与经济结构疲软（高失业率、低收入）相伴的是，德国东部一些地区尽管采取了综合发展措施，却仍在承受着被边缘化的威胁（Barlösius 和 Neu，2008；Hüttl 等，2008）。空间规划所面临的一个特殊挑战是生育能力下降所导致的公共服务不可避免地下降（联邦交通、建设与城市发展部，2012；Naumann 和 Reichert-Schick，2012；Winkel. 等，2010）。

另一方面，德国西部许多城市和乡村地区持续接纳外来移民。由于移民往往是年轻人，也是潜在的父母，所以这些地方的出生和死亡的比例相对平衡（较正面的）。搬迁代表人们对区域性可变就业机会的反应。这些地区的城市和乡村都拥有非常稳定的人口和经济结构，这建立在具有高度国际竞争力，且拥有强大的出口实力的中型企业的基础之上（Falck 和 Heblich，2008；Köhler，2007；Troeger-Weiss 等，2008）。结构稳定的乡村地区主要集中在繁华的大都市地区周边（Leber 和 Kötter，2007），但也有一些远离大都市地区，它们往往具有令人印象深刻的结构强度指标，例如下巴伐利亚（Lower Bavaria）、上施瓦本（Upper Swabia）或东威斯特伐利亚地区（East Westphalia）。

人口结构变化的空间效应是多样而复杂的，这正如空间规划的效果。比如：

- 基础设施一方面被过度利用，另一方面则利用不足；
- 对基础设施的需求日益分化；
- 不同地区对住房和建筑用地的需求水平差异较大。

人口结构变化的第二个特征是人口的“老龄化”，即平均年龄增加和老年群体规模庞大。这在养老金和卫生系统领域引发了激烈的讨论，但在空间规划方面则较少。尽管如此，德国大部分地区都受其影响，无论是农村还是城市，无论是人口增长的地区还是萎缩的地区。这不仅适用于正在经历人口外迁的乡村地区，同样也适用于20世纪60年代到80年代间大量家庭涌入的郊区，这些家庭现在往往只有一到两个（高龄）老人生活。因此基础设施的重大调整是十分必要的，尤其是社会、文化设施以及开放空间必须能够在没有汽车的情况下轻松抵达。

人口的国际化是人口结构变化的第三个特征。较大的城市成为国际移民的首要目的地。由于移民家庭中有大量的儿童，这往往缓解了人口老龄化过程。但国际化的人口给基础设施的供给提出了重大挑战，例如在教育领域。

在不久前，联邦国家空间规划特别启动了大量所谓的“空间规划示范项目”（Demonstration Projects of Spatial Planning），旨在解决人口结构变化所带来的后果。这些项目已经检查了基础设施的更新情况（其灵活性、新的合作形式、混合利用、功能专门化、城际合作等）。迄今为止，这些举措的重点是《公共服务设施的区域供给行动纲领》(Program of Action for the Regional Provision of Public Services)（联邦交通、建设与城市发展部，未注明出版日期）。

5.3.3 挑战3：土地政策

空间规划和联邦政策达成一致：减少因居住和运输用途侵占开敞空间，进而减少密封面。与可持续发展原则相一致，资源节约型开发和开敞空间保护是各层级空间规划的核心原则。联邦政府的国家可持续发展战略自2002年起明确了一个目标：对开敞空间的侵占（用于居住和运输目的）从每天约130公顷减少到2020年的每天只有30公顷（联邦中央政府，2002）。

然而，此后的发展却未能实现这一目标。到 2009 年，土地消耗的速度仅减少到每天约 80 公顷（联邦建筑、城市与空间研究所，2011），土地消耗的速率到 2020 年降到 30 公顷的目标是相当不现实的。迄今所取得的减量实际上是由于政治和规划战略，还是由于需求饱和、人口结构变化和经济不确定因素所致的建筑活动减少仍不得而知。但可以明确的是，居民定居点的增长趋势减缓，而用于运输的土地数量仍以几乎不变的速率在增长（联邦建筑、城市与空间研究所，2011）。令人意外的是，居住面积的增加与区域人口的增长几乎没有任何关系：大城市虽人口增长，但城市增长速度缓慢；而乡村人口持续减少，其居住空间却一直在扩大。很显然，许多政府试图通过创造新的建筑用地来阻止人口减少。

为什么空间规划不能阻止土地的消耗，并实现国家可持续发展战略目标呢？通过空间规划中的适当界限限制定居点和交通区域的扩张，从而达到 30 公顷的目标。这个问题只能通过考察那些对增加土地消耗感兴趣的参与者来理解，而这些参与者主要指那些想要建设的人，特别是私人家庭和企业。他们认为规划内的供应严重短缺，这导致选择受限、价格上涨。规划更偏爱棕地，但棕地在区位、布局和潜在污染方面极少满足需求，因此其利用效果欠佳。

95

建设用地是由各市镇在土地利用规划和土地开发过程中创造的。这无疑是资源节约型土地政策的重要支点。城市政府经常声称其用于住房和商业开发的土地供应是“基于需求”的。但是“基于需求”到底意味着什么？实证研究表明，对土地的需求只是城市建设用地储备方面的众多因素之一。许多城市政府试图用以供应为导向的土地政策来吸引人口和商业，因为他们认为土地供应是城市间区位竞争的一个重要因素。虽然有些滞后，但行政管理领域直到现在才认识到空间节约型住区开发不仅节约了自然资源，而且最重要的是避免了开发带来的高支出的财政风险和城市间争夺人口和商业的破坏性竞争。在这种情况下，地区差异明显（联邦建筑、城市与空间研究所，2011）。所以这些采用土地扩张政策的地方政府往往集中在结构薄弱的乡村地区。事实上，鉴于财政结构状况（市政财政系统对市民的依赖）及其适得其反的激励措施，仅依靠各城市政府的见识是幼稚的。地方土地利用规划由联邦州和区域规划协调，但在实践中地方政府经常强烈反对空间规划的限制。区域规划通常由各市议员组成的委员会作出决议，而联邦州规划则强调其“城市友好”原则并刻意避免相邻城市的冲突。这使得联邦州和区域规划对城市土地政策进行限制性管理的预期在很大程度上是虚幻的。

近年来，为了提高空间规划管理在土地利用方面的效率，人们提出了许多建议；其中包括在《减少土地消耗和可持续土地管理的研究》（REFINA）中制定的框架：“减少土地消耗和可持续土地管理的研究”［REFINA 的跨项目支持计划（Projektübergreifende Begleitung），未注明出版日期]。地方政府通常认为严格的限制是不适当的庇护，它们常与激烈的冲突和政治代价紧密相关。因此，相关的配套措施必不可少，这也帮助各城市政府认识到节约型住区开发最终也有利于各城市本身。可能运用到的措施包括城市之间在工业区、土地监测和土地管理、现实的人口和住户预测方面的合作，以及对开发建设用地的后续成本和投资风险的透明度的提高。无论是传统的“硬”的国家规划管理，还是“软”的信息、沟通和合作工具，都无法孤立地存在。只有当两种管理模式相互结合并相互配合时，才有可能实现前文提到的30公顷的目标。

96

5.3.4 挑战4: 大规模零售的扩张

众所周知，零售业正在经历迅速的结构性变革。大型企业正以牺牲小规模商业为代价来赢得市场份额。在企业数量不断减少的情况下，总零售空间却持续扩张。然而，因为总营业额停滞不前，所以单位面积的生产力逐年下降。以汽车为导向的购物场所（如大型专卖店、购物中心和大规模奥特莱斯）的市场份额正逐年增加，然而这类商业的单个店铺的营业额却在下降。某些情况下，市中心的传统百货公司和业主自营的专卖店的营业额也在急剧下降。许多企业，尤其是在城市边缘和市区中心的企业，不得不关张大吉。

零售业的变化对空间、居住区和服务结构的影响是多方面的，但总体上的趋势与可持续空间发展的基本愿景截然相反。高度合理化的供给形式之间的激烈竞争导致价格下跌，从而带来福利收益，但是如果考虑到整体的社会和生态影响，其后果无疑是负面的：

- 大型企业的扩张，尤其是在与城市发展结构不协调的地区的扩张（也因为大型停车场的建设），会浪费大量的土地并导致额外的私人机动交通；
- 这些开发所造成的购买力的转移损害了城市中心/城市地区/地方中心的中心功能，在某些情况下导致城市衰败；
- 在居住区附近为人们提供日常消费品的商店正在减少，因此越来越多的家庭不得不开车去购物，而没有汽车的家庭则处于弱势地位。在人烟稀少的乡村地区，供应网络的减少使人们完全依赖于私人机动交通进行长途购物；
- 城市中心传统功能的丧失威胁到城市和城市中心区功能的多样性；城市边缘地区的扩张对城市景观造成影响。上述两种情况随着时间的推移而日益严重，且往往携带历史痕迹。“欧洲城市”的两个本质特征因而受到威胁。

完全由市场控制的零售业发展显然无法创造出与可持续原则匹配的符合生态和社会要求的空间、居住区或服务结构。然而德国的自由经济秩序受宪法保护，对零售业的规划控制需要有明确的司法管辖权且其手段必须符合相称性原则。例如，利用空间规划来限制商业形式的动态转变，从而禁止开发并阻止某种特定商业类型进入市场是不被允许的；同样不可接受的是将历史遗留的零售结构保护起来，使其免受竞争威胁。相反，空间规划控制只能预防性地避免负面的空间后果（Kuschnerus，2007）。

97

空间规划控制最重要的行动主体是地方（市、镇）政府。建筑立法为地方政府提供了差异化的管理工具箱，其中土地利用规划的划分、中央服务区的界定以及根据《土地利用条例》（Land Utilization Ordinance，BauNVO）对大规模零售的处理发挥了关键性作用。由于各种原因，这个工具箱无法得到充分利用。地方政府有时对复杂的立法影响避而不谈，因为《地方建筑和建设规划》（Local Building and Construction Plans）中的部署常常受到质疑，然后又因为程序上的缺陷被法院撤销。地方政府有时候认为如果没有正式的建筑法规，他们的境况会更好，这样才能更灵活地应对。但他们却没有认识到冲突往往只能通过土地利用规划的规定来解决，而自由放任的态度虽然本意是有利于商业，却往往在城市内部和邻近的城市之间造成冲突。

因此，对零售业发展的有效控制通常要求充分挖掘土地利用规划控制方案的全部潜力。城市开发法的法定控制工具只有在冲突和不满的事态发展已构成威胁，或者非正式工具都无法解决问题时才被启用。两种工具在此发挥着关键作用：首先是在发展计划制定初期的咨询，其次是市政零售和中心概念。这些由市议会通过的非正式文件具有一定的约束力，正如市政府所承诺的那样。他们表达了确保有序零售和中心发展的政治意愿。

城市对零售业发展的控制很重要但不充分，尤其是大规模的零售开发项目。它需要区域规划的控制来补充（Hager，2010）。地方政府官员和行政人员在实施规划时主要从当地政府的利益出发。然而这放大了城市间的竞争，即在零售方面，地方政府试图在一个基本饱和的市场上吸引外部购买力。这不可避免地会影响到邻近城市的利益。实际上这一问题尤为严重，因为制造业企业的发展已经很少见了，而零售业的巨大投资压力依然存在，因此在“区域”层面的有效控制就十分必要。在该层面上，也有必要将非正式和正式的管理工具巧妙地结合起来并相互补充实施。

许多冲突可以通过非正式的城市间合作来解决。第一步是自愿承诺提供信息。例如地方政府之间在区域零售和中心概念的框架内签署法定协议。这些概念不仅应该包括影响多个城市的开发项目的流程，还应包括关于大型零售企业现有地点和潜在选址的说明。当个别城市选择退出这些协议时，冲突就会反复出现。这种情况可能是因为地方选举导致多数派或负责人的变动，也可能是因为个别有利可图的提议改变了原先的协议。因此，如果有一个区域规划机构能够就具有区域性影响的发展提案进行早期咨询，就可以启动区域零售和中心概念的制定，并且在必要的情况下主导这一进程。当涉及严重的利益冲突时，非正式手段诸如交换信息协议和区域零售概念等往往是不够用的。因此，如果将关于零售发展的基本声明纳入区域规划作为法定目标则是有益的。汉诺威和斯图加特地区相关的区域规划规定提供了有益参考。

98

5.3.5 挑战 5: 人为的气候变化和能源转型

德国淘汰核能的决定得到了广泛的政治共识，再加上可预见的石油和天然气短缺，以及煤和褐煤在气候保护方面的批判性评估，能源政策的改变需采用两种互补的策略：提高能源利用效率以及扩大可再生能源的生产。根据德国联邦政府的能源理念，可再生能源在电力供应中的比例应该增加一倍以上，即从 17%（2011 年）增加到至少 35%（2020 年）。到 2050 年，80%的电力供应和 60%的总体能源消耗应该由可再生能源提供（联邦中央政府，2010）。

能源转型需要大量的土地消耗，其对空间规划的影响涉及从各城市到全德国所有层面，包括以下几点：

- 可再生能源的生产设施选址，特别是风力发电场；
- 太阳能发电站的用地；
- 热电联产机组的选址；
- 储存能源的发展，特别是抽水蓄能电站和压缩空气储能设备；
- 种植能源作物的土地和生物质能生产设施的选址，如沼气厂；
- 水力发电设施的选址；
- 将能源从生产过剩地区输送到消费地区的高压和超高压线路。

并非所有的土地需求都与空间规划相关。但空间规划多维度的空间影响使得建立一套整合的区域能源概念是明智的。这明确了空间和居住区开发与可再生能源扩展之间的互动关系。城市发展规划在这方面尤其重要，因为许多土地需求只具有地方性意义。2011 年对《联邦建筑法》（BauGB）的修订旨在拓展城市政府在可再生能源的生产、利用以及利用热电联产方面的行动范围。除此之外，还有一些新规定涉及风能和太阳能设施尚未解决的许可问题。

有三个议题与空间政策关系紧密：对风能地点的空间规划控制、超高压线路的规划以及储能设备的规划。此外，快速推动该进程的政治需求也对快速行动施加了压力。

风能与太阳能相比具有明显的成本优势，因此它在可再生能源的推广中起着关键作用。 99 风能的推广可以相对迅速地提供相当数量的能源。目前风能在所有可再生能源中所占比例最大。其主要集中在北部和东北部的联邦州内，且已经覆盖了电力消耗的 1/4 到 1/2。在建或规划中的大型风力发电场主要分布在北海和波罗的海沿岸。与此同时，越来越多的老旧设施正在被更大型的高性能风力发电机所替代。由于以往各州政府缺乏政治承诺，德国南部各州的风能生产状况相对受限。但是由于能源转型受到广泛认可，情况发生了变化。

但问题是风能发电场的开发是否应该受限制？如果需要限制的话，哪种工具适合？如果选址规划单独留给地方政府，就会出现个别开发项目散布在全德国范围，甚至在不合适的地方。各个规划层面在相互反馈原则的基础上进行合作似乎是一种权宜之计。根据国家目标和区域适宜性，联邦政府将为各州明确发展目标，各州分解这些目标，并将其落实到各区域。然后，区域规划将参考风力发电可能性、自然和景观保护等相关因素确定优先地区（Priority Areas）和适宜地区（Suitable Areas），并将其作为法定空间规划目标。许多调查证实北海、波罗的海的近海海域甚至内陆地区都有足够的潜在土地以实现发展目标。

第二个问题涉及超高压电网的发展。众所周知，如果可再生能源生产在消费地区不能持续发展，那么将可再生能源的生产分散到各地需要大幅扩大高压和超高压电网。2010 年，德国能源署（German Energy Agency）预计到 2020 年电网需要延长至 3600 公里，每年的成本约为 10 亿欧元。这将涉及区域网络扩展，特别是南北高压线路。这是因为可再生能源的生产集中在德国北部，而德国南部地区在核能生产结束后将不得不进口能源产品［德国能源署（DENA），2010］。

规划合理的超高压线路似乎是一项实打实的空间规划任务。由于这些线路跨越了大面积的区域并影响许多联邦州，因此联邦国家空间规划可能会发挥积极的作用，比如根据《空间规划法》制定包括战略环境影响评估和公众参与的空间规划方案。然而，联邦立法委员依据《电网扩张加速法》（Grid Expansion Acceleration Act，NABEG，2011 年 7 月 28 日）选择了另一种方案。基于压倒一切的国家利益，联邦政府已经主动编制了高压线路的《需求规划》和约束条例，并对规划过程进行了控制。尽管这些任务实质上就是空间规划，但联邦中央政府又设立了一个新的规划部门来实施这些任务（空间研究与规划学院，2011a）。 100 这一举措遭到非议。联邦层级的空间规划显然比以往任何时候都更为紧迫，但它却被交予一个新的规划部门处理。

在地方层面上，有关电力线路的大规模建设是否真有必要的质疑越来越多。如果可再生能源生产的推广能够在跨区域层面上得到更好的协调，并且在德国南部各州的加速发展符合要求，那么新的跨区域电力线路系统实际上就没有必要了。

久经考验的水力发电厂特别适合抵消风能和太阳能不可避免的波动。具有天然水库（水坝）和抽水蓄能装置的储能场所都是比较合适的；它们提供了迄今为止最大的蓄能能力。然而，它们的发展只有在地势条件适当、高度差异较大的地区才可行。其建设还对景观有重大影响，并通常遭到受影响地区民众的强烈反对。显然，德国雄心勃勃的能源转型遇到的许多问题仍未解决。

5.4 改革的维度与方向

德国近几十年来，与空间相关的规划体系一直面临深度重组的问题。20 世纪六七十年代，空间规划一直在一个从城市到国家的多层次框架中实施，它配备了一套差异化的法律管理工具，并受到综合治理意愿的启发。然而它始终无法产生预期的影响。空间规划设定的目标往往过于复杂，高期望和低资源配备之间的差距使得空间规划常在强有力的部门政策（如区域政策和交通运输政策）面前碰壁（Blotevogel 和 Schelhaas，2011：160 ff.）。传统的规划体系是在人口和经济高速增长的情况下实施的，具有相当被动的倾向，但自 20 世纪 80 年代以来，人们就开始呼吁制定积极的发展规划。然而，空间规划在各联邦州规划、区域规划和城市土地利用规划的纵向协调方面取得了相当大的成功。超越地方的控制与城市规划自治权之间的关系是持续性冲突的根源，但自 20 世纪 70 年代以来，辅助性原则和相互反馈原则往往能缓和城市规划与国家规划之间的矛盾并促成富有成效的合作。

20 世纪 90 年代和 21 世纪的头 10 年，一种矛盾的局面出现。正式的空间规划体系以其法律合法性、有约束力的规划以及保障和实施空间规划规范的补充工具继续存在，并经常被修订；但它们实际上失去了部分控制能力。这并不是说空间规划已经变得无效，只是它已经远离了政治中心舞台。新的议题使得传统的空间规划工具要么不适合，要么被决策者视为不够适合。一些新的机构相应发展起来，例如新的负责规划高压和超高压线路的规划部门。

101 德国规划体系必须不断革新以适应新、旧挑战。制度化的规划体系正在利用过去甚至是在其他历史框架条件下发展起来的一套工具来应对新的挑战。因此人们会问传统的规划体系能否应付新的挑战，它是否以及如何通过指导原则、立法规定和程序流程的改变来实现自身的蜕变。

德国规划体系需要从三个方面介入：（1）从上；（2）自下，（3）政策部门，即侧面。

（1）首先，在较高的欧洲层次上，空间指导愿景被反复讨论并作为空间发展的原则体现在各种具有法律地位和影响的文件中。这包括《欧洲空间发展愿景》（ESDP，1999）、《关于可持续欧洲城市的莱比锡宪章》（Leipzig Charter on Sustainable European Cities）（2007）和《欧盟领域议程》（Territorial Agenda of the European Union）（2007，2011），以及在《欧盟里斯本条约》（EU Treaty of Lisbon）（2007）中引入地域融合目标。同样重要的是关于欧洲区域政策目标设定的辩论，在 2007—2013 年方案拟订期间，趋同目标（区域间均衡目标）与“区域竞争力和就业目标”（增长目标）并列。

欧洲和德国空间政策之间的关系具有相当大的偶然性。如果说这是 1∶1 的简单接管确实是不准确的，这一情况是双方相互推动的结果。德国当局通常积极参与欧盟的讨论，并在国际辩论中提出他们的论点，这些论点往往基于德国规划体系的经验和传统。欧盟原则要么相对抽象，给成员国留下了很大的解释空间（区域政策），要么缺乏法律约束力（空间规划）。因此，欧洲话语（European discourse）构成了德国空间政策辩论的框架。

2006 年德国空间规划部长级会议通过的《德国空间发展概念与战略》（Concepts and Strategies for Spatial Development in Germany）（联邦交通、建设与城市发展部，2006）体现了欧洲话题对德国空间规划的影响。这包括讨论在整个联邦领域内分布的多中心城市体系和文化景观的构成，这些主题都以类似的形式被列入 1999 年的《欧洲空间发展愿景》。

（2）其次，德国的规划体系面临的变革压力是自下而上的。城市或区域一级的具体挑战对传统规划工具的有效性提出质疑，而对新程序的测试又反过来改变制度化的规划体系。

鲁尔地区的跨城市合作提供了一个有益参考（Hohn 和 Reimer，2010）。最初由大城市组成的非正式合作网络希望引入一项新的正式工具：鲁尔地区六个核心城市的区域土地利用规划。另一个例子是科隆—波恩地区在区域结构方案《REGIONALE 2010》框架内出现的合作伙伴关系，其旨在解决与区域文化景观有关的问题（Reimer，2012）。由于缺乏现成的、合适的发展工具，城市间合作的非正式进程暴露出系统的不协调。各部门传统的开发工具已无法应对新的空间挑战，它们需要经历自“下”的调整，从而寻找一条有效的路径以激活规划法。

102

（3）空间规划及与空间相关的部门政策和部门规划之间的关系极为复杂。不难发现部门规划的日益独立是一种长期趋势。越来越多“执掌一面”的部门规划部拒绝空间规划作为跨部门综合规划主体的协调愿望，因此横向协调的问题仍未得到解决（参见第 5.2.2 节）。空间规划跨部门的战略潜力在今天的德国还有待挖掘。在联邦层面和大部分联邦州，空间规划部只是政府部门中心的一个内设机构（通常在经济和 / 或基础设施机构）。旨在协调部门规划的战略概念已变得罕见；20 世纪 90 年代以来，只有城市越来越多地采用以战略为导向的空间规划概念，且是以非正式的城市发展战略概念的形式出现的（Franke 和 Strauss，2010；Hamedinger 等，2008；Kühn 和 Fischer，2010）。

这并不说明空间规划被普遍孤立或边缘化。许多部门规划法规定，部门规划应遵守或考虑空间规划的目标和原则。除了这些立法保证之外，空间规划在实践中的影响主要还取决于三个因素：

- 首先，空间规划要有效影响部门规划，前提是其必须作出合格的专业贡献，例如分析社会基础设施的空间效应，或提供影响空间规划的规划要求或其他部门规划的空间限制信息；
- 其次，空间规划可以将自身（极为有限）的政治影响力与其他政策领域的政治影响力结合起来，以实现共同目标。这方面的一个例子是必须对因人口变化而导致的生存能力下降，进而使得基础设施不可避免地减少有接受度；
- 再次，空间规划应能提供经得起时间考验的参与和沟通程序，以应对有争议的基础设施项目的立项和评估。这是因为部门规划机构往往没有参与式和合作式规划过程的经验。

德国传统的空间规划体系的结构性弱点使得非正式的规划过程显得特别有吸引力。经验表明，它们经常能够更快速、更灵活、更有效地应对新挑战。它们的运用既可以维持正式制度化规划的功能，又可以避免体系重构过程要付出的高昂转型成本。当正式的组织程序无效时，非正式程序就显得特别有吸引力（Hillier，2002：126 ff.）。在权力驱动的规划政治过程中，规划师需要谨慎而明智地行动。特别是在地方和区域一级，实验性规划活动可以暂时绕开正式的规划结构（Gualini，2004）。

德国规划体系的结构性改革导致了尺度的转移，这在规划文化实践中比在正式的制度框架内体现得更淋漓尽致。众所周知，行政结构往往在很大程度上倾向于维护制度；因此除了 1990 年德国统一后新成立的州有些根本性变化外，德国正式的空间规划体系自 20 世纪 70 年代开始实行以来几乎没有什么变化。当然，《空间规划法》（Spatial Planning Act）、各州的规划立法以及空间规划方案和项目在过去几十年中被一再修订，而这些只是零星的调整。在过去的 20 年中，系统性的尺度转移主要体现在三个方面。

103

首先，联邦中央政府在 2006 年联邦改革过程中失去了制定空间规划框架的立法权。2008 年的《空间规划法》仅对联邦空间规划具有法律约束力，而当时各州就已经可以脱离联邦框架，尽管迄今为止只有巴伐利亚州利用了这一权力。这项改革以牺牲联邦为代价巩固了各州的地位。2008年《空间规划法》的修订还是恢复了联邦政府为自身制定空间规划方案的权力。尽管迫切需要对同时影响多个州的问题采取行动（如机场、能源转型），但联邦政府尚未实际行使这一权力。

其次，几个州都出现了规划权力从联邦州转移到区域层级。这包括将全面、法定的委员会转交予区域规划层面（例如萨克森州和图林根州），将各州的空间规划削减到绝对的法定最低限度，以及将权力转移到基于信任的区域规划（下萨克森州）（Münter和Schmitt，2007）。

再次，区域规划权力也普遍转移到城市层级。区域规划是各联邦州与城市规划的交会点。这个层级的规划编制组织工作是各州的责任，这导致其组织形式会因为城市和国家的重视要素不同而差异巨大。尽管各州十分关注其规划目标和原则如何配合国家的政治意愿在区域层级的落实，但实际的落实情况往往会留给城市层级，尤其是当地方愿意展开跨城市合作与共识建设时。下萨克森州的权力下放最为极端，将区域规划任务转移到了区，即城市一级。

尽管城市实现自治的趋势明显，但就此认为德国空间规划实践中只有单向的“向下”的尺度转移是过于简单化的。虽然我们可以观察到比较高的层级在尽量简化空间规划，即用较多的非正式的控制方法取代“全面而又复杂”的法律规定。然而，这是否与高层次空间规划的普遍失控有关仍值得怀疑。正式和非正式的控制手段相结合（也可以概括为“区域治理”）会发展为一种新的控制模式：并不刻意影响行动（如对于控制的传统理解），而是协调参与者的行动过程。这种控制模式的重要性逐渐提高，其与国家的认知改变相关（Fürst，2006，2010）。

104

权力的“向下”转移和城市自治并不意味着空间规划的权力被转移给个别城市，因为这会导致灾难。许多州的城市地域结构太小，且许多城市行政管理人员太少，规划权力向下转移只会使这些小城市的行政规模过度扩张。此外，原则上，简单的城市自治也是不合适的，这一点得到了广泛的政治共识。大多数的规划决策都会造成地域的外部性效应，所以邻近城市的参与十分必要。大规模零售的开发就是一个特别突出的例子。另外，生存能力的下降使得许多城市无法在没有城市间合作的情况下提供令人满意的基础设施。城市规划的区域化与人口活动空间的区域化（包括工作地点、购物、服务、娱乐活动）相对应。因此，空间规划尺度的“向下”转移面临着空间规划议题“向上”转移的矛盾。

就城市规划而言，区域规划并没有变得更重要，但小规模的城际合作以及区域层级上新的治理模式相继出现。到目前为止，德国空间规划尺度向上转移至联邦或州一级的现象较为罕见，比如由德国联邦州规划（例如北莱茵-威斯特伐利亚州）对大规模零售业的控制，以及成立一个联邦规划部门来管理高压和超高压线路。

谁在推动德国规划过程的变革？由于规划体系的变革是进一步深化政治—行政制度改革的一部分，而政治—行政制度改革需要引入新的治理形式来弥补传统的规范行政行动，因此很难将个别行动者界定为重要的驱动力量。从某种意义上来说，规划部门是政治—行政制度变革的先驱；因为规划活动与政治联系紧密，但与大多数行政活动相比受到更少的规范限制，却更注重解决问题。德国空间规划体系的创新源于解决新问题和已经无效的传统工具。除了前文所讨论的挑战，还包括对规划的理解从“被动应对”到“积极主动引导”的转变，即从“结构规划”转变为“发展规划”。为了适应这种变化，新的合作控制形式在20世纪80年代被引入城市和区域层级。这些改革主要源于创新的城市和部门的公务员与专业规划师，另外越来越多的利益相关团体（协会、商会、公民倡议团体）作为广泛的公众参与过程的一部分参与规划决策的准备工作。

规划体系的反应能力和适应能力取决于本国悠久的制度文化（Börzel，1999），也就是地方和区域政治文化。地方和区域政治文化既是由正式的规划体系设定，同时也可以解释个人和集体的行动路径。因此，正式的规划体系只设置框架以指导规划专业人员的行动路径（Janin Rivolin，2008）。这些研究结果要求归纳德国规划体系的趋势和转变。德国是一个拥有16个联邦州的联邦制国家，联邦州享有高度的自治权，特别是在空间规划领域。此外，宪法还赋予城市规划自主权。因此，很难用一套规划体系（即使是正式的制度体系）来概括德国的情况，那么规划实践就更难概括了。体现规划实践风格的国内规划文化很难被归结为单一的国家特色，它们在不同规划层级（纵向），在不同空间相关政策领域（横向），以及在不同的地域（如不同联邦州、区域和城市）都有所不同。

105

5.5 结语

德国的空间规划自20世纪70年代以来就发生了根本性的变化。然而对核心议题，如确保平等的生活条件仍保持着高度关注，而且正式的制度框架也只发生了局部改变。总的来说，空间规划更具战略性，注重交流和网络化（参见空间研究与规划学院，2011b）。现代领土治理模式，结合软性和硬性的控制手段，形成了一些公认的原则：软性控制手段尽可能多地建立沟通和共识，硬性控制手段则尽可能多地设定法定目标和分级控制形式。

金融危机之后，经济衰退的后果很难评估。德国经济相对较快地从2008年/2009年的衰退中恢复到适度增长的轨道，但较高的公共债务和财政短缺仍给空间规划体系带来阻力。公共行政部门被迫裁减人员，规划部门受到这种预算削减的打击严重。与此同时，欧洲一体化和全球化导致了地方竞争的加剧，城市和地区为了吸引投资、合格的劳动力和游客而采取日益激进的地方政策。然而传统的规划体系很难适应这种任务，因此城市和区域只能制定新的战略和制度，并使规划服从于经济政策目标。

从空间规划及其对可持续发展指导原则的承诺出发，以这种优先次序来应对危机是致命的。当金融和经济危机成为政治焦点，新自由主义的方法被当作良方时，不仅可持续发展的三角平衡将受到威胁，空间规划也会被边缘化。诚然，这场争论尚未结束。最近的金融和经济危机表明了公共机构运作良好的重要性，包括国家控制。在关于市场与国家的界限、公民社会的作用和提高公共支出效率的辩论中，空间规划作为大构图中的一部分，只有在国家运作良好和公民合作的情况下才能完成任务——保证可持续的空间发展。

参考文献

106

ARL – Akademie für Raumforschung und Landesplanung. (2006). *Positionspapier aus der ARL No. 69: Gleichwertige Lebensverhältnisse: eine wichtige gesellschaftspolitische Aufgabe neu interpretieren!* Hannover: ARL.

ARL – Akademie für Raumforschung und Landesplanung. (2011a). *Positionspapier aus der ARL No. 88: Raumordnerische Aspekte zu den Gesetzentwürfen für eine Energiewende*. Hannover: ARL.

ARL – Akademie für Raumforschung und Landesplanung. (2011b). *Positionspapier aus der ARL No. 84: Strategische Regionalplanung*. Hannover: ARL.

Barlösius, E. and Neu, C. (eds) (2008). *Peripherisierung: eine neue Form sozialer Ungleichheit?* Berlin: Berlin-Brandenburgische Akademie der Wissenschaften.

BauGB – Baugesetzbuch i.d.F. der Bekanntmachung vom 23 September 2004 (BGBl. I S. 2414), zuletzt geändert durch Artikel 1 des Gesetzes vom 22 Juli 2011 (BGBl. I S. 1509).

BauNVO – Verordnung über die bauliche Nutzung der Grundstücke (Baunutzungsverordnung) i.d.F. der Bekanntmachung vom 23 Januar 1990 (BGBl. I S. 132), zuletzt geändert durch Artikel 3 des Gesetzes vom 22 April 1993 (BGBl. I S. 466).

BAW Institut für regionale Wirtschaftsforschung GmbH Bremen and IW Consult GmbH Köln. (2009). *Koordinierung raumwirksamer Politiken. Möglichkeiten des Bundes, durch die Koordinierung seiner raumwirksamen Politiken regionale Wachstumsprozesse zu unterstützen*. Köln: IW Consult.

BBR – Bundesamt für Bauwesen und Raumordnung. (2012). *Raumordnungsbericht 2011*. Berlin: Deutscher Bundestag, Drucksache 17/8360.

BBSR – Bundesinstitut für Bau-, Stadt- und Raumforschung (ed.) (2011). *Auf dem Weg, aber noch nicht am Ziel: Trends der Siedlungsflächenentwicklung*. BBSR-Berichte KOMPAKT 10/2011. Bonn: BBSR.

Blotevogel, H. H. (2012). Die Regionalpolitik in Deutschland: institutioneller Aufbau und aktuelle Probleme. In H. Egli and L. Boulianne (eds) *Tagungsband: Forschungsmarkt regiosuisse and Tagung Regionalentwicklung 2011. Regionalpolitik in den Nachbarländern: Lessons Learned und Folgerungen für die Schweiz* (pp. 41–60). Luzern: Institut für Betriebs- und Regionalökonomie IBR.

Blotevogel, H. H. and Schelhaas, B. (2011). Geschichte der Raumordnung. In ARL – Akademie für Raumforschung und Landesplanung (ed.) *Grundriss der Raumordnung und Raumentwicklung* (pp. 75–201). Hannover: ARL.

BMBau – Bundesministerium für Raumordnung, Bauwesen und Städtebau (ed.) (1995). *Raumordnungspolitischer Handlungsrahmen. Beschluß der Ministerkonferenz für Raumordnung in Düsseldorf am 8 März 1995*. Bonn: BMBau.

BMVBS – Bundesministerium für Verkehr, Bau und Stadtentwicklung (ed.) (2006). *Concepts and Strategies for Spatial Development in Germany. Adopted by the Standing Conference of Ministers responsible for Spatial Planning on 30 June 2006*. Berlin: BMVBS.

BMVBS – Bundesministerium für Verkehr, Bau und Stadtentwicklung (ed.) (2012). *Region schafft Zukunft: Ländliche Infrastruktur aktiv gestalten*. Berlin: BMVBS.

BMVBS – Bundesministerium für Verkehr, Bau und Stadtentwicklung (ed.) (n.d.). *Program of Action for the Regional Provision of Public Services*. Retrieved from www.regionale-daseinsvorsorge.de/68.

BMVBS – Bundesministerium für Verkehr, Bau und Stadtentwicklung and BBSR – Bundesinstitut für Bau-, Stadt- und Raumforschung (eds) (2009). *Ländliche Räume im demografischen Wandel*. BBSR-Online-Publikation 34/09. Bonn: BBSR.

Börzel, T. A. (1999). Towards convergence in Europe? Institutional adaptation to Europeanisation in Germany and Spain. *Journal of Common Market Studies*, *37*(4), 573–596.

Bundesregierung der Bundesrepublik Deutschland (ed.) (2002). *Perspektiven für Deutschland: Unsere Strategie für eine nachhaltige Entwicklung*. Berlin: Bundesregierung.

Bundesregierung der Bundesrepublik Deutschland (ed.) (2010). *Energiekonzept für eine umweltschonende, zuverlässige und bezahlbare Energieversorgung*. Beschluss des Bundeskabinetts vom 28 September 2010. Berlin: Bundesregierung.

Danielzyk, R. and Knieling, J. (2011). Informelle Planungsansätze. In ARL – Akademie für Raumforschung und Landesplanung (ed.) *Grundriss der Raumordnung und Raumentwicklung* (pp. 473–498). Hannover: ARL.

dena – Deutsche Energie Agentur (ed.) (2010). *dena-Netzstudie II. Integration erneuerbarer Energien in die deutsche Stromversorgung im Zeitraum 2015–2020 mit Ausblick auf 2025*. Berlin: dena.

107 Eckey, H.-F. (2011). Wirtschaft und Raumentwicklung. In ARL – Akademie für Raumforschung und Landesplanung (ed.) *Grundriss der Raumordnung und Raumentwicklung* (pp. 637–660). Hannover: ARL.

Einig, K. (2010). Die Abgrenzung von Planungsräumen der Regionalplanung im Ländervergleich. In B. Mielke and A. Münter (eds) *Neue Regionalisierungsansätze in Nordrhein-Westfalen*. Arbeitsmaterial der ARL, No. 352 (pp. 4–31). Hannover: ARL.

ESDP. (1999). *European Spatial Development Perspective: Towards Balanced and Sustainable Development of the Territory of the European Union*. Luxembourg: Office for Official Publications of the European Communities.

Falck, O. and Heblich, S. (eds) (2008). *Wirtschaftspolitik in ländlichen Regionen*. Berlin: Duncker and Humblot.

Färber, G., Arndt, O., Dalezios, H. and Steden, P. (2009). Die regionale Inzidenz von Bundesmitteln. In H. Mäding (ed.) *Öffentliche Finanzströme und räumliche Entwicklung* (pp. 9–48). Hannover: ARL.

Franke, T. and Strauss, W.-C. (2010). Integrierte Stadtentwicklung in deutschen Kommunen: eine Standortbestimmung. *Informationen zur Raumentwicklung* (4/2010), pp. 253–262.

Fürst, D. (2006). Regional Governance: ein Überblick. In R. Kleinfeld, H. Plamper and A. Huber (eds) *Regional Governance. Steuerung, Koordination und Kommunikation in regionalen Netzwerken als neue Formen des Regierens*. Vol. 1 (pp. 37–59). Göttingen: VandR Unipress.

Fürst, D. (2010). *Raumplanung: Herausforderungen des deutschen Institutionensystems*. Detmold: Rohn.

Goppel, K. (2005). Landesplanung. In ARL – Akademie für Raumforschung und Landesplanung (ed.) *Handwörterbuch der Raumordnung* (pp. 563–571). Hannover: ARL.

Goppel, K. (2011). Programme und Pläne. In ARL – Akademie für Raumforschung und Landesplanung (ed.) *Grundriss der Raumordnung und Raumentwicklung* (pp. 435–450). Hannover: ARL.

Gualini, E. (2004). Regionalization as "experimental regionalism": the rescaling of territorial policy-making in Germany. *International Journal of Urban and Regional Research*, *28*, 329–353.

Hager, G. (ed.) (2010). *Regionalplanerische Steuerung des großflächigen Einzelhandels: Kleine Regionalplanertagung Baden-Württemberg 2009*. Arbeitsmaterial der ARL, No. 354. Hannover: ARL.

Hamedinger, A., Frey, O., Dangschat, J. S. and Breitfuss, A. (eds) (2008). *Strategieorientierte Planung im kooperativen Staat*. Wiesbaden: VS Verlag.

Hillier, J. (2002). *Shadows of Power: An Allegory of Prudence in Land-use Planning*. London: Routledge.

Hohn, U. and Reimer, M. (2010). Neue Regionen durch Kooperation in der polyzentrischen "Metropole Ruhr." In B. Mielke and A. Münter (eds) *Neue Regionalisierungsansätze in Nordrhein-Westfalen* (pp. 60–83). Arbeitsmaterial der ARL, No. 352. Hannover: ARL.

Hüttl, R. F., Bens, O. and Plieninger, T. (eds) (2008). *Zur Zukunft ländlicher Räume: Entwicklungen und Innovationen in peripheren Regionen Nordostdeutschlands*. Berlin: Akademie Verlag.

Janin Rivolin, U. (2008). Conforming and performing planning systems in Europe: an unbearable cohabitation. *Planning Practice and Research*, *23*(2), 167–186.

Köhler, S. (ed.) (2007). *Wachstumsregionen fernab der Metropolen: Chancen, Potenziale und Strategien*. Arbeitsmaterial der ARL, No. 334. Hannover: ARL.

Krautzberger, M. and Stüer, B. (2009). Das neue Raumordnungsgesetz des Bundes. *Baurecht* (2–2009), pp. 180–191.

Kühn, M. and Fischer, S. (2010). *Strategische Stadtplanung: Strategiebildung in schrumpfenden Städten aus planungs- und politikwissenschaftlicher Perspektive*. Detmold: Rohn.

Kuschnerus, U. (2007). *Der standortgerechte Einzelhandel*. Bonn: vhw-Verlag.

Langhagen-Rohrbach, C. (2011). Verkehr und Raumentwicklung. In ARL – Akademie für Raumforschung und Landesplanung (ed.) *Grundriss der Raumordnung und Raumentwicklung* (pp. 719–756). Hannover: ARL.

Leber, N. and Kötter, T. (2007). *Entwicklung ländlicher Räume und der Landnutzung im Einzugsbereich dynamischer Agglomerationen*. Bonn: Landwirtschaftliche Fakultät der Rheinischen Friedrich-Wilhelms-Universität Bonn.

Leipzig Charter on Sustainable European Cities. (2007). Retrieved from http://ec.europa.eu/regional_policy/archive/themes/urban/leipzig_charter.pdf.

Münter, A. and Schmitt, P. (2007). *Landesraumordnungspläne in Deutschland im Vergleich: Vergleichende Analyse der Pläne und Programme von 12 Bundesländern ohne NRW*. Abschlussbericht. Dortmund: ILS.

NABEG – Netzausbaubeschleunigungsgesetz Übertragungsnetz vom 28 Juli 2011 (BGBl. I S. 1690) zuletzt geändert durch Artikel 4 des Gesetzes vom 20 Dezember 2012 (BGBl. I S. 2730).

Naumann, M. and Reichert-Schick, A. (2012). Infrastrukturelle Peripherisierung: Das Beispiel Uecker-Randow (Deutschland). *disP*, *48*(1), 27–45.

108

Projektübergreifende Begleitung REFINA. (n.d.). *Research for the Reduction of Land Consumption and for Sustainable Land Management (REFINA)*. Retrieved from www.refina-info.de/en.

Reichert-Schick, A. (2010). Auswirkungen des demographischen Wandels in regionaler Differenzierung: Gemeinsamkeiten und Gegensätze ländlich-peripherer Entleerungsregionen in Deutschland, die Beispiele Vorpommern und Westeifel. *Raumforschung und Raumordnung*, *68*(3), 153–168.

Reimer, M. (2012). *Planungskultur im Wandel: Das Beispiel der REGIONALE 2010*. Detmold: Rohn.

ROG – Raumordnungsgesetz vom 22 Dezember 2008 (BGBl. I S. 2986), zuletzt geändert durch Artikel 9 des Gesetzes vom 31 Juli 2009 (BGBl. I S. 2585).

Schmitz, G. (2005). Regionalplanung. In ARL – Akademie für Raumforschung und Landesplanung (ed.) *Handwörterbuch der Raumordnung* (pp. 963–973). Hannover: ARL.

Scholl, B., Elgendy, H. and Nollert, M. (2007). *Raumplanung in Deutschland: Formeller Aufbau und zukünftige Aufgaben*. Karlsruhe: Universitätsverlag.

Statistisches Bundesamt (ed.) (2009). *Bevölkerung Deutschlands bis 2060. 12. koordinierte Bevölkerungsvorausberechnung*. Wiesbaden: Statistisches Bundesamt.

Statistisches Bundesamt (ed.) (2011). *Ein Fünftel der Bevölkerung in Deutschland hatte 2010 einen Migrationshintergrund*. Pressemitteilung Nr. 355 vom 26.09.2011. Wiesbaden: Statistisches Bundesamt.

Steger, C. O. and Bunzel, A. (eds) (2012). *Raumordnungsplanung quo vadis? Zwischen notwendiger Flankierung der kommunalen Bauleitplanung und unzulässigem Durchgriff*. Wiesbaden: Kommunal- u. Schul-Verlag.

Territorial Agenda of the European Union. (2007). Towards a more competitive and sustainable Europe of diverse regions. Retrieved from www.eu-territorial-agenda.eu/Reference%20Documents/Territorial-

Agenda-of-the-European-Union-Agreed-on-25-May-2007.pdf.
Territorial Agenda of the European Union 2020. (2011). Towards an inclusive, smart and sustainable Europe of diverse regions. Retrieved from www.eu2011.hu/files/bveu/documents/TA2020.pdf.
Treaty of Lisbon (2007). Retrieved from: www.europa.eu/lisbon_treaty/full_text.
Troeger-Weiss, G., Domhardt, H.-J., Hemesath, A., Kaltenegger, C. and Scheck, C. (2008). *Erfolgsbedingungen von Wachstumsmotoren außerhalb der Metropolen*. Werkstatt: Praxis 56. Bonn: BBR.
Vallée, D. (2011). Zusammenwirken von Raumplanung und raumbedeutsamen Fachplanungen. In ARL – Akademie für Raumforschung und Landesplanung (ed.) *Grundriss der Raumordnung und Raumentwicklung* (pp. 567–586). Hannover: ARL.
von Haaren, C. and Jessel, B. (2011). Umwelt und Raumentwicklung. In ARL – Akademie für Raumforschung und Landesplanung (ed.) *Grundriss der Raumordnung und Raumentwicklung* (pp. 671–718). Hannover: ARL.
Winkel, R., Greiving, S., Klinge, W. and Pietschmann, H. (2010). *Sicherung der Daseinsvorsorge und Zentrale-Orte-Konzepte: Gesellschaftspolitische Ziele und räumliche Organisation in der Diskussion*. BMVBS-Online-Publikation Nr. 12/2010. Bonn: BBSR.
Zimmermann, H. (2011). Finanzsystem und Raumentwicklung. In ARL – Akademie für Raumforschung und Landesplanung (ed.) *Grundriss der Raumordnung und Raumentwicklung* (pp. 661–670). Hannover: ARL.

延展阅读

ARL – Akademie für Raumforschung und Landesplanung (ed.) (2011). *Grundriss der Raumordnung und Raumentwicklung*. Hannover: ARL (in German).
BMVBS – Ministry of Transport, Building and Urban Affairs and BBR – Federal Office for Building and Regional Planning (eds) (2006). *Perspectives of Spatial Development in Germany*. Bonn/Berlin: Selbstverlag.

第6章　法国，正在偏离“区域经济”方法

安娜·格佩特

本章目标

尽管法国的规划体系已经明显偏离了原有的“区域经济类型”，这种变化远没有结束，且其变化轨迹也不是线性的。本章旨在阐述：

- 法国规划体系的组织架构，该架构体现出“全面整合类型”空间规划的部分特征，但不是全部；
- 规划体系在应对当代挑战，尤其是与模糊的治理模式相关的挑战时所体现的缺陷；
- 这次转变（抑或称瓦解）与金融危机有关，金融危机使得空间规划有可能成为支持陷入困境的经济部门的各部门政策的保护伞。

6.1　引言

《欧盟空间规划体系与政策纲要》(EU Compendium of Spatial Planning Systems and Policies)将法国的空间规划体系划归为“区域经济类型”[欧洲共同体委员会(CEC)，1997]。然而自20世纪90年代以来，法国的规划体系已经逐渐向“全面整合类型”转变(Farinós Dasi，2006)，这一转变至今仍在进行中。此外，这些转变并不是线性的，它们伴随着制度设置、公共和私人的角色界定，以及支撑规划决策的概念和理论的深刻转变。这一时期也经历了一系列大规模的改革：1995年、1999年、2000年、2003年、2010年……它们或终止或反复，并长期与连续的调整相伴。

本章旨在分析这一转变过程。它是作者对过去20年关于规划政策、议题和个案研究的回顾。当今法国规划体系是区域经济类型和全面整合类型的混合体。利益相关者的博弈和经济形势的变化是推动这一系列转变的关键因素。

第2节介绍了规划体系目前的组织架构，并发现“区域经济类型”的大部分特征已消失殆尽。第3节主要论述规划体系如何应对诸如大都市化、城市蔓延和社会分化等关键问题；

110 规划体系暴露出的缺点还需要进一步的调整。第4节反映了最近的趋势。总而言之，当下的金融危机使法国的空间规划成为支持陷入困境的经济部门的各部门政策的保护伞。

6.2 “区域经济类型”特征的消逝

“区域经济类型”的规划体系通常被描述为：

> 空间规划的含义非常广泛，它追求全面的社会和经济目标，尤其关注国土范围内不同地区的财富、就业和社会条件之间的差距。当这种规划方式占主导时，中央政府不可避免地在管理全国的发展压力和承担公共部门投资方面发挥着重要作用。
>
> （CEC，1997：36）

这一描述非常符合20世纪60年代国土规划与地区发展委员会（DATAR）[1] 主导建立的“国土规划”（aménagement du territoire）。当时，法国建立了一个强大的中央集权组织架构，中央政府发挥了主导作用。第二次世界大战后（1945—1975年），法国实施了一系列旨在消减巴黎与其他城市和地区之间不平衡发展的政策（Laborie等，1985）。这些政策主要是通过经济激励措施（将津贴发放给愿意搬到首都以外地区的公司[2]）和公共投资（如交通基础设施、通信、高等教育）等工具实现的。也有支持区域中心发展的具体政策，如大都市平衡（métropoles d'équilibre）、地区支助（zones d'appui）和新市镇项目。即使在地方层面，国家行政部门在地方法定规划、土地利用管理和大型城市项目的实施方面也发挥了主导作用。

1982年的权力下放改革使情况发生了变化。土地利用规划和地方发展成为市（社区）当局的责任。区域规划和经济发展已转移到新创建的大区政府。中央政府仅保留监管和追求国家整体利益的职能。它仍然负责处理国家层面的部门政策（如基础设施、高等教育、卫生），以及国家利益的问题，如国土规划。但20世纪80年代公共资金短缺，空间政策的优先地位被其他事项取代。规划师开始进入多方主体参与的系统，虽然他们并未做好准备（Geppert，1997）。

该体系从区域经济方法向全面整合的方式发展，其首要议题就是纵向和横向的合作以及政策整合。就详细规划和战略规划方面而言，规划文件的层次结构得到了改进，以实现更高融合度。在政策制定和公共投资方面，多方参与者实现了在各个层次上的合作。

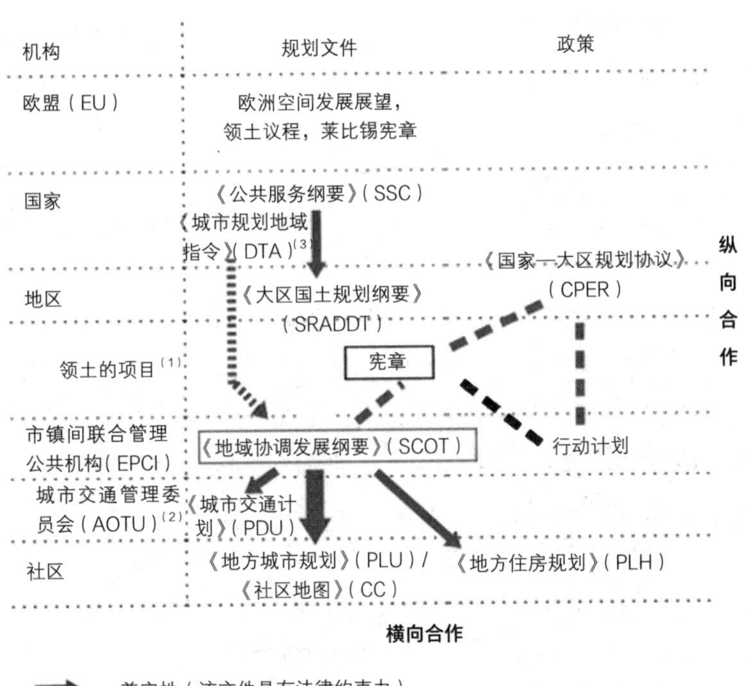

（1）项目地域："pays" 平台，若干个市镇合作公共机构（EPCI）的集合，但是本身没有合法身份。

（2）交通组织局由一组社区组成。

（3）从《国家环境承诺法》（Loi Grenelle 2）（2010 年 7 月 10 日）起《城市规划地域指令》（DTA）变成了《地域规划和可持续发展指令》（DTADD），《地域协调发展纲要》（SCOT）不再与其兼容。

图 6.1　法国规划体系中的协调与合作

不同尺度的规划由不同层级的公共部门制定，它们包括中央政府［国土规划与地区发展委员会（DATAR）］、区域政府、城市政府和一些市镇共同体。然而，这种层级结构的完整性只有通过深入地方层面才得以实现（图 6.1）。

法国在国家层级缺乏空间发展愿景，只有部门指引。在 1995 年[3]，法国的规划体系改革在等级制度的顶端制定了这样一份文件，即《全国土地规划与发展纲要》（Schéma National d'Aménagement et de Développement du Territoire，SNADT）。该文件旨在确保不同层次的规划文件和政策之间的一致性，以及它们与国家政策的协调。国土规划与地区发展委员会于 1996 年起草的第一版《全国土地规划与发展纲要》将由议会投票表决。这份草案包含了一系列空间原则，例如，城市开发将围绕高速运输节点（高速公路、高速铁路、机场）

的 45 分钟半径范围展开。然而在各种压力影响下，45 分钟半径开发圈地图被删减；这跟当时《欧洲空间发展愿景》的情形相似（Faludi 和 Waterhout，2002）。除此之外，政府也因为各种压力，从未把《全国土地规划与发展纲要》放在议会的议事日程上。1999 年，接下来一轮的改革[4]又一次压制了《全国土地规划与发展纲要》,并回到了通过一系列部门指引——《公共服务纲要》（Schémas de Services Collectifs，SSC）支配国家政策的老路上（Geppert，2001）。

112

区域层面的可持续空间发展愿景开始出现，并持续更新。尽管它被命名为《大区国土规划纲要》（SRADDT），但这些文件极少涉及空间维度。它们提出了公共投资预算，而不是空间发展战略。它们对地方文件不具有约束力。1995 年的改革将区域和地方文件等级制度化，但是在接下来的 1999 年的改革中，刚建立起来的等级又被推翻了。唯一的例外是大巴黎地区（Ile-de-France）。大巴黎地区在区域层面有一个具有法律约束力的文件叫《大巴黎地区区域指引纲要》（SDRIF），这份文件需由大巴黎地区政府投票表决，并得到中央政府的审批。诚然，首都地区的状况与法国其他地区有了差异。

地方层面上的核心文件是 2000 年的改革明确的《地域协调发展纲要》（SCoT）[5]。通过规划和政策协调,它确保了纵向和横向上的协调。《地域协调发展纲要》是由市镇共同体（理论上包括一个中心城市和其周边的乡村）制定的。然而，市镇共同体是在各个城市自愿的基础上建立的，因而情形各异。《地域协调发展纲要》一般是以行政物理边界为单位，有时它又以城市功能区为单位。《地域协调发展纲要》一般会为其腹地设定一个可持续的空间发展愿景，从而精确地指明发展方向。它属于地方规划文件层级结构的顶层。

在纵向协调方面,《地域协调发展纲要》对城市政府制定的土地利用规划具有法律约束力。自 2000 年以来，这些土地利用规划被称为《地方城市规划》（PLU）[6]，或在小的乡村市镇被称为《社区地图》（CC）。它们是颁发建筑许可证的法律依据，但如果某城市政府没有法定文件，它就不得颁发建筑许可证。当《地域协调发展纲要》存在时，土地利用规划必须与它保持一致并遵守它的指引；这种关系为后续解释或微调留了一些空间。

自 2000 年以来,《地域协调发展纲要》已经成为横向协调跨部门和跨辖区的公共政策的工具。实际上，自 20 世纪 80 年代以来，各部门颁布相应的专项规划和项目以应对其面临的具体挑战。这些专项规划和项目都是在地方层面上制定的，它们由不同的机构根据不同利益相关者的需求以及时间框架来制定。尽管它们在理论上来说应该保持相互之间的一致性，但因为编制机构、利益相关者以及时间维度的差异，这些文件和政策之间存在着巨大鸿沟。

1982 年以来，城市政府已经能够制定《城市交通规划》（PDU），以减少交通堵塞和促进低碳出行。从 1996 年起，该规划对于超过 10 万人的城市而言变成了强制性的。拟定该文件的市镇共同体必须与当地公共交通部门保持一致，它通常要比《地域协调发展纲要》所涉范围小得多。参与《城市交通规划》编制过程的主要利益相关方包括基础设施管理公司、公共交通供应商和地方规划机构。该规划必须每十年更新一次；它是独立于规划文件编制的一个过程。自 2000 年以来，《城市交通规划》必须与《地域协调发展纲要》保持一致，以确保交通政策和空间发展政策相协调。与《城市交通规划》类似的有《地方住房规划》（PLH），它主要是确定城市住房战略尤其是对社会住宅的支持。当然其议程和利益相关者是不同的，从 2000 年开始，《地方住房规划》也必须与《地域协调发展纲要》保持一致。

根据这些愿景和战略所制定的政策一般是由各级公共部门负责实施。不同层级的政府之间需要进行政策协调。一方面，各级地方政府之间的强制性责权分配十分复杂；另一方面，各级地方政府都希望能或者说被赋权对战略政策和主要投资作出贡献。[7] 因此，公共投资通常由众多利益相关方共同出资。这种投资协调的主要工具是《国家—大区规划协议》（CPER），这是一个列出每个项目周期的联合投资方案。[8] 中央政府代表（大区区长，préfet de région）与区域议会的首席民选代表（大区议会主席）每六年会就该协议的拟订进行高强度谈判。期间还会邀请其他公共团体参加谈判。然而分歧仍然存在，其中包括缺乏跨区域边界的协调。大区内的地方政府等级关系不明确，有时会导致冗余的行动或不必要的竞争策略。

113

地方层级的情况很复杂。法国有 35311 个市镇，它们的规模都很小（主要是从中世纪的教区继承来的）。为了克服这种分散现象，市镇合作公共机构（EPCI）作为中间层级的公共机构出现。这些团体是城市政府在自愿的基础上建立的。它们获得了城市政府移交的预算和法律权限，并可以创税和收税。然而，即使这些也是碎片化的。2012 年，法国仍有 2583 个市镇合作公共机构，而对应的城市功能区约有 300 个，另外还有 1333 个市镇未结盟。[9]

为了促进合作，1995 年的改革引进了所谓的新“项目地域”（territoires de projet）。这对于法国文化来说是相当新的概念，它反映了 Haughton 等（2010）定义的柔性空间规划的特征。在法定制度框架之外，“地理连贯”的城市—农村地区可以共享一个叫“pays”的平台。该平台既不组成一个法律实体，也没有共同预算。各成员在这个平台章程中详细阐述其共同空间愿景；虽然该章程不具备法定效力，但它必须与《地域协调发展纲要》（如果有的话）保持一致。反之亦然，如果《地域协调发展纲要》晚于该章程编制，则它必须与该章程保持协调。该章程还会提出发展战略，甚至衍生出共同的行动计划。传统的规划实体（如城市政府、市镇合作公共机构）会负责章程的实施。1999 年的改革将“pays”平台概念扩大到城市群。“项目地域”变成了克服狭隘制度环境的地域愿景和战略的孵化器，它同时也为公民参与到发展理事会（Conseil de Développement）的事务提供了机会。对中央政府来说，鼓励这种柔性合作有利于提高横向协调效率和促进公众参与。

起初，市长们不太愿意接触他们认为奇怪的事物，也担心这些柔性空间是在试探性地进行行政边界调整。2000 年后，中央政府为了推动项目进展，通过“pays”平台提供了大量拨款，这促成了大量“pays”平台和城市群的动态创建。如今这些柔性空间几乎覆盖了整个法国。它们的扩展确实比仍然支离破碎的市镇合作公共机构更普遍，也更符合地理现实。

从理论上讲，该体系确实表现出一定的连贯性。每个制度层级都严守了自己的事权，然而由于兼容性要求和政策协调的需要，详细规划和更宏观、战略性的愿景有望得以融合。其他利益相关者则通过诸如发展理事会等参与机制发声。然而，实施情况显示了该体系的某些局限性。在当前的问题和挑战面前，其效率是值得质疑的。

114

6.3 问题和挑战

本节将在空间维度以及三个不同尺度上讨论当今面临的问题和挑战。在国家层级，大都市化影响着大城市地区适应全球地域竞争的能力。在区域层级，城市蔓延改变了人类住区和活动的分布以适应社会经济背景的演变。在城市层级，社会空间的碎片化加剧了富人与穷人社区之间的差距。

全球化带来了少数地区形成的群岛经济模式（archipelago economy）（Veltz，1996）。因而，法国大都市地区的竞争力变成一个主要议题。国家决策者一致认为，“法国除了巴黎和里昂之外，其他大城市都还算不上大都市”[经济与社会理事会（Conseil Économique et Social），2003]。国土规划与地区发展委员会已下令在欧洲范围内调查法国城市的地位 [Cicille 和 Rozenblat，2003，updating Brunet，1989；国土规划与地区发展委员会（DATAR），2003；Beliot 和 Fouchier，2004]。

在国家层级，法国缺乏应对这种挑战的制度设置与合作文化。其结果是，主要城市往往通过与相邻城市的竞争（而不是合作）实现自身的目标。大都市地区的其他城市常常被忽视，因而它们倾向于用“搭便车”的战略，试图在不考虑全局的情况下，充分利用一切可能的发展机会。

为了解决这一问题，中央政府于 2004 年颁布了一项“大都市协作计划”（国土规划与地区发展委员会，2004a）。该计划取得了巨大成功——几乎所有符合条件的城市都自愿参加。然而，“大都市项目”只关注地方问题，并不关注国际职能（Geppert，2006；Motte，2007）。在群岛经济平均水平以下的地方，特别是乡村地区的中、小城市缺乏地方的吸引力（Geppert，2009）。在中等城市市长联合会（FMVM）的大力游说下，法国政府启动了一项加强本地资本的政策 [中等城市市长联合会，2005；法国国土规划部（DIACT），2007]。然而由于经济危机的影响，中央政府承诺的拨款严重缩减，政策的实施过程已经放慢。

在区域层级，城市蔓延对环境和社会都提出了重大挑战。在签订《京都议定书》（Kyoto Protocol）时，法国政府对该国完成其要求的能力还是信心满满的；因为法国拥有相当现代化的工业和核能生产优势。撇开其他风险不谈，核能生产不会产生温室气体。10 年后，所有指标亮起了红灯。其原因就是造成小汽车交通急剧增加的城市蔓延。紧随其后的便是一系列环境风险（如土地过度人工化、洪水灾害增加）。

城市蔓延还引发了社会问题。从 20 世纪 90 年代中期到 21 世纪头 10 年的中期，土地和房地产价格飞涨。在农村，空间分异开始出现。拥有特殊资产的地区成为特权飞地。不那么吸引人的边缘地区开发了小型家庭住宅。由于拥有同质化的中低阶层人口，这些边缘地区在经济低迷时期显得很脆弱。20 世纪 80 年代，高失业和低通胀导致许多家庭陷入抵押贷款的困境。自 2008 年危机以来，一些城市一直挣扎在债务危机的泥潭中。这些地区人口年龄结构的同质化使得这一过程一直在恶化。规划改革，尤其是“15 公里规则”（15km rule），为城市蔓延问题提供了新的答案（参见第 6.4.2 节）。然而迄今为止，这些措施还不足以抵消这一激烈恶化的过程，尤其因为参与者之间的博弈。

115

在城市层级，2005 年秋天发生在巴黎郊区的骚乱引起了公众的注意，社会多样性（mixité sociale）已成为一个国家目标。2000 年改革以来，规划师将多样性列为首要任务，城镇政府有义务将至少 20% 的社会住房纳入其中。城市政策（politique de la ville）提出社会和就业问题（例如免税区）是解决贫困社区的重点。自 2006 年以来，一项大规模物质干预项目在两个国家机构提供的专项资金支持下得以启动。国家城市更新局（Agence Nationale pour la Rénovation Urbaine，ANRU）负责物质改造；社会凝聚力和机会均等局（Agence pour la Cohésion Sociale et l'Égalité des chances，ACSÉ）负责社会方面的问题。支持整个城市地区重建和改造的大规模国家投资政策是基于这样一种想法，即只有大规模干预才能对改变一个地区的现实和形象真正产生效果。然而，尽管经过了几十年的公共干预，这些贫困地区仍然在从连续的更新项目中“获益”，这表明问题仍然没有得到解决。

纵观这些问题，治理已成为一个主要议题。随着城市和大都市地区的不断扩大，行政边界与需要解决的空间问题之间的差距越来越大。城市功能地区（法国统计术语为“城市地区”）要比城市、市镇合作公共机构，甚至《地域协调发展纲要》所涵盖的范围都要广；而机构设置和规划文件却没有达到相应的尺度。在法国文化中，公众的参与程度相当低，这似乎也是一大挑战。另外，公共决策的透明度和公共资金的使用问题也具有相当大的争议。各种公共参与者的努力是否多余？彼此竞争还是互为补充？如何促进公、私合作？这一议题在不同层级上（无论是大都市地区还是地方城市）都显得至关重要（Geppert，1997；Jouve 和 Lefèvre，2002；Le Galès 和 Lorrain，2003；Goze，2002；Geppert，2008）。主要国家机构的公开报告，尤其是特别关注地方事务的高级议会，即参议院，也援引了这一问题［参议院（Sénat），2003］。

在应对重大空间挑战的过程中，规划体系需要进一步调整。而调整的维度和方向呈现出非线性的、多维发展的特征。

6.4 改革的维度与方向

我们首先审视不同参与者应对这一新环境作出的逐步调整。其次，我们讨论经过改进的工具和规划模式是如何工作的，是更好了还是更坏了。再次，我们总结规划概念的演变。最后，我们讨论当代经济危机对政策议程的影响。

116

6.4.1 参与者的新游戏规则

中央政府不再是占主导地位的行动者，它正在试图明确自己在现代国家中的地位：一个比较谦卑的角色（Crozier，1991）。在 20 世纪 90 年代至 21 世纪头 10 年，它必须证明其合法性，并明确其在空间规划方面采取干预行动的性质。在此期间，中央政府努力通过一系列改革来改进规划决策的制度框架。当然它尝试过重新掌握地方决策的控制权，但并未成功。

1999 年的市镇合作公共机构（EPCI）的改革就是一个例子。[10] 市镇共同体结构支离破碎，缺乏财政和政治的一体化。例如，城市地区的规划文件是由专门为此目的而设立的团体编制的，因为确保城市群的地域管理的市镇合作公共机构的管理范围过于狭窄。改革的目的是要克服这些障碍。在实施过程中，国家代表（省长）可以否决空间上不适当的市镇合作，例如仅涵盖城市群局部的状况。但实际上省长几乎从未行使过这种否决权，改革也始终没有完成［审计法院（Cour des comptes），2005］。原因之一是具有国家职能的某些地方代表（部委、议员）进行游说的结果。原因之二是省长考虑到其促进性的角色，直接干预地方政府是不合法的。

《城市规划地域指令》（DTA）是另一个例子。1995 年的改革使得中央政府在涉及国家利益的议题上为更广泛的地域制定《城市规划地域指令》这样一份规划文件成为可能。这些国家利益议题包括受环境压力影响的大片自然地区（如阿尔卑斯山脉、罗讷河口、塞纳河河口、卢瓦尔河河口），及存在较大社会差异的人口稠密地区（里昂大都市区、北洛林采矿带）。《城市规划地域指令》具有双重角色。一方面，它们具有法定约束力，它的存在使中央政府得以恢复对地方规划文件的控制权；另一方面，它们将通过地方利益相关者的联合来提高政策协调性。事实证明，这些文件的编制进程非常缓慢（到 2010 年，只有 9 个《城市规划地域指令》获得批准）。地方参与者认为这是由于国家不愿意对空间规划作出承诺，而省长则认为这主要是因为与地方上的利益相关者磋商的时间过长。不论怎么解释，协调已然高于控制：2010 年改革以来[11]，《城市规划地域指令》已被不具有监管效力的《地域规划和可持续发展指令》（DTADD）所取代。

中央政府在协同过程中逐渐淡化了其直接规划的责任。这与 1982 年以来的权力下放改革相符。2003 年，法国修宪表明“法兰西共和国组织机构权力是分散的”。为了赋予地方政府更多的权力，国家试图通过实施财政激励制度来推行新政。这些财政激励制度往往是温和的，并受到提案征集的监督。这些征集在法国文化中算是一个比较新的现象。20 世纪 90 年代，中央政府倡导最低限度的指引；后来指引的选择标准变得更加精确。中央政府将战略选择放权给地方参与者，把工作重点放在工作方法和治理议题上。实施指引变得更加全面。与此同时，国土规划与地区发展委员会（DATAR）找来一系列的顾问公司来提供技术和方法上的支持。总而言之，中央政府从一个政策的发起者转变成为地方动力的“关键朋友”。

尽管有了这些经验，地方政府的层级过多和职权分配不明确仍然阻碍了必要的多层次协调。区域规划和经济发展是大区政府的事权。这里的大区政府是 1982 年权力下放背景下产生的一个新的地方政府层级。虽然许多大区的名字与其历史上的省或县同名，但它们并不受限于这些名称对应的历史或地理边界。它们的预算很少，经验也很少。它们已经相当有效地完成了其在 1982 年继承的职责，例如大区铁路运输或中学。这使得全面解决大区地域问题的空间很小，而大区规划（SRADDT）往往侧重于经济议题，例如有前景的部门的发展。空间战略鲜少体现。

在地实践中，大区面临着与省的竞争。省自法国大革命以来就已经存在，并且拥有大量的预算和经验丰富的工作人员。它们虽然形式上没有空间规划的事权，但制定了合理的策略。它们似乎是强大的参与者，这对于大区而言，有时是多余的和 / 或竞争对手。尽管通过《国家—大区规划协议》（CPER）从中协调，但竞争战略导致了规划政策之间缺乏一致性，公共项目无法契合或启动。对大多数观察者来说，这两个层次重合度过高。2010 年的一项改革解决了这个问题。[12] 一项较不令人满意的折中办法是通过一次选举减少当地代表的人数，但要维持两级地方政府的代表都在两级议会任职。改革应该实施至 2014 年，但其早在2012年就被取消了。

在地方层级，城市政府和市镇共同体之间的关系紧张。1999年的改革旨在加强市镇合作公共机构的权力。它提出了三种市镇共同体模式：人口超过50万的城市地区组建“市镇共同体”（communauté urbaine）、人口超过5万的城市社区组建“聚居区共同体”（communauté d’agglomération），以及人口聚居度较低的小群体组建的“社区共同体”（communauté de communes）。类别越高，城市政府的财政和政治一体化程度就越高，国家提供的资金也就越高。改革的实施过程证实了市长们并不情愿将权力转移到上一层级[国民议会（Assemblée Nationale），2005；审计法院，2005；参议院，2006]。许多城市政府为了避免过多的职权被转移到市镇合作公共机构，宁愿牺牲一些资金扶持。例如，尼斯（Nice，90万人口）在过去的十年里一直保持着聚居区共同体的状态。兰斯（Reims，20万人口）选择了社区共同体的状态。从长远来看，国家提供的资金扶持仍是争论的焦点，但这种共同体还是会倾向于选择匹配其自身条件的类别。鉴于市镇合作公共机构的长期分裂，2010年的改革重新启动了这一进程并计划于2014年完成。到目前为止，这个过程由于谈判问题滞后了。

法国规划文化中，非政府背景的参与者（如私营部门、非政府组织和公民）在规划过程中的参与程度都比较低。规划编制或重大投资（如交通基础设施）实施的过程中，会进行强制性的公共咨询。但这个公共咨询在整个程序中仅是规划实施前的一个步骤，对最终结果影响甚微。公众参与受到越来越多的关注，比如社区委员会发展迅速。这会导致民主合法性的问题，因为这些推动公共参与的努力只动员了一小部分人变为“积极的少数派”参与到所有可能的谈判中，因此可以说参与和游说之间的界限通常是模糊的。

此番图景自然指向了制度设计。这反映了过去10年的法国现实：制度议题被投以许多时间和精力，但效果甚微。而规划模式和工具在此期间却发生了变化。

6.4.2 规划模式和工具

规划模式和工具的演变可能是过去10年中最重要的变化。首先，它对规划师提出了新的要求；其次，传统的规划工具的战略属性更强，柔性的空间规划开始在规划实践中运用。

2000年的改革对地方上的利益相关者和规划文件提出了新的要求。实施过程中遇到的一些困难可能会影响立法的演变。为了提高社会多样性，城市政府必须拥有至少20%的社会住房；如果他们达不到这个门槛，就会被罚款。平均而言，20%的“社会住房”并不是一个非常高的水平，因为“社会住房”指的是历史上发展较好的中产阶级公共住房。大多数的大城市都能超额完成指标；该立法主要影响到的是富裕的、小规模的郊区市镇。但该方法在方法论上的主要缺陷是，城市中的社会排斥和分异发生在更具体的社区规模上。因此，城市政府的指标可能是好的，而实际情况则是截然相反。20%的规则所产生的影响比较温和，而且 2012 年确立的 25%的新门槛也很有可能不会带来显著变化。

2000 年制定的另一项法律被称为“15 公里规则”，其旨在抵消城市蔓延。对于拥有超过 1 万人口的城市，编制《地域协调发展纲要》是强制性的。但较小的市镇只能由《土地利用规划》来控制。在改革之前，许多靠近城市的小规模市镇选择不参与公共文件的编制，以保持其在是否城市化议题上的主动权。20 世纪八九十年代，这些搭便车的小规模市镇是城市蔓延的始作俑者。自 2000 年起，距离市区范围 15 公里内的小规模市镇已经丧失了自主编制《土地利用规划》的权力，并且如果这些小规模市镇没有被《地域协调发展纲要》覆盖，它们也无权发放建筑许可证。这一法律的意图是，即使不对郊区的建设实行专权限制，起码能通过《地域协调发展纲要》加强不同行政单位规划战略的协调与合作。

法律在实施过程中出现了一些不足。首先，规定的 15 公里的距离太短。该法律在控制城市蔓延方面的努力产生了一个适得其反的结果，即溢出效应。距离核心城市 15—30 公里的范围内往往又出现了一个村庄环——这实际上是对城市地区的进一步稀释。2010 年改革后[13]，“15 公里规则”将被推广到更多的城市。2013 年，它将影响到超过 1.5 万人口城市周边的所有市镇。2017 年，所有的法国市镇都必须被《地域协调发展纲要》覆盖，城市化进程将冻结。

119

其次，许多郊区市镇有了备选战略。它们创建“边缘地区联盟”（unions of peripheries）并编制“防御性”的《地域协调发展纲要》，以避免与中心城市谈判（图 6.2）。这些“防御性”的《地域协调发展纲要》通常在法律框架内更具有自由度。为了提高总体规划文件的质量，2010 年的改革迫使《地域协调发展纲要》明确土地开发的减量目标，并对其作出的选择进行合理性解释。然而，立法并没有明确国家层面的总目标。因此，这项新要求的影响和效应难以评估。

第二个主要变化是在法定规划文件中引入了战略维度，特别是《地域协调发展纲要》（Motte，2006；Geppert，2008）。20 世纪 90 年代与之对等的文件——《总体规划纲要》受到了一些批评。一是它过于规范，用了更适合土地利用规划的区划技术；二是过于严格，特别是编制和修订规划的繁冗程序。最后，由于土地利用条例和发展战略之间的差距，它显得过于刻板且不够有活力。

2000 年以来，《地域协调发展纲要》和《地方城市规划》（PLU）都比较关注可持续发展；《地域规划与可持续发展计划》（PADD）也同样注重可持续发展。尽管这些规划文件的

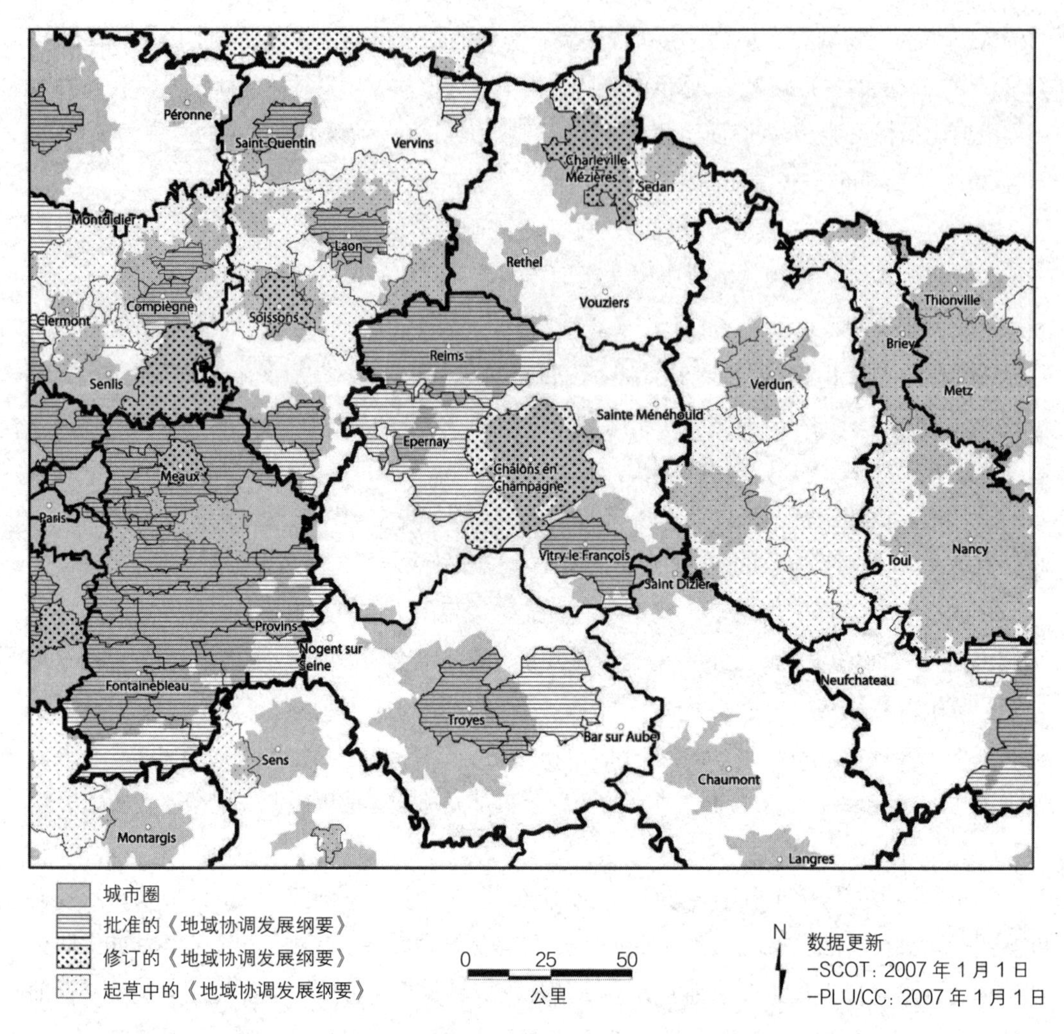

图 6.2 巴黎盆地东部的《地域协调发展纲要》和城市功能区

“政治”部分不具备法律约束力，但它们可持续发展的视角能帮助开发管理部门酝酿一些强制性措施。这两种规划文件之间的差异也非常明显。《地方城市规划》主要是以开发控制为主，而《地域协调发展纲要》则更清晰地表达了发展战略并提供了更灵活的策略。例如，现在新区的城市化可能会从属于公共交通工具的建设（图 6.3）。[14]

规划文件的发展过程加强了多参与者和多部门合作。更多的利益相关者被邀请参与规划文件的编制，尽管他们仅仅充当顾问的角色。公众参与度也得以提高，例如，必须从起草规划文件的初始阶段就进行公众协商。此外，必须每六年进行一次对规划实施情况的评估。

1992 年的文件（上图）：通过区划定义了所谓的“混合”区域，以增加其灵活性；
2008 年的文件（下图）：运用了更多象征性的表达，但同时也包含了“战略性”的决策，比如未来的城市化由公共交通指引。

城市化与 TC 服务创造之间的一致性模式

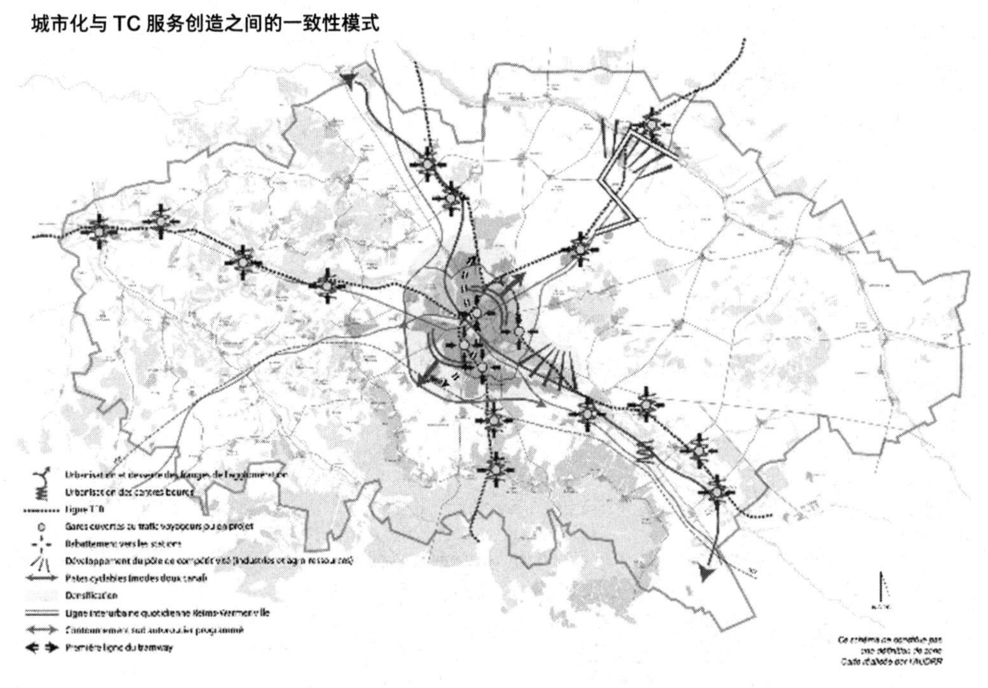

图 6.3　兰斯（Reims）城市地区的两代规划

资料来源：兰斯地区城市规划与发展局（AUDRR）（1992，2008）

当法定规划的战略性变得越来越强时，柔性空间的规划工具也在改进，尤其是这些柔性空间的规划工具通过其发展委员会（包括市民社会）开始实践更多的公众参与。1999年，人们讨论过发展委员会是否应该选出代表，最终决定权留给了城市议员，只要公民社会代表大多数群体。的确，一些“项目地域”（Territoires de projet）决定将其理事会转化为非行政机构。这种向公民社会开放的方式满足了真实需求。作者曾参与过这样的理事会：与会者出席会议，提出问题和建议。如今，许多地方的“项目地域”已经发展出面向更广泛人群的沟通工具（简讯、网站）。

这次改革旨在促使这类“融合系统”自发地形成。“柔性空间”将成为空间愿景和地域战略的孵化器。利益相关者会自然而然地学会扩展制度边界、逾越部门间的鸿沟等。但到目前为止，这一切还未成现实，规划职权范围仍然狭窄，三分之一的《地域协调发展纲要》几乎只涵盖了物理集群。与此同时，柔性的“项目地域”倾向于回避法定规划所涉及的议题，并将重点放在更容易达成共识的内容上（比如地区营销和地方性特征的塑造）。除了2000年前还没有规划文件的乡村地区，控制性规划文件和柔性空间规划尚未真正实现。

尽管如此，“项目地域”将三层治理模式引入法国的规划体系。其中政治决定取决于来自不同城市和市镇合作公共机构的当选代表。发展委员会代表公民社会，他们具有真正的影响力且扮演着新思想孵化器的角色。技术管理工作一般由公务员把控，不同部门和地区的工作人员之间负责更多的联络、交流事务。许多地方政府正在将这种三层治理模式扩展到其他事务中。

122

6.4.3 规划思想、原则和概念

20世纪80年代“规划的失败”使得传统法国模式的规划思想和概念遭遇了信任危机。自20世纪90年代起，规划师们不得不在新的基础上重建他们的合法性，寻求非线性的改革道路。

20世纪80年代以来，经济发展的需求得到了以促进领土竞争力的新自由主义理论为基础的务实、灵活方法的支持。2006年，国土规划与地区发展委员会变成法国国土规划部（Délégation Interministérielle à l’Aménagement et à la Compétitivité des Territoires，DIACT）。从功能上讲，它整合了法国政府投资部（Agence Française pour les Investissements Internationaux，AFII）。“地域”（territoires）这个词由单数变为复数，象征着法国空间规划的范式变化。其目标不再是各地区平等发展，而是要充分发挥地方的多样性并优化其资产（Geppert，2009）。公平（公平待遇）的概念已经取代了平等（平等并非均等待遇）。地域资

本的概念受到重视。2009 年 12 月，经过员工的不懈游说，国土规划与地区发展委员会恢复了“DATAR”的名称缩写，但其全称变为“国土规划与区域吸引力发展委员会”（Délégation Interministérielle à l’Aménagement du Territoire et à l’Attractivité Régionale）。

自 20 世纪 90 年代末，可持续发展（développement durable）成为最受关注的议题。其缩写“DD”出现在众多规划缩略词中（例如，PADD、DTADD、LOADDT）。不过，可持续发展的概念仍然有些模糊。在经济可持续、社会可持续和环境可持续的三个“支柱”中，环境是最受重视的。“可持续性”这个词俨然已成为提高环境门槛的代名词（例如环境影响评估、生态建筑）。社会的可持续常常简化为对贫困社区的考量，经济的可持续则常被遗忘。这三方面的可持续在体系方法上的整合尚未得以实现。

最后，欧洲语境下的知识经济发展在法国受到重视。这一方面与大都市化议题有关；另一方面是为了支持集群政策［竞争力集群（pôles de compétitivité）］（Porter，1999），其灵感来自波特（Porter）的著作，该著作已被译成法语。该政策旨在支持法国工业发展（国土规划与地区发展委员会，2004b）。“法国的集群模式”（French cluster model）被认为是根植于空间的，而空间又是“地域—行业—研究”三角的中心支柱。因此，国土规划与地区发展委员会负责这项政策（Darmon 和 Jacquet，2005）。然而一些作者认为，这与其说是空间规划，不如说是打着地域幌子的部门政策。

6.4.4　政策议程：经济危机时期的空间规划

2008 年的经济危机影响了国家和地方的政策议程。公共资金短缺严重打击了具有长远视野的空间规划。这种紧迫感使得与支持选定经济部门有正当联系的选定项目更受青睐。空间规划的演化路径可能会因此发生改变。

大巴黎（Grand Paris）项目的演变显示出经济危机对公共政策的影响。2007 年，一场国际比赛邀请了 10 家国际团队参加“崭新的、国际化的大巴黎”（new，global planning project for the broader Paris）规划项目投标（2007 年 9 月 17 日，法国总统在开幕式上进行了演讲）。2009 年，这 10 个项目公示了半年，在计算机影像的广泛支持下，在全球范围内传播。2010 年，“大巴黎国际研讨会”（AIGP）作为一个永久性的平台成立，其目的是“保持对首都未来的反思和辩论”。

123

然而在实施过程中，大巴黎项目的方向发生了改变，将重点转移到公共交通投资上，对基础设施的投入也因此雄心勃勃并呼之欲出。未来的巴黎快线是一条长达 205 公里，拥有 72 个站点（其中 57 个是新的）的环首都地区自动地铁线。为这个项目还专门设立了一家国有公司：大巴黎公司（Société du Grand Paris，SGP），该项目预计耗资超过300亿欧元，并宣传会在技术和环境方面高度创新。目前，该项目正处于环境影响评估阶段。这项基础设施会被分为四个部分，分别在2018年到2025年之间投入使用。

在未来的火车站附近，会有17个城郊地区被更新和重建为具有不同专长、特色的集群。这些空间受益于一个特定程序，名为《地域发展合约》（Contrat de Développement Territorial，CDT），该程序负责组织多方参与者合作。然而资金短缺影响了实施进度。2012年，第一个工程时间节点被迫推迟。巴黎因其尺度具有它的特殊性；然而许多城市也遇到类似情况。21世纪头10年的后期还有一系列有趣的竞赛、公共辩论和磋商，但2008年后大部分项目都被搁置了。

在可持续性方面也发生着从空间到部门的类似演变。《法国国家可持续发展战略》（French National Strategy for Sustainable Development，NSSD）在其2003年的第一个版本中就提出了一种“整体”的方法，然而“整体”并不意味着空间。2010—2013年战略的副标题是“迈向绿色和公平的经济”（Towards a green and fair economy），其内容涉及经济议题（可持续消费和生产、知识社会、治理）、环境和社会的热门议题（能源和气候、交通、资源管理、风险管理和健康、社会融合）和国际事务（可持续发展、全球贫困）。与某些欧洲国家（丹麦、芬兰、爱尔兰、拉脱维亚、立陶宛、斯洛文尼亚、瑞士、英国）不同，该战略并不涉及城市规划和住房。该战略围绕“可持续”这个议题，运用一系列部门规划的方法，成为空间规划的有力竞争者。

2007年，时任法国总统萨科齐发起了一场名为“环境保护”（Grenelle de l’Environnement）的广泛公众咨询会，以纪念1968年5月解决了冲突并为法国社会建立新基础的《格伦内尔协议》（Grenelle agreement）。规划是辩论的一部分，而辩论产生的新要求由法定规划来处理。然而，随着建筑业的不景气，支持节能建筑似乎是将环境问题与经济援助联系起来的一种吸引人的方式。一些建筑标签如高环境质量（Haute Qualité Environnementale，HQE）、低能耗建筑（Batiment Basse Consommation，BBC）和被动式住宅蓬勃发展。生态友好型社区（ecologically friendly neighborhoods）也正在开发中，尽管其质量有时值得怀疑。快速的经济回报和可期的政策吸引了人们对建设规模的关注，大部分的生态友好型社区是在小地块单元开发的，这给空间规划留下了极少的政治空间。

124

6.5 结论

法国的空间规划体系在启动关键改革的10多年后仍处于十字路口。它似乎经历着从区域经济到全面整合方法的转变。它提供了越来越多的工具来促成跨部门和跨行政区的横向以及纵向的政策整合。在正式的规划架构中，地方层级的规划得到了很大程度的改善，但上层规划还不够健全。高层级规划文件的战略属性越来越强，规范作用越来越小。协商和参与的程序有所改进，包括发展理事会等常设咨询平台。但这个转变的过程迂回曲折，期间遇到的挫折预示着改革的方向可能仍然会变。

在权力下放的总体趋势中，有些事件也表明中央政府试图收回一些控制权。这既体现在最近的《城市规划地域指令》中，又体现在市镇共同体经过多次改革给予国家代表的特殊权力，但到目前为止还没有回归到法国传统的权威家长式作风复兴的程度。协作和参与过程仍然享有优先地位。

一系列改革表明规划体系并没有达到平衡状态。造成该现象的主要原因之一是在精简地方政府层级、削减公共机构数目，以及克服空间分割方面的尝试遇到了重重阻力：法国有超过 50 万的民选代表。另一个原因是在缩短公共部门和私营部门之间距离时遇到的困难。公私合作有时会导致腐败。同样，公众参与的口号有时只是议员选举游说的噱头。

规划体系中柔性空间的规划实践数量在过去 20 年里有所增加。柔性空间规划被认为能够催化变革。柔性空间的规划实践使得不同规划方法并存，因而增加了规划决策的复杂性并降低了规划决策的透明度。尽管如此，这种并存状态还是能非常缓慢地触发学习过程。

外部和内部驱动因素不断影响着空间规划的目标，将其割裂为不同的方向。全球化和国际竞争催生了以地域竞争为导向的新自由主义。与此相反，法国的福利传统一直延续着地域团结和消除地域差异的作风。欧洲的话语体系在尽力中和上述两种相反的驱动力，并在主要规划机构如国土规划与地区发展委员会的提案中找到了共鸣。但这种共鸣因为公共预算的拮据，很少反映在政策中。2008 年经济危机后，公众越来越倾向于支持经济困难的部门。

规划师的角色也在发生改变。规划职能在拓展：从物质规划扩大到制度设计。规划方法经历着从相当静态（例如区划）到动态（面向过程）的过渡。在更广泛的谈判中，规划师需要发展新的技能去面对新的挑战和新的利益相关者。这些新技能一方面是必要的，但另一方面也存在着规划被稀释或从属于其他优先事项的风险。就像 20 世纪 70 年代末的能源危机一样，当代的经济危机加剧了这种风险。

注释

125

1. DATAR（国土规划与地区发展委员会）于 1964 年成立。

2. 区域规划津贴（Prime à l’Aménagement du Territoire，PAT）被划分为若干区域。后来，欧洲委员会前主席雅克·德洛尔（Jacques Delors）将PAT作为欧洲结构基金的模型。

3. 1995年的改革是自1967年以来规划体系进行的最大规模改革。它是由一场大型公众辩论引起的。改革的目的是重新设计规划制度，明确公共部门之间的关系。其法律基础是1995年2月5日出台的《地域规划与发展指导法》（LOADT），又称为帕斯夸法（Loi Pasqua），这是以提出该议案的内政部长的名字命名的。

4. 1999年的改革是在政府更迭后进行的（从自由主义者转变为社会主义—绿色联盟）改革。这项改革对以前的法律进行改写并提高其环保意识，从而产生了一项新的法律，即1999年6月25日颁发的《地域规划与可持续发展指导法》（LOADDT），又称为沃伊内特法（Loi Voynet），这是以其提议者环境部长名字命名的。

5. 旨在彻底革新1967年确定的地方规划文件。其法律基础是2000年12月13日颁布的《社会团结与城市更新法》（Loi Solidarité et Renouvellement Urbains，Loi SRU）。提出议案的共产党部长没有在法律上签字。这项改革的结果是2003年7月2日《城市规划与住房法》（Loi Urbanisme et Habitat）的颁布，其柔化了一些新要求。2010年，最新的改革引入了新的方法和工具，但并没有改变规划体系的组织结构。

6. 从1967年到2000年，法国的土地利用规划被称为“Plan d' Occupation des Sols”（POS）。其名称的改变表明了将土地利用选择权建立在城市更广阔视野上的意图。

7. 法国不同级别的地方政府之间没有等级之分，任何地方政府只要遵守总体立法［一般事权条款（clause de compétence générale）］就可以实施任何公共政策。

8. 自20世纪90年代以来，各个阶段与欧盟的议程吻合：1994—1999年、2000—2006年、2007—2013年。

9. 数据由内政部（Ministry of Interior）提供，截至2012年1月1日的情况。

10. 1999年7月12日，《关于加强和简化社区间合作的法案》（Loi relative au renforcement et à la simplification de la coopération intercommunale）出台，也称为“Loi Chevènement”。

11.《国家环境承诺法》（Loi portant engagement national pour l'environnement）于2010年7月12日出台，也称为“Loi Grenelle 2”。

12.《地方政府改革法案》（Loi de réforme des collectivités territoriales）于2010年12月16日出台，也称为“Loi RCT”。

13.《国家环境承诺法》（Loi portant engagement national pour l'environnement）于2010年7月12日出台，也称为“Loi Grenelle 2”。

14. 本文作者向城市规划局（Agence d'Urbanisme）、兰斯地区发展与前景协会（Dévelopment et prospective de la Région de Reims）、人权之家［（Place de Droits de l'Homme），法国兰斯51100（51100 Reims，France）］致谢，感谢其为图6.3提供的数据。

参考文献

Assemblée Nationale. (2005). Le livre noir de l'intercommunalité, les incohérences de la loi Chevènement. Rapport des députés P. Beaudouin et P. Pémezec.

AUDRR – Agence d'Urbanisme et de Développement de la Région de Reims. (1992). Schéma Directeur de la Région de Reims.

AUDRR – Agence d'Urbanisme et de Développement de la Région de Reims. (2008). Schéma de Cohérence Territoriale de la Région de Reims.

Beliot, M. and Fouchier, V. (2004). *L'offre métropolitaine française vue par les emplois métropolitains supérieurs*. Paris: DATAR.

Brunet, R. (1989). *Les villes européennes*. Paris: GIP Reclus, La Documentation Française.

CEC – Commission of the European Communities. (1997). *The EU Compendium of Spatial Planning Systems and Policies*. Luxembourg: Office for Official Publications of the European Communities.

Cicille, P. and Rozenblat, C. (2003). *Les villes européennes: analyse comparative*. Paris: La Documentation Française.

Conseil Économique et Social. (2003). Avis du 9 avril 2003 "Métropoles et structuration du territoire," rapporteur JC. BURY.

Cour des comptes. (2005). L'intercommunalité en France. Rapport au Président de la République, suivi des réponses des administrations et des organismes intéressés. Paris: Les éditions des journaux officiels.

Crozier, M. (1991). *Etat modeste, Etat moderne. Stratégies pour un autre changement*. Paris: Seuil.

Darmon, D. and Jacquet, N. (2005). *Les pôles de compétitivité, le modèle français*. Paris: La Documentation Française.

DATAR – Délégation à l'Aménagement du Territoire et à l'Action Régionale. (2003). Pour un rayonnement européen des métropoles françaises – éléments de diagnostic et orientations, CIADT du 18 décembre 2003. Paris: DATAR.

DATAR – Délégation à l'Aménagement du Territoire et à l'Action Régionale. (2004a). Pour un rayonnement européen des métropoles françaises – Appel à cooperation. Paris: DATAR.

126

DATAR – Délégation à l'Aménagement du Territoire et à l'Action Régionale. (2004b). La France, puissance industrielle – une nouvelle politique industrielle par les territoires. Paris: DATAR.

DIACT – Délégation Interministérielle à l'Aménagement et à la compétitivité des Territoires. (2007). 20 Villes moyennes témoins – Appel à experimentation. Paris: DIACT.

Faludi, A. and Waterhout, B. (2002). *The Making of the European Spatial Development Perspective*. London: Routledge.

Farinós Dasi, J. (ed.) (2006). *Governance of Territorial and Urban Policies from EU to Local Level, ESPON Project 2.3.2*. Luxembourg: ESPON Coordination Unit.

FMVM – Fédération des Maires des Villes Moyennes. (2005). 22 mesures pour les villes moyennes et leurs agglomérations. Paris: FMVM.

Geppert, A. (1997). The renewal of the French system of planning: sharing the planning decisions between the state and the local governments. Communication au Congrès d'AESOP. Nijmegen: Working paper.

Geppert, A. (2001). Schémas de services collectifs: objectif coherence. *Pouvoirs locaux*, No.50 (III/2001), 22–24.

Geppert, A. (2006). Les coopérations métropolitaines: un décryptage. *Urbanisme*, No.18 (Spécial congrès de la FNAU), 44–46.

Geppert, A. (2008). Vers l'émergence d'une planification stratégique spatialisée. Mémoire en vue de l'habilitation à diriger les recherches. Université de Reims-Champagne-Ardenne, Reims. Vol. 1. Retrieved from www.aesop-planning.eu.

Geppert, A. (2009). Attractivité en absence de métropolisation: le problème des villes moyennes. In P. Ingallina, J.-P. Blais and N. Rousier (eds) *L'attractivité des territoires: regards croisés* (pp. 121–124). Paris: PUCA – Plan urbanisme construction architecture.

Goze, M. (2002). La stratégie territoriale de la loi SRU. *Revue d'Economie Régionale et Urbaine*, *5*, 761–777.

Haughton, G., Allmendinger, P., Counsell, D. and Vigar, G. (2010). *The New Spatial Planning: Territorial management with soft spaces and fuzzy boundaries*. London: Routledge.

Jouve, B. and Lefèvre, C. (2002). *Métropoles ingouvernables: Les villes européennes entre globalisation et decentralization*. Paris: Elsevier.

Laborie, J.-P., Langumier, J.-F. and de Roo, P. (1985). *La politique française d'aménagement du territoire de 1950 à 1985*. Paris: La Documentation française.

Le Galès, P. and Lorrain, D. (eds) (2003). *Revue Française d'administration publique*, No.107. Paris: La Documentation Française.

Motte, A. (2006). *La notion de planification stratégique spatialisée en Europe (1995–2005)*. Paris: PUCA – Plan urbanisme construction architecture.

Motte, A. (ed.) (2007). *Les agglomérations françaises face aux défis métropolitains*. Paris: Economica.

Porter, M. (1999). *La concurrence selon Porter*. Paris: Village mondial.

Sénat. (2003). Rapport d'information n°252 sur l'état du territoire, Rapport n°252 annexé à la séance du 3 avril 2003. Rapport du Sénateur J.-F. Poncet.

Sénat. (2006). Rapport d'information sur l'intercommunalité à fiscalité propore, Rapport n°193 annexé à la séance du 1er février 2006. Rapport du Sénateur P. Dallier.

Veltz, P. (1996). *Mondialisation, villes et territoires: une économie d'archipel*. Paris: PUF.

延展阅读

Booth, P., Breuillard, M., Fraser, C. and Paris, D. (eds) (2007). *Spatial Planning Systems of Britain and France: A comparative analysis*. London/New York: Routledge.

Geppert, A. (2009). Polycentricity: can we make it happen? From a concept to its implementation. *Urban Practice and Research*, *2*(3), 251–268.

Guet, J. F. (2008). *City and Regional Planning in France: From the European spatial development perspective to local urban plans*. Lyon: CERTU.

Waterhout, B., Othengrafen, F. and Sykes, O. (2012). Neo-liberalization processes and spatial planning in France, Germany, and the Netherlands: an exploration. *Planning Practice and Research*, *6*, 1–19.

第7章　意大利规划体系的现代化进程[1]

瓦莱里娅·林瓜，洛里斯·塞维略

本章目标

本章描述了从20世纪后半叶到现在，意大利现代规划实践活动的各种锐意创新。其主要目的是从不同尺度的规划实践中反思创新改革的问题、目标和发展轨迹，以此强调当前规划体系改革的优势和局限。本章尤其关注以下几个方面：

- 明确规划体系三个主要结构特征；
- 界定现代化的挑战与尝试，及其在不同改革阶段的作用；
- 发掘国家和地方层面规划能力受到限制的原因，并回顾“紧急状况”触发改革情景；
- 理解2001年宪法修改所赋予的行政改革功能，以及随后发生的规划事权向区域层级转移；
- 列明行政改革引进的主要规划工具和制度程序；
- 明确不同规划尺度上（例如都市区层级以及区域层级）参与者的变化；
- 明确区域层面意大利法定规划体系改革的文化辩论（culture debate）和尝试；
- 回顾上一轮国家机构的重新调整，及其对意大利规划体系（在国家、区域和次级区域层面）的影响。

7.1　引言

在过去20年里，意大利为实现空间规划现代化进行了一系列锐意创新。这一试验性阶段已经结束，因此我们能够较客观地评价这一系列尝试所带来的益处、错失的机会和误导的方向。

本章重点在于现代化进程，包括改革的主要议题、目标和发展轨迹，以突出当前规划体系改革的优势和局限性。第2节描述了空间规划体系的结构特征；第3节侧重于规划体

128 系面临的关键问题和挑战；第 4 节则审视了规划在过去 20 年里变化的维度和方向，从而明确参与者、参与模式、规划工具及其在不同风格的区域规划中的适应性。

作者在结论中强调，尽管在区域层面上有各种有趣的立法创新过程，在地方层面上进行了广泛的实操层面的创新，但国家层面缺乏结构性的改革，因此整个框架体系的重组目前仍然缺乏协调统一。

7.2 意大利规划体系：结构特征

意大利规划体系受到传统城市类型学（CEC，2000；ESPON，2007）的影响而保持一种相对稳定的状态，这种稳定性有赖于城市层面的总体规划的核心地位以及 1942 年的《国家空间规划法》（National Spatial Planning Law）第 1150 条已明确的法律框架。

规划体系的结构特征主要表现在三个方面：（1）尽管高于地方层级的规划职能相比之前变得更强势，但是地方层面的总体规划仍占有主导地位；（2）该学科的建筑学根源，使得城市设计战略、土地利用规定和领土治理能够在一个复杂的法律框架下相结合；（3）一方面整体的项目管理能力不足，另一方面还十分重视以结果为导向的规划实施。

第一个结构特征是意大利的政治结构有着强大的自治传统，因而地方政府（城市政府）在规划实践中扮演着关键角色。自从第 1150/1942 号法案正式确立规划制度以来，地方政府作为主要参与者是通过不同形式的土地利用规划实现城市增长和领土变化管理的。尽管高于地方层级的相关机构处理领土动态变化的能力日益增强，但是规划体系所有的改革和渐增的复杂性并未撼动地方政府在规划实践中的关键地位。2001 年的宪法修改（简称“修宪”）将规划事权从“城市规划”（Urbanistica）改为“领土治理”（Governo del territorio），这表明将有更多方法来应对空间动态变化，同时否定之前“对城市的过度关注”。与经欧盟和国家两级确认过的辅助性原则（principle of subsidiarity）一致，2001 年的修宪再次明确地方政府在空间规划议题管理方面的核心地位。

意大利规划传统及其认知框架的第二个结构特征是建筑与城市设计之间无论是理论层面还是实践层面的互动。意大利规划教育也植根于建筑与城市设计，而规划实际上属于政治和政策领域范畴。

整个 20 世纪，大多数知名大师的建筑背景以及他们与规划和城市设计传统之间的紧密联系（Palermo 和 Ponzini，2010）在某种程度上强化了意大利规划体系以“城市设计主导”129 的特点。正如夸罗尼（Quaroni，1967）所述，尽管“建筑规划师”对城市规划的认知、规范和管理层面有深刻的了解（Astengo，1971），但他们的主要作用仍是通过设计改变城市和地区的物质形态。20 世纪后半叶的 30 多年里，一场激烈的辩论从历史 - 地理、形态 - 环境以及社会学 - 人类学的角度挖掘地方文脉，诠释空间形式和场所感，以此批判性地明确改革方向，从而将城市设计中的策略因素纳入了城市总体规划的范畴。

另一方面，关于空间规划政治的讨论和决策过程及治理的研究大多涉及几个核心问题（Bellaviti，1995），例如决策过程的社会建设、规划管理（Campos Venuti，1967）和科学知识在规划决策中的支持作用。规划作为地方行政的公共职能这一概念，是 20 世纪后半叶改革时期的主流思想，它揭示了该学科一个比较前沿的含义。尽管遇到一些困难，规划制度的创新（如灵活工具的应用，基于私营股东参与的共享决策过程）在过去的 30 年里还是有目共睹的（Campos Venuti，1967，1987，1991；Indovina，1991；Campos Venuti 和 Oliva，1993）。主流学科辩论的意识形态立场支持公众在规划管理过程中的强大作用，但这种立场在接受革新方面存在着一定的缺陷。20 世纪 80 年代，社会的改革意愿下降，其对空间规划学科的期望也在下降，一些意识形态上的反思也走到了尽头。仍在持续的专门辩论指向宽松监管（Salzano，1998）或是现代化的趋势（Campos Venuti，1991）。

值得一提的是，两轮辩论都在关注如下三个议题：对社会需求的强烈关注，规划在变革社会中的作用，及其为地方社区指明道路。这种观点以 20 世纪六七十年代盛行的参与式规划为基石，同时也反映了规划和城市设计中地方社会自治的理论基础。尽管受到不同文化和制度的制约，该文化及其里程碑式的实践在 20 世纪 90 年代和 21 世纪头 10 年参与式规划进程的新阶段重新出现。

意大利规划体系的第三个重要特征是规划实施必须与规划保持高度的一致性，这包括规划中的量化指标和土地主的开发建设权的法定地位。在规划管理缺位的情况下，确定公共空间和服务设施（1967 年引入的所谓标准）的定量指标仍是 20 世纪下半叶衡量投机过程以及城市转型所造成的威胁的有效措施。与此息息相关的是，该学科长期关注以区划为基础的建设权分配的法律框架改革（Campos Venuti，1967；Astengo，1971），其目的是引进经济收益平等原则，并在制定土地利用规划（土地利用的选择与土地价值变化有着密切关联）的决策过程中减少幕后压力。20 世纪 70 年代激进的立法改革（Campos Venuti 和 Oliva，1993）以及与之挂钩的法律 - 经济程序，所谓平等程序（processi perequativi）都是为了引进建筑开发权的公平分配机制。尽管几项立法（特别是在区域层面）已尝试界定合法的操作框架，但这依旧是个棘手又富有争议的问题（Urbani，2011）。

130

总的来说，在政权不稳定以及政策实施不得力的背景下，利用地权和分区规划的司法地位以及政策选择合法性的讨论是比较典型的情况。所以只有重大危机和悲剧事件，尤其是集体冲击所引发的紧急状态才能激发重大变革。对部分法规或紧急状态法律的改革[2]决定了规划体系的改革是渐进式的。即便个别措施也经历了重大修改，但这些改革始终只针对特定的领域，而不涉及整个框架。改革在路径依赖和惯性作用下一步一步进行，规划风格基本保持主流特征与创新元素共存，甚至不同地域风格的共存。

7.3 现代化困境、挑战与尝试

意大利的规划体系经历了多次长期的现代化尝试，如其议程的变化、不同的讨论议题和不时的空间挑战。但其具有强烈的惯性。值得一提的是，过去 20 年来发生的变化只是几个长期故事情节的一部分，而这些故事促成了各种改革尝试。从第二次世界大战后至今，意大利所面临的问题、挑战和改革具有明显的路径依赖特征。

各种空间挑战是规划学科改革的原动力。这些挑战包括日益增长的环境敏感性，（20 世纪 80 年代）对城市建成区的重新规划，以及跨地方行政边界的众多土地问题（例如沿海地区的开发、大都市区发展、城市蔓延现象）。与此同时，围绕现代化展开的技术层面的辩论一直在试图解决长期的赤字问题，例如提高超越地方层级的规划权限，尤其是有关环境保护和大尺度协调合作的议题，以及旨在提升项目管理能力的空间规划政策与领土发展战略的整合。

不同机构的参与者开展了不同的现代化进程，而这些现代的尝试并未在统一的框架内展开。下文将展开四条故事线以介绍各种规划改革的问题与挑战。第一，改革在过去几年里全面展开。但这些改革除了冠以相同的名称——“改革时期”（reformist season），除此以外并不连贯亦不共享同一个目标。第二，过去 20 年来，来自欧盟和国内的挑战不断出现。制度和文化辩论中提出的现代化和改进的需求，已经以各种方式影响到不同的层面和行动者，尤其是在区域层面。第三，国家层面管理项目的能力和方法一直贫乏。尽管发生了一些重要事件，且区域层面的作用不断增强，但连贯的改革仍是缺失的。第四，尽管中央政府在空间规划方面起到的作用不足，但是突发事件往往能启用“紧急状态”从而触发结构性变革。

131

7.3.1 改革时期

“改革时期”是一种被循环使用的表达方式，用于识别那些通过密集尝试以使规划体系现代化的时期。除了第二次世界大战后第一个改革时期（20 世纪六七十年代），过去 30 年里至少还有两个不同的时期被贴上了“改革时期”的标签。

20 世纪 80 年代的“改革时期”标志着与僵化的总体规划及其专属公共领域的决裂。

这一时期引进了规划协商形式并为私人利益相关者参与决策过程打开了一扇门（Campos Venuti，1991），因此它被称为“承包式空间规划”（urbanistica contrattata；Salzano，1998），指的是在制定总体规划和其他规划工具的过程中涉及的承包阶段。这一立场遭受了有关“规划文化”的强烈批判，因为这一时期的规划文化还停留在僵化的总体规划阶段。学院派的专家和学者有一个根深蒂固的认识，即规划学科是地方政府的公共职能以及对抗投机的工具，其特点是对公共行政和规划选择的公共优先性进行意识形态的解释。

广义而言，规划面临着工具和操作机制不足的困境，主要因为繁文缛节过多且程序非常缓慢。新的空间议题正在挑战传统的运作方式：大面积废弃的棕地、远郊社区的衰败和社会分异是城市面临的新问题；这也揭示出城市内部空间变化过程中利益集团的分裂现象。一方面，在被房地产项目取代的过程中，旧的工业用地通过新功能的植入和摩登的建筑形式成为城市更新和重塑城市形象的机会地块；另一方面，这些地块因其在城市中心的战略地位，被认为能解决一些长期存在的问题并提供更多的公共服务设施，如为社会住房和绿地提供了空间。公共管理部门无法（再运用土地利用规划与传统的规划工具）应对城市更新的广泛问题，而此时城市对规划的需求已从城市增长管理转向城市更新与重组管理。因此，现成的标准参数化的评估体系显示出局限性，也同时反映出政府制度的大而无当、理性、排他性和僵化（Bobbio，1996;Mazza，1997）。规划问题需要的是较为综合的工具方法，这套方法应该以一套整合了社会—经济的政策以及体现政策内容和设计能力的定性绩效指标为基础。

132

由于上述的空间变化和规划不足，20 世纪 80 年代的传统规划体系无法应对当前的问题及提供迅速有效的解决方案，其合法性被取消。在自由市场导向占主流的文化背景下，1985 年颁布了第一部法律，大赦非法建筑，其背后的逻辑认为规划制度的僵化是非法建筑活动的深层根源。这便是改革的目的，即放弃规划作为主要公有领域的僵化视野、鼓励开放的决策和空间实施过程、融入更多实质性的私人参与者，以此为新的需求提供解决方案。

20 世纪 90 年代初发生的一场划时代的政治危机，使得全面腐败的政治体制（即所谓的“Tangentopoli”*）开始崩溃，文化断裂悄然发生。新的改革时期从此揭幕，它并未与前一时期的改革完全脱节，只是在一个完全不同的政治和文化背景下进行。随着以左翼和右翼联盟为基础的新的两极政治制度的出现，新的改革行动在随后的几年再次出现［主要发生在普罗迪（R. Prodi）领导的左翼联盟］，改革主要针对新的领土紧急状态，通过新的项

* Tangentopoli 来自“Tangente”（贿赂）和“monopoli”（垄断）的词根，意指一个以收受贿赂为基础的体系。——译者注

目类型进行创新和实验。欧盟在这一总体转变中发挥了重要作用,通过结构性资金分配程序、直接拨款计划、讨论和基于当时的最佳实践来推进不同的运作模式(Janin Rivolin，2003a，2003b)。这些方面对地方行政当局(随着战略规划能力的提高)和新晋扮演直接协调作用的国家层级产生了影响(将在第 7.3.4 节中讨论)。

7.3.2　行政改革以及规划职能向区域层级的渗透

1987 年,《单一法案》(Single Act)改革通过了新的欧洲结构基金(European Structural Funds)分配程序，这一改变加强了欧盟与各地区(区域层级)之间的关系，而这一层级恰被认为最适合处理地方和高于地方一级的需求。在意大利新的政治背景下，这一过程从根本上增加了结构性改革的必要性，旨在使行政系统适应 20 世纪 90 年代的补贴原则(subsidiarity)和权力下放原则(devolution)。

最为连贯的行政改革[被称为“巴萨尼尼”(Bassanini)，该名称来自负责该项改革的部长的名字]是以补贴为导向的，它在 1997—1999 年间通过一系列立法措施[3]得以实现。该改革采纳了欧洲广泛流行的地方治理议题。其目的是依据所面临问题的复杂性和领域范围，将权力和规划权限下放或转移到最相关的机构层级。它被认为是一项重大的且实质性的改革，因其旨在通过在机构之间以及机构和利益相关者之间建立新的以治理为导向的关系，取代等级森严和因循守旧的政府。此外，1999 年结束的公共行政机构的等级秩序和事权的改革过程，直接导致了 1948 年意大利宪法第 5 章的修改(2001 年)(宪法第 1/1999 号和第 3/2001 号)。

133

以辅助性原则为导向的权力和事权的结构性重组对国土规划有重大影响。宪法第 117 条的修改赋予国家和区域在城市规划和领域管理方面的并行权力。在这些领域，各区域开始获得立法权，国家被要求为国土开发的基本原则颁布相关法律，并为特定的城市、省和大都市区域提供特别干预资金。因此，各区域层级在确立国土管理的目标、开发程序和工具方面拥有了权力和自由裁量权。而国家框架法的改革为此提供了原则性和指示性的依据。

如果改革确认了创新进程和立法框架以区域层级为主要背景，这就意味着在国家层级改革的希望已破灭。

7.3.3　空间规划能力的缺失

早在经济蓬勃发展的 20 世纪 60 年代，通过空间视角来管理和协调经济发展并缩小意大利的不平衡增长就获得了共识(例如在南北方之间或城乡之间)。在此背景下，国家层面的独特尝试是试图确定今后国家层面的空间发展项目。[4] 70年代，区域层级被赋予空间规划和协调的职能。然而上述两种建立空间发展能力的尝试都归于失败，经济发展和空间管理之间的部门区隔在文化维度上被认同，经济发展侧重于国家和区域两级，空间管理则偏重城市层级。

20世纪90年代至今，一些国家的规划能力再次抬头。一方面，改革时期和公共行政改革为规划活动引入了新的程序，包括基于谈判和公私合作的地方空间开发项目[例如领土条约（Patti Territoriali）]；另一方面，人们在21世纪初尝试确定国家领土的愿景，以此为申请最近的欧盟结构基金项目（2007—2013年）提供一个国家框架。基于不同跨边界地区的所谓领土平台（Piattaforme Territoriali）被认为是将改革时期成熟的创新经验正式化并实现空间发展能力的尝试。该平台可以实现跨区域行政单位的领域合作战略。

但中央政府的变化、经济危机等结构性因素使改革在协调和创新方面发挥的作用不大。总而言之，对空间规划职能的定义受到了这些因素的影响。尽管国家框架旨在整合空间规划的各种职能，但国家层面的部门区隔仍然严重，对基础设施网络、紧急状态和经济危机的管理是国家层面的倚重点。 134

7.3.4　促进变革的更好方式："紧急状态"

特殊情况下的紧急状态通常不会纳入规划体系的传统描述。然而这类状况频繁发生，并对意大利的领域空间发展程序和政策产生了结构性作用。对规划行动采取法外开恩和放松管制的逻辑，来自通过采取特别措施来克服常规官僚立法的政治意识形态。

紧急状态可分为两种：自然紧急状态和"蓄意"紧急状态（Salzano，1998）。自然紧急状态（地震和塌方、洪水和潮汐）会因土地管理不善（森林砍伐、在塌方或洪泛地区的合法/非法建设）而造成灾害，并启动一些自上而下的重建法律，这些法律允许重建项目绕过普通规划工具和程序。1980年发生在伊尔皮尼亚（Irpinia）的地震是最著名的例子，当时对重建的投资管理和取得的成果被一致认为不尽如人意。最近右翼政府常采用特殊法案应对紧急状态以强化自上而下的特点，例如发生在阿布鲁齐（Abruzzi，2009年4月）的地震。特殊法案通常指"立即对紧急状态采取行动"，如偏离现行立法的新住房建设，直接承诺（审批豁免）参与重建的公司。但这些行动有可能导致投机活动。[5]

"蓄意"紧急状态往往超出地方规划工具控制范围，需要国家干预和强有力的领导。1960年的罗马奥运会、1990年的世界杯和2006年的都灵冬季奥运会都属于这类紧急状态，它们都通过特殊法律绕过正常的规则和程序促成了大量的体育基础设施和相关住房的建设。即使是建设用于交通运输的主要基础设施也涉及颁布特定的法律（legge obiettivo）。第443/2001号法案就是为了资助意大利2002—2013年的主要战略基础设施建设而颁布的。

“住房紧急状态”作为众多“蓄意”紧急状态中最为突出的例子，是第二次世界大战后重建和城市扩张的主要推手。多年来，将“住房”视为国家紧急状态的概念反复出现：即使在21世纪末，现有住房存量与人口危机之间的不平衡也变得愈发明显，住房紧急状态的言论仍然是支撑大赦法（condono laws）合理性的主要论据。这些大赦法于1985年首次实行（大赦法第47/1985号），并被周期性地用作规范非法建筑的工具（贝卢斯科尼领导的右翼政府联盟分别于1994年和2003年采用），在国民经济预算出现危机时获得一笔应急资金。据相关隐蔽的政治推理，这些法律也能很好地反馈选举情况。

135

“住房紧急状态”的概念分别在2008年和2009年推动了《国家住房法》（第133/2008号）和《住房计划》（2009年提案，尚未获批）的颁布。这两项法案的目的是将建筑行业作为经济增长的引擎，以应对2008年的全球金融危机。但由于它重申赦免规程，而引发了国家、区域和地方相关机构之间的矛盾。

总的来说，上述法案和干预说明权力重新由地方回归到上层级。在权力逐渐下放到区域和地方机构的大背景下，“紧急状态”是国家在规划问题上实施直接干预的唯一情况。

7.4 变革的驱动力、挑战与方向

国家空间规划体系的变革箭在弦上。上述问题和驱动力使变革向多个方向发展，以回应不同规划工具的应用和制度设定，并引发了区域和地方不同的应对。

7.4.1 变化中的参与者：机构合作与公私合作

20世纪90年代初期，政治上发生了深远的变化，它包括（尤其是奠定之前政党联盟的）旧政党的解体，以及全面改革时期的开始。在地方一级，一项重要的变化对地方规划制度产生了重大影响：根据1993年第80号法案，市长将通过直接选举产生而不再由上级委派。选举制度的变化标志着城市政治领导权日益个性化，大多数市长候选人由民间社会推选，因此城市的企业化运作得以重新启动。除其他外，都灵、罗马、米兰、佛罗伦萨和那不勒斯的政府文化发生了重大变化。这一时期的成功经验被一再强调，例如，巴索利诺（A. Bassolino）担任市长期间的“新那不勒斯复兴时期”。尽管未得到规划立法的认可，一些城市几年后重新启用的战略规划和愿景（参见第7.4.2节）旨在将城市企业化运营和城市营销相结合，并促成民间社会、私人参与者、非政府利益相关者共同参与决策过程（都灵的战略规划是意大利战略空间规划文化的重要片段）。

在中央政府层面，一系列的制度改革贯穿整个 20 世纪 90 年代，并以 2001 年的宪法改革作为结束。这就赋予了中央政府负责协调跨区域的动态（如环境部门和基础设施部门至今掌握着这类权力）、明确城市更新方案，以及采用（往往偏离常规的）特别法应对增加了可能性的紧急状态和危机。当时跨区域的动态协调还一直局限在个别部门内部（如环境部门和基础设施部门）。在普罗迪（R. Prodi）领导的左翼国家联盟执政期间，当时科斯塔（P. Costa）担任部长，基础设施与交通部（Ministero delle Infrastrutture e Trasporti）（虽然经历多次更名）的一个下属部门与建筑师丰塔纳（G. Fontana）共同主持了不同领域的多项讨论，并实施了几个综合项目计划。尽管经历不同的政治联盟执政，这一部长级部门确定的新的运作框架在过去 20 年里保持了高度的连贯性。它在规划师协会、学术界和以意大利市政协会（Associazione Nazionale Comuni Italiani，ANCI）为代表的地方政府的支持下为城市干预提供了新的工具。其中规划师协会包括如国家城市规划研究所（Istituto Nazionale di Urbanistica，INU）和意大利城市规划师协会 Società Italiana Urbanisti，SUI）。

136

此外，从学科的角度来看，主要的结构变化发生在普罗迪政府第一任期期间：如巴萨尼尼改革（Riforma Bassanini，以当时公共事务部部长 F. Bassanini 的名字命名）和 2001 年左翼民族联盟领导下的宪法改革（尽管当时已经不再由普罗迪担任总理）。在民粹主义政党“北方联盟”（Lega Nord）呼吁中央公共行政改革的政治背景下，左翼联盟批准了一项历史性的宪法改革，即将空间规划的事权以及其他重要职能下放到区域层面。这些变化巩固了空间规划中的新区域主义进程，重新界定了区域机构在领土治理和空间规划领域的法律责任和事权。

这些制度上的变化以及超越地方层面的动态，为不同行政层级之间的关系和空间规划实践支持联盟的形成创造了新的条件（Servillo 和 Van den Broeck，2012）。特别是在 20 世纪 90 年代初期，一种新的格局开始出现：中央政府（特别是负责拟定综合项目的部门以及综合项目的共同出资部门）和城镇政府（意大利市政协会和特别市）之间形成了一种新的“联盟”。这种联盟关系与各区域的自治角色（主要是中北部地区）相当，其中区域作为优先行政级别逐渐成为与欧盟结构的对话者。

一方面，市长的直接选举与国家在规划领域的新角色共同为过去 10 年的一系列城市更新项目提供了条件。其中政府作为推动者和协调者将城市作为地方实验场所，通过创新的治理进程和私人利益相关者直接参与制定战略的方式，实现了战略干预措施。另一方面，欧盟结构基金（EU Structural Funds）明确区域机构必须具备制定空间发展战略的能力，而国家总体改革也为区域机构发展出若干治理工具。

新的运作框架确实增加了不同公共利益相关者参与规划的可能性（跨机构协调和共同筹资进程），并激活了战略空间规划进程中的公共部门间的合作关系以及公私合作。在这类合作中，地方政府首次在与不同利益相关者（包括非政府组织、房地产开发商、企业、区域层级的利益相关者）的各项合作中发挥关键作用。

137

尽管国家层面的改革在之后的几年里并未提供一个连续而稳定的框架，但规划体系的欧洲一体化对不同机构的作用及其之间的关系产生了广泛影响。例如，为 2006—2013 年欧洲结构基金项目拟定国家战略框架，是 21 世纪头 10 年中期国家层面所面临的主要挑战。国家战略框架因为纳入了众多参与者（包括经济部、基础设施与交通部、区域与城市层级的公共部门、在圆桌会议和在空间分析项目中的专家学者），而首次在意大利形成了国家愿景。国家愿景明确提出了（包括跨区域、跨国的）"国土平台"的概念，并强调这些地域尤其需要跨区域的协作。此外，城市地区新项目的确立（Servillo，2008）和"国土平台"概念对战略环境的定义已将城市置于国家战略的中心位置。

此外，制度程序的发展尤其在 20 世纪 90 年代取得了重要成就。治理过程在欧盟启发下实现了跨层级、跨部门的纵向与横向的协作。上述在巴萨尼尼任期内进行的国家改革为公共部门之间以及公私合作提供了新的工具。公共部门间的合作有赖于两种规划工具的制度化：规划协议（accordo di programma）以及会议服务（conferenza dei servizi）。这两种工具作为 90 年代行政改革的先锋于 1990 年纳入第 142 号和 241 号法案。其作用在于提高决策的灵活性。规划协议，指的是对项目实施感兴趣的公共参与者之间在基于协作的、横向的、不分等级的决策过程中做出的"契约协议"，参与者之间分担时间、成本和责任。会议服务，指的是主管行政机构针对某一主题召集所有相关行政机构参与讨论会议。

在公私合作背景下，合作协议的实践在 1996 年第 662 号法案颁布后得到了重要扩展。该法案规定在"谈判程序"（negotiated programming）的框架中将地方发展协定（local development agreement）制度化（Salone，1999；Ancona，2001；Governa 和 Salone，2005）。该法案试图从领土管理的角度出发，通过各种工具将透明的公私合作方法的标准应用到不同场景。[6] 通过这些工具制定的"契约方式"（Urbani，2000）使得契约关系的资源得到极大扩展。这加强了公共机构之间的对话，也促进了权力下放。同时这也显示了意大利政治行政活动从集权规划程序向以协作和协商规划过程为基础的决策模式的转变（Bobbio，2000）。

138

创新正在不同层面发酵。有些城市已经形成了强大的联盟，并开始整理它们之间跨层级、跨部门的治理框架；有些城市联盟则起草了空间战略规划；在艾米利亚—罗马涅（Emilia

Romagna）和威尼托（Veneto）的某些地区，区域管理机构有力支持了地方政府联合开展空间规划活动。而在意大利南部地区，由于创新惯性和持续的中央财政管理，使自上而下的决策过程得以维持。

这些差异体现了国家层面改革的缺失以及新规划法赋予了区域自治权。在某些情况下，这些改革趋势只得到了零星的响应；而在另一些情况下，公共领域的提案及其与私人参与者和市场的联系已经使区域工作方法产生了重大变化。传统的政治取向和不同学术的参与者所承载的特定认知因素为区域辩论提供了文化背景，也决定了不同的改革路径。尤其在考虑私营部门的贡献和公共行政权力的表达形式时，会出现不同的立场。

一种方法是行政部门利用公共部门和私营部门之间的伙伴关系，保持了自身在公共领域的强大地位。利用“邀请”和“招标通知”邀请私人利益相关者参与领域和城市目标界定的做法，取决于区域行政管理部门的领导能力。此外，应就行动的可行性以及公共工程的完成度早日达成协议。

另一种方法表达了更为自由的观点。伦巴第大区（Lombardia）（2005 年 3 月 11 日第 12 号区域法）的做法最为先进，其将具有先见之明的愿景运用于广泛领土的战略范畴内。然而，公共工程的议程应根据市场需要并在服务计划[7]的框架下，与私营机构自由协商（Palermo 和 Pasqui，2008）。

尽管在这个问题上有不同的立场（De Luca，2008），但不容忽视的是公共行政机构正在努力使决策过程更为包容（Bobbio，2004）。

7.4.2　规划模式与规划工具：从地方到跨区域层级的创新

20 世纪 90 年代初，通过对新的规划工具的实验和创新，三组专题实验深刻地改变了规划实践。它们包括“复杂规划项目”（complex programs）、城市战略规划（strategic urban planning）和跨区域空间规划合作（interregional cooperation for spatial planning）。尽管启动了横向和纵向的合作，但对于前两种新的规划工具而言，地方行政机构仍是试验的重点和主要的机构参与者。此外，上述所有创新对决策过程中私营和非政府利益相关者以及公民社会的参与都采取了非常积极、包容的态度。

意大利的规划实践受到源自欧洲层级的城市更新计划（如 URBAN 或城市试点项目）的影响，因此复杂规划项目在 20 世纪最后 10 年收获了一系列具有创新性的操作工具。为了解决城市转型问题及其面临的多种多样的问题，复杂规划项目往往被称为“复杂的城市规划项目”（complex urban programs）。从治理角度看，若干创新集中在程序、组织和合作

139

关系方面（Lingua，2005，2007）。“规划项目”（program）这个术语源自在灵活的中短期时间框架内阐明政策和干预措施，并明确资源、责任以及共同的干预方式。

从制度的角度来看，这些工具参考了常规做法和现有行政模式，并激活了非常重要的变化过程。此外，国家层面尝试对欧洲基金的竞争性分配方式进行调整以管理专门用于这些项目的资金；这能够促使地方行政当局根据既定标准参与透明的竞争。其中最重要的成就就是在战略空间规划过程中积极纳入不同的公共利益相关者（机构间协调和共同供资进程），并激活了公私合作关系。这是地方行政主管部门第一次作为协作网络的管理者扮演关键角色。

在随后的 10 年里，尽管不同地方的发展方向不尽相同，但总的来说改革的推动力随着政治环境的变化明显下降。一些地区（例如艾米利亚 - 罗马涅）在其立法框架内已经制定了更新项目的技术路线，或已开始付诸实践。在国家层面，一些新的规划项目相继出台，但在创新形式上未有突破。

第二个关键元素，城市战略规划，与前一组规划项目保持高度一致。它涉及战略规划方法的试验性应用，尤其是在地方层面的推广（Curti 和 Gibelli，1996；Pugliese 和 Spaziante，2003）。一方面，人们开始认识到建立具有共识的地方发展战略的重要性；另一方面，规划体系全面改革以及总体规划僵化的问题无法得到解决，这使得许多大都市地区［都灵、佛罗伦萨、维罗纳、威尼斯、米兰、的里雅斯特（Trieste）］和中等城市［拉斯佩齐亚（La Spezia）、诺瓦拉（Norara）、佩萨罗（Pesaro）、特伦托（Trento）］都自愿地启用了战略规划形式。这无不显示出一种自相矛盾的状况：一方面，规划体系在结构上缺乏适当的工具对其自身进行现代化（例如，未成功引入管理大都市区的空间规划工具）；另一方面，这也为与城市战略规划相关的最具创新和先进性的治理实践提供了条件。这种没有章法的试验阶段显然是丰富与危机并存的。

无论是复杂规划项目还是城市战略规划实践，都有赖于公共利益相关者之间横向合作的新方法的建立（accordo di programma 和 conferenza dei servizi）以及公私合作关系的合同工具（“协商方案”合同和协定）的出台。

此外，另一经验对于意大利区域规划实践的框架以及在更广泛的欧洲地域融合都极具参考价值。威尼托（Veneto）、艾米利亚 - 罗马涅（Emilia Romagna）、弗留利 - 威尼斯朱利亚（Friuli Venetia Giulia）、皮德蒙特（Piedmont）、伦巴第（Lombardy）、利古里亚（Liguria）、瓦莱达奥斯塔（Valle d'Aosta）以及特伦托（Trento）和博尔扎诺（Bolzano）两省的 140 Padano—Alpine—Maritime Macro—Area 跨区合作平台已逐渐成为意大利区域空间规划最重要的试验场。这种合作形式始建于 2007 年，目的是建立一个技术工作社区，即在制定所谓的阿德里亚波谷（Adria Po Valley）可持续发展战略的过程中建立一个共同的认知框架。共同认知框架随着所涉地区的区域空间规划的编制而最终确定：至此，一种以地方为基础的工作方法首次出现。该共同认知框架始于意大利规划体系的程序和惯性，止于多样化的区域立法体系，并衍生出超越地方却代表各方利益的共同愿景。随着利古里亚和瓦莱达奥斯塔两区的加入，合作平台逐步发展，现在它已被公认为在欧盟融合政策范围内改进意大利北部地域融合和发展战略的一种最优方式（De Luca 和 Lingua，2012b）。

7.4.3　改革后规划体系的不同地域风格

20 世纪 90 年代的后 Tangentopoli 时期，以国家城市规划研究所（Istituto Nazionale di Urbanistica,INU）为首的关于规划体系改革必要性的文化辩论为《国家空间规划法》（National Spatial Planning Law）和规划体系本身进行统一修订提供了肥沃的政治土壤（Salzano，2008）。经过一段时间的辩论以及基于正在进行的“复杂规划项目”实验所提供的创新做法，一项新的《规划法》于 1995 年颁布。

该法案是一项全面而连贯的改革。它一方面试图调和短期实施工具的灵活性和可行性要求，以及满足社会经济发展的战略性长期设想。另一方面，它试图调和地方特色和文化遗产的保护以及环境资源之间的关系。这些目标被整合在一项规划体系的提案中，该规划体系中的总体规划涉及两个主要维度：结构层面和操作层面（土地利用管理）。

结构层面并不是一个以服从和遵约为导向的地方规划，而是作为一个整体战略文件处理其行政范围内的土地。总规结构层面应识别出本地域的结构特点，为长期的平衡和可持续发展制定方向和工作路径。这是一个总体框架。在此框架内，主要目标将通过操作工具指定。后者作为一种工具，主要处理短期项目实施的选择、目标和行动问题。总之，在重新诠释传统土地利用规划时，采用了从结构层面通过土地利用划分得出战略目标，并确立实现这些目标所需的行动。

由于 10 年的立法僵局以及动荡的政治背景，国家针对这些议题的改革动力已经减弱。国家城市规划研究所的提案虽已不在中央政府的改革议程上，但其已成为一些地区启用的最具创新性的空间规划法律的重要参考。这与 2001 年的宪法改革使得部分地区获得高度自治的情况相类似。

大多数关于领土治理的区域法律在过去 10 年中都已获批。它们对“领土治理”的解释各不相同，但其所涉及的议题都比较相似：

141

- 将地方层级具有创新性的城市更新和再生项目规范化；
- 引入沟通式/参与式规划程序；
- 通过广泛利用合同工具和程序，使私人利益相关者参与土地扭转过程以及公共需求/服务设施的供给；
- 在地方和跨地方层面上，通过系统的地方尝试将土地扭转收益均等化；
- 采用不同程序（从环境评估到综合评测）对规划和项目进行事前和事后评估，其目的是评估空间变化对整个领土系统产生的影响（包括环境、社会-经济、人类健康、景观等方面）。

这些议题几乎涉及所有新的区域法律，但每个议题都通过广泛的规范性文本和空间规划方法得到了不同的表达。上述议题有两个共同的趋势。其一，从“城市规划”向“空间规划”概念的转变。空间规划为规划体系赋予了新的功能，即规划体系不再是依法控制土地利用，而是通过整合领土政策，激发空间发展潜能。其二，人们日益认识到战略性空间规划技术的重要性，尤其是在城市规划方面。从技术角度而言，这一趋势导致了两种不同的方法：要么将传统的空间规划（piano regolatore generale）划分为上述两个层次，要么提供两种不同的规划工具。在这种背景下，回顾各个区域的法规会发现不同的工作方法，主要表现在规划工具、专用名称、程序、目标以及功能几个方面。这主要是因为一些区域的规划制度已经历改革，而另一些区域尚未对其城市规划法作出相应的改革。规划工作方法在不同尺度上的差异非常大，包括规划工具、名称以及功能。在区域层面，主要区别在于结构空间规划［翁布里亚（Umbria）区的城市领土规划、拉齐奥（Lazio）区的总体区域领域规划］与绩效和战略工具（艾米利亚-罗马涅和威尼托大区的区域规划）。在地方层面，主要的区别是改良前后的总体规划，后者分为结构层面以及操作层面。然而，如果聚焦于不同地域的规划风格（Properzi，2003；Rivolin，2008），规划模式至少可以分为三类（De Luca和Lingua，2010）：

- 以结果为导向的规划模式，属于尚未改革其城市规划法的地区［例如皮德蒙特、西西里岛、撒丁岛、马尔凯（Marche）、翁布里亚、瓦莱达奥斯塔］，仍受国家法律（1942年）及其原则的规范。
- 混合模式，其结构层面和操作层面同时体现传统规划体系的等级结构，例如利古里亚、艾米利亚-罗马涅、阿普利亚（Apulia）、威尼托、拉齐奥、弗留利-威尼斯朱利亚、坎帕尼亚（Campania）、巴西利卡塔（Basilicata）、阿布鲁齐（Abruzzi）、卡拉布里亚（Calabria）。

- 以过程为导向的规划模式，以去等级化和协作的规划程序为基础。通过与其他相关机构和利益相关者的协商、签约程序（如托斯卡纳）以及与私人利益相关者强有力的互动（如伦巴第大区），每个层级的机构明确自己的规划工具。 142

文化辩论和立法的变化提出了新的议题，因此区域领域规划在这一变革的过程中表现出不同的形式和适应速度。[8] 但是它们因为都有克服传统的国土规划方法的共同需要而在某些方面保持了一致性：区域规划需要具有战略性而不是结构性特征，它们必须提供对未来的想法、共同的目标以及明确不同参与者的共同愿景。地方和省级政府部门必须对这个设想具有共识，并确保下一层级的规划和专项规划与区域规划保持一致。

即使在处理不同公共部门之间以及公私关系方面（参见第 7.4.1 节），规划制度也可以分为不同类型。依据领域利益所受到的管制和支配，我们可将规划体系分为不同类型（Belli 和 Mesolella，2009；De Luca 和 Lingua，2012）：

- 公共机构通过与其他机构的协作，在城市与土地扭转方面仍保持支配地位；
- 以谈判为基础的规划，对土地的弹性管理保持开放态度，并积极与私营部门进行协商；
- 基于机构间稳健的等级结构的折中模式。

托斯卡纳地区的经验属于第一种类型，它直接影响了许多地区（利古里亚、翁布里亚和艾米利亚 - 罗马涅）。这类规划主要是使其空间政策朝着战略方向发展。这类规划所使用工具的名称不尽相同，但它们的目的都是通过会议、规划协议、固定模式的合作与协商，以及不同行为者的参与（而不仅仅是通过机构的参与）来寻求共同的目标。这种尝试实际上是在政府和治理过程之间进行微妙的探索。

伦巴第大区的经验实质上属于第二类，它是建立在最大限度地发挥公共决策灵活性的基础之上的。所谓公共决策的灵活性指的是，领土治理并非单向的过程或明确的规划工具，它是决策过程和随后行动的整合设计。其背后的逻辑是，在基础设施高度密集的城市体系中，规划内容并不能简单作为规范性价值存在（保障措施除外）。城市改造方案和项目必须由政府的谈判策略以及对预期结果的评估来决定。

第三种类型（如阿普利亚或者威尼托）的经验就不那么明确了。在没有过分偏离以结果为导向的规划基础上，补贴、协商、协同规划和公众参与等主题被嫁接到传统模式上。因此，与规划体系相关的评价或参与公共决策方面的创新，是被动“适应”和“嫁接”到古典的规划制度上的。自宪法改革以来，区域规划体系呈现出不同的改革路径，并在空间

143 规划领域获得了立法权限。它们正在以不同的形式和强度实践着传统的、过时的国家法律所界定的、等级森严的空间规划体系。与此同时，它们依据不同的区域背景，将战略规划和协商能力等要素纳入空间规划工具。

然而，国家法律框架缺乏连贯性以及向区域当局下放规划立法的决定，使得改革的后续行动戛然而止，且扼杀了改革可能带来的创新。由于国际金融危机及其在国家层面的严重影响，蒙蒂政府（Monti's government）于2011年批准的第214号法案，预期将进行一次宪法改革。这次改革的目的是通过合并各省和小城市对传统的机构层级进行重组。

随后的规定(2012年7月8日第135号法案)对机构层级的重组进行了三个方向的尝试：

- 在保持领土连续性的基础上，按最低要求统一各省：人口超过350000人，面积不少于2500平方公里[9]；
- 建立“大都市”的概念并将其作为行政边界总体重组中的一个制度层级，其中包括废除省，合并各市；
- 合并小城镇事权，建立城市联盟（Unioni di Comuni）。[10]

机构改革无疑牵动着意大利的规划体系及区域的差异和定义。它配置了两个强有力的区域层级的干预路径：一方面为区域规划提供指引；另一方面还要为次级区域的定义和管理提供指引。后者的工作范围非常广，从建立一个简单的合作法律框架到跨社区规划范围的地理识别都有所涉及。

7.5 结论

在过去的20年里，意大利的规划体系呈现出长期、渐进式改革的特点。这首先是由于欧盟这一新兴角色在多层次（跨国）的治理框架中影响了国家和区域的关系。其次是中央政府的职能、规划体系及其技术工具有结构性改革的需要。此外，社会内部的变化、参与者利益的分化、外部变化、脱离行政边界的竞争与合作需求的增加、无力解决更大的战略问题的现状，上述一切都促成了规划体系的重要变革。

对规划学科新的理解于20世纪90年代衍生，其旨在为地方发展创造条件，并将重点从调控机制转移到对城市和国土的战略干预上。公共行政行为采取了一种进步的态度，其目的是摒弃官僚的和自上而下的方法，并建立规划相关的管理能力从而监督国土动态。多 144 层次治理和空间规划议题的新方法具有双重性质。一方面，这意味着在决策过程中，由各种驱动力（主要是欧盟的运作方式）所引发的公共行政行为特征的改变，从而改变了不同层级政府（尤其是中央政府和区域层级的政府）在决策过程中的角色（类似于规划层面之间的制度链）；另一方面，公共行为致力于发展新的干预手段，比如公共部门之间的合作以及公私合作。这对规划过程中的包容性、参与性和协商性提出了要求，要求公共和私营主体的参与，并广泛采用合同和谈判方法。

20 世纪末新的社会经济需求以及欧盟的诞生，通过在行政管理系统和空间规划的不同横向领域（例如城市更新和战略规划）中的重要创新，使城市规划学科得到了重大发展——越来越多地基于以过程为导向的方法。总之，传统的城市规划向国土治理方向的转变，以及基于合约工具和社会经济可行性的领土开发政策的整合，表明了将空间规划与空间发展战略联系起来的决心。国土治理不再被视为遵纪守法的土地管制或城市塑造，而是为地方发展目标而制定的空间战略规划方法。一些项目和实践缩小了作为城市和土地利用物质规划的空间规划与经济发展规划之间的差距；但它们仅局限于当下的辩论，还未影响到立法。

创新项目促成了上述变化，也拓展了意大利空间规划的维度。有趣的是，上述变化在一定程度上削弱了土地利用规划的“中心地位”。第一，改革实践主要涉及城市层级政府，包括地方政府或其联盟参与的一系列实践，或在某些案例中，超越地方层级的机构发挥了协调作用。第二，中央政府在协调发展政策和制定新项目方面已经发挥了新的作用。第三，国家层面必要的立法改革并未成功；而区域层面，由于分权过程转移了最重要的规划功能的层次，成为规划创新的中坚力量。

从这种意义上讲，整个 90 年代的制度改革都在全力以赴实现行政权力的下放（从中央政府到地方政府）。但是，一方面城市发展和领土治理有关的权力逐步下放到区域层级；另一方面，中央政府对某些项目和特定议题又采取了集中干预的措施。这造成中央和地方之间新的冲突。

蒙蒂政府新一轮的机构重组的用意非常清晰：将大都会地区和“市政联盟”作为突破严格行政边界的领土治理过程的区域（Dematteis，2011），是长久以来被提倡但未能兑现的制度层面的改革。然而战略规划的“非正式”实践绕开这一僵局，在这些功能区展开，并为大都市的战略规划和政策调整了程序（Salet 和 Gualini，2007）。也只有蒙蒂政府才能就跨行政边界合作议题达成立法解决办法，比如一些省的行政边界的调整以及小城市的合并。30 多年来悬而未决的提案和讨论居然通过一次紧急状况（严重的经济危机以及旨在提高公共行政效率的政府机构裁减）得到了解决，而不是通过基于学术讨论的深思熟虑的改革。

145

总之，意大利传统的以结果为导向的规划体系发生了相当大的变化，过程导向的规划实践和战略规划方法被引入。现实的情况是规划的城市设计传统与创新要异轨并存。此外，这些趋势的制度化和正在进行的联邦制度改革所呈现出的图景，是由不同改革速度的区域共同呈现的。在这一框架内，区域成为改革的主体；它们在结构和政策创新的形式以及随后在欧洲范围内的竞争力存在重大差异。现代化进程并未撼动国家框架，实际情况是区域改革错综复杂并步步为营，各地的创新力度不同，地方规划特色明显。

注释

1. 本章部分基于之前发表的文章，该文章被用作详细说明意大利规划领域变化方向的基础：L. Servillo and V. Lingua（2012），*The innovation of the Italian planning system：actors，path dependencies，cultural contradictions and a missing epilogue*，European Planning Studies，1，1–18。

2. 1967 年，佛罗伦萨洪灾和阿格里真托（Agrigento）地震所引发的戏剧性情绪，促成了所谓“桥梁法律”（Legge ponte，第 765/1967 号）的颁布。该法案简化了规划编制和审批流程，但它对规划未经审批地区的建设设限，并对建设引入了相关指标的限制（其中包括“城市化标准”）。然而，意大利式的解决方案再现：法律推迟一年生效，这期间建筑许可提交达到巅峰，而在这短短几年内，司法判决削弱了出于公共利益需求的区划的合法性。

3. 第 59/1997 号法案、第 127/1997 号法案、第 112/1998 号法令和第 300/1999 号法令。

4. 它被称为“项目 80”（Progetto 80），是预测未来 20 年空间发展的愿景。它以理性主义和功能主义方法为基础，借鉴欧洲最先进的经验，并首次明确将空间规划和经济规划方法结合。然而，这仍然是一项没有取得实际效果的复杂演习。事实上，将空间政策和经济发展战略结合起来的规划方法并未在国家层面得到重视。

5. 在阿布鲁佐（Abruzzo）省的省会拉奎拉（L’Aquila），重大的历史、建筑和古迹遗址地块的重建费用过高，因此统一的重建战略无法被合法化。取而代之的是在城市中心以外那些更安全的区域内，开展更快、阻力更小的建设，这一过程同样隐含了投机和非法进程。请参见国家城市规划研究所（Istituto Nazionale di Urbanistica）的立场（www.inu.it/blog/teremoto_abruzzo）。

6. 几个工具被明确：机构规划协议（Intesa istituzionale di programma）、框架规划协议（Accordo di programma quadro）、土地条约（Patto territoriale）、项目合同（Contratto di programma）以及地区合约（Contratto d’area）。尽管这些工具事实上可能是多余的（Gualini，2004），但它们是确定领土范围和领土特征要素的重要参考。此外，其中一些工具（如土地条约和框架规划协议）已经应用于特定的领域，如垃圾处理、卫生政策等（详情参见 Bobbio，2000）。

146

7. 根据这一法律和米兰主要文件的经验，就是否有必要按照积极自由主义的精神将规划体系开放为自组织形式的问题展开了广泛的讨论（Moroni，2007）。与公共行政部门谈判的主要议题包括：对公共机构事权的定义以及对土地利用自由化的严格定义。

8. 关于区域规划工具的审查和比较，请参阅 De Luca 和 Lingua（2012 a）。

9. 这一方法旨在探索空间管理和社会经济发展的战略问题。然而它却因为没有基于地方文脉而受到地方行政当局和学术界的强烈批评：它首先没有参照领域合作与整合的经验，其次过度依赖与项目有关的合作形式的定量参数。详见国家城市规划研究所网站（www.inu.it）和意大利各省联盟网站（www.upinet.it）。

10. 城市联合体的形式介于市际合作和市际联盟之间。一方面，各市镇成员保留其固有的立法权的合法身份；另一方面，城市联合体统一管理所有城市相关职能。这些城市联合体是自发的，但这种组合还是基于省或者土地边界的划分。

参考文献

Ancona, G. (2001). *Programmazione negoziata e sviluppo locale*. Bari: Cacucci.

Astengo, G. (1966). Urbanistica. *Enciclopedia Universale dell'Arte*, Vol. XIV (pp. 542–643). Venezia: Sansoni.

Astengo, G. (1971). L'Urbanistica. *Le scienze umane in Italia, oggi* (pp. 199–216). Bologna: Il Mulino.

Bellaviti, P. (1995). La costruzione sociale del piano. *Urbanistica*, *103*, 92–104.

Belli, A. and Mesolella, A. (eds) (2009). *Forme Plurime della Pianificazione Regionale*. Firenze: Alinea.

Bobbio, L. (1996). *La democrazia non abita a Gordio*. Milano: FrancoAngeli.

Bobbio, L. (2000). Produzione di politiche a mezzo di contratti nella pubblica amministrazione italiana. *Archivio di Studi Urbani e Regionali*, *58*, 111–142.

Bobbio, L. (2004). *A cura di, A più voci. Amministrazioni pubbliche, imprese, associazioni e cittadini nei processi decisionali inclusivi*. Roma: Edizioni Scientifiche Italiane.

Campos Venuti, G. (1967). *Amministrare l'urbanistica*. Torino: Einaudi.

Campos Venuti, G. (1987). *La terza generazione dell'urbanistica*. Milano: FrancoAngeli.

Campos Venuti, G. (1991). *L'urbanistica riformista*. Milano: Etas.

Campos Venuti, G. and Oliva, F. (1993). *Cinquant'anni di urbanistica in Italia*. Bari: Laterza.

CEC – Commission of the European Communities. (2000). *The EU Compendium of Spatial Planning Systems and Policies: Italy*. Luxembourg: European Communities.

Curti, F. and Gibelli, M. C. (1996). *Pianificazione strategica e gestione dello sviluppo urbano*. Milano: Feltrinelli.

De Carlo, G. (1964). *Questioni di architettura e urbanistica*. Urbino: Argalia.

De Luca, G. (2008). Quale natura cooperativa per la pianificazione regionale. In A. Belli and A. Mesolella (eds) *Forme plurime della Pianificazione Regionale*. Firenze: Alinea.

De Luca, G. and Lingua, V. (2010, July). Cooperative regional planning: a tool to strengthen competitiveness: the Italian case, proceedings of the XIV AESOP Annual Conference *Space is Luxury*. Helsinki.

De Luca, G. and Lingua, V. (2012a). *Pianificazione Regionale Cooperativa*. Firenze: Alinea.

De Luca, G. and Lingua, V. (2012b, September). Cooperative regional planning: the Italian approach to macro-regional issues, proceedings of the IX Towns and Town Planners of Europe, *Smart Planning for Europe's Gateway Cities: Connecting Peoples, Economies and Places*. Roma: INU Edizioni.

Dematteis, G. (ed.) (2011). *Le grandi città italiane: società e territori da ricomporre*. Venezia: Marsilio.

ESPON – European Spatial Planning Observation Network. (2007). *Governance of territorial and urban policies from EU to local level*. ESPON Project 2.3.2, final report. Retrieved from www.espon.eu/export/sites/default/Documents/Projects/ESPON2006Projects/PolicyImpactProjects/Governance/fr-2.3.2_final_feb2007.pdf.

147 Governa, F. and Salone, C. (2005). Italy and European Spatial Policies: Polycentrism, Urban Networks and Local Innovation Practices. *European Planning Studies*, *13*(2), 265–283.

Gregotti, V. (2002). *Architettura, tecnica, finalità*. Bari: Laterza.

Gualini, E. (2004). *Multi-Level Governance and Institutional Change: The Europeanization of Regional Policy in Italy*. Aldershot: Ashgate.

Indovina, F. (1991). *La ragione del piano: Giovanni Astengo e l'urbanistica italiana*. Milano: FrancoAngeli.

Janin Rivolin, U. (2003a). Nuovi soggetti o nuove responsabilità? L'intervento territoriale comunitario come campo di interpretazione. In G. D. Moccia and D. De Leo (eds) *I nuovi soggetti della pianificazione*. Atti della VI Conferenza Nazionale SIU. Milano: FrancoAngeli.

Janin Rivolin, U. (2003b). Shaping European spatial planning: how Italy's experience can contribute. *Town Planning Review*, *74*(1), 51–76.

Janin Rivolin, U. (2008). Conforming and performing planning systems in Europe: an unbearable cohabitation. *Planning Practice and Research*, *23*(2), 167–186.

Lingua, V. (2005). I Programmi complessi, strumenti innovativi in via di estinzione? *Archivio di Studi Urbani e Regionali*, *83*, 87–104.

Lingua, V. (2007). *Riqualificazione urbana alla prova*. Firenze: Alinea.

Mazza, L. (1997). *Trasformazioni del piano*. Milano: FrancoAngeli.

Moroni, S. (2007). *La città del liberalismo attivo. Diritto, piano, mercato*. Torino: CittàStudi.

Palermo, P. C. and Pasqui, G. (2008). *Ripensando sviluppo e governo del territorio: critiche e proposte*. Santarcangelo di Romagna (RN): Maggioli.

Palermo, P. C. and Ponzini, D. (2010). *Spatial Planning and Urban Development: Critical Perspectives*. Dordrecht: Springer.

Properzi, P. L. (2003). Sistemi di pianificazione regionale e legislazioni regionali. *Urbanistica*, *121*, 60–64.

Pugliese, T. and Spaziante, A. (eds). (2003). *Pianificazione strategica per le città: riflessioni dalle pratiche*. Milano: FrancoAngeli.

Quaroni, L. (1967). *La Torre di Babele*. Padova: Marsilio.

Salet, W. and Gualini, E. (eds) (2007). *Framing Strategic Urban Projects: Learning from Current Experience in European Urban Regions*. London/New York: Routledge.

Salone, C. (1999). *Il territorio negoziato: strategie, coalizioni e "patti" nelle nuove politiche territoriali*. Firenze: Alinea.

Salzano, E. (1998). *Fondamenti di urbanistica*. Bari: Laterza.

Salzano, E. (2008). *Sull'articolazione dei piani urbanistici in due componenti: come la volevamo, com'è diventata, come sarebbe stata utile*. Bologna: Archivio Osvaldo Piacentini.

Samonà, G. (1959). *L'urbanistica e l'avvenire della città negli stati europei*. Bari: Laterza.

Secchi, B. (1989). *Un progetto per l'urbanistica*. Torino: Einaudi.

Servillo, L. (2008). Urban areas and EU territorial cohesion objective: present strategies and future challenges in Italian spatial policies. In R. Atkinson and C. Rossignolo (eds) *Spatial and Urban Planning in Europe*. Amsterdam: Techne Press.

Servillo, L. A. and Van den Broeck, P. (2012). The social construction of planning systems: a strategic-relational institutionalist approach. *Planning Practice and Research*, *27*(1), 41–61.

Urbani, P. (2000). *Urbanistica consensuale*. Torino: Bollati e Boringhieri.

Urbani, P. (2011). *Urbanistica solidale: alla ricerca della giustizia perequativa tra proprietà e interessi pubblici*. Torino: Bollati e Boringhieri.

延展阅读

Colavitti, A. M., Usai, N. and Bonfiglioli, S. (2013). Urban planning in Italy: the future of urban general plan and governance. *European Planning Studies*, *21*(2), 167–186.

Servillo, L. and Lingua, V. (2012). The innovation of the Italian planning system: actors, path dependencies, cultural contradictions and a missing epilogue. *European Planning Studies*, *1*, 1–18.

Vettoretto, L. (2009). Planning cultures in Italy: reformism, laissez-faire and contemporary trends. In J. Knieling and F. Othengrafen (eds) *Planning Cultures in Europe* (pp. 189–204). Farnham: Ashgate.

Zanon, B. (2013). Infrastructure network development, re-territorialization processes and multilevel territorial governance: a case study in Northern Italy. *Planning Practice and Research*, *26*(3), 325–347.

148

Zanon, B. (2013). Scaling down and scaling up processes of territorial governance: cities and regions facing institutional reform and planning challenges. *Urban Planning and Research*, *6*(1), 19–39.

149

第8章　20世纪90年代后希腊空间规划的演变——变革的驱动力、方向和机构

帕纳约蒂斯·格蒂米斯，乔治娅·贾纳库鲁

本章目标

本章的主要目的是解释1990—2012年期间希腊空间规划体系和政策的演变，其中包括：

- 分析该时期引起希腊规划体系产生重大变化的主要问题、需求和挑战；
- 解释20世纪90年代后希腊规划体系变革的维度和方向，即变化种类和内容；
- 强调各种参与者及其相互关系在这一系列变革和制度创新过程中所起的作用；
- 强调当前经济危机对希腊空间规划政策和制度的影响。

8.1　引言

本章旨在回顾1990—2012年期间希腊空间规划体系和政策的演变。文章聚焦于引起希腊规划体系发生重大变化的主要问题和挑战，解释变革的维度和方向，并强调各种参与者及其相互关系在这一系列变革和制度创新过程中的作用。

本章由五个部分和结论组成。第2节介绍了过去20年欧洲比较研究所归纳的规划体系分类中希腊空间规划体系的地位，并通过文献综述的方法阐述了希腊主流空间规划体系的主要特征。第3节侧重于20世纪90年代和21世纪头10年希腊空间规划的框架议程，并明确驱动该时期一系列变革的主要问题、需求和挑战。第4节分析了变化的方向，即20世纪90年代后希腊规划体系产生变化的种类和内容。第5节集中讨论了在规划辩论和实践中，参与者及其相互关系对变革所起的推动作用。第6节讨论了当前经济危机对希腊规划的影响。本章结尾总结了希腊规划体系现状，并对其未来发展提出了一些初步设想。

150

8.2　场景设定

8.2.1　现有空间规划分类中的希腊规划体系

希腊的空间规划体系属于“拿破仑家族”（区域经济类型）或“城市主义（城市设计类型）”的理想类型（Nadin 和 Stead，2008）。分类的基础是规划运作所依赖的法律和行政体系，或者是更广泛的标准。但无论如何，不同的分类依据 / 标准都导向了类似的分类结论。

在纽曼（Newman）和索恩利（Thornley）（1996）的国家规划体系分类中，希腊属于拿破仑家族式的规划类型。拿破仑家族式的法律风格“倾向于利用抽象的法律规范”，目的是“提前思考问题”和“基于对抽象原则的法典编纂，准备一套完整的规则体系”（Newman 和 Thornley，1996：31）。相关文献的作者们强调了希腊规划体系的高度集权特征及其不断变化的状态。

> 因为在规划方面没有达成政治共识，因此规划相关法律和政策经常发生变化；另外政府换届也会带来规划方法和法律的转变。因此，随着时间的推移而建立起来的法律环境是零碎而复杂的，它涉及错综复杂的修正案、豁免权和特殊法律，且没有得到适当的编纂。
>
> （Newman 和 Thornley，1996，：57）

作者指出，这种法律上的刚性与空间规划的强制性所带来的问题是并行的，而现实的城市开发跟法律框架并不一定有关（例如失控的城市蔓延、非法的土地分割、非法住房、低效的空间规划条例的实施）。

《欧盟空间规划体系与政策纲要》将希腊归入“具有较悠久的建筑设计传统，关注城市设计与景观以及建筑控制”的“城市设计”类型（欧洲共同体委员会，1997：37）。此外，希腊的规划体系是建立在多层次结构、施令与控制机制以及强大的法律传统之上的，因此它具有“控制型”（regulatory）的特点。空间规划体系注重建筑许可、土地利用制度和法定规划。但是，主流的法定规划管理条例的实施问题仍未解决。

欧洲领土发展与融合观测网（ESPON，2007）最近发布的报告在第 2.3.2 节中强调了领土治理议题，并将希腊的空间规划体系归类为“城市设计”类型。事实上，正如最终报告所指出的，希腊的规划体系实际上处于一种“动荡的状态，它仍然被传统的城市主义和土地利用规划的模式所主导，但同时也出现了创新、抵抗，偶尔也有突破。”（ESPON，

2007：259）。

151 就政府的角度而言，希腊和其他地中海国家（如西班牙、葡萄牙和意大利）的政府都被认为具有典型的“地中海特色”（La Spina 和 Sciortino，1993），即规划管理模式僵化、法制化程度高且非常正式。

上文提及的比较研究对希腊的空间规划特征和类型给出了明确的界定，但它们未曾对过去 20 年来发生的制度变化进行深入分析。而且这些分类只截取了某一个时间片段，而没有考虑跨时间维度的变化。因此，它们无法捕捉当下规划议程的动态变化和当下的矛盾、未来发展方向、变革的主要驱动力，以及空间规划讨论和实践的新挑战。此外，这些分类法只关注法律框架和不同的法律传统，因此在解释空间规划的实施过程时常遇到困难，且易忽视不同的“对等功能”机制（如空间规划与其他部门规划，区域发展与不同尺度的空间规划）（Fürst，2009：28）。

8.2.2 20 世纪 90 年代初期主流空间规划体系的主要特征

希腊的规划体系一直以来都是由物质空间规划主导的。它关注的主要问题包括“私有土地和公共土地产权的界限，以及土地所有者的开发权”（欧洲共同体委员会，2000：15）。但是，随着第二次世界大战后城市化进程的加快，规划部门既无法提前为城市发展提供规划，亦无法满足城市基础设施的供给。因此可以说，希腊的空间规划并没有带动城市的发展，而是常年滞后于发展或者被动应对发展变化（欧洲共同体委员会，2000：29）。

这样说来，规划政策通常是作为事后监管和纠正机制而存在的，它们的作用是将那些未经规划的、没有预先获得批准的、私人所有的建筑开发合法化（Getimis，1992：244）。城市规划变成了政治权宜之计和选举的筹码（比如在选举前将棚户区合法化并纳入城镇规划）（Getimis，1989：71）。对于大多数政客来说，空间规划只是“为其选民的私人利益服务的手段”。因此，技术基础设施项目和将未经授权的土地开发纳入法定规划是最普遍的空间干预措施，也是最有可能获得政治优先权的干预措施（Wassenhoven 等，2005）。

事后规划只是对已有的城市结构进行微小的改动，但引入更高容积率的土地开发为房地产资本化提供了新的可能性，满足了小土地所有者的不同利益。可预见的变化（提供最低限度的基础设施）或多或少是理性地稳定私有土地价格的必要“基本”条件。希腊规划政策的这种“基本”特征（Getimis，1992：245）源于希腊土地所有权的不确定性和模糊性所引发的主要问题。后者至今未能理清头绪，并诱发了众多公共土地与私人土地（个人、国家、教会等）之间的争议和冲突。此外，缺少地籍簿会引起对土地权属问题的长期法律诉讼。

从治理的角度来看，城市和区域规划在很长一段时间内是国家独有的责任。希腊的确被认为是欧洲最集权的国家之一（Getimis 和 Hlepas，2005），地方政府的事权所剩无几，自由裁量权和资源都少得可怜。在国家政治不稳定、经济发展薄弱和区域发展不平衡时，中央集权制在传统上被认为是维持国家统一和国家资源得以再分配的必要手段。“家长式”的雅各宾派国家在内部和外部都建立了促进部门和政治利益的强大渠道，这种渠道在一定程度上仍然能够满足部门和各种集团的压力和要求。希腊的地方保护主义政治文化为部门利益提供了空间，从而使得按特定部门和职能划分的政治和行政结构不断分裂（Getimis 和 Hlepas，2007，2010）。对抗性的和封闭的利益调节模式，使得监管机构和私人利益之间进行的非正式谈判都游离于法律之外（Spanou，1996）。在这个更广泛的制度环境中，希腊的空间规划体系被认定为高度集权的、等级森严的、正式的和法制化的空间管理机制（Getimis，1992：246）。其主要特征可以概括为：“法律繁多且重复，‘指挥与控制’型监管占主导地位，缺乏有效的监督和控制机制，公众参与意识低下”（Giannakourou，2007：167）。20 世纪 90 年代，体现“家长式”风格的两极分化和控制导向的政策风格仍占主导地位（Fürst，1999：200）；以协商共识为导向的规划实践（交流 / 争论 / 协商）仍旧缺位。 152

传统空间规划的另一个重要特征是其非常的概要而宽泛，它往往不适应差异化的地理环境衍生出的不同地方需求。因此，“规划在应对环境变化时缓慢而又被动，同时正式的规划也不具备灵活性（即允许偏离规划的开发，即便这种偏离是在主管部门允许的土地利用范围内）”（Giannakourou，2007：167）。该制度虽然在法理上比较刚性，但个别的、非正式的，那些能绕过立法或者选择性适应立法的案例层出不穷，这又说明该体系巨大的灵活性（如土地开发审批的自由裁量权等）。在地方层级，规划进程缺乏有效的社区参与机制；在国家和区域层级，规划过程中对利益相关者的问询和协商机制也是缺乏的。此外，法院（尤其是行政法院）通过颁布激进的、积极的判例法，在政策编制体系中介入较多。直到最近，“司法参与”（即诉诸法官）构成了规划过程中间接但主要的社会干预形式，这弥补了公众参与和问询制度缺位的缺陷（Giannakourou，1992）。

8.3　20 世纪 90 年代至 21 世纪头 10 年的新问题与挑战：空间规划改革的需求

20 世纪 90 年代，土地利用和环境管理带来的压力和积累的问题将希腊的空间规划体系推向了极限。一方面，城市问题加剧，如失控的城市蔓延、非法土地拆分、新棚户区、技术和社会基础设施缺乏、交通堵塞和空气污染严重、公共空间特别是绿色空间缺乏保护等； 153

另一方面，农村，特别是沿海地区和森林也面临着其他严重问题（如道路沿线的城市蔓延、非法占用公共土地、沿海地带退化和土地利用冲突，以及森林毁坏、火灾损毁城市边缘森林等环境问题）。主流的空间规划无法应对上述问题；房地产开发现况也使规划常常无法实施。规划因其效率低下和浪费时间而饱受批评，而且它还为地方和区域的发展制造了负担（Getimis 和 Kafkalas，1992）。20 世纪 90 年代和 21 世纪头 10 年，空间规划不得不面对新的挑战和需求。

8.3.1 更好地协调经济规划项目和部门政策

在 1981 年希腊加入欧洲共同体之后不久，尤其是在 1989 年结构基金改革和“社区支持框架”（Community Support Frameworks，CSFs）建立之后，主流的规划体系特别是其实施方式应该改变。协调和配合区域发展规划（2007 年之前“社区支持框架”的操作程序，及之后的《国家战略参考框架》）成为焦点。同样重要的是，必须整合《欧洲条约》（European Treaties）以及新的《欧洲指令》（European Directives）的原则和优先事项，特别是关于可持续性、公众参与、伙伴关系和地域融合，以及社会和经济融合等观念（Getimis 和 Kafkalas，2002）。然而困难是多方面的，这包括在吸收欧盟资金方面、规划和项目实施方面、拖延和未完成的行动方面、不尽如人意的业绩指标和有限的宏观经济以及环境效益方面。上述困难无不突出空间规划和地域协同作用的必要性。

20 世纪 90 年代末关于空间规划改革必要性的争论从未停止（Economou，2002），争论集中在如下几个方面：

（1）战略规划（将重点从地方转移到区域和国家层面）；

（2）中央集权的空间规划体系的权力下放（事权下放到区域和地方层级）；

（3）通过建立“快速通道”系统，“绕过”主流规划的障碍。

这些变化将改变规划制度，使其更具弹性和灵活性，并提高其效率和合法性。

154

8.3.2 环境议题的转变：从欧盟的影响到公民的运动

将《欧洲共同体环境法》（European Community Environment Law）的原则和要求纳入规划立法和程序也是同等重要的。事实上，欧洲环境政策通过改变空间规划和规划程序本身的概念基础，直接干预了希腊的空间规划（Giannakourou，2011）。由于欧盟环境政策和希腊规划政策之间的相互作用，在 20 世纪 90 年代后期，可持续性原则被纳入城市和区域规划的新立法(《城镇规划法》第 2508/1997 号和《国土和区域空间规划法》第 2742/1999 号)中。一些学者认为，新法规将可持续发展原则作为城市和区域发展规划的目标，体现了《欧洲空间发展愿景》(ESDP)对国内规划议程的影响(Sapountzaki 和 Karka，2001)。然而,《欧洲空间发展愿景》的影响并不是改变规划议程的唯一因素;“国内外非政府组织的政治行动，以及享受欧盟财政援助的发展目标”(Sapountzaki 和 Karka，2001：424)也被认为是这一转变的重要推动者。

欧盟规划目标随着《欧洲影响评估》(EIA)的指示发生了变化，公共和私人开发项目的许可程序也发生了重大变化。后者在 1990 年纳入希腊法律,并在此后得到了系统的应用，因此，许多大、小规模的项目在 20 世纪 90 年代和 21 世纪头 10 年获得了环境许可。该指令的广泛应用改变了公共和私人开发项目大多数启动过程的程序标准。此外,《欧洲影响评估》中关于公众参与的规定也加强了关注环境问题的非政府组织和基层团体的声音和影响力，从而为直接行动提供了新的制度接点(Giannakourou，2011:37)。总而言之，对《欧洲影响评估》的依赖加强了个人和非政府组织在公共和私人开发项目方面的监督作用，以及将关键的开发项目提交到希腊行政法院，特别是国务委员会审议的作用(Giannakourou，2011)。

与欧盟的压力相伴而行的还包括环境议题的转变。从 20 世纪 90 年代中期开始，各种公民运动开始将一些环境因素纳入中央和地方的规划议程，同时要求规划决策更加开放和纳入更多的公众参与。这些压力将治理目标带到了规划对话的核心阶段(Wassenhoven 等，2005)。

8.3.3　提高效率的需要：以更灵活和耗时更少的规划程序为目标

20 世纪 90 年代，影响公共基础设施建设和私人开发项目效率的主要法律和行政障碍包括了繁冗而耗时的规划程序，以及涉及诸多规划部门的各种环境许可证和开发许可。在这种情况下，许多潜在的投资者因开发申请滞留在管理机构而最终放弃了开发。与此同时，规划决策的矛盾也日益增多，许多上诉都必须由法院特别是国务委员会来决定。[1] 这种情况再次对规划过程中明晰的法律程序提出了要求。

155

1997 年，雅典成功取得 2004 年奥运会的申办权。在政府看来，这是提高规划效率的一个契机。遵守奥运时间表和加快相关规划流程的挑战，使得为奥运场馆制定专门的规划法规的想法越来越有必要。其主要的概念是为奥运相关立法建立“快速通道”和临时解决方案，以“绕过”主流空间规划的障碍。为此，较大尺度偏离城市规划应该被允许，同时将常规的发放许可证和执照的监管权力移交给中央政府(Giannakourou，2010)。

8.3.4 开始关注“领土治理”

治理概念主要通过欧盟资助的计划（EU-financed programs）和欧盟制定的立法（EU-generated legislation）引入希腊的空间规划议程。在这方面，《欧洲共同体倡议》（European Community Initiatives）（城市、区域间、领导等）起到了在规划实践中引入新的治理原则的作用（如参与、融合和问责制），特别是在区域和地方层面的领土治理实践（Giannakourou，2005）。与此同时，在申请欧盟的结构性基金，特别是在编制和实施《社区支持框架》（CSFs）时，纵向和横向的协调尤为必要（Wassenhoven 等。2005）。如前所述，公民社会通过社区环境立法，特别是信息和《欧洲影响评估》指令获得了授权。

2004 年的雅典奥运会使得领土治理议题明显兴起。在雅典城筹备这一大型活动成为希腊政治和司法系统建立协商一致意见的催化剂。迫于“奥运压力”，若干基于问题和项目的协调机制建立起来，且大多数协作机制都包含了公共和私人组织作为合作伙伴。一些行动者和利益相关者的参与创造了信任和社会资本，并为上述所有努力提供了合法性。因此，奥运盛事似乎起到了“治理培训学校”的作用（Getimis 和 Hlepas，2007），为雅典大都市区的战略指导、利益相关者协商和多方行动者协调提供了“实验”机会。

8.4 20 世纪 90 年代至 21 世纪头 10 年改革的维度和方向

依据改革的种类和内容，20 世纪 90 年代至 21 世纪头 10 年的希腊空间规划体系和政策可以分为四个主要的方向：第一，规划目标和议程的变化；第二，规划工具和制度的变化；第三，规划风格的改变；最后是规划实践的改变。

156

8.4.1 规划目标的变化

希腊 20 世纪 80 年代的规划议程主要是城市规划问题。这一时期的基本政策目标包括：城市规划立法的现代化、首次颁布环境法、（在郊区、沿海和其他敏感地区）寻求有效的土地管理模式、城市中心（尤其是历史悠久的城镇）的更新，以及有效管理未经许可的利用和开发（欧洲共同体委员会，2000）。为此 1982 年，空间规划、住区和环境部（Ministry of Spatial Planning，Settlement and the Environment，以下简称“规划部”）启动了“大规模城市结构重组”（简称 EPA）[2] 行动，以解决希腊城镇的长期问题和病态，比如未实施的城市规划、非法定居点和建设，以及城市基础设施的缺乏。

该项大规模的城市重组行动一直运行到 20 世纪 90 年代初期。1994 年，规划部为国家的区域结构改革开展了一项新的行动，其重点是使国家和区域规划立法现代化。20 世纪 90 年代和 21 世纪头 10 年，新规划议程强调了战略空间规划的主要作用，包括：（1）促进经济增长、社会凝聚力和可持续发展；（2）加速重大基础设施项目建设，如新雅典机场、里翁桥（Rion bridge）、南北轴向和东西轴向的高速公路（Egnatia），以及（3）在工业、服务和旅游地区，针对大、中规模私营开发项目制定更具灵活性的规划。总的来说，人们可能会注意到希腊的规划正在发生着从物质空间规划向战略规划和开发导向的规划方法的转变，这一转变使其在欧洲一体化和全球化的背景下更具吸引力和竞争力。这一目标首先在 20 世纪 90 年代后期颁布的《总体空间规划框架》（General Spatial Planning Framework）初稿中提出，此后，通过促进连接希腊南北和东西的跨欧洲网络，以及连接若干次级发展轴线（希腊西部、克里特岛北部和希腊其他地区），来积极推动这一目标的实现。2004 年雅典奥运会等重大赛事的吸引力，必须被视为一个互补的发展目标，即加强雅典的国际影响力及其在欧盟尺度上的城市竞争力（Economou 等，2001；Beriatos 和 Gospodini，2004；Wassenhoven 等，2005）。

在实践中，这一转变通过一系列的机制来体现。这一系列的机制包括：在国家层面上建立特殊的空间规划框架来促进旅游业、工业和能源领域的私人开发、集中指导重大公共基础设施项目的政策方向，以及颁布针对奥运会的空间规划，以避开阿提卡（Attica）地区普通的土地利用规划条例和建设条件造成的障碍。

8.4.2　规划工具和机构的变化

规划目标的改变伴随着规划工具和机构的变化。20 世纪 90 年代末，城市和区域规划立法都进行了修订，以便纳入新的概念和原则，以及新的工具和机构。这一改变的目的是在各级政府（国家、区域和地方）促进可持续的土地开发，并协调好各种规划和土地政策。城市规划立法是第一个被修订的立法（1997 年）。《城镇规划法》（L.2508/1997 号）对可持续的城市开发进行更新，并丰富了现有的物质规划法律框架。新法律强调，除了雅典和塞萨洛尼基（Thessaloniki）以外，还需要为所有大型城市中心制定总体规划；为所有城市和较小的定居点制定综合城市规划，以及为第二套住宅和度假屋制定特别规划。它还对城市更新项目作出了特别规定。

这次立法改革在两年后以新的《国土和区域空间规划法》（L. 2742/1999 号）取代了《空间规划基本法》（第 360/1976 号）。新法在国家和区域层级提出了一系列战略规划（框架）。新法案体现了《欧洲空间发展愿景》对希腊国家空间规划议程的直接影响（Giannakourou，

2005)。事实上，新法的序言和法案本身都直接引用了《欧洲空间发展愿景》的基本政策提议，例如“多中心以及均衡的空间发展”“基础设施和科教设施均衡分配”和“新的城乡伙伴关系”(Giannakourou，2005)。《国土和区域空间规划法》下的主要规划工具包括：国家层级的《总体和特殊(部门)空间规划框架》和区域层级的《区域空间规划框架》(RSPFs)。13个《区域空间规划框架》中的12个于2003年获批。唯一未获批的阿提卡地区，其大部分地域由一个大都市区的总体规划(雅典的总体规划)所覆盖。第一个国家空间计划，即《空间规划和可持续发展总体框架》(General Framework for Spatial Planning and Sustainable Development)以及三个关注可再生能源(Renewable Energy Sources，RES)、旅游业和工业发展的《特别空间规划框架》(Special Spatial Planning Frameworks)，在经过长时间的讨论和谈判之后于2008年和2009年获批。它们获批在一定意义上是对国务委员会判例法的回应，该法律解释了《希腊宪法》第24条[3]，即国家和区域规划指引是在特定地点进行生产活动和公共基础设施项目的先决条件(Giannakourou，2007)。在这方面，政府和主要利益相关方认为国家和区域空间规划的制度化是促进主要公共和私人开发法律确定性迈出的一步。

除了新的规划工具，20世纪90年代颁布的规划立法还试图进一步促进将规划权力下放到区域和地方各级政府，并在国家层级建立新的协调和指导机构。为了配合希腊的行政机构改革[4]，《城镇规划法》将重要权力下放给区域行政机构以及地方层级的政府，这些权力包括城市规划的编著、审批、修订和复审[5]，以及对不同类型城市规划的监测和控制。国家层面新增了一个跨部门的规划委员会(Coordination Committee of Governmental Policy for Spatial Planning and Sustainable Development，以下称为“空间规划和可持续发展政策协调委员会”)，旨在改进规划与不同部门政策的协调。随后，规划权力在不同级别政府之间的分配发生了变化(协调委员会关于空间规划和可持续发展的政府政策)。与此同时，由公共和私人部门主要利益相关者代表组成的(如专家、科学家、专业协会的代表、商会等)空间规划和可持续发展理事会(National Council for Spatial Planning and Sustainable Development)的成立也加强了规划过程中与主要利益相关者协商的机制。空间规划和可持续发展理事会的意见是审批《空间规划和可持续发展总体/特殊框架》(General and Special Frameworks for Spatial Planning and Sustainable Development)的必要条件。

158

然而其中一些努力失败了，而另一些则逐渐被削弱：

(1)将规划权力下放到区域和选举产生的地方政府，遭到了国务委员会的强烈法律反对。事实上，最高法院已经承认城市和区域规划是一种国家职能，它只属于中央政府的事权范畴。因此，20世纪90年代下放给区域和地方政府的规划权力又被收归中央。除了法律上的争议(例如，某职能是否被认为是地方性事务取决于它是否由地方政府负责)，空间规划体系仍保持着高度集权、等级森严，以及受制于临时的压力和要求（Getimis，2010；Getimis 和 Hlepas，2010）。

（2）空间规划和可持续发展政策协调委员会在 1999 年至 2009 年间一直没有发挥作用。直到最近（2010 年），这一机构才起到了协调政府部门与经济、环境和领域相关机构的作用。

（3）在 2000 年至 2004 年期间，主要利益相关者的参与和协商在国家和区域层级有序进行；但在随后的 2005 年至 2009 年间，利益相关者的参与逐渐式微，致使国家空间规划和可持续发展理事会发挥更正式的作用。该理事会起草的关于旅游业、工业和可再生能源（RES）的《特别空间规划框架》草案后来极具争议，并造成政府和主要利益相关者（如希腊的技术委员会、希腊的旅游商会等）之间的紧张关系。

总的来说，人们很难分辨 20 世纪 90 年代和 21 世纪头 10 年希腊空间规划管理模式的真正转变。然而尽管存在法律和制度上的障碍，“治理在过去 10 年中已经进入了希腊公共领域的很多方面，尽管官方声明中并没有明确地认可”（Wassenhoven 等，2005）。在正式政府系统之外，已经形成了一些公开对话和辩论论坛。它们或以学术网络、专业和民间社会团体和非政府组织的形式，或通过专业会议和新闻出版（Wassenhoven 等，2005）。此外，新的治理计划已经在“官方结构的阴影下”得到发展，就像雅典奥运会那样。

8.4.3　规划风格的改变

20 世纪 90 年代和 21 世纪头 10 年，希腊的规划管理仍以土地利用管理为主；90 年代后期，战略空间规划开始出现。这一转变在国家和区域规划的《国土和区域空间规划法》（L.2742/1999 号）和在该法案颁布后制定的空间规划文件的内容中均有表达。在新的战略方针下，空间规划被认为是确定国家和区域中、长期目标和战略的工具，并作为协调相互冲突的政策目标的工具（尤其是经济发展、环境保护和社会融合方面的政策）。《国土和区域空间规划法》（L.2742/1999 号）根据《欧洲空间发展愿景》的原则制定了国家领土政策的三个基本目标：多中心平衡发展和城乡之间的紧密关系、基础服务设施的均衡分配，以及自然资源和文化遗产的精明管理。空间规划文件是在《空间规划和可持续发展总体 / 特殊框架》以及《区域空间规划框架》提供的新法律条款的基础上制定的。这些规划文件试图将国家和区域层面的总体规划目标具体化并运用于实践，比如指导开发与投资的空间分配，在保护环境资源的基础上协调基础设施项目和生产性活动（如旅游业、农业、工业），为土地利用规划提供框架。

159

除了战略规划的出现，这一时期希腊规划风格的改变还包括组织机构的变革，例如管理和决策过程的变化。规划制定者运用一些制度发明，寻求更有参与性的规划模式。事实上，无论是在国家还是区域层面，《国土和区域空间规划法》（L.2742/1999 号）所提供的规划架构的确融入了更广泛的协商过程：在法定（国家空间规划和可持续发展理事会以及区域理事会）或自愿（例如非正式的区域会议和讨论会）的情形下进行辩论和对话。此外，《战略环境评估》（Strategic Environmental Assessment，SEA）指令生效后制定的《特别空间规划框架》在希腊范围内进行了战略环境评估。虽然 2007—2009 年的协商过程颇有争议，但如前所述，这是自 20 世纪 80 年代初"大规模城市结构重组"（EPA）启动以来的第一次。当时希腊开展了关于国家未来空间发展的全民讨论，讨论涉及多层级政府、主要利益相关者、主要非政府组织、学术界人士以及希腊议会本身。从这个意义上说，以参与和协商为基础的"共识导向"的规划要素逐渐介入旧的（以发号施令和控制为主的"家长式"风格的）规划框架中。

最后，为了提高效率，新法律框架下的空间规划强调以"以实证数据为基础"。为此，《国土和区域空间规划法》（L.2742/1999 号）规定以空间规划部牵头，建立一个国家空间信息网络。该网络旨在收集、整合和利用空间规划部、其他部委和公共组织所创建的空间数据，其中也包括大学和国家的研究中心。网络内所产生的信息应能够协助领土政策的制定以及对法定空间规划文件的审批和评估。然而，尽管有强制性规定，该网络的运行效率十分低。这表明，良好的意图并不能确保战略空间规划的充分实施。实施的失败应该归因于各公共机构并不情愿进行横向合作。然而，最近的事态发展表明这一情况正在发生变化。将《激励指令》（Inspire Directive）转变为希腊法律，是建立一个国家地理信息委员会（NGC）的机会。该委员会对总理负责，并由负责规划和环境政策的部长担任主席。国家地理信息委员会成员包括与执行《激励指令》最有关的各部的秘书长。该委员会将承担一个高级决策机构的角色：将负责在整个公共部门建立、监测和评价关于空间数据收集、管理、可获取性、分享和利用的国家政策和框架。然而，这个新委员会是否能够克服行政上的不情愿和壁垒仍然有待观察。

8.4.4 规划实践的变化

在 2004 年奥运会大事件中，战略规划、自愿伙伴关系和非正式网络合作得到了实践。奥运会起到了"实验性治理"平台（Giannakourou 和 Trova，2001）和解决问题的"催化剂"的作用（Getimis 和 Hlepas，2007）。中央的指导、协调、有效监管和评价机制是新的规划实践运用的主要技术工具。管理奥林匹克项目的第一个关键步骤是 1998 年雅典奥运会组委会（Athens 2004 S. A.）的创立。该组委会是公共有限公司的形式。组委会承担了行政和管理方面的责任，这些责任以前分散在其他几个公共部门。权责的集中使得它得到政府首脑，即总理在政治上的鼎力支持。雅典奥运会组委会成为行政上水平和垂直网络协作连横的一个重要节点。由于目标明确且紧迫，新的纵向和横向协作连横也就应运而生。传统的以发号施令和控制为基础的法律行政管理模式遭到摒弃，以双赢为目的的新的合作策略得以建立。新的合作策略有赖于雅典奥运会组委会，与受奥运会影响的地方当局或其他主要利益相关者［例如雅典酒店协会（Athens Hotels Association）］签署《谅解备忘录》（MoUs）。在奥运会筹备期间，《谅解备忘录》作为一个广泛运用工具，确实起到了建立战略联盟以及提高奥运项目的合法性和实施性的作用。

雅典奥运会组委会还应对了一个可能会延误甚至阻碍奥运工程建设的重大问题，即缺乏战略空间规划。因此，委员会在 1999 年对主要的奥运场地进行了战略空间和环境影响评估，从而避免可能危及建设活动的长期和昂贵的诉讼。随着《国土和区域空间规划法》（L.2730/1999 号）的颁布，奥运项目被“重新调整”到雅典总体规划的尺度。该法案将奥运项目纳入“即将在阿提卡建立的奥林匹克两极系统的特别城市规划指南”，同时还出台了“奥运重点设施领域综合开发专项规划，允许对每个地区的一般和具体的城市法规进行减损”（Giannakourou，2010:105）。此外，与重要参与者进行公共对话以减少当地抗议。因此，在多数情况下，建设活动不得不推迟，但在收尾期间又需加快努力，使项目在时限内完成。在少数情况下，与环境保护相关的非政府组织和活动人士的反对意见引发了诉讼，影响整个政治和司法体系（“国家责任 / 利益”）的“奥运愿景”在解决问题方面起到了催化剂作用。

除了雅典奥运会，新的治理实践也出现在欧盟项目和倡议的实施过程中（例如，城市、Interreg、领导人等）。这些项目主要由当地的开发机构管理。后者建立了广泛的伙伴关系网络，并采用了特别的治理实践以实现跨多个行政辖区和规划的协调（Wassenhoven 等，2005）。尽管一些学者将此过程描述为对希腊地方和区域机构的“外部制度冲击”（Paraskevopoulos，2001），经验数据表明变革的动力是不平等的，它们受原有制度传统（Paraskevopoulos，2001）和政治及经济地理的影响（Chorianopoulos，2008）。

8.5　引发希腊规划体系改革的主要参与者

20 世纪 90 年代和 21 世纪头 10 年，希腊的规划体系改革涉及一些群体。中央政府，尤其是环境、空间规划和公共事务部门（YPECHODE），是规划改革的主要推动力。后者负责制定新的立法、大多数规划文件以及筹措规划经费。环境、空间规划和公共事务部门所采取的行动是为了回应来自国内和欧洲（盟）的压力。

关于欧盟对希腊空间规划体系和政策的影响，应该区分欧洲化的两种主要路径。第一，法律和政治上的依从，包括改变规划目标、工具和结构以配合欧盟的规则和政治、经济压力（Giannakourou，2011）。这方面就不得不提我们之前分析过的在希腊规划程序中《欧洲影响评估》（EIA）和《信息指引》带来的重大变化（参见 Giannakourou，2011：37—38）。第二，政策转变自愿采用欧盟的话语、概念和原则，以便使希腊规划领域的改革合法化（Giannakourou，2011）。例如，在 1999 年 9 月颁布的国家关于战略空间规划的新法律《国土和区域空间规划法》（L.2742/1999 号）中，直接采纳了《欧洲空间发展愿景》的政策目标和选择。欧洲空间发展的讨论巩固了政策制定者们的权力，使他们得到更有利的地位，并更好地证明了在《欧洲空间发展愿景》批准时已经宣布开始的国家和区域规划立法改革的合理性（Giannakourou，2005，2011）。《欧洲空间发展愿景》和欧洲广泛的讨论为国内政府官员提供了支持希腊空间规划战略转变的额外论据，同时也增加了希腊规划部门在法案提交议会前与其他部门谈判的资本（Coccossis 等，2005）。

162

环境、空间规划和公共事务部门在希腊规划议程和立法现代化方面的努力得到了虽然小但充满活力的规划师社团（包括学者和私人顾问）的支持。这个社团的成员来自国家主要的学术规划部门[6]和其他机构，例如学术期刊《TOPOS》和希腊规划师协会（SEPOX）。他们对空间发展问题有共识，也同样关心规划政策的类型问题。这一社团参加了由环境、空间规划和公共事务部门在 20 世纪 90 年代中期组建的高级别小组讨论，这"使他们有机会在规划优先事项和战略问题上建构协作机制，为该部门的改革提供了参考"（Giannakourou，2011：36）。这些高级别小组内组织的讨论，以及规划学术界组织的出版物和会议，为 1999 年颁布的《国土和区域空间规划法》（L.2742/1999 号）提供了基本的想法和论述。

2001 年，空间规划的部长和秘书长的撤换导致了在他们主持下设立的这个高级别小组解散了。（Giannakourou，2011：36）。上述规划师社团的作用也因此被削弱。2004 年以后，专家影响力的衰退与政府部门变强大保持了步调一致，因为后者试图依据自己的利益做规划决策。21 世纪头 10 年后期颁布的有关可再生能源、工业和旅游业的《特别空间规划框架》就是这一转变的代表，它暗示着空间规划优先事项由国家层级转向部门利益。这些果断措施来自大型商业协会的压力，包括希腊企业联盟（Hellenic Federation of Enterprises，SEB）、希腊旅游企业协会（Association of Greek Tourism Enterprises，SETE）和希腊可再生能源协会可再生电力生产商（Greek Association of Renewable Energy Sources RES Electricity Producers，ESEAPE）。这些参与者要求在国家层次制定特别的规划政策，以便在特定的地理区域内为有关项目的场地分配制定明确的指导方针，并通过解决竞争性和相互矛盾的土地用途来协调不同利益的投资者。

除了部门利益之外，21 世纪头 10 年的空间规划发展也必须归因于国务委员会的判例法所施加的压力。它促进规划政策再次集权化，并通过一种以规划为主导的开发手段来寻求效率和法律安全。从 20 世纪 90 年代末开始，地方政府对商业和工业开发以及风力发电厂的反对，导致政府向国务委员会提出了大量法律诉讼，要求获得上述活动的规划许可和开发许可证。法院的裁决集中于缺乏可以在全希腊范围内界定土地用途和活动区域的官方土地利用规划上。21 世纪头 10 年的中期，为了回应这一判例法的需求，促使了关于旅游业、工业和可再生能源的《特别空间规划框架》的制定和批准。这些规划框架的审批被认为是为公共和私人开发项目提供了法律正义，并结束了就经济发展投资问题向国务委员会提出的长期的法律冲突（Giannakourou，2010）。

除了上述机构，规划不同阶段还有其他较为被动的参与者。值得一提的是一些主要的专业组织机构，如希腊技术商会（Technical Chamber of Greece）和雅典律师协会（Athens Bar Association），以及国家规模的环境非政府组织，如世界自然基金会（WWF-Hellas）和希腊自然环境和文化遗产保护协会（Hellenic Society for the Protection of the Environment and of Cultural Heritage）。上述机构在 20 世纪 90 年代的规划辩论中一直保持缄默，但在 90 年代末空间规划部门发起的新一轮有关战略空间规划的讨论中，他们感到相当不安。虽然他们最初保持“沉默”，但在 2000 年后获得了支持和发展。这主要是因为他们反对由保守党的规划部长乔治·苏夫利斯（George Souflias）采纳的规划议程。将他们凝成一团的信念是：环境和景观保护应该优先于经济利益和土地开发投资。在这一语境下，这群参与者于 2000 年后组成了一个强大的联盟，反对《旅游开发特别规划框架》和关于旅游业、工业和可再生能源的《特别空间规划框架》的提议。该联盟尤其抵制规划的变更，因为变更使得在岛屿和沿海地区建造度假房屋，以及在小岛和保护区建设风力发电场都变得更加容易。该联盟反对《旅游开发特别规划框架》的意见得到了旅游行业（国家酒店经营者协会）的支持，他们都意识到了优先发展某些地域和开发项目会忽略其他公共投资。即使这些规划框架获得批准，公众的强烈反应也仍在继续。因此，国务委员会已经撤销了对关于旅游业、工业和可再生能源的《特别空间规划框架》和《旅游开发特别规划框架》的审批，相关申请也一直被搁置。即便对《国土和区域空间规划法》（L.2742/1999 号）给予了认可，但 21 世纪头 10 年的规划实践仍然存在很大的争议——国家、社会和市场之间无法调和，也无法以更一致的方向指导规划开发程序。

163

8.6　经济危机后的希腊空间规划：2010—2012 年

自 2010 年初以来，希腊面临的金融和经济危机也影响了希腊的相关政策领域，包括空间规划政策。对希腊空间规划政策和立法的影响主要有两个方向。

第一个变化是过去两年普遍的“私有化”倾向。的确，金融和经济危机以及政府机构精简促使私营部门参与（原本由公共部门承担的）公共政策领域。许多原本属于公共部门和服务的空间规划功能和活动，近年来转嫁到私营团体头上。这些被转嫁的规划活动包括外包给私人顾问和从业人员的规划评估和控制、承包给私营企业的公共空间乃至整个城市地区的管理（Giannakourou 和 Balla，2012）。将规划权力外包给私人顾问的问题，不得不提到 2011 年末希腊议会通过的两项重要法案:《项目和行为活动的环境许可，与环境平衡相关的非法建筑调控》（L. 4014/2011 号）和《建设和其他开发许可的新体系》（L. 4030/2011 号）。前者规定将环境影响评估（Environmental Impact Assessments，EIAs）外包给私人顾问（经认证的环境评估员），而后者则允许环境部将建筑检查职能下放给私人调查员。应主管部门要求，获得认证的环境评估人员有权对提交给公共服务部门的环境影响评估（环评）进行全面审查；与有关当局取得联系并取得环评报告的意见，并起草环境许可证中应包含的环境条款。建筑检查人员可以对已经获发许可证的所有建筑进行控制，以确保技术标准得到适当实施。另外，对于公共空间和整个城市地区的私人管理则应当提到另外两项重要法案，一个是 L. 4062/2012 号，它为前 Hellinikon 国际机场地区的开发和建设建立了一整套法律框架；另一个是空间规划法规《2011—2015 年中期财政战略实施的紧急措施》（L. 3986/2011 号，第 12 条第 7 款，被 L. 4092/2012 号法案修订），它为剩余公共资产的开发和销售建立法律框架。这两项法案保证了私有化过程中的公共资产开发相关的城市规划的制定和实施，这些项目都由投资者主动倡议、承担责任，并通过出售过程加以选择。根据上述法律，公共技术设备的维护、清洁和更新，以及基础设施工程、交通网络和绿地的维护，均由私人开发商负责并承担费用，但不得违反任何有关条文。

规划权力和服务的私有化并不是当前经济危机对希腊规划产生的唯一影响。城市开发过程中越来越多私营部门的参与，对政府提出了寻求更灵活和更市场化导向的规划类型的要求。第二个变革的方向促进了增长的规划议程的出现。促进增长规划的目的是一改以往规范和控制私人开发的方式，转而为私人开发和空间投资提供支持。促进增长的规划被认为可以克服传统土地利用规划的滞后和弱点。土地利用规划因过度监管或缺乏适当的规范条例以及法律确定性而常被认为“抑制”了私人开发意愿（Giannakourou，2010；OECD，2011）。在 2010 年和 2011 年，希腊议会通过了两项重要法案：第一，《加速战略投资实施和战略投资实施的透明度》（L. 3894/2010 号），为战略投资设立规划许可的“快速通道”；第二，《2011—2015 年中期财政战略实施的紧急措施》（L. 3986/2011 号）（第 10—16 条），为公共土地私有化引进了一个特别和简化的规划制度。前者涉及战略投资，即从私营部门或公私投资伙伴关系中获得的大规模投资，这种投资在数量上（例如预算、就业岗位）和质量上

（例如促进创新、保护环境）都对整个国民经济具有重大意义，从而有利于国家摆脱经济危机。《2011—2015 年中期财政战略实施的紧急措施》被称为第一部实施法，于 2011 年 6 月被投票通过，其中包括公共财产私有化过程中的相关措施。尽管利用范畴和法律工具不尽相同，这两部法案对空间规划的理解是相同的。它被视为促进开发和引进私人投资的工具。为此，上述法案引入了专门的规划规则和程序以取代传统的土地利用规划和其他区划机制。这些区划机制如果符合国家规划指引，则可以“回避”区域和地方的空间 / 土地利用规划。该制度避免对现有的传统规划体系进行大规模改革。该制度原则上是完整的，偏离现有规划和程序的“回避”是有选择性的。

8.7　结论

可能有人会说希腊的空间规划，无论是其框架、工具、目标、核心议题或是实践，在过去的 20 年里都经历了重大变化。新的规划议程侧重于战略性空间规划在促进经济增长、社会融合和可持续性方面的作用，以及加快大型公共基础设施项目的需求，和制定更加灵活的政策以应对大、中型私人开发。这种转变来自欧盟的压力和冲击以及国内的需求和问题。但是，战略和开发导向的空间规划的转型主要涉及区域和国家层面；在地方层面，城市规划尽管修改了立法，仍然侧重于土地利用管理。从这个意义上说，规划目标的差异在这个时期内仍然存在，这使得规划的格局更加复杂和繁琐。规划范畴的改变伴随着规划手段、机构以及规划实践的变化，雅典奥运会是 1999—2004 年期间最重要的治理方面的实验案例。然而，这些变化再一次与希腊规划的传统特征共存，包括施令与控制政策工具、等级治理结构和对抗性的规划实践。

在这一时期，各种各样的参与者在制定和实施规划政策方面起了决定性的作用，这引发了不同维度的变化。首先，中央政府和规划界作为推动规划议程现代化的主要动力，将欧盟的相关概念和理念引入国内的规划讨论。其次，私营部门的利益相关者（例如旅游、工业和能源部门的投资者）能够运用“快速通道”和简化规划条例克服复杂的负担和延误。此外，各种公民运动和环境方面的非政府组织成功地将环境议题纳入中央和地方的规划议程，并要求在规划决策中增加公开性和参与性。必须指出，欧盟的环境立法和 20 世纪 90 年代建立的战略规划新的协商构架（国家空间规划和可持续发展理事会）允许广大群众发声；但从那以后，群众在规划实践中要么“沉默”，要么被忽略。21 世纪头 10 年，主要机构在国家和区域规划层面的咨询和参与更加广泛，但规划制定中的等级结构和对抗性等传统特征仍然存在，这导致了国家、社会和市场之间新的紧张关系，以及新一轮的司法诉讼。

总的来说，很难说希腊空间规划的政策风格在过去20年里有根本的变化。这一时期制度上的传统与创新混合，代表着这一过程复杂的连续性和变化交织。在当前经济危机的压力下，政府正在向传统土地利用规划制度回归，目的是为重大私人投资项目的决策提供便利，并“绕过”现有规划工具和许可程序所设置的“障碍”（Giannakourou，2010；105）。然而，这些替代规划制度（规划权力和服务的私有化、外包、促进增长计划）并未从根本上解决希腊的规划困境。他们在保留主流规划特征的同时，忽略了战略规划和治理为国家未来空间发展提供愿景、繁荣景象和共识的潜力。可以说希腊规划体系连续性与变化共存的改革路径充满变数。以不同范围、规划模式和工具，参与者群体和政策风格并存的规划实践为特征的过渡阶段仍在继续。因此，问题不在于希腊规划的“城市设计传统”是否在《欧盟空间规划体系与政策纲要》出台后15年仍然占据主导地位，而在于变化和连续性之间的紧张关系会将希腊的空间规划引向何方。其结果并不仅仅取决于国家层面，也受制于欧洲以及全球层面的背景。

注释

1. 国务委员会（Symvoulio tis Epikrateias）是希腊的最高行政法庭。其事权基本上由宪法决定，包括撤销超越事权或违法的行政行为、撤销原判、最终上诉、下级行政法院的最终裁决和对实质性行政争议的审理。除了这些司法权限之外，国务委员会还对所有法令具有法律管制的责任。

2. 大规模城市结构重组（EPA）。

3.《希腊宪法》第24条记载了关于国家有义务对国家领土和定居点进行结构规划，以及保护物质和文化环境的具体条款。

4. 20世纪90年代深化制度变革包括1994年建立的地方政府（即两级规划层级的确立）、将小型社区合并为大型市政单位［1994年的“卡波迪斯特里亚斯方案”（Kapodistrias Programme）］，以及1997年权力向区域层级的管理机构转移。

5. 除了规划事权之外，地方政府从其他几个部委（除环境部）接手了重要权力（例如工业开发许可证、农业用地改良项目的强制土地征用权、海港地区用于公共目的的土地划分等）。

6. 雅典国立理工大学和塞萨洛尼基（Thessaloniki）的亚里士多德大学的城市和区域规划系以及色萨利（Thessaly）大学的新规划和区域发展系。

167

参考文献

Beriatos, E. and Gospodini, A. (2004). “Glocalising” urban landscapes: Athens and the 2004 Olympics. *Cities*, *21*, 187–202.

CEC – Commission of the European Communities. (1997). *The EU Compendium of Spatial Planning Systems and Policies*. Luxembourg: Office for Official Publications of the European Communities.

CEC – Commission of the European Communities. (2000). *The EU Compendium of Spatial Planning Systems and Policies: Greece*. Luxembourg: Office for Official Publications of the European Communities.

Chorianopoulos, I. (2008). Institutional responses to EU challenges: attempting to articulate a local regulatory scale in Greece. *International Journal of Urban and Regional Research*, *32*(2), 324–343.

Coccossis, H., Economou, D. and Petrakos, G. (2005). The ESDP relevance to a distant partner: Greece. *European Planning Studies*, *13*(2), 253–264.

Economou, D. (2002). The institutional framework of spatial planning and its adventures. *Aeihoros*, *1*(1), 116–127.

Economou, D., Getimis, P., Demathas, Z., Petrakos, G. and Pyrgiotis, Y. (2001). *The International Role of Athens*. Volos: University of Thessaly Press.

ESPON. (2007). *Governance of Territorial and Urban Policies from EU to Local Level, ESPON Project 2.3.2, Final Report*. Esch-sur-Alzette: ESPON Coordination Unit. Retrieved from www.espon.eu.

Fürst, D. (1999). Humanvermögen und regionale Steuerungsstile: Bedeutung für das Regionalmanagement? *Staatswissenschaften und Staatspraxis*, *6*, 187–204.

Fürst, D. (2009). Planning cultures en route to a better comprehension of planning processes. In J. Knieling and F. Othengrafen (eds) *Planning Cultures in Europe: Decoding Cultural Phenomena in Urban and Regional Planning* (pp. 23–48). Aldershot: Ashgate.

Getimis, P. (1989). *Urban Policy in Greece: The Limits of Reform*. Athens: Odysseas.

Getimis, P. (1992). Social conflicts and the limits of urban policies in Greece. In M. Dunford and G. Kafkalas (eds) *Cities and Regions in the New Europe* (pp. 239–254). London: Belhaven Press.

Getimis, P. (2010). Strategic planning and urban governance: effectiveness and legitimacy. In M. Cerreta, G. Concilio and V. Monno (eds) *Making Strategies in Spatial Planning: Knowledge and Values* (pp. 123–146). Heidelberg: Springer.

Getimis, P. and Hlepas, N. (2005). The emergence of metropolitan governance in Athens. In H. Heinelt and D. Kuebler (eds) *Metropolitan Governance: Capacity, Democracy and the Dynamics of Place* (pp. 63–80). London/ New York: Routledge.

Getimis, P. and Hlepas, N. (2007). From fragmentation and sectoralisation to integration through metropolitan governance? The Athens Olympics as a catalytic mega-event. In J. Erling Klausen and P. Swianiewicz (eds) *Cities in City Regions: Governing the Diversity* (pp. 127–173). Warsaw: European Urban Research Association.

Getimis, P. and Hlepas, N. (2010). Efficiency imperatives in a fragmented polity: reinventing local government in Greece. In H. Baldersheim and L. E. Rose (eds) *Territorial Choice: The Politics of Boundaries and Borders* (pp. 198–213). Basingstoke: Palgrave Macmillan.

Getimis, P. and Kafkalas, G. (1992). Local development and forms of regulation: fragmentation and hierarchy of spatial policies in Greece. *Geoforum*, *23*(1), 73–83.

Getimis, P. and Kafkalas, G. (2002). Comparative analysis of policy-making and empirical evidence in the pursuit of innovation and sustainability. In H. Heinelt, P. Getimis, G. Kafkalas and R. Smith (eds) *Participatory Governance in a Multi-Level Context: Concepts and Experience* (pp. 155–171). Opladen: Leske + Budrich.

Giannakourou, G. (1992). Private interests' legitimization methods in the Greek urban administration. *TOPOS*, *4*, 113–133.

Giannakourou, G. (2005). Transforming spatial planning policy in Mediterranean countries: Europeanization and domestic change. *European Planning Studies*, *13*(2), 319–331.

Giannakourou, G. (2007). Urban and regional planning and zoning. In K. Kerameus and P. Kozyris (eds) *Introduction to Greek Law. Third Revised Edition* (pp. 167–177). Athens: Kluwer Law International, Ant. Sakkoulas Publishers.

Giannakourou, G. (2010). Investment land-planning in Greece: problems and solutions. *The Greek Economy*, *4*(62), 103–110. Retrieved from www.iobe.gr/docs/economy/en/ECO_Q4_10_REP_ENG.pdf.

168 Giannakourou, G. (2011). Europeanization, actor constellations and spatial policy change in Greece. In D. Stead and G. Cotella (eds) Differential Europe: domestic actors and their role in shaping spatial planning systems. *disP*, *47*(3), 33–42.

Giannakourou, G. and Balla, E. (2012, October). Privatization of planning powers and planning processes in Greece: current trends, future prospects. Paper presented at the 6th Conference of the Platform of Experts in Planning Law, *Privatization of Planning Powers and Urban Infrastructure*, Lisbon. Retrieved from www.internationalplanninglaw.com/files_content/Greece_Privatization%20of%20planning%20powers%20and%20processes.pdf.

Giannakourou, G. and Trova, E. (2001). *The Olympic Games and the Law: The Legal Framework of the Olympic Games 2004*. Athens-Komotini: Ant. N. Sakkoulas Publishers.

La Spina, A. and Sciortino, G. (1993). Common agenda, southern rules: European integration and environmental change in the Mediterranean states. In J. D. Liefferink, P. H. Lowe and A. P. J. Mol (eds) *European Integration and Environmental Policy* (pp. 217–236). London/New York: Belhaven Press.

Nadin, V. and Stead, D. (2008). European spatial planning systems: social models and learning. *disP*, *44*(1), 35–47.

Newman, P. and Thornley, A. (1996). *Urban Planning in Europe: International Competition, National Systems and Planning Projects*. London: Routledge.

OECD – Organisation of Economic Co-operation and Development. (2011). *Economic Surveys: Greece 2011*. Paris: OECD Publishing.

Paraskevopoulos, C. J. (2001). Social capital, learning and EU regional policy networks: evidence from Greece. *Government and Opposition*, *36*(2), 251–275.

Sapountzaki, K. and Karka, H. (2001). The element of sustainability in the Greek statutory spatial planning system: a real operational concept or a political declaration? *European Planning Studies*, *9*(3), 407–426.

Spanou, C. (1996). On the regulatory capacity of the Hellenic state: a tentative approach based on a case study. *International Review of Administrative Sciences*, *62*, 219–237.

Wassenhoven, L., Asprogerakas, V., Gianniris, E., Pagonis, T., Petropoulou, C. and Sapountzaki, P. (2005). National overview: Greece, ESPON 2.3.2 Project (Governance of Territorial and Urban Policies. From EU to local level – European Commission – Lead Partner: University of Valencia), National Technical University of Athens, Laboratory for Spatial Planning and Urban Development (Project Coordinator for Greece: L. Wassenhoven).

延展阅读

Dimitrakopoulos, D. and Passas, A. (eds) (2003). *Greece in the European Union*. London/New York: Routledge.

Heinelt, H., Sweeting, D. and Getimis, P. (eds) (2006). *Legitimacy and Urban Governance: A Cross-national Comparative Study*. London/New York: Routledge.

ISOCARP – International Society of City and Regional Planners. (2002). *Planning in Greece, Special Bulletin 2002, 38th International Planning Congress*. Athens: GND – ISOCARP.

Lyrintzis, C. (2011). Greek politics in the era of economic crisis: reassessing causes and effects. *The Hellenic Observatory Papers on Greece and Southeast Europe*. London School of Economics and Political Science. Retrieved from www2.lse.ac.uk/europeanInstitute/research/hellenicObservatory/pdf/GreeSE/GreeSE45.pdf.

Monastiriotis, V. (ed.) (2011). The Greek crisis in focus: austerity, recession and paths to recovery. *Hellenic Observatory Papers on Greece and Southeast Europe, Special Issue*. London School of Economics and Political Science. Retrieved from www2.lse.ac.uk/europeanInstitute/research/hellenicObservatory/pdf/GreeSE/GreeSE%20Special%20Issue.pdf.

Van den Berg, L., Braun, E. and Van der Meer, J. (eds) (2007). *National Policy Responses to Urban Challenges in Europe*. London: Ashgate.

第 9 章　佛兰德斯*的空间规划——为资本主义开路？

彼得·范·登·布勒克，弗兰克·穆拉特，
安妮特·库克，埃尔斯·利埃瓦，扬·施罗伊斯

本章目标

- 简要概述了佛兰德斯空间规划的技术特点；
- 分析培育或阻碍空间规划特殊工作方法的社会力量；
- 如何运用并改良基于战略关系的制度主义（institutionalist）理论框架来分析规划体系，本章以佛兰德斯规划体系为例；
- 展示不同的团体如何（再）产生不同的（有时是相互竞争的）规划体系（例如规划许可制度、空间结构规划、土地利用规划、基础设施规划、项目规划、环境规划），以及这些体系所体现出的不同的选择性；
- 佛兰德斯规划体系的普遍矛盾，是代表财产所有权的参与者和主张空间集体行动的参与者之间的矛盾；
- 自 1999 年以来，佛兰德斯的结构规划和土地利用规划一直倾向于保护私有财产。

9.1　引言

本章追溯佛兰德斯现有空间规划体系的起源，并解释了佛兰德斯的空间结构规划正在经历怎样的转变。它自 1980 年比利时中央政府将规划权力下放到三个区域［佛兰德斯、瓦隆（Wallonia）、布鲁塞尔］后，就一直保持着高度的自治性。为何佛兰德斯区域政府对其空间规划未来的发展方向尚不清晰，是本章后续讨论的重点。它是否应该维持现有的规划许可制度、土地利用簿记和体现了大多数土地利用部门的保护性策略的官僚结构规划？还是应该推进其他更具战略性和自下而上的民主规划方法？其中空间转型的概念是否为核心价值？作者

---

* 佛兰德斯（Flanders）是比利时北部的荷兰语区，是比利时经济发达、旅游文化资源集中的地区；首府是安特卫普。——译者注

分析了直到最近才培育或阻碍空间规划特殊方法的社会力量。这些分析结论对佛兰德斯空间规划未来的发展方向具有参考价值。

170

本章第 2 节概述了佛兰德斯空间规划的技术特点。它勾勒出现行的土地利用规划和空间结构规划的混合体系是如何演变而来的，以及自 21 世纪初以来，佛兰德斯空间规划的结构层面是如何退化的。第 3 节集中讨论在过去 50 年里一直支持空间规划转型的社会力量。运用了一种战略关系制度主义理论框架，辩证地将相关社会群体中个体和集体参与者的行为与制度框架中的规划工具和体系相联系。分析的重点是不同的群体（不同的制度背景）如何重新产生不同的（有时是相互竞争的）规划体系，以及在这些体系中如何嵌入不同的选择性。第 4 节回顾了当前政府在空间规划和环境政策领域所面临的挑战，以及这些挑战的相互联系。综上所述，本章强调了佛兰德斯规划体系的特征和一些反复出现的问题，并根据其社会政治特征和社会地位两个维度对其进行进一步的分析。

本章的研究基础是两个研究项目。其一是由佛兰德斯政府科学研究和技术发展研究所（Institute for Scientific Research and Technology Development，IWT）资助的“空间规划战略项目”（Spatial Planning to Strategic Projects，SP2SP）；其二是由佛兰德斯政府资助的“空间与社会政策中心项目”（Policy Centre Space and Society）。

9.2 佛兰德斯空间规划的技术历史：土地利用规划与空间结构规划之间的反复交替

我们首先简要回顾一下佛兰德斯空间规划发展历史。这是一种技术性很强的工作方式，因为我们会整理出佛兰德斯制定立法和条例的主要历史节点，并继续研究推动这一发展的法律框架（其条例和政策工具）背后的历史动态，尤其是社会力量。

比利时议会在 1962 年投票制定了第一部关于城市规划的法案（1962 年 3 月 29 日关于组织空间规划和城市建设的法律），而在此之前，草案的起草经历了一段漫长的（第二次世界大战）战前历史（Janssens，1985）。这项法案主导比利时和佛兰德斯的土地利用条例超过 30 年（Albrechts，1999，2001a）。首先，它将自 19 世纪初以来就存在的规划许可证制度正式化和中心化。从那时起，对建筑环境的每一次干预，都需要得到以建设规划为基础的规划许可，并由各级政府新设的管理部门来评判。此外，不同层次的申诉制度和实施管理系统的许可证制度也相继引入。其次，法律允许业主和开发商在配额计划（allotment plans）的基础上申请配额许可。最后，法律引入了由中央政府（国家规划、区域规划、次区域规划）和城镇政府（地方规划、次级地方规划）组成的等级规划体系。

20 世纪 60 年代后半段，48 个次区域规划出台；1972 年，比利时中央政府通过了一项皇室法令来正式化和规范化次区域规划（1972 年 12 月 28 日皇家法令）。这一举措的目的是对授予业主的配额许可急速增长的趋势进行缓冲。在 1974 年至 1983 年期间，这些规划草案都已转化为覆盖整个比利时的具有法律约束力的土地利用规划（以 1/25000 的比例）。这个比例允许在次区域土地利用规划中定位单个地块及其指定的土地利用模式（图 9.1）。1962 年的城镇规划法案中所预期的国家规划和区域规划都没有编制。《城镇规划法》(1962）在 1972 年后曾被多次修订，特别是在 20 世纪 80 年代，土地所有者拥有更多机会在建设用地以外的地块上进行建设。1984 年的所谓“迷你”法令（1984 年 6 月 28 日法令，补充 1962 年 3 月 29 日关于组织空间规划和城市建设的法律）的出台进一步推动了这种演变。与此同时，一些城镇政府成功地制定了当地的土地利用规划，从而为当地土地利用提供了更具体的指导方针（以 1/1000 的比例）(欧洲委员会，2000)。

171

与此同时，从土地利用规划和区划向结构规划的转变趋势明显且一直在进行。在 20 世纪 70 年代，规划界反对将次区域规划精简为土地利用规划，后者是为比利时各地每一块土地指定合法的土地用途，并鼓励土地所有者开发土地，以及激励临时改变现有的土地利用规划，为房地产开发铺路。后来规划界开始主张在地方层级和随后在区域层级试验其他更灵活的规划手段（参见 Albrechts，1982；De Jong 和 De Vries，2002；Van den Broeck，1987；Vermeersch，1975）。20 世纪 80 年代，当各个部门都意识到不同土地利用者的要求不再兼容，当国家最终形成了一种从长远来看不可持续的空间规划和土地利用分配，当规划实践实际上已经成为所谓的“先到先得”方式时，这种需求就变得很普遍了。虽然土地利用规划体系相当集权，但根据主要利益相关者的要求，土地被重新分配，土地利用规划也做了调整。

图 9.1　摘自安特卫普次区域的分区规划

资料来源：佛兰德地理信息局（Agentschap voor Geografische Informatie Vlaanderen，2006）

经过30年的地方结构规划试验，尤其受1970年以后比利时联邦化进程加速的影响（见下文），佛兰德斯议会在1996年通过了所谓的《空间规划法》（Decreet houdende de ruimtelijke planning）（1996年7月24日颁布）。该法令为佛兰德斯的结构规划奠定了法律基础。这一法令促成了一个三层空间规划附属体系的建立。第一，佛兰德斯政府、所有5个省和所有308个佛兰德斯市政当局都有义务制定结构规划，包括对其空间未来的设想、战略和行动。第二，这些结构规划被认为能够补充所谓的“空间实施规划”（RUPs），后者将逐步取代现有的基于1962年《城镇规划法》的分级土地利用规划。第三，这些空间实施规划仍然可以被视为土地利用规划，但其在指定和规范土地用途方面留给各国政府更大的灵活性。作为1996年规划法令的第一个应用，1997年佛兰德斯的第一个空间结构规划开始投入利用（参见 Albrechts，1999，2001a，2001b）。

172

也是在1996年，1962年的法律及其后来的变化被整合在一项（1996年10月22日颁布的）法令中。该法令将与1996年的《空间规划法》平行。

1962年的《城镇规划法》（比利时）和1996年（佛兰德斯）的《空间规划法》的一部分在1999年被整合为《佛兰德斯空间规划法》（1999）（1999年5月18日颁布）。该法令整合了：（1）佛兰德斯各级政府结构规划的附属制度；（2）各级政府具有法律约束力但具有弹性的空间实施规划的附属制度；（3）基于1962年的规划许可制度，但对非住房领域的发展可能性有更严格的限制。1999年的体系倡导比利时5省都开始编制结构规划，250个城市（2010年为80%）开始编制结构规划，各级政府开始编制《空间实施规划》以取代部分仍有效的次区域土地利用规划。

然而，《佛兰德斯空间规划法》（1999）在颁布几个月之后经历了持续的变化，它或多或少地保留了结构规划体系、空间实施规划和规划许可证制度，但降低了空间实施规划的灵活性，重新增加了非住房领域的开发可能性，并限制了同时改变结构规划和空间实施规划的可能性。2009年，上述一系列变化被纳入一个新的法令——《佛兰德斯“规划法典”》（Flemish “Planning Codex”）（Vlaamse regering，2009），该法令目前负责规范佛兰德斯的空间规划。此外，佛兰德斯政府在2003年和2010年改变佛兰德斯的空间结构规划，以增加当地经济发展的可能性。为了制定一项新的佛兰德斯空间结构规划，也被2009年选出的佛兰德斯政府称为“空间政策规划”。

9.3　1962 年以来佛兰德斯空间规划的制度变化

9.3.1　一项制度工具

前一节提供了相关的技术性概述，其中包括（1）建构佛兰德斯空间规划的法律来源类型，以及（2）这些法律来源如何转化为法令、规章、政策工具等。这一节将探讨推动比利时 / 佛兰德斯空间规划发展的社会力量的演变；并通过关键参与者、制度变化和空间规划工具的设计三个维度回顾自 1960 年至今佛兰德斯空间规划的发展史。

为此，我们采用一种帮助我们了解和评估制度变化中的规划工具和体系的视角。该视角是制度主义以我们之前的研究所积累的专业知识为基础，并利用制度主义规划理论、非理性主义的社会学 / 批判制度主义、战略关系方法，以及科学、技术、社会的研究建构的一套研究框架（Moulaert，2000；Moulaert 和 Mehmood，2009；Moulaert 等，2007；Servillo 和 Van den Broeck，2012；Van den Broeck，2008，2010，2011a）。我们将规划工具和规划体系归为“制度领域”的社会实践，而不是实现预设目标的技术手段。制度领域是在相应制度框架内由相关社会群体和工具群体（即规划体系）的参与者构成的，彼此相互表述和分析。我们发现再造了不同规划体系的相关社会群体同时活跃于佛兰德斯。因此，我们的方法超越了聚焦规划体系的效率和有效性的工具主义分析（instrumentalist analyses），而是从社会政治利益出发自诘：比利时 / 佛兰德斯规划体系在相应的社会背景下是如何变化的？它为什么会改变？谁受益？谁对规划体系产生影响？规划体系变革的原因及其对社会政治生活产生的后果和意义是什么？因此，我们分析了区域、国家甚至国际社会变化是如何影响比利时 / 佛兰德斯的规划及其相应的参与者，以及机构的辩证逻辑是如何调解这些变化的。

173

参与者之间的相互作用、制度变化和规划工具设计可以细分为不同的情节。[1] 这些情节可能与我们上文提到的法律变革的里程碑有关联。但是，它们实际上更多地反映了佛兰德斯编制空间政策和规划过程中发挥作用的不同参与者之间的联盟和对抗的转变和重新组合。为了理解这些复杂的重构关系，历史分析应该充分考虑比利时 / 佛兰德斯的凯恩斯主义福利国家的转变。

9.3.2　1945 年后佛兰德斯的社会经济动态

20 世纪下半叶的社会经济转型是大规模生产和大众消费的制造业经济向基于灵活生产、个性化消费和服务经济的转型（Moulaert 和 Swyngedouw，1989；Moulaert 等，1988；

Van den Broeck，2008）。经历20世纪70年代的凯恩斯主义危机，又经过20年的经济结构调整和20世纪八九十年代实行的一系列新自由主义政策，国际上（包括比利时）或多或少出现了新的积累制度。这还是基于从社会政策向经济政策的转变：与其邻国相比，比利时有对工资和竞争力的长期监测，高端的、基于需求的高度差异化产品的生产，以及无库存生产和灵活的工作组织形式等。生产不再是以员工需求为导向，而是以资本需求为导向（Witte和Meynen，2006）。

与此同时，我们看到所谓的“支柱社会”的社会政治变革，这种社会是根据宗教、思想和文化的分界线，在社会政治阵营中组织起来的。在这些阵营中，不同的运动、社团组织和服务组织发挥了重要作用，并促进了比利时/佛兰德斯社会中社会意识形态分界线的再现。然而，在过去30年中，社会政治阵营和相应的社团决策机制受到了新的社会政治问题（如生态危机、移民）、新的政治参与者、比利时的联邦化、市场政策的引入、工会力量的削弱等的挑战，从而导致了社会分化和多元化。

我们不应低估比利时/佛兰德斯社会的空间规划重构过程中文化-意识形态变化的作用。从基督教民主（Christian Democracy）和团结向自由主义意识形态的过渡，这可能是最重要的文化意识形态的转变。市场原教旨主义（market fundamentalism）的影响力不断增强，它总是让市场满足人们的需求。这也影响到个人生活领域，并助长了个人主义的发展和趣缘社群的兴起。由于后者有其特定的土地利用要求，与之协调将变得非常困难。

福利国家转型的社会经济和社会政治动态为我们提供了一个分析比利时/佛兰德斯规划发展的大背景。由于这些宏观结构转型是由更为具体的与空间政策有关的制度动力所导致的，因此我们需要把注意力集中在相关社会群体中参与者的具体辩证逻辑和其制度框架内的规划工具。我们将佛兰德斯的规划发展分为五个阶段，每个阶段的规划工具（规划体系）与发明这些工具的社会群体或多或少具有连贯性。

9.3.3 第一阶段（1962—1972年）：日益增多的住房分配和社会-经济的区域调查的增长

1962年，《城镇规划法》（Law on Town Planning）为已有150年历史的规划许可制度增加了一个等级制完善且多层次的土地利用规划体系。这个制度体现了比利时战前规划社区（规划是对空间组织的一种集体干涉）、业主公司、开发部门（产权保护）和经济部门（将规划作为一个经济项目来规划区域发展和福利国家的建设）股权之间的妥协（Albrechts等，1989；Janssens，1985；Ryckewaert和Theunis，2006；Saey，1988）。然而，它不是土地利用规划，而是 1962 年颁布的法律规定的配额许可证的工具。大量的土地所有者和开发部门得到了律师事务所的支持，他们申请了配额许可，以确保其土地的开发权利（图 9.2，Anselin 等，1967）。

175

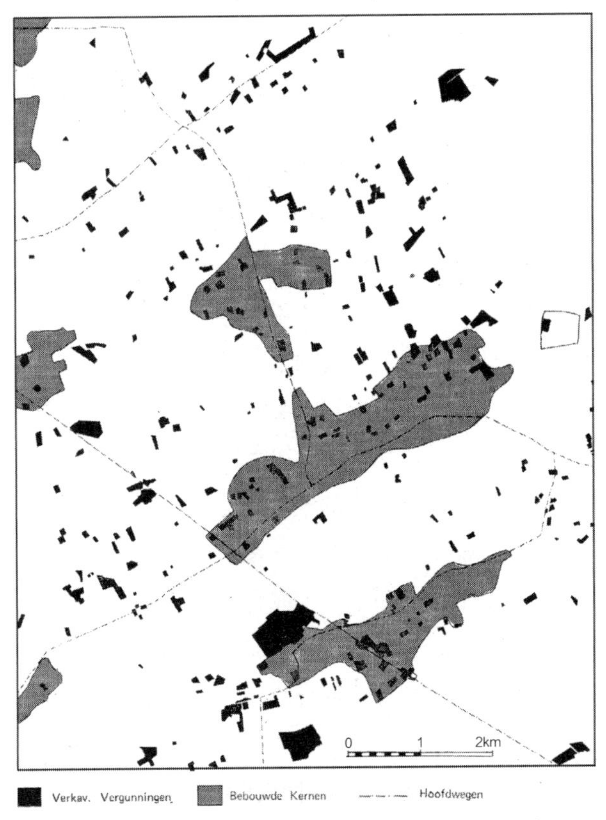

图 9.2　农村社区的配额许可地图

资料来源：Van Havre，D.（1967）

176

土地利用规划体系是对（福特式）社会经济规划体系的补充，它得到了一群制造业机构的支持。这些机构担心没有足够的土地支撑经济的扩张。它们对部门经济政策的浓厚兴趣被灌输在所谓的经济扩张法中（例如 Willekens 和 Moulaert 的分析，1987）。与此同时，也有人倾向于提供可以容纳不同经济企业区、工业活动区等的土地。如 1962 年《城镇规划法》所预期的那样，（基督教民主党）比利时公共工程和城镇规划部（Belgian Minister of Public Works and Town Planning）在 20 世纪五六十年代进行了一系列的区域调研；之后于 1965 年，相应的行政机构和几个规划顾问起草了次区域规划。所谓的基础设施规划，一方面是搭接其经济扩张倡议与土地供给之间的桥梁；另一方面是协调基础设施、企业区、住宅区和景观美化的规划与实施。基础设施规划的目的是为企业区提供适当的基础设施，以确保生产率得到优化。与此同时，基础设施规划还必须保证不同的企业区域通过公路体系、铁路体系、水路运输路线等进行适当的网络化。

9.3.4 第二阶段（1972—1983年）：土地利用规划与结构规划争相替代社会经济规划

继1972年有关次区域规划的形式和内容的法令出台（这也是1962年法律所预见的），比利时（基督教民主党）负责住房、空间规划和区域经济的国务大臣委托将次区域规划草案变为具有法律约束力的规划。这是对上文提到的授予配额许可高峰数量的一种反馈，以及随后对制度体系施加的压力。其目的是在协调不同的土地利用要求方面创造更多的秩序。事实上，一方面，对稀缺土地的需求有所增加；另一方面，经济和建设部门的发展需求和公众保护佛兰德斯自然与绿色区域的势力之间存在矛盾。

次区域土地利用规划的具体形式及其具有法律约束力和规范性的特点，使之成为1962年《城镇规划法》正式化的规划许可制度的组成部分。实际上，规划许可制度规定了正常运作区域内土地的利用和开发权。例如，住房建设只能在住宅区得到批准，工厂建设则只能在制造业活动预留场地获得批准。和上一节一样，在规划许可证制度下再生产和运作的社会力量包括房地产所有者公司、建筑和开发部门以及律师事务所和法学院的相关法律界。但为了维护规划许可制度，比利时政府在国家、省、市级设置了一套新的空间规划管理体系，从而扩大了相关的社会群体。

规划许可制度所面临的矛盾还包括反对过度利用土地和给纯粹经济职能的土地利用发放许可证，以及反对土地所有者将过量的土地用于住房和经济发展的（成功）需求。环境运动、空间规划师社群、社区开发商、社区教育学院和基督教民主党（Christian Democrat Party）的左派工会都对消费福利国家资源、公司化的运作和偏颇的决策过程表示强烈反对。这些团体所扮演的一部分角色是由前社会-经济规划的制度变化影响的。他们呼吁启用结构规划，其实结构规划的点点滴滴早已存在于以前的区域调查和前文提到的分区域规划草案中。要求采用更多的结构规划就意味着要将社会和环境规划与空间结构规划结合起来。总的来说，空间结构规划的目的是把社会和经济的不同职能纳入一个更动态的空间规划，其中的各种利益和社会参与者都将在规划体系的相互协调过程中扮演索赔者和参与者的角色。在佛兰德斯不同城市进行地方结构规划试验后，现在佛兰德斯基督教民主党的空间规划部长为佛兰德斯层级的空间结构规划奠定了基础。他委托一组规划学者和顾问为佛兰德

177

斯制定了空间结构规划草案（图 9.3 显示了安特卫普以南 Rupelstreek 的开发结构方案；另见 Van den Broeck，1987）。该小组在 1983 年至 1984 年编制了两份供讨论的文件，但其并未立即产生实际效果。

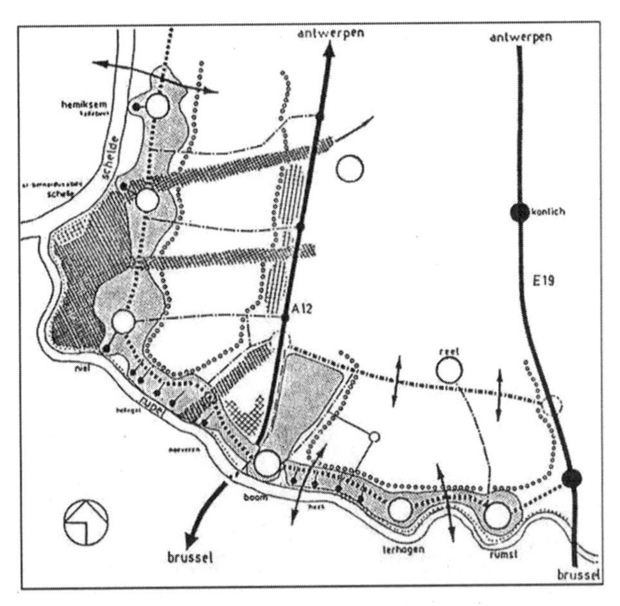

图 9.3　地方结构规划试验

资料来源：Van den Broeck，J. 和 Wuillaume，P.（1986）

总结以上历史，空间结构规划的兴起与引发抗议的福特主义福利国家的危机以及倡导空间结构规划的团体的兴起相关，另外比利时的联邦化趋势也是空间结构规划兴起的一个重要因素。1970 年和 1980 年的国家改革，前者建立了三个文化实体（佛兰芒语、法语和德语社团）和三个地域实体（佛兰德斯区、瓦隆区和布鲁塞尔地区），后者建立了区域政府并将空间规划的事权下放给区域政府。总之，这两轮改革为佛兰德斯创建一个空间规划行政管理机构提供了先决条件。因此佛兰德斯规划政策需要有一个共同愿景，以此支持新的规划工具，允许在规划团体和部委之间建立直接联系（就像在进步运动中一样），并将佛兰德斯空间结构规划放在政治议程上。

178

9.3.5　第三阶段（1983—1991 年）：规划许可制度的优势与城市设计的兴起

在这一段中，规划许可制度，包括其房地产开发和法律逻辑，重新成为佛兰德斯空间组织中最重要的制度。因此，参与者和各种观点对佛兰德斯层级的空间结构规划的影响急剧下降。这体现在相关机构的行为影响力越来越大，他们倾向于宽松的规划许可证制度，并支持特定的土地利用需求。实际上，1984 年佛兰德斯的“迷你”法令增加了物权持有者和开发商在次区域土地利用规划规定的非住宅用地上建设的机会（图 9.4）（Grietens，1995；Renard，1995）。为了应对 20 世纪 70 年代福利国家的危机，一系列以市场为导向的方法在国际上获得突破（Witte 和 Meynen，2006）。这促成了一个由自由主义和右翼基督教民主党组成的新政府（以及连续三届自由主义佛兰德斯空间规划部长）于 1985 年当选。该届政府特别注重经济发展。1987 年，政府也放弃了 20 世纪 70 年代末推出的城市更新的社会政策，这与空间结构规划的参与者、主要观念和工具有关（Knops 等，1992）。

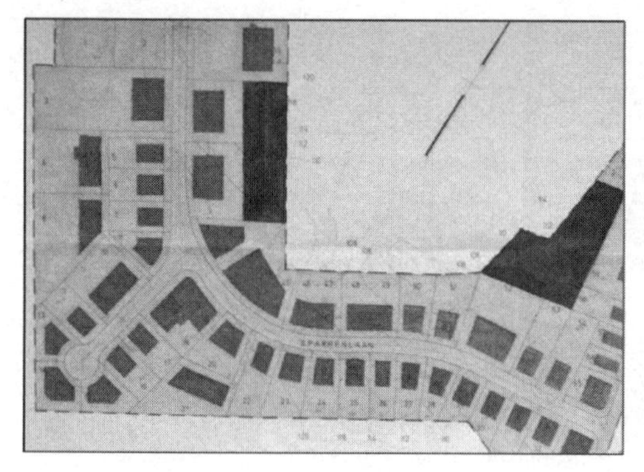

图 9.4　宽松的规划许可证制度对开放空间的影响

资料来源：Vloebergh，G.（2010）

综上所述，放宽规划许可制度、放弃社会城市更新政策，意味着空间结构规划和社会城市规划工具的消失和保护制度的削弱，而且是在区域层级建立之前就已经消失。事实上，佛兰德斯的第一个空间结构规划直到 1997 年才被投票通过（见下文）。在地方层面上，不同的城市继续尝试空间结构规划和邻里发展（Van den Broeck，1987），从而维持了一个有利于空间结构规划发展的参与者扩展网络。与此同时，地方政府启动了新的城市设计工具，为城市所谓的战略空间新未来提出设想。这也受益于经济结构调整以及棕地的出现（前工业用地的更新需求）。此外，建筑和城市设计学科从 20 世纪 60 年代的危机中恢复过来，南欧城市设计启发了佛兰德斯的建筑师、都市主义者和规划师（Loeckx 和 De Meulder，2007）。另一个支持城市设计传播的因素是“新城市政策”的兴起和相应的项目发展模式（Moulaert 等，2003）。城市设计工具使城市设计师、规划师、佛兰德斯城市和部分开发部

179

门在他们的战略中更注重研究佛兰德斯的空间组织，然而土地利用的平衡进一步恶化。

9.3.6 第四阶段（1991—1999 年）：空间结构规划，环境政策，区域发展，社区发展和交通规划的共同框架

1991 年，一个由社会民主党（Social Democrats）、基督教民主联盟（Christian Democrats）和佛兰德斯民族主义者组成的新中左翼政府当选。这为上一阶段在国家层级失去影响力的空间结构规划的支持者带来了新机会。此外，环境规划（与空间规划的关系日益密切）在上一个阶段发展成为越来越重要的政策领域。同样，由于宽松的规划许可制度导致的空间规划丑闻，以及在交通规划、自然发展和社区发展等相邻政策领域取得的成功，空间结构规划被纳入政治议程。在此背景下，1988 年和 1993 年联邦化进程的新阶段也发挥了作用（Albrechts，2001a；Van den Broeck，2008；Witte 和 Meynen，2006）。因此，渐进网络自 20 世纪 70 年代获得权力以来也发展迅速。这个渐进网络群体包括城市规划部门、一些城市政府、学者、咨询公司、跨城市公司、扩大的佛兰德斯空间规划管理局、环境运动、可持续交通和公共交通的支持者、社区开发商、连任两届的中左翼佛兰德斯政府和他们各自的党派网络、两位积极的空间规划部长（其中一位是 20 世纪 80 年代的环境政策部部长）、各届内阁人士等。1996 年颁布，这个法令整理归纳了空间结构规划的辅助体系（图 9.5）和针对三级政府的新一代土地利用规划（即“空间实施规划”，见上文）、1997 年的佛兰德斯空间结构规划以及 1999 年的佛兰德斯空间规划综合法令（Albrechts，1999；Merckaert，2008）。此外，规划许可证制度对住宅区以外的开发采取更严格的限制，对规划申请的行政自由裁量权更加开放（参见 Hubeau 和 Vandevyvere，2010）。

与此同时，空间结构规划强化了与影响佛兰德斯空间组织的其他规划体系先前就存在的关系。针对消费驱动的郊区化以及城市重组和城市棕地带来的机遇，在几个具有代表性的城市项目中发展了以项目为导向的城市设计工具，这些城市项目不乏结构规划倡导者的参与。此外，这些工具起源于区域发展（例如战略规划、区域经济平台），都是结构规划所熟悉的。这些工具经常被运用于经济结构调整领域，并由欧洲发展基金资助（Tubex 等，2005）。他们显然关注经济发展，但受欧盟综合区域发展标准的影响，有时会关注更广泛的领域，并促进经济参与者、佛兰德斯公共行政部门、城市政府、工会和发展机构之间的合作。在这种情况下，空间结构规划师往往参与其中。同样的关系也存在于倡导更多选择性的交通方式（例如公共交通、功能性骑行和内陆水运交通）的参与者之间，以及城市和农村地 180

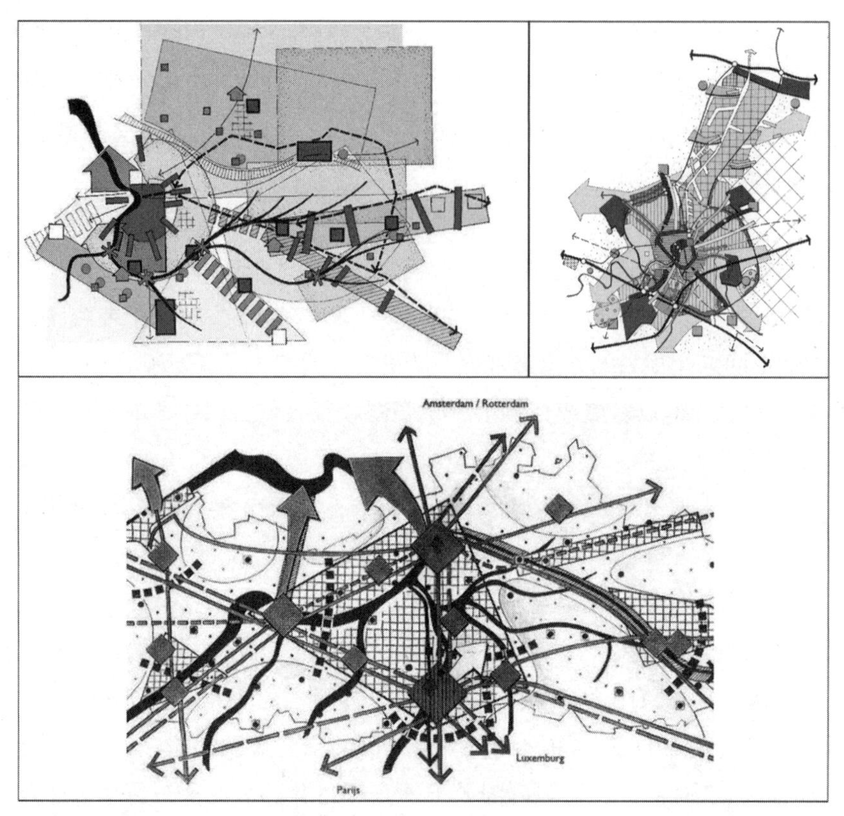

图 9.5　在安特卫普省、根特市和佛兰德地区的结构规划中的空间结构方案

资料来源：Provincie Antwerpen（2003）；Stad Gent（2003）；Vlaamse regering（1997）

181　区的社区和邻里发展（De Decker 等，1996；Koning Boudewi jnstichting，1996）。

9.3.7　第五阶段（1999—2009 年）：结构规划的碎片化，规划许可证制度的回归和项目规划

在 1997 年《佛兰德斯空间结构规划》（Spatial Structure Plan for Flanders）和 1999 年的《空间规划法令》（Decree on Spatial Planning）获得批准之后，佛兰德斯政府一方面通过城市地区、佛兰德斯港、农村和基础设施实施这些规划；另一方面，将这些过程转化为新、旧的土地利用规划 [佛兰德斯政府空间规划局（Vlaamse overheid Departement Ruimtelijke Ordening），2009]。在经历密集的规划程序后，佛兰德斯的 5 个省和 80% 的城市都制定了自己的结构规划（Muyters，2009）。但是，它们的质量及其影响有很多差别。

合法参与者、组织与土地所有者反对政府在空间上越来越多的干涉，部门之间关于空间结构规划中所预见的空间分割和结构规划体系官僚化等问题的讨论导致了结构规划日益静态化，并逐渐脱离社会和经济规划过程。此外，当选的中右翼政府（1999 年的自由 - 社会民主党和 2004 年的自由 - 基督教民主党）引入了为特定的利益集团，如土地所有者、经济部门、特定娱乐活动等服务的一系列并行的规划举措。这破坏了佛兰德斯空间结构规划中所包含的妥协。同时，由业主及其律师推动的这一届政府又一次放松了规划许可证制度，并扭转了 1999 年土地利用规划的改革方向，这两项措施都有利于非住宅地区的房地产开发。这些转变与国际上的新自由主义风潮保持一致，它们往往是以市场和房地产为导向的。比利时 / 佛兰德斯的公司和极化的福利国家正在经历重构；政策也正在向个人的责任和权利倾斜（Blommaert，2007；Van den Broeck，2008；Witte 和 Meynen，2006）。自 1999 年结构规划和土地利用规划相互融合 10 年之后，佛兰德斯政府在 2009 年颁布了新的《空间规划法典》（Codex of spatial planning）（Vlaamse regering，2009），该法典整合了以前所有的变化，向自由的规划许可制度、限制结构规划、实现战略项目的“短期追踪”倾斜。

20 世纪头 10 年的变化也有利于城市士绅化以及以项目为导向的城市化方法的进一步发展（Boudry 等，2006；Loeckx，2009）。这源自前几个阶段的积累，且是以总体规划、公私合作、设计竞赛、管理工具、项目补贴、设计研究、城市营销等为基础的。这一方法与佛兰德斯城市政策有关（Loopmans 等，2007；Van den Broeck，2011b，2012），也得到了受越来越多局限的结构规划体系拥趸的支持。涉及佛兰德斯空间组织的其他政策领域也发展了自己的工具，开始自主运作。其与空间结构规划在上一个阶段积累起来的联系也变得越来越少，例如环境规划、区域农村发展、基础设施和交通规划、住房规划等。这也得到了 2003—2006 年间基于新公共管理的“有效治理”原则进行的佛兰德斯行政改革的支持（Van den Broeck 等，2009）。 182

空间结构规划自身的弱化、社会支持的丧失、宽松的规划许可制度的回归、结构规划师的重点转向城市项目的实施以及不同规划工具之间配合的减少，共同使得支持制定结构规划的联盟势弱。21 世纪初，佛兰德斯进入了规划工具的碎片化阶段，并开始逐步转向每个规划领域都有一套自己的措施的体系。

9.4　佛兰德斯空间结构规划的四个挑战

在回顾了它的历史，并明确了改革背后的各种凝聚的、变革的和分化的力量后，我们现在能够确定佛兰德斯空间结构规划所面临的挑战。

一方面，佛兰德斯的空间结构规划已经取得了一系列令人印象深刻的成就。这些成就一部分是由佛兰德斯政府空间规划所做的协调，一部分是在邻近的政策领域实现的。这直接导致了规划部门和结构规划工具分别在佛兰德斯（中央层级）、省和城市三个层级的建立。它还培育了参与者联盟成功地构建有效的结构规划工具。它为土地利用的转变、开放空间的保护和对城市利益的回归作出了贡献，这是以其在经济、住房、公共空间、社会基础设施等方面越来越多的投资为基础的。它还在城市边缘地区的经济活动与环境可持续发展之间找到了相对较新的平衡，并敦促经济部门更好地利用空间。

另一方面，我们同样看到了巨大的挑战。首先，人们对私有产权的兴趣正在回升。私有财产权至高无上的地位及其在比利时和佛兰德斯一系列制度中的体现[2]、规划许可制度的稳定性、公共和私人利益之间的紧张关系使政策辩论变得模糊不清。在规划许可制度和其他众多制度中，嵌入的物权一再限制了规划工具。案例包括：

- 根据1962年《城镇规划法》的设想，将地方土地利用规划从行动导向规划转变为规划申请的控制工具和保障发展的机会；
- 把整个比利时的分区域土地利用规划正式化（也就是1962年的法律所预见的），从政府手中接管开发权；
- 将新一代土地利用规划回复为旧的土地利用规划的格式，从而冻结公共部门的自由裁量权（在1999年《空间规划法》中预见到的）；
- 将结构规划纳入规划许可证制度，运用它们来评判规划申请。

因此，对规划许可系统作用的关注已经超越对空间结构规划的未来、不同空间主张之间的协调以及应对新挑战（例如气候变化、移民、人口变化、金融和经济危机）的方式的关注。

183

其次，我们看到了空间规划政策的自主化。这可以归因于福特主义危机后社会经济规划的削减、比利时联邦化后空间规划从社会经济规划中分离、空间规划事权向区域层级的下放，以及20世纪90年代后半期和21世纪初空间规划的动态发展。与这些发展并行的，我们也注意到战略空间规划的贫乏。尽管空间结构规划在其哲学和基本文件中都体现了对战略方面的关注，但它如今又回到实施土地利用规划的老路上，并重视构成佛兰德斯社会政治领域的不同参与者之间协商后的不同分区协议。

再次，空间规划政策的自主性与以下各方面的提升有关：对各自领域和业务的不同技能和专业进行强化；涉及空间规划政策的各个部门之间的权利博弈。环境专家（如生物工程师等）是为了保护自然，城市规划师和城市建筑师是为了捍卫设计，空间规划师是为了捍卫空间的合理组织等，总之，每一个角色都遵循他们自己的路径。这与正在进行的比利时 / 佛兰德斯公共领域的重组，以及 1999 年、2004 年和 2009 年当选的政府推出的一个新的空间社会项目有关，这些项目打破了已有的空间结构规划参与者之间的网络结构，刺激了在 20 世纪 90 年代各政策领域短暂的自主发展。

我们发现规划政策领域变得更加自主，一系列工具变得更加面向政策领域，空间规划的战略性被淡化，但这不一定会导致我们产生悲观或宿命论。事实上，我们目前在佛兰德斯拥有丰富多彩的空间社会项目。我们可以把这个现象称为工具理性的一种政策，其中所有的领域似乎都有自己的空间政策和空间规划。这本身就能重燃公众对空间规划和一系列新的空间社会项目的兴趣。然而，最近的政策文件（Muyters，2009；Vlaamse regering，2008）的含糊不清似乎与这些机会相矛盾。例如，这些文件显然是要满足经济对更多空间的需求，几乎没有提到社会公平、团结、防止社会排斥或加强民主等社会价值观，呼吁清除妨碍经济和财产发展的制度障碍，扼杀关于空间品质和可持续发展的概念（Moulaert 等，2012）。目前尚不清楚这些趋势是否会因正在进行的佛兰德斯《空间政策规划》编制过程（Vlaamse regering，2012）、2008—2009 年的金融危机、伴随而来的公共债务上升和佛兰德斯民族主义党（Flemish nationalist party）日益增长的影响力而再次改变或如何改变。

9.5　结论

在本章中，我们分析了自 1962 年以来在不同体系中组织的佛兰德斯空间规划工具，它们是由不同的个体和集体参与者（再）产生和转化，并由一系列制度的变化塑造。我们基于以往和当前研究所摸索出的制度主义方法进行分析。这种方法主张采取动态分析，显示参与者在相关社会群体中的变化及其立场和实践，制度变迁和宏观结构变化是非线性、路径依赖和路径形成的制度以及机构变迁的潜在驱动因素。此外，它还能够更深入地理解和评估规划体系的社会政治内涵和意义，以及谁的利益和价值在规划制度和制度框架内有特权或受到歧视。

184

以这种方式分析比利时 / 佛兰德斯的规划工具和制度，显示了在发展中的福利国家背景下，第二次世界大战前规划师、业主和经济参与者如何通过 1962 年《城镇规划法》在各自利益之间达成妥协，一方面是规划许可制度，另一方面是等级制规划。虽然该法律已开始拟订分区规划草案，但它被业主修改，以保障其土地的开发权利。这促使当时的空间规划部部长委托将分区规划草案转换为覆盖整个比利时的具有法律约束力的次区域土地利用规划，以制约不受控制的开发和开放空间被侵蚀。同时，在抗议凯恩斯消费主义和福利国家危机的背景下，环保主义者、以社区为导向和有规划意识的参与者尝试了空间结构规划。然而，在20世纪80年代，业主、经济和法律参与者及组织扩大了土地开发的机会。这是通过放宽规划许可证制度（现在包括次区域土地利用规划）和反对即将到来的结构规划来完成的。在全世界都向市场导向的政策倾斜的时候，一个新的佛兰德斯政府支持这种演变。20世纪90年代，环境规划、空间规划和社区发展的支持者受益于环境运动的进展、过分宽松的规划许可证制度引发的丑闻、中左翼佛兰德斯政府的连任，以及比利时正在进行的联邦化进程。这些参与者获得了动力，成功地为佛兰德斯制定了第一个结构规划，支持更严格的规划许可、空间结构规划和新一代土地利用规划的规划体系。在21世纪头10年，比利时紧随国际转向新自由主义的意识形态，强调市场导向的政策和个人主义。因此，连任政府再次将1999年的规划体系转变为一个相对灵活的规划许可证制度，使结构规划受到限制。

我们的分析表明，在过去的50年里，规划已经嵌入不同的规划（子）体系中，每个体系都由不同的参与团体塑造，而这些参与团体又深受这些体系的影响。例如规划许可证制度、空间结构规划、土地利用规划、基础设施规划、项目规划、环境规划等，它们的内容和意义都经历了反复的改变。因此，空间结构规划以及土地利用规划（规划许可体系）只是不断相互影响的规划（子）体系动态的一部分。在21世纪头10年之末，这些相互作用的规划（子）体系（每个体系代表不同的利益集团、价值和社会项目）之间的连贯性明显下降。最近的辩论显示了实现这些不同项目之间新的（部分）连贯性的必要性和潜力，尽管新的公共舆论似乎正朝着相反的方向发展。

185

在复杂的动态变化过程中，业主代表和集体行动代表明显展开了一场全面的争夺。在这场斗争中，通过宽松的规划许可制度维护的土地和房地产的所有权已占统治地位，特别是在20世纪60年代、80年代和21世纪头10年。这是由于比利时/佛兰德斯几个机构的产权嵌入。20世纪90年代实现的规划制度的变化在一定程度上暂时挑战了这种个人财产的逻辑。该制度对规划环境的变化、适当行动的不同意见、规划目标的逐步交互定义、不同空间利用者之间的相互作用以及贫困参与者和功能（例如开放空间和自然、低收入群体、少数民族）的参与等方面的变化更加开放。然而，20世纪90年代的制度只改变了构成主要规划许可实践的制度框架的一小部分，并且在很大程度上保留了个人财产的逻辑。今天，佛兰德斯的结构规划和土地利用规划已经重新定位为保护私有财产，这阻碍了政府执行连贯的空间政策和集体空间项目。希望最近的辩论能开辟一条新思路，以探索一个新的或多或少连贯的空间社会项目和新的规划工具。

注释

1. 该研究更全面深入的阐述可以在 Van den Broeck 等（2010，2011）和 Van den Broeck（2012）等人的研究报告中找到。

2. 这些例子包括：20 世纪的住房政策刺激个人产权的确立，导致近乎 75% 的佛兰德斯人拥有房屋；建设和发展部门的小规模结构；私有制根植在基督教民主党的意识形态中，在 20 世纪的大半时间里，该党一直主导着政治格局；面向佛兰德斯不同地区发展的福特主义社会经济结构；历史悠久的分散式空间结构；20 世纪 70 年代创建的具有法律约束力的次级区域土地利用规划，事实上意味着比利时的发展权个体化；“静态”的法律确定性原则植根于立法部门的某些部分，这些部门将开发权视为明确“给定”；房地产市场的特点和优势（Van den Broeck 等，2011）。

参考文献

Agentschap voor Geografische Informatie Vlaanderen. (2006). Gewestplan. Toestand 01/01/02. Retrieved from http://geo-vlaanderen.agiv.be/geo-vlaanderen/gwp/#

Albrechts, L. (1982). Van voorbereiding naar actie: een verruiming van het planningsbegrip. *Ruimtelijke planning*, 1–24.

Albrechts, L. (1999). Planners as catalysts and initiators of change: the new structure plan for Flanders. *European Planning Studies*, 7, 587–603.

Albrechts, L. (2001a). Devolution, regional governance and planning systems in Belgium. *International Planning Studies*, 6, 167–182.

Albrechts, L. (2001b). From traditional land use planning to strategic spatial planning: the case of Flanders. In L. Albrechts, J. Alden and A. Da Rosa Pires (eds) *The Changing Institutional Landscape of Planning* (pp. 83–103). Aldershot: Ashgate.

Albrechts, L., Moulaert, F., Jones, P. and Swyngedouw, E. (1989). *Regional Policy at the Crossroads: European Perspectives*. London: Kingsley.

Anselin, M., Blanquart, G., Demeyere, C., Lauwereys, J., Mortelmans, J., Vanden Borre, P. and Van Havre, D. (1967). Themanummer over verkavelingen. *Stero, publicatie voor stedebouw en ruimtelijke ordening*, *1*.

186

Benelux Economic Union, Chambre des Urbanistes Belges and Brussels Capital Region (AATL/BROH). (2007). Planning systems in Belgium: Flemish region, Walloon region, Brussels capital region. In J. Van den Broeck (ed.) *ISOCARP World Congress Special Bulletin* (pp. 23–90). Antwerpen: City of Antwerp in association with ISOCARP.

Blommaert, J. (2007). *De crisis van de democratie: Commentaren op de actuele politiek*. Berchem: EPO.

Boudry, L., Loeckx, A., Van den Broeck, J., Coppens, T., Patteeuw, V. and Schreurs, J. (2006). *Inzet, opzet, voorzet: stadsprojecten in Vlaanderen*. Antwerpen: Garant.

De Decker, P., Hubeau, B. and Nieuwinckel, S. (1996). *In de ban van stad en wijk*. Berchem: EPO.

De Jong, M. and De Vries, J. (2002). The merits of keeping cool while hearing the siren calls: an account of the preparation and establishment of the Flemish spatial planning system. In M. De Jong, K. Lalenis and V. Mamadouch (eds) *The Theory and Practice of Institutional Transplantation: Experiences with the Transfer of Policy Institutions* (pp. 231–246). Dordrecht: Kluwer.

European Commission. (2000). *The EU Compendium of Spatial Planning Systems and Policies*. Luxembourg: Office for Official Publications of the European Communities.

Grietens, E. (ed.) (1995). *Ruimtelijke wanorde in Vlaanderen: het zwartboek van de stedebouwwacht*. Brussel: Forum Ruimtelijke Ordening (Samenwerkingsverband tussen BBL, BIRO, Natuurreservaten vzw, VFP).

Hubeau, B. and Vandevyvere, W. (2010). *Handboek ruimtelijke ordening en stedenbouw* (2nd edn). Brugge: Die Keure.

Janssens, P. (1985). De ontwikkeling van de ruimtelijke ordening in België. *Ruimtelijke planning*, *14*, 1–36.

Knops, G., Baelus, J., Van den Broeck, J., Vermeulen, A., Hendrickx, D. and Allaert, G. (eds) (1992). *Stadsvernieuwing in beweging*. Koning Boudewijnstichting in opdracht van de Vlaamse Gemeenschapsminister voor Ruimtelijke Ordening en Huisvesting. Brugge: Van de Wiele.

Koning Boudewijnstichting. (1996). *Handleiding voor buurt- en wijkontwikkeling*. Brussel: Koning Boudewijnstichting.

Loeckx, A. (2009). *Stadsvernieuwingsprojecten in Vlaanderen: Ontwerpend onderzoek en capacity building*. Amsterdam: SUN.

Loeckx, A. and De Meulder, B. (2007). Stadsprojecten tussen globalisering en stadsvernieuwing. In P. Stouthuysen and J. Pille (eds) *The State of the City: The City is the State* (pp. 175–202). Brussel: VUB Press.

Loopmans, M., Luyten, S. and Kesteloot, C. (2007). Urban policies in Belgium: a puff-pastry with a bittersweet aftertaste? In L. van den Berg, E. Braun and J. Van der Meer (eds) *National Policy Responses to Urban Challenges in Europe* (pp. 79–103). Aldershot: Ashgate.

Merckaert, A. (2008). *De sociale constructie van een ruimtelijk structuurplan voor Vlaanderen*. Antwerpen: Artesis Hogeschool Antwerpen, Departement Ontwerpwetenschappen, Opleiding Master in de Stedenbouw en Ruimtelijke Planning.

Moulaert, F. (2000). *Globalization and Integrated Area Development in European Cities*. Oxford: Oxford University Press.

Moulaert, F. and Mehmood, A. (2009). Spatial planning and institutional design: what can we expect from transaction cost economics? In H. Geyer (ed.) *International Handbook of Urban Policy*, Vol 2 (pp. 199–211). Cheltenham: Elgar.

Moulaert, F. and Swyngedouw, E. (1989). Survey 15: a regulation approach to the geography of the flexible production system. *Society and Space*, *7*, 327–345.

Moulaert, F., Martinelli, F., Gonzalez, S. and Swyngedouw, E. (2007). Introduction: social innovation and governance in European cities. Urban development between path dependency and radical innovation. *European Urban and Regional Studies*, *14*, 195–209.

Moulaert, F., Rodriguez, A. and Swyngedouw, E. (2003). *The Globalized City: Economic Restructuring and Social Polarization in European Cities*. Oxford: Oxford University Press.

Moulaert, F., Swyngedouw, E. and Wilson, P. (1988). Spatial responses to Fordist and post-Fordist accumulation and regulation. *Papers of the Regional Science Association*, *64*, 11–23.

Moulaert, F., Van den Broeck, P. and Van Dyck, B. (2012). *Een groen ruimtelijk beleid: Reflectienota voor de Vlaamse Groenen*. Heerenveen: Groen.

187 Muyters, P. (2009). *Beleidsnota ruimteljke ordening 2009–2014. Een ruimtelijk beleid voor en op het ritme van de maatschappij*. Brussel: Vlaamse overheid.

Provincie Antwerpen. (2003). *Ruimtelijk structuurplan provincie Antwerpen*. Antwerpen: Provincie Antwerpen.

Renard, P. (1995). *Wat kan ik voor u doen? Ruimtelijke wanorde in België: een hypotheek op onze toekomst*. Antwerpen: Icarus.

Ryckewaert, M. and Theunis, K. (2006). Het lelijkste land, de mythe voorbij. Stedenbouw en verstedelijking in België sinds 1945. *Stadsgeschiedenis*, *1*, 148–168.

Saey, P. (1988). *De eerste generatie projecten van ruimtelijke ordening op macro-niveau in Vlaanderen*. Gent: Seminarie voor Menselijke en Ekonomische Aardrijkskunde.

Servillo, L. and Van den Broeck, P. (2012). The social construction of planning systems: a strategic-relational approach. *Planning Practice and Research*, *27*, 41–61.

Stad Gent. (2003). *Ruimtelijk structuurplan Gent*. Gent: Stadt Gent, Dienst Stedenbouw en Ruimtelijke

Planning.

Tubex, S., Voets, J. and De Rynck, F. (2005). *Een beschrijvende analyse van ruimtelijk-ecologische en socio-economische arrangementen in Vlaanderen (Rep. No. Rapport van het Steunpunt Beleidsrelevant Onderzoek Vlaanderen – Bestuurlijke Organisatie Vlaanderen)*. Gent: SBOV – Steunpunt Bestuurlijke Organisatie Vlaanderen.

Van den Broeck, J. (1987). Structuurplanning in de praktijk: werken op drie sporen. *Ruimtelijke planning, 19*, 53–119.

Van den Broeck, J. and Wuillaume, P. (1986). De Rupelstreek, een streek in de kering. In A.Verbruggen (ed.) *Liber Amicorum Prof. Dr. Pierre-Henri Virenque* (pp. 245–284). Antwerpen: Universiteit Antwerpen, Studiecentrum voor Economisch en Sociaal Onderzoek.

Van den Broeck, P. (2008). The changing position of strategic spatial planning in Flanders: a socio-political and instrument based perspective. *International Planning Studies, 13*, 261–283.

Van den Broeck, P. (2010). *De sociale constructie van plannings- en projectinstrumenten. Onderzoek naar de socio-technische evolutie van het "Eerste Kwartier" in Antwerpen*. Leuven: K.U. Leuven, Departement Architectuur, Stedenbouw en Ruimtelijke Ordening.

Van den Broeck, P. (2011a). Analysing social innovation through planning instruments: a strategic-relational approach. In S. Oosterlynck, J. Van den Broeck, L. Albrechts, F. Moulaert and A. Verhetsel (eds) *Strategic Spatial Projects: Catalysts for Change* (pp. 52–78). London/New York: Routledge.

Van den Broeck, P. (2011b). Limits to social innovation: shifts in Flemish strategic projects to market oriented approaches. *Belgeo, Belgisch Tijdschrift voor Geografie, 1–2*, 75–88.

Van den Broeck, P. (2012). Analyse van het Vlaams planningsinstrumentarium. Projectplanning. Voortgangsverslag 5 van werkpakket 10 voor het Steunpunt Ruimte en Wonen.

Van den Broeck, P., Kuhk, A. and Verachtert, K. (2010). Analyse van het Vlaams planninginstrumentarium. Structuurplanning. Voortgangsverslag 1 van werkpakket 10 voor het Steunpunt Ruimte en Wonen.

Van den Broeck, P., Verachtert, K. and Kuhk, A. (2011). Analyse van het Vlaams planninginstrumentarium. Vergunningensysteem. Voortgangsverslag 4 van werkpakket 10 voor het Steunpunt Ruimte en Wonen.

Van den Broeck, P., Vloebergh, G., De Smet, L., Wuillaume, P., Wouters, E. and De Greef, J. (2009). De sociale constructie van instrumenten. Toepassing op Vlaamse planningsinstrumenten Eindrapport van werkpakket 5 voor het IWT onderzoeksproject SP2SP.

Van Havre, D. (1967). *Verkavelingen en bodembeleid. Stero, publicatie voor stedebouw en ruimtelijke ordening, 1*. Gent: RUG – Hoger Institut voor stedebouw, ruintelijke ordening en ontwikkling.

Vermeersch, C. (1975). De structuurplanning als type ruimtelijke planning, een geldig alternatief? *Stero, tijdschrift voor stedebouw en ruimtelijke ordening, 10*, 24–34.

Vlaamse overheid Departement Ruimtelijke Ordening. (2009). Introductienota voor de Vlaamse Minister bevoegd voor Ruimtelijke Ordening en Onroerend Erfgoed.

Vlaamse regering. (1997). *Ruimtelijk structuurplan Vlaanderen*. Brussel: Vlaamse regering.

Vlaamse regering. (2008). *Pact 2020: een nieuw toekomstpact voor Vlaanderen, 20 doelstellingen Vlaanderen in actie*. Brussel: Vlaamse regering.

Vlaamse regering. (2009). *Vlaamse Codex Ruimtelijke Ordening*. Brussel: Department Ruinte Vlaanderen.

Vlaamse regering. (2012). *Advies over Vlaanderen in 2050: Mensenmaat in een metropool? Groenboek Beleidsplan Ruimte Vlaanderen*. Brussel: VLOR – Vlaamse Onderwijsraad.

Vloebergh, G. (2010, March). Presentation on Flemish planning in the final SP2SP conference, Leuven.

Willekens, F. and Moulaert, F. (1987). Decentralization in industrial policy in Belgium. In H. Muegge, W. Stöhr, B. Stuckey, and P. Hesp (eds) *International Economic Restructuring and the Territorial Community* (pp. 314–336). Aldershot: Avebury.

Witte, E. and Meynen, A. (2006). *De geschiedenis van België na 1945*. Antwerpen: Standaard Uitgeverij.

188

189

第10章　英国空间规划，1990—2013年

文森特·纳丁，多米尼克·斯特德

本章目标

- 解释英国的空间规划如何被其宪法塑造为一个联盟状态，包括基本的社会模式和法律传统；
- 强调社会经济在空间上的差异对规划的挑战，比如南北差异、城乡差异，以及城市中的贫富街区之间的差距；
- 描述20世纪90年代初以来空间规划的三次变化，包括从土地利用管理为主导向战略工具为主导的规划文化的转变；
- 阐明空间发展的结果是由根深蒂固的社会准则和广泛的竞争决定的，而非规划体系的控制；这种“没人能掌控一切”的状态使决策更循序渐进而较少体现战略性。

10.1　引言

城乡空间规划深刻反映了英国中央和地方政府的运作，以及国家精神。它所涉及的领域已经从最初的公共卫生和住房政策扩展到几乎所有的政府政策。规划过程具有开放性和可参与性，决策也受到普遍尊重。那些利益和生活质量受规划保护的人褒扬这些规划，而目标受挫的人则谴责它。总之，规划可以创造巨大的财富，有时也阻碍了平等的投资。

因此，谁掌控政策、运作政策以及从中获利的讨论永无休止，这促进了不断加速的审查和改革进程。结果，英国的规划自1990年以来在保持基本特征不变的基础上发生了重大变化。基本“规划原则”的改变已经产生了持久的效果，但有些新原则还未被认真审视。“遏制城市增长”和“遗产保护”的观念已然成为传统智慧。总之，变革的转折点往往与政府的变化相对应，但所有行政部门在规划方面都有精神分裂的倾向，因为规划既能帮助相关部门实现目标，也能阻碍其目标的实现。历届政府的一贯目标是精简规划，但大多没有成功。

190

在这一章中，我们首先解释英国城乡规划（和空间规划）的主要特点，并总结自20世纪90年代政府和规划当局所面临的主要挑战。然后我们区分三个大的变化时期：20世纪

90 年代采用以计划为主导的方法；21 世纪头 10 年空间规划的出现；以及自 2010 年起开始强调地方主义。

10.2 英国空间规划体系

10.2.1 英国政府和社会模式

大不列颠及北爱尔兰联合王国（英国的全称）是个“多民族国家”或者说“联合王国”。这与拥有“中央政府”和联邦政府的国家能够通过联邦或中央政府统一分配权限不同，作为一个联合王国，英国保持“一种复合形态，即不同的单位加入并保留一些旧的制度和惯例，但没有正式的联邦权力划分”（Keating，2006:23）。[1] 英国有一个共同的政府，也有英格兰、苏格兰、威尔士和北爱尔兰各自独立的地区管理机关（正式名称为“自治政府”）。在此，宪法具有不对称性；各地区的权力和责任差别很大。

本章并不会详细解释关于英国四个地区的变化。因此，当我们概述整个英国的规划轨迹时，主要指英格兰。可想而知，规划工作已经移交给这四个地区政府，它们有各自独立的立法和规划政策。[2]

另外，英国空间规划的运行根植于英国的“社会模式”。社会模式指的是社会中共享的价值观，特别是指个人和国家的权利和责任、市场的作用和它们之间的关系（Nadin 和 Stead，2008）。英国的社会模式常被描述为自由盎格鲁 - 撒克逊模式（liberal Anglo-Saxon），这与欧洲大陆的社会民主和保守的社团主义（corporatist）模式大相径庭（Esping-Andersen，1990；Alber，2006；Nadin 和 Stead，2008；Nadin 和 Stead，2009）

英国社会的自由主义思潮有着悠久的历史，并因此强调个人责任、灵活的劳动力市场以及对高度不平等的容忍度。自 20 世纪中叶以来，自由主义的方式与社会民主价值观交织在一起。第二次世界大战极大地改变了人们的态度，即国家干预的必要性得到认同以及对社会和经济不平等的包容度减小（Ward，2004；Cullingworth 和 Nadin，2006）。这些变化为英国建立现代规划制度 [以及包括如国家医疗服务体系（National Health Service）在内的国有企业] 和区域政策铺平了道路，并赋予广泛的权力来规范土地利用市场，以促进社会和经济的复兴。自 1979 年撒切尔政府起，集体主义向个人主义再次倾斜，对私人部门投资和市场最低程度的监管也因此得以巩固。

20 世纪 90 年代，社会民主价值观以“盎格鲁 - 社会模式”（Anglo-social model）的名义重新回归英国（Stanley 和 Lawton，2007；Finlayson，2009）。1997 年，布莱尔政府上台并

191

提出“第三条道路”，即继续坚持将竞争、私营企业主义和“宽松监管”与更多社会民主模式下的国家干预相结合，寻求更公平的收入和福利分配（Pearce 和 Paxton，2005）。集体主义社会福利和个人主义自由原则之间的持续互动，可以解释英国城市规划体系中看似前后矛盾之处。

虽然宽松监管在规划领域的应用较其他领域少，尤其在既得利益受到制度保护的情况下，但私有化、宽松监管以及对市场和公民社会解决方案的依赖却产生了重大影响。此外，基于自由个人主义观点所引发的规划体系的变革孕育出了集体主义精神；该情境下产生的规划体系较为强势，但面对政府支离破碎的治理，也高度依赖私人部门（或公共机构的行事风格颇像私营部门）。规划当局直接实施的规划很少，大多是通过管制和影响不同层级自治单元的其他行动者和机构的行动来实现规划。这使得公共部门和私营部门达成长期的合作关系（Shapely，2012）。总之，权力已经变得非常分散，没有一个机构可以全盘控制。

10.2.2 英国的城乡规划

1947 年的《城乡规划法》奠定了英国的现代规划制度。这一战争的衍生品在物质空间环境、政治意愿和社会态度层面都具有里程碑式的重要意义。它将所有土地开发权国有化（包括所有地面上、地面下或者任何建筑用途的物质改变所产生的建筑、工程、采矿活动）。它建立了基于指导性规划（indicative plan）的自由裁量制度，这是英国规划的标志。它规定那些因规划管制而无法实现土地溢价的人没有资格获得任何补偿（Cullingworth 和 Nadin，2006）。此外，它还引进了一种改良系统，即默许土地开发所带来的市场价值与既有利用价值之间的差异。1947 年的《城乡规划法》及其后续版本奠定了英国强大而“成熟”的空间规划体系。

从理论上讲，英国的规划权力属于中央政府：中央政府制定法律，同时也允许移交部分权力给相关行政部门和地方政府。换言之，权力在地区政府（英格兰、苏格兰、威尔士、北爱尔兰政府）和地方政府之间分配。英格兰在 1997 年新成立了一个区域层级的规划机构，但在 2011 年又将其废除。相对于欧洲大陆的标准，英国地方政府的规模很大（平均规模约为 14 万人）。然而，它们的权限相对有限，也未得到宪法保障。它们受到中央政府的过度管制。城市发展面临的一个重要议题是地方税收太少，地方政府过度依靠中央政府而不是当地纳税人，因而支撑地方物质开发的动力不足。地方政府制定开发原则和地方政策工具，而地区政府则通过规划法律、政策和准则发挥监督和战略作用。它们通过包括“抽审”或召回某些项目以及通过处理上诉来实现这一角色。总而言之，中央政府通过国家机构在城市开发中

192

发挥更直接的作用，例如管理开发新城镇的公司。大规模国家干预措施的重要性逐渐降低，如贫民窟清理、大规模住房项目和城市高速公路建设等（Grant，2001），但自从 2010 年起，这些大规模国家干预措施又开始在能源、交通基础设施项目以及海洋规划方面加强了力度。

《欧洲空间规划体系与政策纲要》（欧洲共同体委员会，1997）仍以英国规划的总体特征来概括英格兰、苏格兰、威尔士和北爱尔兰这四个地区的规划体系。

- 对土地利用与开发的全面管理（农业和林业用地的例外比较多），但它与建筑、污染和交通方面的实际操作在很大程度上是脱离的。可持续发展被广泛接纳，因此规划部门对开发许可的最终解释权也基于此。
- 国家规划政策与地方发展规划决定了开发决策以及政策制定的参与方式。地方发展规划必须符合国家政策。规划不具有法律约束力（它们不是法律），也不以区划的形式表达详细内容；它们多采用绩效指标实现指引效果。
- 地方发展的决策直到开发方案出台时才作出。换言之，“决策时刻”接近决策过程的尾声；与之相对应的，在具有法律约束力的区划系统中，规划（先于开发方案的制定）出台即代表决策生效。
- 开发申请人在如何满足政策条款方面有一定的自由裁量权。决策者也有一些自由裁量权，例如与特定开发要求匹配的结果或“条件”。与政策相背离或“有出入”的决策在被证明充分合理的情况下是可以得到许可的。然而，该系统的目标仍是“以规划为导向”的。
- 地方政府官员依据专业人士的建议作出决策，他们也同时出台地方政策。他们大多通过“许可”的形式作出决策。法院介入的情况总体较少，但趋势有所增加。然而中央政府部长（或同等级别官员）会作为代表听取上诉。
- 过去很少有与开发审批相关的“自动溢价回收”（automatic value capture duties）的职能，但地方谈判达成的协议被广泛用于补偿改善。自 2010 年以来，地方政府有可能通过征收“标准开发费”来资助基础设施建设。
- 英国的规划职业相对完善而独立，其与本土的规划体系有着长期的磨合，并对规划教育产生了深远影响。

《欧洲空间规划体系与政策纲要》（欧洲共同体委员会，1997；Nadin 和 Stead，2013）明确分辨出空间规划的四种理想类型或称空间规划的“传统”，并指明英国的规划体系明显具有“土地利用管理传统”（land-use management trradition）。土地利用管理的传统或规划模　193

式涉及“管理和规范物质空间的发展，以符合总体规划原则和实现更广泛的社会目标，如住房供应以及环境遗产的保护”（Dühr 等，2010：182）。它涉及经典的土地利用性质变化的外部性效应，并为补偿改善提供了基础。土地利用管理也在其他规划体系中得到运用，但它在英国的规划体系中一直占据主导地位。英国的都市主义传统（控制城市形态的区划）并没有得到很好的发展。由建筑师理查德·罗杰斯爵士（Lord Richard Rogers）主持的“城市行动小组”（Urban Task Force）的报告（1999）指出：“公共领域的质量逐渐崭露头角，尤其是在城市空间质量与经济发展相关联的情况下。”虽然提倡区划与具有法律约束力的详细规划（zoning and binding regulation plans），但在实际运用中并未取得任何实质进展。

在第二次世界大战后的30年里，区域经济规划传统（regional economic planning tradition）之于英国非常重要，但时至今日，除了欧洲融合政策投资（European cohesion policy investment）以外，它已经变得不重要了。[3] 取而代之的是中央政府通过福利政策向贫困地区提供补给，然而资本却继续集中在富裕地区（详见下文）。区域经济发展机构仍然存在，但它们普遍资金不足且影响力有限。尽管英国的规划体系完全不属于全面整合类型（comprehensive integrated）或战略类型，但地方政府（特别是在大都市地区）经常会自主进行协调合作。他们所取得的成果喜忧参半。在21世纪头10年，英国各界共同推动其规划体系向着全面整合类型转变。英国一再呼吁国家战略规划，并出台了针对全英或者英格兰地区的区域政策投资，但它们终究还是“流产”了。反而在北爱尔兰、苏格兰和威尔士，所谓的“国家规划”出现了。

关于欧洲规划立法的比较研究无一例外地将英国和爱尔兰的自由裁量权方法与欧洲大陆的以区划为主的方法区分开来（Booth，1996，1999）。Zweigert 和 Kötz（2004）为这一区别提供了深刻解释。大陆法系拥有类似的“法律风格”，在不考虑案件细节的情况下，抽象的规则和原则优先于具体的决策。而英国普通法体系提供的规则要少得多，法律是建立在记录在案的法院已判个案的基础上的（判例法体系）。Zweigert 和 Kötz（2004：71）认为英国人“只在必要时才作决策”，他们“既不相信抽象的规则，也不相信所谓最优计划”。不得不承认，区划既不能提高规划和现实发展之间的一致性，也无法降低其灵活性（Moroni，2007；Buitelaar 和 Sorel，2010）。英国在某些方面的规划是非常严格的，尤其是在遏制城市增长政策（urban containment）和抵制乡村地区开发方面。然而，其空间规划的基本理念却是更自由的，这意味着开发建议的制定会更多地基于协商解决方案。

英国的规划事权相对集中在四个自治政府。国家政策的四种变体受到密切关注，在争端中被广泛引用。地方政府和其他机构在开发行动上受到国家层级的密切控制和监测。在英国，可以认为中央政府部长作出了所有重要或有争议的决定。部委检察官（minister's inspector）

（在苏格兰被称为记录员）对发展计划草案举行公开调查（听证会），以测试其“合理性”。其结果对地方政府具有法律约束力。该制度在本质上是属于行政的，而不是司法的。法院的作用是在有争议的情况下明确法律的含义——尽管这可能会对政策产生影响。当开发许可被拒时，开发主体有权向中央政府上诉，但是部长的最终决定不会受到挑战，除非法律赋予的权力被超越。对于大多数上诉而言，上诉的决定权往往交给一名代表独立仲裁委员会的部委检察官处理。第三方没有权利上诉。

规划制定和开发管理中的公众参与是英国城乡规划的核心。在英国，有很多或大或小的非政府组织对规划政策和决策有重要影响。它们在遗产保护和环境可持续发展方面为规划政策的连续性起到了推动作用，尽管这其中也有代表商业和开发商利益的许多组织。最大的非政府组织“国家信托”（National Trust，英国保护名胜古迹的最大的非政府组织）仅在英格兰和威尔士就有超过 500 万名付费会员。非政府组织广泛参与到正式的规划编制程序（如公示、协商、最终拒绝和听证会）中，但公众参与无权对规划提出法律质疑，除非法律程序出现纰漏。

10.3　问题和挑战

英国与欧洲其他发达国家一样，也面临着巨大的挑战。这包括（尤其是在 2007 年银行业危机之后的）全球经济竞争，以及与气候变化相关的风险。本节重点关注与空间规划相关的问题，尤其是那些与英国切实相关的。在关于近期变化的讨论中，气候变迁议题无论在国家或是地方层级都受到了密切关注。

英格兰地区的城市化程度非常高，人口也非常密集（401 人 / 平方公里）。人口主要集中在东南部地区（伦敦和周边地区）以及中部和西北部的卫星城市。这种模式在过去的一个多世纪以来变化并不大，“过去人口稠密的地方至今仍然人口密度很高，人烟稀少的地方亦是如此，时间似乎被定格”（Dorling，2005：176）。国家层面的空间发展模式与需求没有多大关系（需求更多刺激了农村的发展），更多的是公共政策尤其是规划政策的产物。[4]

“遏制城市增长”模式的惯性，尤其是城镇与乡村的区隔正在承受巨大的压力（南部地区尤甚）。经过一段稳定时期后，英国的人口自 2000 年以来增速加快，与此同时，家庭规模的缩小和日益的繁盛使得对住房和服务的需求增加（Breheny 和 Hall，1999）。据预测，英国人口将从 2012 年的 6200 万增加到 2035 年的 7300 万（英国国家统计局，2012）。近期以及预计的增长主要集中在英格兰东南、西南和东部地区。这些地区自 1971 年以来经历了稳定的人口和家庭增长，这一增长几乎完全来自中欧和东欧的移民。与人口增长相伴的是　195

城市的增长，但它主要以“逆城市化”的形式表现。人口在这个过程中向城市边缘以及靠近大城市周边可达性较高的小镇转移（Champion，1989）。伦敦外围的埃克塞特（Exet）和多佛（Dover）构成了一条所谓的“黄金弧线”（TCPA，2011：12）。而英格兰北部和苏格兰的人口总体呈下降趋势，加之同样的逆城市化趋势，城市出现高空置率或“衰败”。

遏制城市增长是英国政府规划的一个显著成果，但它所衍生出的“意料之外的后果”也十分严重。土地利用的变化（从农业到住宅）可以使土地价格提高多达600—700倍[前瞻性土地利用期货项目（Foresight Land Use Futures Project），2010：182]。房价上涨快于收入上涨或正常的通货膨胀。那些与城市中心有便利交通联系的乡村地区的房价涨得最为离谱。对乡村发展的规划限制导致了乡村的士绅化、当地需求未满、物价抬高以及新房质量下降（Evans和Hartwich，2005；Satsangi等，2010）。提供保障性住房的主要工具是规划收益或溢价回收，这被描述为“通过规划体系对住宅开发商征收的特设和不确定的税收”（Oxley，2004：169）。

196

如图10.1示，经济发展遵循类似的模式。每个地区的面积大小都用来反映其生产总值，这清晰表明伦敦及其东南部地区的经济实力，另外还有几个财力雄厚的地区。“南北分裂”的局面清晰，这也反映了英国经济和社会地理的长久格局。这种分割并不仅仅体现在财富方面。根据贫困、失业、教育、健康和其他方面统计出的英国城市排行榜中，唯有一个北部城市（约克）居前12位（Dorling，2010）。自20世纪80年代以来，这种差异在英国地区之间甚至城市内部的不同地区仍在扩大（Massey和Allen，1989；Dorling，2005，2010）。

196

Coe和Jones(2010:5)解释了差距加剧的一系列过程,而这一过程塑造了英国的空间经济。从根本上讲，全球化以及新自由主义政策推动下的英国经济的积极金融化将伦敦推为全球首屈一指的金融市场，却同时使得整个英国支离破碎。与此相关的是，尽管英国的制造业仍然发达，但经济的第三产业化或服务业的相对增长仍在继续。服务业的增长主要集中在伦敦及其周边地区。这些趋势加剧了英国非常“不平衡的社会和经济地理”，以及英格兰南部地区土地利用的极端压力。土地利用的集中与压力又引发了其他问题，比如对淡水需求的增加，对本为洪泛平原地区的东南部土地释放的需求，以及增加在拥挤地区新建基础设施的成本。

类似的差距在城市尺度上也表现得十分明显，大量的高贫困率与富裕的社区并列。英国城市更新的悠久历史显著改善了一些地方的状况，但根深蒂固的贫困和地方排斥仍然存在（Tallon，2010）。英国2100万套住宅中，有35%是“不体面”的（这意味着它们需要维修、配备现代设施和隔热材料）[英国社区与地方政府部（DCLG），2009]。北方城市严重依赖公共补贴，而其公共部门的就业岗位则不成比例的高。1993—2007年，北方城市总体上并未受益于英国经济的持续增长。2007年的银行业危机之后，北方城市遭受了经济衰退和公共开支削减的严重影响，而伦敦所受影响则微不足道（Martin，2010；Hall，2011），南北

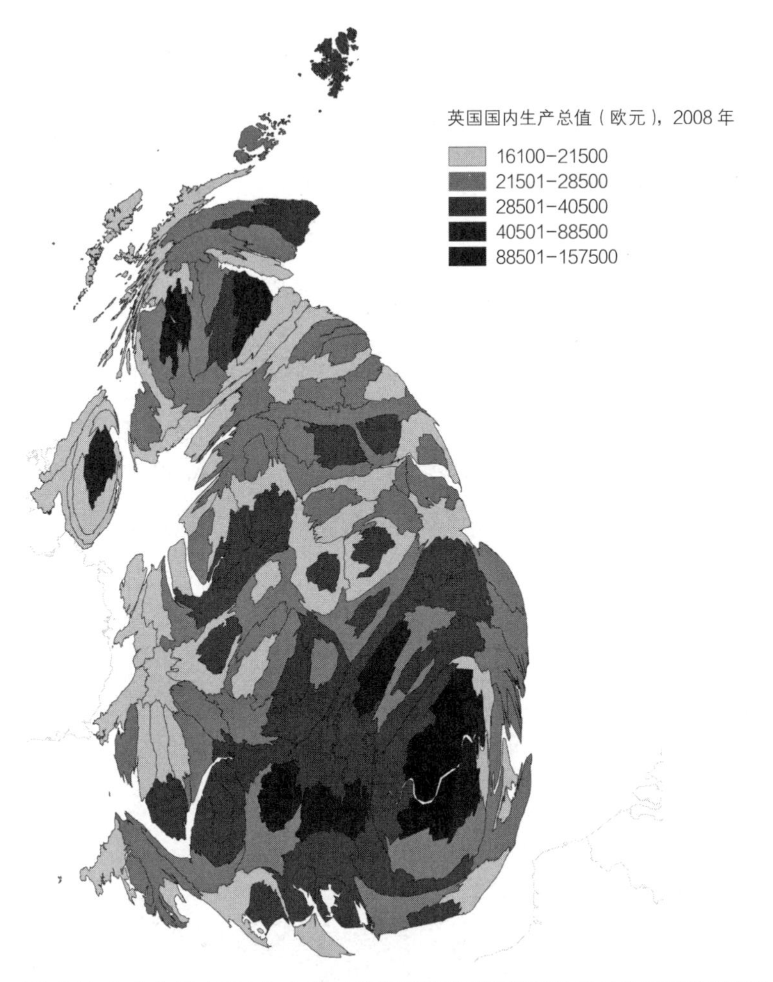

图 10.1　英国国内生产总值（GDP）分布：（欧盟标准地区数据统计单元命名系统 NUTS 3 层级）地区比较统计地图（2008 年）

差距因而进一步扩大（Ertürk 等，2011）。尽管政策意在缩小差距，但政府支出“在很大程度上偏向于广大的东南部地区”（Burch 等，2009：588）。

> 伦敦在交通方面得到的人均补助是其他地区的两倍有余……在治安和公共安全方面也超过 50%……在教育经费、培训和经济发展等方面也比其他地区都多。
>
> （Muson，2010：85）

总之，英国的空间发展主要由伦敦及其腹地主导并且这种状况越来越明显（Amin 等，　197

2003）。伦敦作为先进商业服务的重要节点的全球城市地位为其带来了巨大的优势，但同时也给英国带来了巨大的不平衡（Pain，2009）。直到21世纪头10年，英国除伦敦以外的其他城市未能出现在全球前100名的全球互联城市名单中（Taylor等，2010）。虽然过去10年有改善迹象，但英国其他地方的大都市地区和一级行政区城市仍远远落后。这些城市能取得多少进展在一定程度上取决于它们与伦敦的联系（Taylor，2010）。

198

10.4 转变的维度与方向：三个趋势

本节回顾了自1990年以来城乡规划改革的主要转折点；在考虑到各参与者之间的权力关系、规划工具和规划原则的变化总趋势之前，还将解释其主要驱动力。

图10.2显示了1990年后英国空间规划主要趋势。它仅选择性地表达了主要的改革，以强调三个主要的“变化”：

- 从20世纪90年代初开始，“规划导向的体系”的推广和可持续发展目标的提出；
- 从20世纪90年代末开始，空间规划方法的引入和广泛的权力下放；
- 从2010年开始，强调社区规划和基础设施建设。

199

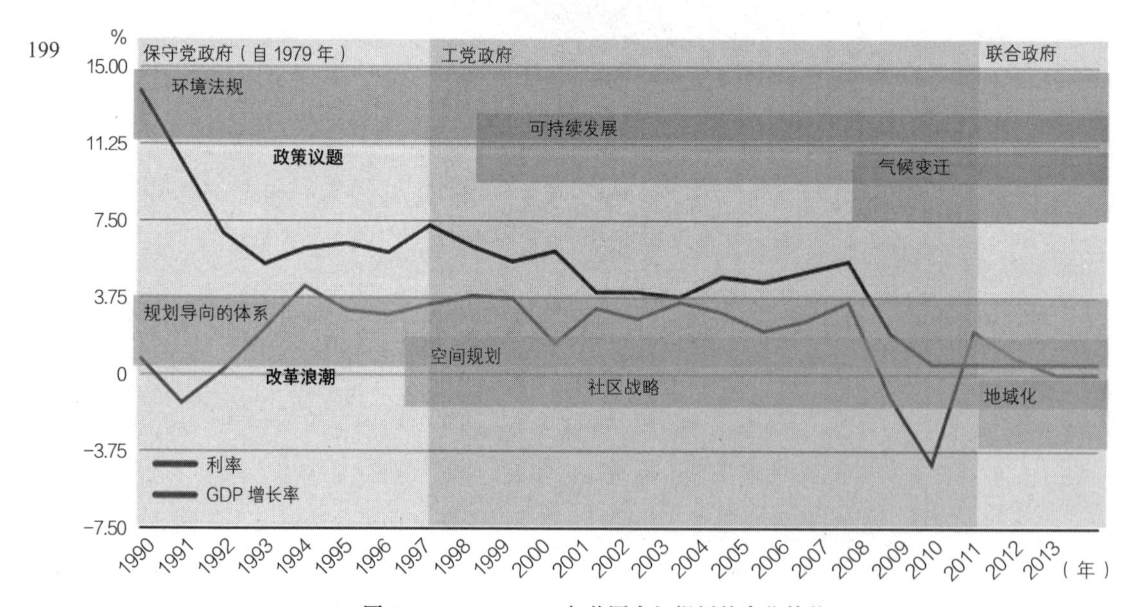

图10.2 1990—2013年英国空间规划的变化趋势

10.4.1　20 世纪 90 年代：规划导向的方法

198

1990 年之前，规划行业最重大的改革是 1968 年在地方层面将结构规划（structure plans）与详细规划（detailed policies）分离的战略性决定。该原则以不同形式保留下来。其次是加强环境和遗产保护方面的执行力（Moore，2012），以及对改造或溢价回收的关注（这是一个特别有争议的问题）（Cullingworth，1980；Blundell，1993）。

1979 年，玛格丽特·撒切尔（Margaret Thatcher）的保守党政府上台，承诺在全球竞争的背景下，通过“对企业的宽松监管”解决英国工业所面临的灾难性衰落问题。该届政府的一个标志便是宽松监管，包括取消地方政府规划条例以及在大都市区全面撤销战略规划机构；引入中央控制的开发公司和简化规划区域；降低规划等级以支持市场决策。20 世纪 90 年代初的规划处于一种岌岌可危的状态，其特点是竖向切分的机构通过严格和排他性政策作出临时和应急性决策；开发利益集团掌握着相当大的权力，而地方规划当局几乎没有编制规划的动力。然而保守党依赖于两股主要的社会力量：一是复杂的商业利益群体，它们经常无法形成共识且互相“争夺空间”；二是农村地区和小城镇的选民，他们总是小心翼翼地捍卫自身的独特性。出于这个原因，没有“全民畅通”的方法。该体系自 20 世纪 90 年代初起都未曾改变，各界政府只是试图以更积极的方式加以利用。对该体系控制权的争夺依然存在。

20 世纪 80 年代以来，“新自由主义”标签几乎贴满所有政府，但公共服务方面的新自由主义做法逐渐褪色。1991 年的一部新《规划法》将规划体系重新引向“规划主导”的方向。地方规划当局被要求必须更新规划并以此指导全域发展。决策中的自由裁量权仍然存在，但必须以“发展规划”为基础并附以明确的推理。与此同时，中央政府通过制定更明确的规划政策加强了自己的决策地位。苏格兰在 20 世纪 70 年代引进了一套规划政策系统（Raemakers 等，1994），其他自治政府自 20 世纪 90 年代以来也采用了该方法。以前的专项规划数量、种类繁多（比如城镇中心、噪声、考古等议题）并变得累赘，如今这些自治政府把各个专项规划慢慢整理到一两个政策文件里（唯北爱尔兰仍有 22 个专项规划之多）。

200

国家规划政策是贯彻决策一致性（土地利用规划公司，1995）以及保障中央部委（或同级别部门）有效管控地方规划决策的有力工具。政策虽无法定效力，却具有较强的指令性。与政策相互矛盾的解释常会影响决策。地方发展规划必须符合国家政策，不符合国家政策的规划或决策可能是地方长官违背地方意愿的原因。部长们通常对有争议的或对国家有重大影响的开发进行抽审，并在权衡国家和地方政府的各种政策后做出自己的决定。比如苏格兰部长热衷于国际投资人唐纳德·特朗普推动的一个大型高尔夫球场的综合开发，该项目通过修建 500 座新建住宅以交叉补贴在开发中损失的一个具有特殊科学价值的场地，这与地方政府的规划政策相悖。部长出于经济和社会利益的考虑，打出了“国家利益”的旗号，不惜损坏因具有“国家重要性”而受到保护的资产［规划与环境上诉部（DPEA），2008］。[5]

在英格兰，由于地方规划的糟糕表现，中央干预地方的决策并非难事。至2002年，只有13%的地方规划机构制定了法定发展规划——这已经是在强制性要求出台11年后，以及地方政府被赋予制定规划权力的34年后。英国混乱的地方政府重组对其单一和两层级的地方政府结构的建立没有任何帮助。而苏格兰和威尔士则找到了一个更清晰的解决方案，它们达成的共识是：由单一层级的大型联合机构在地方层级承担更明确的规划责任。绩效评估的关键因素是当地的反对和争议，这些反对和争议充分利用了广泛而开放的规划编制程序以推动规划滞后、政客们不兑现承诺和治理不善的问题［Steel等，1995；英国皇家城市规划学会（RTPI），2000；Nadin，2007］。政府较少关注新的规划模式将如何在实践中运用以及规划专业如何适应新的规划模式。政府反而通过关联目标与指标来推动新型的公共管理方式（Clifford，2013）。空间规划的概念对许多人来说是不确定和模糊的（尽管相关建议和解释很多），因此“许多地方规划师最初依赖于‘来自上面’的指导”（Gunn和Hillier，2014）。面对英格兰东南部地区的住房需求压力，地方政府仍习惯于采纳控制开发的规划。经验证明地方层级的规划机构应该在规划决策时制定并配备一套与之匹配的规划政策和全域土地利用规划。

201

20世纪90年代，各级政府的规划政策受到了环境可持续性以及后来可持续发展观念的影响。英国起初应对环境问题的策略是支离破碎的，并且鲜少明确提出可持续发展的概念，而是更关注“可测量因子”的影响。环境问题，直到2000年后才更积极地参与预警原则，并逐渐被列入政策，成为正式考虑因素（Cullingworth和Nadin，2006：252）。第一版的《英国可持续发展战略》（*UK Sustainable Development Strategy*）于1994年颁布，这标志着英国成为1992年“里约热内卢地球峰会”（Rio Earth Summit）后第一个出版可持续相关政策的国家。《英国可持续发展战略》于1994年颁布第二版，将“高速稳定的经济发展”列入条款，这预示着政策条款风向的变化。许多政策声明随后出台，并在加强污染控制、洪水管理和设立新的环境机构等方面出台了要求更高的立法。在欧洲其他地区的相关活动都与欧盟的立法有关，这包括1985年的《环境评估》（Environmental Assessment）和1992年的《栖息地指令》（Habitats Directives）（Commission Directives 85/337/EEC and Commission Directives 92/43/EEC）

20世纪90年代的环境可持续性议程还使得规划实践过程中多出来一些新的参与者，因此严格按照环保标准对发展建议进行测试的相关需求呼之欲出。这些参与者试图将一种技术官僚的方法引入决策体系。该体系当时已牢牢陷入利益调解和谈判结果之中，科学证据仅为其提供了依据，但没有起到推动作用。这给规划工作带来了困难，尤其给决策增加了各种各样的影响因子论证的程序。对可持续性概念的专业理解也必须面对一个持续的议题，即中央政府在过去 30 年间（20 世纪 90 年代到 21 世纪 10 年代）一致认为可持续发展也意味着经济增长。

10.4.2　21 世纪头 10 年：权力下放和空间规划方法

自 1997 年，布莱尔领导的左翼政府迅速下放权力：地区政府掌握更多的自治权；地方机构和公民社会对决策的影响更大。随着北爱尔兰和威尔士议会的建立以及 1707 年苏格兰议会的解散，英国政府将权力全面移交给这三个地区政府（正式名称为“自治政府”）。[6] 这使得英国各个地区政府的规划实践更具多样性（Allmendinger 等，2005）。苏格兰议会很快就采用独特的规划方法向各方征询意见（苏格兰议会，1999）。但权力下放的影响也不应被夸大，因为各地区的规划实践本就存在差异；此外，全英国也共享一些基本的规划原则。英格兰范围内的规划实践的差异也许跟整个英国的差异不相上下，这是由于英格兰本身的经济和社会状况的巨大差异所造成的（Allmendinger，2006）。

变化自那时起已然发生，但苏格兰与英格兰的差异主要表现在表面上。Allmendinger（2001）指出，苏格兰民族党（Scottish Nationalist Party）从 2007 年开始掌权，其规划改革路径在权力下放的情况下也和英格兰基本保持一致。2013 年的改革方案与英格兰的“精简程序与削减开支”政策高度配合（苏格兰地区政府，2013）。21 世纪初，各地区政府也很有默契地推动“空间规划方法”的运用。英国尽管对区域规划有过一段时间的尝试，但其对空间战略一直不够重视甚至企图“蒙混过关”（Nadin 和 Stead，2011）。对战略的关注依赖于“政府通过规划战略干预市场（调节市场失灵）的态度：包括意识形态接受程度、应对快速变化的环境的效率，以及地方官僚主义的代价”（Swain 等，2013：2）。一般来说，偏右派政府比较反对而左派政府较支持空间规划的运用。 202

1997 年的布莱尔政府致力于打破政府部门之间的壁垒，加强协作，提高地方政府的主动力，让社区参与决策，并强调绩效（outcomes）而非指标（outputs）[英国交通部（DTLR），1998]。绩效与指标指的是，举个例子吧，关注家庭住房质量如何提高（绩效），而不仅仅是关注房屋数量的增加（指标）。绩效指的是一系列政策在特定地域相互作用的结果，因此协作的重点在于强调“地方性战略”。将权力下放给地方政府是为了提升当地社区的服务能力以及跨部门的协调。从 2000 年开始，地方政府必须与民间社会或商业利益集团建立“地方战略伙伴关系”（local strategic partnership），并制定“社区战略”（社区规划）。其目标是从根本上改善地方领导能力以及增强利益相关者的地方公众参与（Doak 和 Parker，2005；Morphet，2011）。正式的规划工具必须与社区战略相协调。

20 世纪 90 年代初，保守党政府鼓励地方政府之间在“区域规划指引”（关于区域战略优先权协议的基本形式）层面更多的自愿合作，以此解决住房用地分配的问题和城乡规划机构之间的矛盾。工党在 20 世纪 90 年代后期上台后继续加强区域战略规划的作用。从 2004 年开始，总体“区域空间战略”成为英格兰的法定规划。政府当时的雄心是“将规划变为空间开发进程的核心，而不仅仅是土地和产权的依据，空间规划将作为协调各种政策和行动以及影响空间开发的润滑剂”（Nadin，2007：43）。这是对英格兰的规划体系，包括其优势和劣势，作了一次深远的回顾；却并未充分考虑其所处的环境变化和社会抱负（Cullingworth，1997）。然而现实是规划陷入了“官僚主义的监管程序，关注程序而非实质性问题”（Davoudi，2006：21）。相关批判众多，包括政策缺乏证据基础、规划绩效差、社区参与形式化，以及规划缺乏时效性。另外，几乎没有人认识到其他的专项规划对空间发展的重要影响（Stead 和 Meijers，2004）以及“各种规划和战略的相互重叠甚至互相冲突所造成的负面影响”[区域全面经济合作伙伴关系协定（RCEP），2002：1]。[7]

“规划文化的改变”逐渐转向“空间规划方法”得到了广泛共识。政府对此的解释如下：“空间规划超越了传统的土地利用规划，它将土地开发与利用的政策与影响地方性质及其如何发挥作用的其他政策与项目结合起来并加以整合”[英国副首相办公室（ODPM），2004a：30]。这些想法受当时欧洲规划话语的深刻影响，尤其是关于《欧洲空间发展愿景》（European Spatial Development Perspective）的讨论 [联合国可持续发展委员会（CSD），1999]，以及即将上任的工党政府寻求现代化和“联合”政府，以实现民主复兴和进步成果的优先事项（Allmendinger 和 Tewdwr-Jones，2000；Morphet，2004）。在实践中，政府鼓励其他部门也运用规划来实现其目标（比如教育、医疗、经济发展）；在部门政策中注入空间思维；在政策制定过程中通过组织新的规划政策论坛以实现协作。

203

“空间规划”作为一个术语可能会有些模糊不清。在英国，该词用来表示规划（将部门政策的空间影响结合起来）的整合作用，而不是它在土地利用变化管理方面的作用。虽然这一改革常被描述为体系的转变，但土地利用条例仍占主导地位（虽其职能范围有所修订）。对“空间规划”这一术语的利用尤为重要，“它代表着与过去的决裂，同时将规划重新带回到传达和协调的角色”（Morphet，2011：13）。

一整套新的规划工具，包括区域空间战略以及地方规划当局制定的“核心战略”的地方发展框架的出现为促进文化转变提供了基础。除了规划工具，向空间规划方法的转变还需要一段时间的专业调整和学习。因为经验的贫乏，对于什么行动会导致对以往实践产生相对小的、不成功的调整而非全盘改变还充满了不确定性。对“文化的改变”常需要远见，但在 2010 年保守党和自由党组成的新联合政府上台后，其进展受到了限制。

权力下放后的自治联合政府开始强调部门间的协作，然而这与英格兰政府开始颁布明确的空间维度的“国家规划”大相径庭。英国第一个“国家规划”是 20 世纪 90 年代后期由北爱尔兰颁布的，它是在当时的宗教和政治团体于 1998 年达成共享权力的《贝尔法斯特合约》（Belfast Agreement，1998）后的乐观气氛下颁布的。协议包括一项具体的承诺，即区域规划可以处理“分裂社会”中的规划问题（Murray，2009：130）。《2025 年北爱尔兰区域发展战略》（*Regional Development Strategy for Northern Ireland 2025*）（DRDNI，2001）与欧盟在空间规划方面的发展模式非常相似。它将北爱尔兰放在欧盟甚至全球语境下，运用整合的思维寻求其领域发展的社会、经济和环境目标（Cullingworth 和 Nadin，2006：96）。该战略经历了 2008 年的修订，并于 2012 年被《2035 年区域发展战略》（*Regional Development Strategy 2035*）取代。该文件在北爱尔兰住宅大量分散开发的背景下，仍“鼓励紧凑的城市发展模式”（DRDNI，2012：41）。爱尔兰岛上的《合作框架》（*Framework for Collaboration*）也取得了进展。

苏格兰第一个《国家规划框架》（National Planning Framework for Scotland）于 2004 年出台（苏格兰政府，2004），“其对当时苏格兰的社会、经济和环境状况进行审计……并以此评估现行政策、核算资源……并对不同行业、主要参与者和政策进行战略性思维的整合”（Lloyd 和 Purves，2009：88）。苏格兰政府于 2009 年修订了《国家规划框架 2》，并确定了它的法定地位。该框架的规划时限到 2030 年，其强调“改善基础设施建设以支撑长期发展”（苏格兰政府，2009：1）。它确定了 14 个“国家发展”或战略项目，包括道路、铁路和机场的改善，以支持苏格兰可持续的经济发展……加强内部联系……在适应气候变化、可再生能源的获取或废物管理方面取得成效（苏格兰政府，2009：39）。《行动规划》（Action Plan）辅以处理更为细节的实施问题。因为许多政策仍然相当笼统且含糊，比如“创建可持续社区”作为目标出现在规划中（Nadin 和 Stead，2011）。苏格兰政府坚定地致力于这种国家层面的规划方法，并在 2013 年修订了第三版，即《国家规划框架 3》。 204

跟苏格兰类似，威尔士的规划法规定“威尔士也必须制定一个国家层级的空间规划”，并得到议会批准。威尔士政府于 2004 年出版时效 20 年的《威尔士空间规划：人民、场所、未来》（*Wales Spatial Plan*：*People*，*Places*，*Futures*）（威尔士政府，2004）。该规划于 2008 年更新，并保持了相同的战略：“确保所有决策超越部门或行政边界的壁垒，并确立可持续发展的核心价值观”（威尔士政府，2008：3）。

然而英格兰（或整个英国）却没有一个类似的“国家规划”，尽管其呼声很高［英国皇家城市规划学会（RTPI），2006；英国城乡规划协会（TCPA），2011］。英格兰也没有一个覆盖全域的空间战略。2004 年的《社区规划》（*Communities Plan*）（英国副首相办公室，2004b）打破传统，在国家层级指定了四个主要增长区域，尽管较为笼统。和其他的地区政府一样，英格兰也有国家层级的部门规划，且这些部门规划对空间发展、交通、生物多样性以及其他主题有比较强势的作用，比如《英国可持续发展战略》（*UK Sustainability Strategy*）（2005）和《英国低碳交通规划》（*UK Low Carbon Transition Plan*）（2009）。这些规划内容很少涉及空间议题。2011 年，英国财政部发布了一份《国家基础设施规划》（*National Infrastructure Plan*）（英国财政部，2011），其中提到了将大部分基础设施的决定权下放给地区政府。

21 世纪头 10 年，财政部在上届政府的领导下对规划体系和国家经济健康之间的关系进行了两次深度审查，俗称《巴克评论》（Barker Reviews）（以作者的名字命名）（2004，2006）。第一份《巴克评论》首先调查了英格兰新建住房的长期供给（不足）与需求之间的关系。研究发现，导致这一问题的最主要原因在于规划体系所致的土地供应不足。第二份《巴克评论》审查了土地利用规划（Barker，2006）后发现其为“生产力和经济增长的重要支撑”，并呼吁简化规划程序，以及激励规划主管部门积极应对市场。以上建议都曾以不同的形式被表达过，然而它们只有在财政部的委托下才具有了影响力。

10.4.3 气候变迁

我们还应该在这里提到与气候变迁相关的风险对规划政策和程序具有一定的影响，或者更具体地说是《斯特恩评论：气候变化经济学》（*Stern Review of the Economics of Climate*

205 *Change*）（2006）。斯特恩将气候变迁的影响比作“20 世纪上半叶的世界大战和经济大萧条的总和”（vi），并将规划体系描述为避免此类风险的重要工具，例如管理洪水风险的替代方法可能会更昂贵。该评论建议“相关行动应该在各个层面都与开发政策和规划相整合”（xxii）。虽然气候变迁和规划由其他部门主导，但财政部在空间开发过程中仍是主角。但这推动了变革，《气候变化法案》（Climate Change Act）（2008）将排放目标定为法定基础，并新建了一个能源和气候变化部门（Department of Energy and Climate Change）。

规划的影响日渐显著，这体现在政策和决策的标准（包括影响评估）日益复杂。其次，规划议题的相关政策融入了科学家和相关专家的参与。同样，欧盟的《水框架指令》（Water Framework Directive）及其需要的针对流域与洪水风险管理规划的编制，都强调其规划过程中技术方法的运用，比如环境管理制度的运用。环境专业人员如何利用科学数据，进行政策制定和实施不一定符合规划政策制定过程中充满政治色彩的谈判或协商方式。与此同时，气候变迁议程和可持续发展意识的增强促使许多相关组织都自觉制定了自己的规划和战略，类似于 20 世纪 90 年代的《21 世纪地方议程》（Local Agenda 21 initiatives）（Wilson 和 Piper，2010：13）。基于此，本土的规划方法才开始引起人们的注意。

10.4.4　21 世纪 10 年代：地方主义

联合政府于 2010 年开始执政，同时也揭开了英国规划改革的第三个阶段。这一时期改革的首要议题是取消先前确定的区域空间战略（伦敦除外）。“地方主义”的规划方法和新的集权规划程序有助于能源和交通方面的基础设施建设。但除了取消区域规划制度（重复了保守党政府在 1951 年的所为），其他的改革还是延续了之前几个阶段的改革。战略规划也在被延续的改革方向之列，但战略规划的地域范围有所变化，它针对新的城市组合。新政府采纳了《巴克评论》中提出的许多观点。区别体现在许多细微而重要的变化上，而它们使得开发程序获得更多优势。这些举措都基于对规划体系“复杂性”的反对，比如规划当局无法完成规划编制以及英格兰南部地区住房的供给。改革呼吁多样化的地方规划政策以反映地方社区的意愿，但在某种程度上，这也隐藏着改革寄希望于“最大程度地实现地方控制”（保守党，2009：1）。联合政府当中保守党的一半在改革中起到了领导性地位，自由民主党（Liberal Democrat partners）也同样提出“将决策权，包括住房目标交还给当地人民”的宣言（自由民主党，2010：81）。

联合政府上台后首先提出了一套新的“邻里规划”（neighbourhood planning）制度，然后取消了许多国家层级的规划政策，其中“国家规划框架”是唯一得到保留的，并且提出“有利于可持续发展”的假设，同时“寻求减少或限制规划对环境的影响……以促进经济增长”（Cowell，2012：14）。规划当局的职责仍是快速审批开发项目，并对否定的开发提案给出解释。[8] 此外，改革帮助地方利益集团（通常是保守的）反对大规模住宅开发，当然有能力自行编制和实施规划的地方组织不在其列。改革还对商业行为和企业放松监管并提供确定性的行业利益。后来，联合政府重新启动了 20 世纪 80 年代的一些规划工具，如可以在一定程度上绕过规划审批程序的“企业区”。邻里规划看上去非常激进，但这个概念也不是什么新发明。（非正式）教区或社区的规划实践进行得很顺利，至少在紧密团结的社区中是如此（Owen，2002）。1997 年，工党投入大量精力使社区参与地方政府的战略制定。然而邻里规划同样受到了批判，比如它虽然提供了合作机会，却缺乏“调节冲突的能力”（Gallent 和

206

Robinson，2012：192）。在建立邻里规划机制的同时，政策的主要方向还是为了保证企业利益。

《2011 年地方主义法规》（2011 Localism Act）和《国家规划政策框架》（National Planning Policy Framework，NPPF）[英国社区与地方政府部（DCLG），2012] 已经实施了许多提案。政府一方面通过“放开规划制度”的噱头获得了主要开发商团体的大力支持；另一方面通过承诺赋予居民和社区更多规划权力获得地方议会的全国协会（National Association of Local Councils）的支持。但它面临着专业人士和环保人士的强烈反对，这让规划成为媒体关注的焦点。反对的主要理由是支持可持续发展的假设，这一说法被政府解释为“需要积极的规划……以鼓励而不是阻碍可持续增长”（英国社区与地方政府部，2012：6）。许多观察者认为这种政策解读是在偏袒商业利益和土地开发利益，这套夸赞环境保护和邻里的决策，同时又强调经济增长优先性的说辞，听上去很难反驳。该框架遭到非政府组织反对，其中以“国家信托”（National Trust）和“保护英格兰乡村运动”（Campaign to Protect Rural England）为首。这场争论一开始就利用了洛杉矶城市蔓延的图片，一些合理的观点表示，“大多数开发提案（除了特别指定的区域外）主要是为了满足短期的增长需求和商业利益，而不是满足社区和环境的长期需求”（《泰晤士报》，2011）。起草该框架的一名顾问坦言道：“此规划不应该是社区抵制开发的借口，而应该起到刺激更大规模开发的作用”（引自 Kirkup 和 Hope，2011）。记者乔治·蒙博特（George Monbiot）对此表示出了最强烈的反对立场：这实际上是企业权力和民主之间的斗争，强势的房屋建造商（wullies）（在你喜欢的地方建造任何你喜欢的东西，即支持不受约束的新开发）受到了政府的控制（Monbiot，2011）。

207

10.5 结论

在回顾上述几轮规划改革之后，现在总结一下它们对规划过程中的参与者和利益集团、规划方法和工具，以及规划的基本原则的影响。

10.5.1 角色

新自由主义社会模式在英国的持久影响是，规划体系通过与代表广泛利益的诸多参与者合作，对空间产生影响。政府改革创造了一个复杂的治理网络，由许多公共机构、准公共部门和私营公司提供公共服务和监管，但它们的角色分工并不明朗，比如公共利益有时候由私营公司传达。非政府组织在政府一系列措施的鼓励下发展壮大，它们不但有高水平的研究能力和游说能力，还在政策过程中发挥了核心作用。尽管在这种“拥挤的政策环境”中，政策制定的困境和问责制的问题已得到广泛承认，但这些问题历经历届政府的领导依然没有得到改善。权力的分散有好也有坏，它一方面减缓了开发进程，另一方面避免开发过度背离政策。无论如何，可以肯定的是规划过程因为缺乏相应的机制，众多有关城市发展的战略方向无法达成一致并实施，因此规划工作只能敷衍了事，甚至在部分地区引起了无序的城市蔓延（Phelps，2012）。面对英国南部城市增长的巨大压力以及私人利益之间的博弈（无论是否有利于城市发展），规划决策和城市发展变得支离破碎。

但正如许多学者所说，虽然独裁者可能不复存在，但权力的不平等仍然存在，各参与者的影响力是不同的。就这点而言，英国财政部在评估规划实践和 21 世纪头 10 年的中期以来英国政策的发展方面具有指导作用。工商业利益团体通过此种渠道以及不太以商业为导向的“规划部门”（即英国社区与地方政府部）寻求影响力。财政部虽然具有强势地位，但它仍无法解决主要挑战。其主要原因是其仍没有适应各部门政策的复杂互动，它的影响力恰恰传达了权力去中心化的事实。与地方主义口号形成对比的是，空间规划“仍受到中央政府优先事项和意愿的驱动”（Allmendinger 和 Haughton，2012：97）。权力下放到自治政府的同时，中央政府行政事权也相对集中。在这个深思熟虑的过程中，某些强势的政府部门与增强的公民社会参与者形成了对立。公民社会对城市增长削弱规划控制的做法提出反对意见，因而备受瞩目。在广泛的决策中，公民社会已成为与国家和市场同等重要的参与者。

10.5.2　规划的模式和方法

208

为了避免过于简单化，英国的规划模式可以大致分为如下几个阶段。20 世纪 90 年代，从被动地、“得过且过”地应对问题转变为以规划为基础的决策。21 世纪头 10 年，指示性规划和战略决策逐渐出现。到目前为止的 21 世纪 10 年代，中央引导的战略决策（strategic decisions）更多见，而战略制定（strategy making）越来越少。这些变化背后有四个比较延续但在一定程度上并不兼容的趋势。

第一，更多的决策是由规划主导的。这有效地将“决策时刻”提前到了规划阶段。规划当局在规划编制过程中难以调节当地的冲突（因为地方上有太多的“利益团体”在追求各自的诉求），也无法协调地方和国家 / 区域的目标，这又迫使国家更频繁地介入地方的政策决策。

第二，政策和决策（尤其是与环境有关的）越来越多地得到科学分析的支持。这可能会让英国的规划范式回到 20 世纪 70 年代的技术官僚路径上。政府希望精简和加快决策过程，但这注定会失败，因为决策过程需要更多的证据收集和分析的支持。它甚至可以采用更强制性的规划方法，即在固定形式的规划中“预先”作更多的决策，或依据影响评估在技术要点上做文章。

第三，也是与上述趋势完全不同的，规划决策过程纳入越来越多的参与者进行谈判。规划的作用不再是传达一个终级结果，而是提出一个公众关注的议题以促成公众参与 / 协同政策的制定（Healey，1997）。如舒克史密斯（Shucksmith，2009：12）所说，国家“在这种权力混乱、无人掌权的背景下，运用自己的能量来刺激行动、创新、斗争和抵抗，以此释放潜能，产生出新的斗争并改变治理模式本身”。舒克史密斯指的是农村发展的过程，但他的论点同样适用于其他“领域管理”问题，即任何僵化的规划都是多余的。英国的规划风格因规划本身更具灵活性而变得更为谨慎，战略空间规划在国家和地方层级都表现出这方面的变化。但并存的技术官僚风格和集权风格之间的关系更为紧张而微妙。协作和协商的规划模式可能会“扼杀围绕新自由主义增长议程的狭隘辩论和争论”（Allmendinger 和 Haughton，2012：91）。当然，国家和市场的角色在主流规划讨论中鲜少被提及，但规划政策和新自由主义所造成的结果之间的矛盾日益显著。正如本章开头所述，英国并非新自由主义范式，就其土地或领域而言，社会民主精神仍为主流。

第四，规划机构正在关注跨边界议题，并以有限的方式为功能区域创造了跨边界职能机构，例如流域管理规划。霍顿等（Haughton 等，2010）提到了这种模糊边界下的规划。当然主流的规划仍被限制在行政边界的框架里，例如 21 世纪头 10 年的区域空间战略仍是以政府行政边界为基础的，而其中一些极度缺乏功能规划逻辑。同样，地方规划战略经常忽略与邻近地区的联系。模糊边界的规划战略方法的缺乏，特别是农村和城市地区的整合规划的缺乏，仍是限制战略规划效率的真正阻力。区域空间战略于 2011 年废止，这为规划部门自愿合作以解决“次区域”和“泛城市地区”的“关键经济层面”问题提供了更多实验和创新的机会（TCPA，2011：43；Morphet 和 Pemberton，2013）。

209

10.5.3 规划的思想、基本原则和观念

从理论上而言，规划基本原则的改变是缓慢的，这也解释了为什么将规划文化转变为战略方法的范式在实践中如此艰难；尽管这个概念在规划精英群体中很受青睐（Dühr 等，2010）。因此，除了不断引进新的规划工具，塑造英国规划的价值观具备相当的延续性。对于规划师来说，公共利益和公共服务伦理仍然是核心价值，所以好的规划需要把可靠的技术知识和对地方社区价值观的理解结合起来。人们一直以为，遏制城市增长、紧凑城市和

遗产保护等概念最符合公众利益。近年来，环境的可持续发展和在一定程度上适应气候变迁的规划思想也成为共同的价值观，它包括保护稀缺的自然资本、生态系统服务和地方能源再生。人们对“绿带”之类的纯粹概念及其带来的负面效应也有了更多的反思，但公众对此的态度有所滞后，根深蒂固的利益阻碍了任何激进的变革。规划师意识到规划体系和规划概念可以被强大的（商业或政治）利益集团操纵。

对于中央政府而言，20 世纪 90 年代规划的主导政策目标是经济增长。这一主旨并未随着政府的更迭而变化。财政部的参与确保了规划政策的延续性，政府其他部门也在推动相应议程，比如环境和遗产保护、可再生能源供应、安全和许多其他问题。规划师也有许多其他的概念和想法，但其中医疗规划有可能成为领跑者（Barton 等，2012）。若这一概念能得到应有的重视，则规划体系将以一种协作的方式实现回归其最初处理公众医疗问题的根源。

鸣谢

非常感激代尔夫特理工大学亚历克斯·旺德勒（Alex Wandl）对于图 10.1 和图 10.2 的帮助。

注释

1.“大不列颠”一词仅指英格兰、苏格兰和威尔士;“不列颠群岛”指的是地理区域，其中包括爱尔兰共和国、马恩岛（Isle of Man）和海峡群岛（Channel Islands）。

2. 英国议会和政府部长只为英格兰制定规划相关的法律和政策（除少数例外）。苏格兰议会立法与对苏格兰的政策由（位于爱丁堡的）苏格兰政府部长和部门制定。威尔士议会设在加的夫（Cardiff），其法律编制权力正在扩大，并能资助编制威尔士规划政策。北爱尔兰的规划法律和政策也由自己的议会编制。

210

3. 对《欧洲空间规划体系与政策纲要》和英国城乡规划体系的解释请参见《欧洲空间规划观察网络报告》第 2.3.2 节中关于国土政策和城市政策治理方面的内容（Farinos Dasí，2006）。请注意，其中提到英国正在朝着“区域经济的”规划范式转变的结论是不正确的，这也反映了该报告错误理解了《欧洲空间规划体系与政策纲要》以及英国的规划体系（参见 Nadin 和 Stead，2013）。

4. 遏制城市增长的政策在北爱尔兰是个例外，因其长期的冲突影响了它的土地利用规划方法，所以北爱尔兰的开阔乡村地区出现了大量的新建住房。

5. 完整回顾开发决策过程有助于深入理解英国错综复杂的自由裁量制度和苏格兰部长角色，参见《苏格兰议会的地方政府和社区委员会第五版报告》（2008）第 3 节，http：//archive.scottish.parliament.uk。

6. 将权力下放到北爱尔兰比较困难，因为北爱尔兰自 1972 年开始的“直接统治”历史是在冲突的背景下进行的。1998 年，权力被下放到北爱尔兰议会。但由于进一步的冲突在 2007 年之前，北爱尔兰议会经历了多次解散（Knox，2009）。

7. 关于 21 世纪头 10 年初期的规划批评，请查阅 Nadin（2007）文献中的资料清单。

8 . 政府于 2010 年引进了一套税收补偿制度，即补偿社区损失的舒适的设施和必要的基础设施。这项制度是前一届政府提议的。联合政府自签署协议至今就再未在任何其他提议中采取过有效行动，尤其在限制规划上诉、引入第三方的上诉权利、对“灵活的区划”解绑、在规划过程中限制监察者权限以及将决策权归还给“当地民众”等方面。

参考文献

Alber, J. (2006). The European social model and the United States. *European Union Politics*, 7(3), 393–419.

Allmendinger, P. (2001). The future of planning under a Scottish Parliament. *Town Planning Review*, *72*(2), 121–148.

Allmendinger, P. (2006). Escaping policy gravity: the scope for distinctiveness in Scottish spatial planning. In M. Tewdwr-Jones and P. Allmendinger (eds) *Territory, Identity and Spatial Planning* (pp. 153–166). London: Routledge.

Allmendinger, P. and Haughton, G. (2012). Post-political spatial planning in England: a crisis of consensus? *Transactions of the Institute of British Geographers*, *37*, 89–103.

Allmendinger, P. and Tewdwr-Jones, M. (2000). New Labour, new planning: the trajectory of planning in Blair's Britain. *Urban Studies*, *37*(8), 1379–1402.

Allmendinger, P., Morphet, J. and Tewdwr-Jones, M. (2005). Devolution and the modernization of local government: prospects for spatial planning. *European Planning Studies*, *13*(3), 350–370.

Amin, A., Massey, D. and Thrift, N. (2003). *Decentring the Nation: A Radical Approach to Regional Inequality*. London: Catalyst.

Barker, K. (2004). *The Barker Review of Housing Supply*. London: HM Treasury.

Barker, K. (2006). *The Barker Review of Land Use Planning: Final Report*. London: HM Treasury.

Barton, H., Horswell, M. and Millar, P. (2012). Neighbourhood accessibility and active travel. *Planning Practice and Research*, *27*(2), 177–201.

Blundell, V. H. (1993). *Labour's Flawed Land Acts 1947–1976*. London: Economic and Social Science Research Association.

Booth, P. (1996). *Controlling Development: Certainty and Discretion in Europe, the USA and Hong Kong*. London: UCL Press.

Booth, P. (1999). Discretion in planning versus zoning. In J. B. Cullingworth (ed.) *British Planning: 50 Years of Urban and Regional Policy* (pp. 31–44). London: Athlone.

Breheny, M. and Hall, P. (1999). *The People: Where Will They Live?* London: TCPA.

Buitelaar, E. and Sorel, N. (2010). Between the rule of law and the quest for control: legal certainty in the Dutch planning system. *Land Use Policy*, *27*(3), 983–989.

211 CEC – Commission of the European Communities. (1997). *The EU Compendium of Spatial Planning Systems and Policies*. Luxembourg: Office for Official Publications of the European Communities.

Champion, A. G. (1989). Counterurbanization in Britain. *Geographical Journal*, *155*(1), 52–80.

Clifford, B. P. (2013). Reform on the front line: reflections on implementing spatial planning in England, 2004–2008. *Planning Practice and Research*, *28*(4), 361–383.

Coe, N. M. and Jones, A. (2010). Introduction: the shifting geographies of the UK economy? In N. M. Coe and A. Jones (eds) *The Economic Geography of the UK* (pp. 3–11). London: Sage.

Commission Directive 85/337/EEC on the Assessment of the Effects of Certain Public and Private Projects on the Environment, Official Journal No. L 175, 05/07/1985, 40–48.

Commission Directive 92/43/EEC on the Conservation of Natural Habitats and of Wild Fauna and Flora, Official Journal No. L 206, 22/07/1992, 7–50.

Conservative Party. (2009). *Open Source Planning, Policy Green Paper No. 14*. London: The Conservative Party.

Cowell, R. (2012). The greenest government ever? Planning and sustainability in England after the May 2010 elections. *Planning Practice and Research*, *28*(1), 27–44.

CSD – Committee on Spatial Development. (1999). *The European Spatial Development Perspective*. Luxembourg: Office for Official Publications of the European Communities.

Cullingworth, B. and Nadin, V. (2006). *Town and Country Planning in the UK*. London: Routledge.

Cullingworth, J. B. (1980). *Land Values, Compensation and Betterment: Environmental Planning 1939–1969, Volume 4*. London: HMSO.

Cullingworth, J. B. (1997). British land-use planning: a failure to cope with change? *Urban Studies*, *34*, 945–960.

Davoudi, S. (2006). Evidence-based planning. *disP*, *42*(2), 14–24.

DCLG – Department for Communities and Local Government. (2012). *National Planning Policy Framework*. London: DCLG.

Doak, J. and Parker, G. (2005). Meaningful space? The challenge and meaning of participation and new spatial planning in England. *Planning Practice and Research*, *20*(1), 23–40.

Dorling, D. (2005). *Human Geography of the UK*. London: Sage.

Dorling, D. (2010). Persistent north–south divides. In N. M. Coe and A. Jones (eds) *The Economic Geography of the UK* (pp. 12–28). London: Sage.

DPEA – Department for Planning and Environmental Appeals, Scotland. (2008). *Report by Reporters Appointed by the Scottish Ministers, Case Reference: CIN/ABS/001*. Falkirk: DPEA.

DRDNI – Department for Regional Development, Northern Ireland. (2001). *Regional Development Strategy for Northern Ireland 2025*. Belfast: DRDNI.

DRDNI – Department for Regional Development, Northern Ireland. (2012). *Regional Development Strategy 2035: Building a Better Future*. Belfast: DRDNI.

DTLR – Department for Transport, Local Government and the Regions. (1998). *Modern Local Government: In Touch with the People*. London: HMSO.

Dühr, S., Colomb, C. and Nadin, V. (2010). *European Spatial Planning and Territorial Cooperation*. London: Routledge.

Esping-Andersen, G. (1990). *The Three Worlds of Welfare Capitalism*. Cambridge: Polity Press.

Evans, A. W. and Hartwich, O. (2005). *Unaffordable Housing: Fables and Myths*. London: The Policy Exchange.

Farinos Dasí, J. (2006). ESPON Project 2.3.2, Governance of Territorial and Urban Policies from EU to local level, final report. Esh-sur-Alzette: ESPON Coordination Unit.

Finlayson, A. (2009). Planning people: the ideology and rationality of New Labour. *Planning Practice and Research*, *25*(1), 11–22.

Foresight Land Use Futures Project. (2010). *Final Project Report*. London: Government Office for Science.

Gallent, N. and Robinson, S. (2012). *Neighbourhood Planning: Communities, Networks and Governance*. Bristol: Polity Press.

Grant, M. (2001). National-level institutions and decision-making processes of spatial planning in the United Kingdom. In R. Alterman (ed.) *National-level Planning in Democratic Countries: An International Comparison of City and Regional Policy-making* (pp. 105–126). Liverpool: Liverpool University Press.

Gunn, S. and Hillier, J. (in print). When uncertainty is interpreted as risk: an analysis of tensions relating to spatial planning reform in England. *Planning Practice and Research*. 212

Haughton, G., Allmendinger, P., Counsell, D. and Vigar, G. (2010). *The New Spatial Planning: Territorial Management with Soft Spaces and Fuzzy Boundaries*. London: Routledge.

Healey, P. (1997). *Collaborative Planning*. London: Macmillan.

HM Treasury. (2011). *National Infrastructure Plan 2011*. London: The Stationery Office.

Keating, M. (2006). Nationality, devolution and policy development in the United Kingdom. In M. Tewdwr-Jones and P. Allmendinger (eds) *Territory, Identity and Spatial Planning* (pp. 22–34). London: Routledge.

Kirkup, J. and Hope, C. (2011). Planning reforms: stop locals resisting developers. *The Telegraph*, 12 September.

Knox, C. (2009). The politics of local government reform in Northern Ireland. *Local Government Studies*, *35*(4), 435–455.

Land Use Consultants. (1995). *Effectiveness of Planning Policy Guidance Notes*. London: HMSO.

Liberal Democrats. (2010). *Liberal Democrat Manifesto 2010*. London: Liberal Democratic Party.

Lloyd, G. and Purves, G. (2009). Identity and territory: the creation of a national planning framework for Scotland. In S. Davoudi and I. Strange (eds) *Conceptions of Space and Place in Strategic Spatial Planning* (pp. 71–94). London: Routledge.

Massey, D. and Allen, J. (1988). *Uneven Re-development: Cities and Regions in Transition. A Reader*. Milton Keynes: Open University Press.

Monbiot, G. (2011). War with the Wullies. *The Guardian*, 26 September.

Moore, V. (2012). *A Practical Approach to Planning Law*. Oxford: Oxford University Press.

Moroni, S. (2007). Planning, liberty and the rule of law. *Planning Theory*, 6(2), 146–163.

Morphet, J. (2004). *RTPI Scoping Paper on Integrated Planning*. Unpublished RTPI paper. London: Royal Town Planning Institute.

Morphet, J. (2011). *Effective Practice in Spatial Planning*. London: Routledge.

Morphet, J. and Pemberton, S. (2013). Regions out – sub-regions in. Can sub-regional planning break the mould? The view from England. *Planning Practice and Research*, *28*(4), 384–399.

Murray, M. (2009). Building consensus in contested spaces and places? The Regional Development Strategy for Northern Ireland. In S. Davoudi and I. Strange (eds) *Conceptions of Space and Place in Strategic Spatial Planning* (pp. 125–146). London: Routledge.

Muson, S. (2010). The geography of UK government finances: tax, spend and what lies in between. In N. M. Coe and A. Jones (eds) *The Economic Geography of the UK* (pp. 79–90). London: Sage.

Nadin, V. (2007). The emergence of spatial planning in England. *Planning Practice and Research*, *22*(1), 43–62.

Nadin, V. and Stead, D. (2008). European spatial planning systems, social models and learning. *disP*, *44*(1), 35–47.

Nadin, V. and Stead, D. (2011). Nationale ruimtelijke ordening in het Verenigd Koninkrijk [National spatial planning in the United Kingdom]. *Ruimte & Maatschappij* [*Space and Society*], *3*, 49–72.

Nadin, V. and Stead, D. (2012). Opening up the compendium: an evaluation of international comparative planning research methodologies. *European Planning Studies*, *21*(10), 1542–1561.

ODPM – Office of the Deputy Prime Minister. (2004a). *Planning Policy Statement 11: Regional Spatial Strategies*. London: The Stationery Office.

ODPM – Office of the Deputy Prime Minister. (2004b). *Sustainable Communities: Building for the Future*. London: ODPM.

ONS – Office of National Statistics. (2012). *2011 Census: Population Estimates for the United Kingdom, 27 March 2011*. Newport: ONS.

Owen, S. (2002). From village design statements to parish plans: some pointers towards community decision making in the planning system in England. *Planning Practice and Research*, *17*(1), 81–89.

Oxley, M. (2004). *Economics, Planning and Housing*. Basingstoke: Palgrave Macmillan.

Pain, K. (2009). London: the pre-eminent global city. *Sciences Humaines, Les Grands Dossiers*, *17*, 30–32.

Pearce, N. and Paxton, W. (2005). *Social Justice: Building a Fairer Britain*. London: IPPR.

213 Phelps, N. (2012). *An Anatomy of Sprawl: Planning and Politics in Britain*. London: Routledge.

Raemakers, J., Prior, A. and Boyack, S. (1994). *Planning Guidance for Scotland: A Review of the Emerging New Scottish National Planning Policy Guidelines*. Edinburgh: Royal Town Planning Institute in Scotland.

RCEP – Royal Commission on Environmental Pollution. (2002). *Environmental Planning*. London: The Stationery

Office.

Rogers, Lord R. (1999). *Towards an Urban Renaissance: Final Report of the Urban Task Force Chaired by Lord Rogers of Riverside*. London: Spon.

RTPI – Royal Town Planning Institute. (2000). *Fitness for Purpose: Quality in Development Plans*. London: RTPI.

RTPI – Royal Town Planning Institute. (2006). *Uniting Britain: The Evidence Base, Spatial Structure and Key Drivers*. London: RTPI.

Satsangi, M., Gallent, N. and Bevan, M. (2010). *The Rural Housing Question*. Bristol: Policy Press.

Scottish Government. (2004). *National Planning Framework for Scotland*. Edinburgh: The Scottish Government.

Scottish Government. (2009). *National Planning Framework for Scotland 2*. Edinburgh: The Scottish Government.

Scottish Government. (2013). *Planning Reform: Next Steps. The Scottish Government's Key Actions on Planning Reform*. Edinburgh: The Scottish Government.

Scottish Parliament. (1999). *Land Use Planning Under a Scottish Parliament*. Edinburgh: The Scottish Parliament.

Shapely, P. (2012). Governance in the post-war city: historical reflections on public–private partnerships in the UK. *International Journal of Urban and Regional Research*, *37*(4), 1288–1304.

Shucksmith, M. (2009). Disintegrated rural development? Neo-endogenous rural development, planning and place-shaping in diffused power contexts. *Sociologia Ruralis*, *50*(1), 1–14.

Stanley, K. and Lawton, K. (2007). *The Anglo-social Model: Space for Subsidiarity, Responsibility and Freedom*. Paper for IReR Seminar Governance: The Lombardy Way. London: Institute for Public Policy Research.

Stead, D. and Meijers, E. (2004). *Policy Integration in Practice: Some Experiences of Integrating Transport, Land-use Planning and Environmental Policies in Local Government*. Paper presented at the conference on the Human Dimensions of Global Environmental Change: Greening of Policies – Interlinkages and Policy Integration, Berlin.

Stead, D. and Nadin, V. (2009). Planning cultures between models of society and planning systems. In J. Knieling and F. Othengrafen (eds) *Planning Cultures in Europe: Decoding Cultural Phenomena in Urban and Regional Planning* (pp. 283–300). Aldershot: Ashgate.

Steel, J., Nadin, V., Daniels, R. and Westlake, T. (1995). *The Efficiency and Effectiveness of Local Plan Inquiries*. London: HMSO.

Stern, N. (2006). *The Economics of Climate Change: The Stern Review*. Cambridge: Cambridge University Press.

Swain, C., Marshall, T. and Baden, T. (eds) (2013). *English Regional Planning 2000–2010: Lessons for the Future*. London: Routledge.

Taylor, P. J. (2010). *UK Cities in Globalization, GaWC Research Bulletin 357*. Retrieved from www.lboro.ac.uk/gawc.

Taylor, P. J., Hoyler, M., Evans, D. M. and Harrison, J. (2010). Balancing London? A preliminary investigation of the 'core cities' and 'northern way' spatial policy initiatives using multi-city corporate and commercial law firms. *European Planning Studies*, *18*, 1285–1299.

TCPA – Town and Country Planning Association. (2011). *England 2050? A Practical Vision for a National Spatial Strategy*. London: TCPA.

The Times (2011). Planning revolt fuels fears over economy. 1 September 2011.

Ward, S. V. (2004). *Planning and Urban Change* (2nd edn). London: Spon.

Welsh Government. (2004). *The Wales Spatial Plan: People, Places, Futures*. Cardiff: Welsh Government.

Welsh Government. (2008). *People, Places, Futures: The Wales Spatial Plan 2008 Update*. Cardiff: Welsh Government.

Wilson, E. and Piper, J. (2010). *Spatial Planning and Climate Change*. London: Routledge.

Zweigert, K. and Kötz, H. (translated by T. Weir) (2004). *An Introduction to Comparative Law* (3rd edn). Oxford: Oxford University Press.

214 ## 延伸阅读

Allmendinger, P. and Haughton, G. (2013). The evolution and trajectories of English spatial governance: 'neoliberal' episodes in planning. *Planning Practice and Research*, *28*(1) 6–26.

Baker, M. and Wong, C. (2013). The delusion of strategic spatial planning: what's left after the Labour government's English regional experiment? *Planning Practice and Research*, *28*(1) 83–103.

第 11 章　捷克共和国的规划演变过程

215

卡雷尔·迈尔

本章目标

本章对以下内容进行阐释：

- 在过去的几十年里，捷克的空间规划与东欧其他国家一样面临着来自全球和特定的地方压力。政治与经济变化产生的综合作用加速了国际整合及全球化的进程。
- 过去 20 年来，政治转型使得规划的任务和重点已经发生了变化。从当今片面推动发展的角度看，规划在国家层面的重点是顺应欧盟的可持续发展和竞争力议题。规划实践相对保守：规划师依旧延续“价值观自由”的传统，执行决策者的命令。规划主要用于服务国家利益以及日益强大的开发商，而这些开发商往往被地方政客游说。
- 规划理念在规划实践的惯性作用下，在成熟度及法定权力方面拉大了法定国土规划的法律地位与其实际效果之间的差距。最近出现的和迫在眉睫的议题如地区差异、郊区化和空间碎片化的问题只能通过规划实践慢慢回应。

11.1　引言

一个包含所有社会和经济活动的集中式规划层级制度，已经嵌入了社会主义国家的政治纲领。空间规划仅限于物质空间问题，因此被制度化为国土规划（territorial planning，územní plánování）；而区域规划（regional planning，oblastníplánování）是国家经济规划的空间抓手。由于“国土规划”一词仍在使用，下文也将使用这一术语。

在取消计划经济之后的 20 年里，捷克的规划体系不得不适应经济、社会和科技的根本性变化。规划的转变受到一个不利的政治环境的制约，这个政治环境往往把空间规划（城市、区域、乡村）与过去对经济、社会的集中统治混为一谈。

216

本章将简要介绍自 1990 年以来影响规划的变化因素，从传统文化、法律框架、目标任务、规划的成熟度和作用等方面进行文献综述的整理；识别重大变化、问题和挑战；描述当前变化的维度和方向，包括作为现代规划基石的公共利益、参与者驱动力以及在变化的环境中规划师的角色。本章还将在此背景下分析政治议程中体现出的规划思想、纲领和概念。

本章是“空间规划和地域差异概念”（The conception of spatial planning and territorial disparities）（WD-07-07-4）研究项目的成果。该项目由捷克共和国区域发展部（Ministry for Regional Development）支持，并在位于布拉格的捷克理工大学（Czech Technical University）完成深入研究。

11.2 规划体系简述

11.2.1 规划环境的演变

1989 年苏联解体后的 20 年可以分为三个时期：（1）基础战略决策确立的过渡时期；（2）推进市场经济改革并建立民主机制的转型时期；（3）与欧盟一体化相关的新兴权力机构的整合时期（参见 Wasilewski，2001）。

（1）1989 年后的过渡期是由于脱离“计划社会”（planned society）的推动而产生的？是公共部门占主导的混合经济？还是以 19 世纪的自由主义作为替代方案？总之，社会变革的前景并不明朗。后来，所谓的“后计划社会”（post-planned society）产生，它是建立在市场经济和正式多元民主基础之上的，但也保留了一些以前的做法。

在这个异构环境中，空间规划的作用和地位难以明确：唯一能达成共识的是只要它与之前截然不同即可。在此之前作为在计划经济体系下分配资源的空间工具，国家经济计划和区域规划于 1990 年被废除。但国土规划被正式保留了下来，这得益于 1976 年的《规划和建筑法案》（Planning and Building Act）及其规划工具仍在使用。

20 世纪 90 年代的改革强化了社区的地位，在这个总人口超过千万的国家，社区多达 6000 个。这些社区承担着地方自治政府的所有责任，包括规划编制。国土规划随之被拆解为许多小单元，协调私人投资压力方面的能力被削弱。小城市在政策制定和执行方面缺乏管理开发活动的能力。所以规划无法主动协调空间行为，仅能通过对具体项目的回应来避免显著的土地矛盾。

（2）在 2004 年之前的转型与预备期，捷克引进了许多新的机构、工具和规程以适应欧盟标准。2001 年，区域层级的政府重新建立［相当于欧盟统计标准中的省级（NUTS 3）］，区域政府拥有国家选举产生的理事会和行政分支机构。由于小型村庄社区／自治市不具备

217

行政职能，一个扩大了权力范围的新的城市层级于 2003 年诞生。该层级的城市行政单元接管了包括规划在内的大多数行政职能。

（3）2004 年之后的整合期与捷克加入欧盟及欧盟的一体化密切相关。由于捷克共和国在此之前并不是欧盟成员国，因此它没参与指导欧盟空间发展相关文件的讨论。这些文件包括《欧洲空间发展愿景》（European Spatial Development Perspective，ESDP）、《里斯本和哥德堡议程》（Lisbon and Gothenburg Agenda）。欧盟的区域和空间政策已然成为加入欧盟的重要标准之一，这也包括在全欧盟范围内实施某些程序符合欧洲共同体委员会指引（EC Directive 2001/42/EC）的《战略环境评估》（Strategic Environmental Assessment，SEA）和倡议 [如欧洲共同体委员会的《欧盟共同指引》（European Common Indicators，ECI），2002]。这些调整主要是通过法律修整的方式自上而下引入的（Stead 和 Nadin，2010：157），这些普遍被认为是加入欧盟的先决条件。中央政府作为新出台的欧盟规则与程序的试点，地区与各市则通过中央政府接受欧盟标准。欧洲一体化过程中的横向交流与影响（比如捷克与其他欧盟成员国之间的横向流动）微乎其微（Stead 和 Nadin，2010：159），从捷克向欧盟的循环反馈（或者说自下而上的影响）更无从体现。

11.2.2　规划及规划行业的实质

《欧洲空间规划体系和政策纲要》（*EU Compendium of Spatial Planning Systems and Policies*，CEC，1997）将欧洲各国空间规划分为四类：区域经济类型；全面整合类型；土地管理类型；城市设计类型（欧洲共同体委员会，1997）。这一归类并未覆盖当时欧盟以外的国家。尽管奥地利被归为全面整合类型，但捷克、斯洛伐克以及哈布斯堡王朝（Habsburg Monarchy）初期的其他成员国都被归为城市设计类型。城市设计类型的传统是以城镇和乡村的蓝图式设计为基础的，这也是计划经济时期典型的规划形式。

过去 20 年间，以城市设计为基础的规划理念在各方面影响下发生了改变。外来专家早在 20 世纪 90 年代就将战略规划引入捷克（例如在英国专家指导下编制的《布拉格战略规划》）。后来，1990 年《规划与建筑法》（Planning and Building Law）的修正也受到了土地管理类型规划的启发。最近，2006/2008 年度国家《空间规划政策》以开发区和发展轴的规划工具之名引入了全面整合类型规划的要素。

目前，捷克的规划体系是不同方法的集合体。从业规划师普遍适应了基于形态的城市设计方法；地方规划的相关法规有许多土地利用管控的要素；区域和国家层面则体现了全面整合类型规划的特征。斯特德和纳丁（Stead 和 Nadin，2010：165-166）指出，“中欧和东

218 欧国家正在向‘全面整合类型’的空间规划转变，‘区域 - 经济’的方法位列其次。”但刚刚也提到，捷克的区域政策是从区域经济类型的空间规划中获得的启发。

另外规划师有着各色各样的学术背景：捷克的大学并没有设立独立的城市规划硕士学位。大部分空间规划师都是作为土木工程师或建筑师培养的。区域管理者往往聘自经济学家，而区域分析师则大多是地理学家。规划师多元化的专业背景以及国土管理部门在规划方面的支离破碎使得这一行业的身份更加模糊。

11.2.3 规划的法律工具

捷克的空间管理是在区域（经济）融合政策和国土规划的制度二元性下运行的。其中，中央政府于 1998 年引进区域政策，但直到 2001 年该政策面对的制度环境仍未健全，即空间发展方面的区域层级的行政主体缺位（图 11.1）。《区域发展法案》（Regional Development Act）于 2000 年颁布，随后又依据欧盟委员会准则修正。捷克自从加入欧盟以来，其区域政策分别在 2002 年、2006 年、2007 年以及 2009 年被整合进欧盟融合政策。

《区域发展法案》要求国家《区域发展战略》（national Strategy of Regional Development）定期更新。该战略的制定应建立在国土规划及相关行业政策成果的基础上。但在实践中，行业政策的制定却并不会将空间影响列为考量因素（Sýkora，2006：114，132）。

“国家集中援助地区”（Regions of the Concentrated Assistance of the State）引入了国家区域援助的概念，并在 1998 年明确了这些区域划定的标准，其中失业率是一个重要因素。从 20 世纪 90 年代作为主要受援区的乡村边缘地区，到如今的旧工业区 [如西北的波希米亚地区（Bohemia）和斯特拉瓦地区（Ostrava）的摩拉维亚 – 西里西亚（Moravian-Silesian）]，区域划定的变化反映了问题变化的本质。

自从 2004 年加入欧盟以来，“融合区域”（cohesion regions，简称 NUTS 2）就成为欧盟区域结构基金与项目的主要空间单元。融合区域通常合并了该国两个或多个行政区域（NUTS 3）。出于规模考虑，融合区域往往会将较为繁荣的地区与结构较弱的地区整合到一起。

2006 年的《规划与建筑法》涉及国土规划。经过 10 多年的修正，它终于取代了 1976 年的版本。新法案的官方目标是精简开发进程，促进可持续发展作为规划开发的最终目标。根据《欧洲景观公约》（European Landscape Convention）的要求，景观要素被纳入其区域和城市规划政策（欧洲共同体委员会，1990，法案第 5b 条），相应的，2006 年版的《规划与建筑法》也将景观提到了与建成环境同等重要的位置。虽然区域政府对地方政府的干预仅限于具有区域重要性的议题上，但这并不影响规划等级制度的强化，即较高层级对较低

220

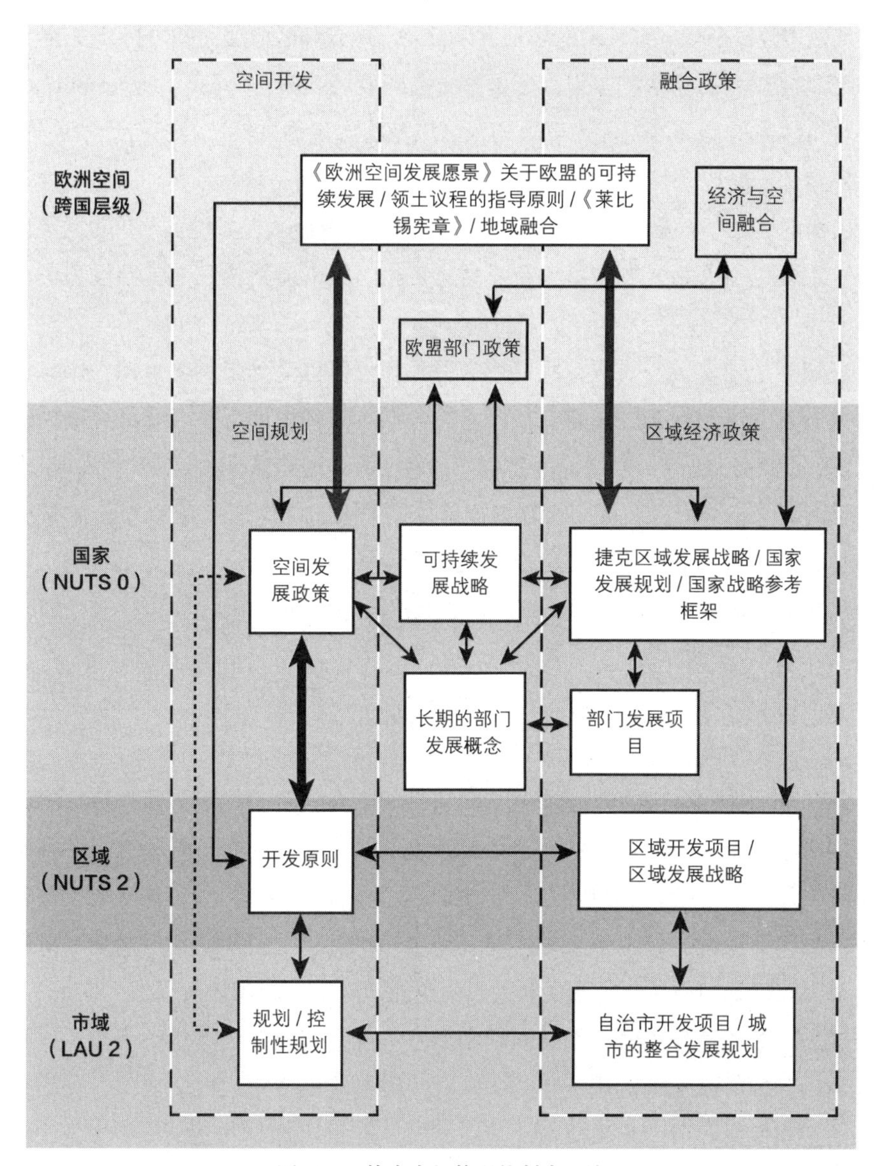

图 11.1　捷克空间管理的制度环境

资料来源:《空间发展政策》(Spatial Development Policy) [区域发展部 (MMR), 2008]

层级的法定约束力。

为确保高效的信息流动，新版的《规划与建筑法》要求区域以及低于区域一级的相关空间数据必须建立一个永久数据库，并在网络上维护与展示；投资者和执行部门尤其要向规划办公室提供相关数据。永久数据库使得监测成为规划的重要组成部分：对地区数据的审查分 219

析有助于定期审查每个地方或区域的规划，以及评估地方和区域层面的可持续发展。

2006年的《规划与建筑法》引入了国家《空间发展政策》(Spatial Development Policy)。该政策将可持续发展作为国家优先事项列入区域及地方规划框架以及可持续发展管理框架。这一政策界定了发展地区、发展轴线以及特殊地区；它们都是环境质量、社会整合与经济的三角平衡失衡的地区，需要规划及相应政策的干预。具有地区差异性的要求也是该政策的重要部分，这主要包括大型开发项目（新建高速公路、城市道路及其他基础设施）对土地的影响。

除了规划立法之外，公共利益所传达的资源和价值也受到了具体法律、国家机构和代表特定公共利益的机制提供的法定保护。它们包括自然环境的保护、污染控制、古迹和文化遗产保护、矿产资源保护、森林和农地保护、水资源管理与保护、交通和能源基础设施等。每项法规都规定了一个有权在规划过程中提出意见的国家机构，并为特定的公共利益领域/地区制定了特殊的规则和条例，如国家公园、受保护的景观区域、生态系统稳定地区、自然公园、水文保护区、历史保护区及矿产资源保护区等。

11.2.4 规划的地位

《欧盟空间规划体系与政策纲要》通过最新政策工具的推行、行政层级之间的纵向整合、透明有效的公众咨询以及公众对规划和法规条例的接受程度几个要素来界定各种规划的成熟度（欧洲共同体委员会，1997：35ff.）。按照这个标准，捷克的规划体系可以被定义为成熟行列。规划工具明确并定期更新，各种工具之间也能统一协调，上层规划对下层规划具有法定约束力。特定的公共利益在规划过程中也能通过法定的团体及保护区发声。

国土规划的法律地位在转型期间和转型后基本没有变化，其法定约束力得以延续，即在规划范围内任何关于土地利用变更的决策都须遵循规划规定内容。此外，规划在法律文件中体现的正式使命经历了几个根本性变化。1976年的《规划与建筑法》规定“国土规划是社会控制的一部分，它系统、全面地解决了土地的功能利用问题，提供了土地利用组织原则，协调土地利用内容、开发时序和影响该地区发展的其他活动”[《规划与建筑法》，1976，第1（1）条]。1992年的修订版删除了关于“社会控制”的文字，使得这项使命未得以体现[《规划与建筑法》，1992，第1（1）条]。现行的版本（2006年版）将可持续发展规定为国土规划的重要使命：“为土地建设和可持续发展提供先决条件，所谓的可持续发展包括宜居环境、经济发展和社区融合之间的平衡，又不透支子孙后代的生活条件”[第18（1）条]。 222

除了规划使命的不断变化，指导规划实践及其预期的优先权也发生了改变（表 11.1）。尽管法律明确了规划的可持续发展使命，但在日常实际应用中，规划已然演变为促进经济发展的工具，并损害了环境保护、遗产保护或者可持续发展的相关内容。

空间 / 国土规划的环境氛围和地位的演变　　**表 11.1**

时期	法律条文上的规划目标	实际操作中的规划重点
1989 年以前	为社会经济发展提供支持	控制投资的空间分配
1990—1998 年	自由主义——让市场运作起来	规划作为一项活动和行业而存留、启动开发项目
1998—2006 年	协调和规范开发项目	实施公共项目（基础设施）
2006 年至今	可持续发展	促进经济发展

11.3　问题与挑战

11.3.1　当下及未来的议题

（1）在关于空间规划和管理的讨论和决策中，经济发展已然成为最重要的标准。作为经济转型与私有化的副产品，地区经济差异在 20 世纪 90 年代一直存在。1990 年国家通过区域规划工具进行经济控制被叫停后，经济发达地区与落后地区之间的差距趋于稳定。布拉格人均 GDP 超过了欧盟平均水平，而捷克其他行政区域（NUTS 3）低于欧盟平均水平的 75%。虽然这些地区的区域中心仍然保持着其社会中心地位和高质量的就业岗位，但其经济繁荣程度难以与发达国家的区域中心相比。旧工业区和乡村地区受到社会降级的影响。由于住房成本相对较低，弱势群体、失业人口（特别是罗姆人）相继流入，而年轻人及受教育程度较高的人群则前往工作机会更好的地区。这进一步加剧了蓬勃发展的首都圈地区与日益衰退的旧工业区及边缘乡村地区之间人力资源潜力的差距。因此，社会两极分化加剧了经济差距。即使在贫困率相对较低的情况下（相比于 2008 年社会转型后欧盟 27 个国家平均贫困率为 16.5%，捷克仅为 9%），具有传统平等主义思想的捷克人也不希望看到特定社会群体之间收入差异扩大（EUROSTAT，2009）。

（2）环境，特别是环境污染是市民抗议的导火索之一，并最终导致了 1989 年的政治转型。223 关于环境保护的法律文件直到 20 世纪 90 年代上半期才被制度化，之后，作为主要污染来源的重工业工厂相继关闭，这使得工业活动导致的环境污染显著减少。于是在后续转型过程中，环境问题消失在公众舆论与政府议程中，经济发展又取而代之成为发展重心。在加入欧盟之前的过渡期，环境保护在一系列的法律文件和流程中得以强调，但其无法撼动经济发展在政府议程中的优先地位。如今，环境问题回归到公众视野中并被赋予更广泛的含义：从生物的栖息地保护、人类的生活环境质量到公共空间与景观质量等。

（3）人口结构随着寿命延长、晚婚晚育以及出生率低等因素改变。20 世纪 70 年代的婴儿潮目前进入育龄期，使得这一人口结构的变化有所缓和，但在未来 10 年将会有严重的人口老龄化问题。捷克的城镇目前还没有出现萎缩的现象，但今后尤其在边缘乡村地区以及部分就业岗位不足的旧工业区有可能出现就业岗位短缺的问题。

人口老龄化被普遍认为是未来发展面临的重要社会和经济问题，但其在空间维度方面的问题尚未得到体现。国土规划（不涉及非物质现象）或区域政策层面都未解决该问题。社会融合的概念一般来说是社会和国土层面的议题，并不属于人口统计学范畴。虽然远离中心区的乡村在传统意义上是人口学上“最古老”的地区，但最近的老龄化问题影响到了城市的住房市场，因为这些城市住房中的居民已经到了退休年龄，因此可以说是以往的住房政策导致了人口隔离（Musil，1987，2004）。这一现象可能与日益增长的社会隔离一致，因为对许多人来说变老就意味着变穷。虽然老年人需要更加方便的服务设施，但他们的实际购买力很弱。

（4）开放边界不是一蹴而就的，它需要一个过程。政治转型后的无边界连接和一体化的期许如今只得以部分实现。在大多数情况下，大部分与国界重合的自然分隔带以及居住在国界两侧的社区之间所缺乏的历史联系，被证明是强大的阻力。

在转型过程中，西部与德国和奥地利相邻边界区域的繁荣是由于邻近经济体之间的差距所引起的，这一因素使各种灰色经济活动非常活跃。建立在更加可持续的合作基础上的跨国贸易越来越频繁，但跨国界的就业岗位与公共服务仍然受到限制。捷克的空间规划致力于协调这些相邻地区之间交通基础设施的发展及改善，但新建或改善线路的服务常常不符合预期（例如与波兰连接的铁路服务最近被取消）。

（5）移民模式也在变化。从乡村到城市及工业地区的捷克国内人口流动模式目前趋于稳定，跨国移民的比例日益增多。斯洛伐克和非欧盟国家的移民（大部分来自越南、乌克兰和俄罗斯）解决了捷克国内自然人口下降的问题。国外出生的居民人数从 2005 年的 26.6 万人，增加到 2010 年的 43.5 万人 [捷克统计部（ČSÚ），2010]，占捷克全国总人口的 4% 以上，占布拉格人口的 12%。其中出生率很高的罗姆人流动性也极高。正在寻找工作的罗姆人今后可能会从他们现在主要聚居的旧工业区（由于低成本的住房），迁移到因郊区化而空置的城市住房。

224

除了人口数量的变化，另一显著变化是某些城市及地区聚集了受教育程度高和高收入的人群（质量的变化）。从区域及国家层面来看，人口迁移的大致趋势是受过教育的年轻人主要从东部地区、乡村地区、旧工业地区等地大规模迁移到布拉格，或者小规模迁移到其中心地区，如目前较为繁荣的西部和南部地区（但由于 2011 年人口普查数据的缺失而无法证实）。

11.3.2　空间发展面临的问题

捷克自从转型之后，其空间发展趋势开始与 20 世纪七八十年代之后的西欧城市及地区的空间发展趋势相类似，但是这些变化中有几个值得深入思考的问题。变化的速度和广度使得受影响的地区及社区面临各种挑战和压力。捷克的私有化进程在某些方面比大多数欧盟成员国（15 个）更进一步：在此之前捷克并没有私营企业，1989 年以前的捷克斯洛伐克，其市场被归类为计划经济。

（1）地区差异是区域经济政策的核心议题（参见图 11.1）。然而，地区援助政策的形式和范围是由政治决定的。1998 年以后，国家开始干预地区经济，其通过政策新增工业就业岗位，以弥补经济转型期间工厂倒闭产生的大量失业人口。之前属意于布拉格及其内陆核心地区的潜在投资者，在国家资助的基础设施投放到旧工业区后又挖掘了新的开发点。非大都市地区通过这样的方式使其工业化进程得到了恢复，并且失业率保持在较低水平（本轮经济危机以前保持在 5% 以下）。这一政策有助于充分利用当地技能熟练的劳动力，从而阻止人口流失。而这一政策带来的负面效应则是其对新兴产业的质量并不敏感。在新兴工业投资中，以汽车工业为主导的高能耗装配工厂盛行，这些工业依赖蓬勃发展的东欧经济市场和当地低廉的劳动力。同时，新的工业用地开发的非结构性刺激也导致郊区土地过度消耗，在同一城市 / 城镇内出现多片工业棕地。

在较小的地域范围内，城市与建成区域内部的差距也在扩大。作为社会空间隔离的一个极端表现，排他性聚居区开始出现在衰落的工业区的工人阶级街区及居住区 [劳动力与社会问题部（MPSV），2006；Sýkora，2007；Sýkora 等，2007；Toušek，2011]。相比之下，士绅化正在改变一些具有吸引力的历史核心街区以及某些时尚的内城区；封闭社区在近十年间出现。尽管区域政策缓解了地区间的差异，并使其保持总体稳定，但并没有规划或政策负责消解地方层面的不均衡发展，尽管《空间发展政策》中确立了缩减差距的目标。

225

（2）郊区化和城市蔓延是经济转型的产物。20 世纪 90 年代，一大批物流、购物及娱乐休闲中心在当时大城市的边缘地区繁荣发展。90 年代末，郊区住房繁荣起来。后来，郊区化又影响到较小的城市及其腹地。小规模乡村的地方领导人乐于看到他们村庄的发展前景，并通过在本地规划中提供开发场地来与其他乡村进行竞争，但这些新的开发项目并未得到相关设施、公共服务或基础设施的支持。郊区化推动了汽车交通的急剧增长，大多数新兴的郊区卫星城已经成为中心城市的卧城。由于新的开发项目通常是面向具有一定收入水平的购房者，因此住宅郊区化也促成了地方层面的社会极化现象。近期的经济危机使得郊区化进程放缓，但地方规划中仍有用于开发的地块，并且这些地块通常已有公共设施的基础，并且开发商和当地议会都希望其恢复发展。

规划对于城市蔓延的回应较为迟缓，力度也稍显不足。其原因有二：一是因为 20 世纪 90 年代缺少区域层级的规划，二是因为后计划经济时代的社会情绪影响。只有《空间发展政策》提出（发展）优先事项是“防止绿带（green zones）被发展地区及发展轴线内的开发项目所侵蚀，人类活动往往对这些区域的景观造成了不利影响；其目标是在城市附近保留连续的未开发空间”（区域发展部，2006，2008）。显然这些笼统的陈述并不能封存现有地方规划中已经批准的大片可开发用地，也无法阻止开发商和个体建筑商在细分的地块上进行建设。即使景观保护和基础设施可达性提上议程，区域一体化倾向及有关郊区化和城市蔓延的规定仍具有现实难度，并且已经落后于实际进程。

（3）新建高速公路、改善水路及铁路设施等加快翻新国家基础设施策略所引起的负面效应——景观破碎化——受到的关注较少。到目前为止，唯一的规划补救措施是为动物构建跨越高速公路的人工化廊道。据估计，捷克的景观破碎化程度将与德国 2020 年的数据持平（Anděl 和 Petržílka，2009）。虽然当前的经济危机会在一定程度上延缓景观破碎化的进程，但仍然无法阻止这一趋势。

此外，规划在国家层面上提出对策，但实际效果并不理想。《空间发展政策》（区域发展部，2006，2008）规定，“在给交通和技术性基础设施定位时，应保留景观可渗透性并尽量减少景观破碎化；如果在合理的范围内，应将这些基础设施共线设置。”

226

11.3.3 规划的重点

与《空间发展政策》的指导方向一样，基础设施尤其是交通基础设施等的建设是大部分规划的重中之重。从国家、区域到地方层级的规划，所有的规划工具都是为新的基础设施发展提供法律和技术上的先决条件。在跨国层次上，捷克已经开始与波黑的维舍格勒州（Visegrád）、罗马尼亚和保加利亚协调国家空间战略及跨国基础设施项目（区域发展部，2010）。

城市之间对于作为城市纳税主体的就业机会和市民的竞争日益激烈。地方政府利用城市规划为潜在投资者提供可开发地块，并以此补充基础设施的发展。实践中，这种以供应为导向的规划政策通常导致在某些地区可建设用地总量过高。尤其当这些规划只注重物质形态而缺乏恰当的经济管理和评估时，上述以供给为导向的规划常出现经济上不可持续的空间形态。对于小型社区而言，通过规划新的工业区使地方经济繁荣的想法已被证明是不可能实现的。跨尺度的增长所产生的社会影响往往被低估甚至被忽视。

相比于发展导向的规划，另有几个部门系统关注的是对价值观的保护（例如自然环境、文化遗产、水资源及矿物资源）。这些保护系统从外部纳入规划，以捍卫特定的公共利益。2006 年的《规划与建筑法》尝试通过引入一系列规划（尤其是有关建筑和城市规划）的价值理念，缓解发展导向的规划和“回归”价值观保护规划之间的分裂。规划价值观需要通过现场分析确定，并纳入当地规划。

在 1997 年和 2002 年的洪灾之后，防洪工程成为影响捷克大部分地区的又一重大规划议题。这一时期的规划注重保护已建成地区免遭洪水破坏，并确保避免有潜在洪水风险地区的开发。此外，改善景观水文条件的规划也相继出台，但由于产权、财政等问题及其长期而非直接的影响，这些规划通常未能得以实施。

11.4　变化的维度和方向

11.4.1　驱动力

（1）国有资产的私有化包括对原本私人住宅市场的恢复，引发了 20 世纪 90 年代前半期从公有制到私有制的转变。20 世纪下半叶以来，住房补偿紧随公共住房私有化开展。如今，大部分土地和房产都是私有的，包括规划显示的开发地块。私有化的多户型住宅，尤其是住宅单元通常被卖给已有承租人（sitting tenants）。因此一栋楼宇可能会由数百人共同拥有。许多旧厂区的生产功能停止后，厂房会被拆分出租或出售给不同的个人。这类财产所有权分散的模式，通常制约了任何致力于协调一致的改善措施。

规划活动也被私有化。在 1989 年之后的过渡时期，原先由国家控制的设计和规划机构经历了私有化过程，负责主要城市规划的首席建筑师办公室（Chief Architect Offices）被撤销。自那以后，由捷克建筑师协会（Czech Chamber of Architects）授权的私人执业规划师开始以市场为基础为市政当局和区域政府提供服务。

227

自 1998 年以来，规划的管理与实施可能会外包给被授权进行这类活动的个人。自 2007 年以来，地方详细规划可以外包给私人，已被授权的私人“建筑督查员”（building inspectors）可以代替建筑办公室（Building Offices）发放建筑许可证。一方面，包括规划或建筑办公室等在内的国家机构所执行的程序完全符合上诉审查程序（因此也因官僚主义和繁文缛节而受到批评）；另一方面，新的外包机构行动迅速，并未受外部审查和公共管制的限制。

总的来说，上述私有化过程深深影响了规划制度和规划实践。在某些方面，规划私有化过程比西欧传统的民主国家走得更远。

（2）放松管制和法治对规划的影响并不那么直接。从 1990 年以前的蓝图规划到目前基于合法公共利益的现行法规，捷克的规划变革无疑迈出了一大步。所有权的分散状态使得土地利用上的冲突频频出现，这也进一步引起了对规划和决策过程的正式合法性的重视。有时这涉及内容方面的问题：法律上难以进行的转换被忽略了，而目前不令人满意的状态反而被僵化了。那么一个“好规划”不一定有一个有助于提高生活质量的强有力的概念，而是有一个能成功地面对所有反对意见和法庭诉求的工具。这使得捷克规划中的“灰色”场景成为“形式胜于内容，工具胜于目标，技术胜于创造力”（Černý，2010：13）。

（3）继 20 世纪 90 年代的房地产私有化和放松管制浪潮之后，21 世纪头 10 年捷克经济开放带来的全球化影响越来越大。现在捷克经济以出口为主，国内市场很小。由于转型期内国内资本薄弱，目前捷克绝大部分大型企业都处于国际资本的控制之下（Brynda，2011）。而且，新兴行业和企业的大部分投资都来自国外。全球经济和跨国公司也越来越多地影响区域和城市的发展战略。由于规划能力有限、规划专业认同感低，以及“价值观中立”原则，主要的规划决策往往服从于全球资本的利益。

经济危机和随之而来的根本性经济结构变化，尚未对新加入的欧盟成员国产生如地中海国家同样深远的影响。1990 年的经济转型以及后来加入欧盟的繁荣，使中欧东部的人们相信当前的经济危机不会引发另一次根本性的转变。然而这引发了围绕着公共开支的财政可持续性的讨论，而“西方”一直关注的能源和土地等自然资源的可持续消费问题被搁置一旁。因此，关于经济危机的讨论与思考和规划之间的联系并不紧密。

228

11.4.2 规划的功能

（1）1989 年以前的蓝图式总体规划已被弃用，但偏于形态的城市主义规划传统依然存在，特别是在地方层面。许多规划师尝试设计城市和村庄：他们关注空间的形态和联系，也关注建筑物的形态。2006 年的《规划与建筑法》规定以“景观特色为基础的设计”为合法的公共利益，特别是在建成区或其他视觉敏感地带，但对设计质量的评估没有统一标准。除了设计功能外，规划的转变为市场经济提供了新的规划功能，比如多元社会、多重利益和公共部门的特定角色。

（2）调节功能取代了原来的指令控制。地方规划指定和分配每个地块的许可、限制和禁止用途。它们还确定城市用途的开发强度和发展地块的开发模式。控制性详细规划（detailed zoning plans）对建筑物外形做出详细规定。在国家和区域层级，调节功能只限于国家或特别利益的强制执行。

（3）转型时期也引入了规划的战略功能。战略性规划的引入用于区别国土规划，但它们没有法律依据，也没有法定权力。如今，国土和战略规划都存在于区域层面。国土规划力求全面，战略规划关注特定的议题和问题。战略性规划的制定有多种方法，现在趋于一致了，但仍有专家主导和公众参与两种形式（Maier，2000）。如果以战略规划被参考的频率来评估（Faludi，2000），它们的价值是值得怀疑的，因为它们的“寿命”往往没有编制主体（现任地方政府）长。

2006 年的《规划与建筑法》加强了国土规划在国家和区域层级的战略作用。法律还试图通过要求地方（国土）规划纲要反映有关地区和市政府的现有战略文件来应对战略规划和国土规划之间的二元分割现状。

（4）随着土地、物业的开发重获市场价值，规划的信息功能与战略的指示性重要功能一样，正成为法定规划文件法律效力的重要补充。理想的情况是，这些规划应该保证居民的环境质量以及设施和公共服务的可达性，还应该提供有关未来发展的信息。不幸的是，信息的价值受到损害，因为法定规划无数次地被修订以服务有权有势的个人，而且这些修订往往与可持续发展和规划的总体概念相冲突。

整个国土规划体系仍然着眼于增长管理，而不是对现有资源的更好利用。这也使得规划的地位和当前的经济危机一样，十分尴尬。

11.4.3　规划决策中的灵活性和确定性

229

《欧盟空间规划体系与政策纲要》采用了规划决策的灵活性和确定性两个指标，将欧洲规划体系分为指示性规划和具有自由裁量权的规划两种类型（欧洲共同体委员会，1997：45）。指示性规划体系期望通过具有约束力的详细土地利用规划明确决策；有自由裁量权的规划体系期望通过行政和政治自由裁量权来实现规划的引导，而不是直接决策。

与其他中欧规划体系一样，捷克的规划属于指示性规划体系。任何土地用途变更的决定必须遵守法定规划条例。然而这些规划在条例范围内给予了一定的自由裁量权，比如在规划涉及的某些议题和酌定权限内，建筑办公厅对一些经费有个别审议权。

如果某地块的业主或开发商的意图与本地相关的现行条例相冲突，业主 / 开发商可以申请更改当地规划。规划修编的谈判和批准过程与新编规划程序类似。在大城市，这类地块变更的申请数量每年达到几十甚至几百次。但法律并没有区分变更类型：有的变更仅为小变动，有的则影响整个地区或城市的变化（例如新的购物中心取代绿地）。

关于规划的灵活性和确定性的讨论仍在继续。尽管政治舆论倾向于规划应具有更多的灵活性，但由市政当局（例如选举议员的自治政府）编制地方土地利用规划时，仍会选择通过（地方或中央政府）建筑办公厅发放规划许可证和建筑许可证的具有约束力的详细规划[*]。规划师们倡导的具有自由裁量权的地方规划，可能会使规划当局面临来自各利益集团的压力，而这些利益集团的背后往往有当地政客的支持。

11.4.4 规划文化与规划专业

尽管规划所处的大环境及其面临的问题和挑战在不断变化，但规划的原则和方法却是由相对稳定的“规划文化”所预设的（CULTPLAN，2007：11; Gullestrup，2001）。规划文化是受规划所处的社会环境影响的，是由规划活动的条件及其期待的成果以及规划专业人员的背景决定的。规划文化以人的态度、期望和能力为基础，作为一种“软”因素，往往具有较强的路径依赖特性。回溯 1989 年以前的历史是很有价值的。国土规划和区域规划当年完全服从于国民经济计划。即使在转型后，规划仍然将这种状态保持了很久。规划师的服务对象仅仅是从发号施令的国家转变为投资者、开发商和当地政客的商业利益。规划师被期望为他们的客户服务，而这些客户除了发号施令也同时要为自己的成就感买单。即使是捷克建筑师协会（ČKA，2008），作为保证建筑和空间规划质量和专业性的综合性研究机构，最近也在其职业道德规范中把对社会的责任减少到仅仅避免利益冲突的程度。这样一来，服务公众的概念就从建筑师和规划师的义务中抹去了。

230

因为没有价值取向，规划师不会为未来的发展或未来的景观变化提出愿景。相反，他们将克服开发商和潜在投资者的阻力，从而满足当局和法律的要求。在这种情况下，可持续发展的既定目标很容易被当地土地所有者、开发商和议员的特殊利益所左右。规划师可以利用他们的专业技能找到能够经得起区域政府监督的解释。

11.4.5 规划理念

捷克没有价值取向的规划兼收并蓄地混合了从欧盟引入的概念和思想，并将其调整以

---

* 类同于中国国内的控制性详细规划。——译者注

符合其地方利益。自从《欧洲空间发展愿景》(欧洲共同体委员会，1999)发布以来，多中心的发展模式被认为是在欧洲范围内取得更平衡的土地开发以获得欧盟层面融合的工具。《欧盟领土议程》(Territorial Agenda of the EU)将大都市区、城市和泛城市地区的多中心发展设定为欧盟政策的优先事项之一。多中心发展的概念亦被纳入了捷克 2006/2008 年度国家《空间发展政策》(区域发展部，2006，2008)中。

多中心发展的概念对于捷克的规划而言并非新鲜事物。1989 年以前，捷克斯洛伐克的区域规划要求在微观地段内寻求就业和住房之间的平衡。克里斯泰勒(Christaller)的中心地理论被用于发展均匀分散的区域中心和次区域中心的空间格局，每个中心都有自己的服务区域。20 世纪 90 年代，这种空间模式受到不规范市场的影响，形成了日益悬殊的空间差异。该现象在当时的中东欧所有转型国家都很常见 [Petrakos 等，2005;《中欧国家区域多中心城市体系发展战略》(REPUS)，2007]。近期的发展则加强了单中心的发展模式(Sýkora，2006)。

20 世纪 90 年代，强化区域中心的方法往往是建立新的区域性大学。2001 年当区域层级的自治政府和行政机构再次被启用时，区域中心的控制和行政地位才得到强调。目前不同区域中心的实际繁荣程度和吸引力各不相同。只有少数地区在巩固某些区域性城市的“重点”中心地位，且它们在国家的等级秩序中仍处于第二梯队。《中欧国家区域多中心城市体系发展战略》(2007)项目确定布尔诺(Brno)是捷克的第二大中心，而斯特拉瓦(Ostrava)则受到其重工业历史的影响。最近的研究(Maier 等，2010)表明，欧洲一体化可能会对捷克不同地区产生不同的影响。摩拉维亚(Moravia)和捷克的西里西亚(Czech Silesia)可能会受惠于邻国主要中心 [奥地利维也纳与波兰克拉科夫(Cracow)的上西里西亚城市] 的吸引力，而波希米亚可能完全从属于布拉格。

若对当前的挑战和问题从长计议，则可持续发展在该转型期间难以实现。紧迫性使经济复苏和经济增长成为当务之急，就像当今规划实践一样。

231

《可持续性发展策略》(Strategy of Sustainable Development) [环境部(MŽP)，2010;2004 年第一次战略修订案] 以 2030 年作为时间节点。它确定了在国土开发方面的几个优先事项:(1)通过加强地域融合，提高区域经济和环境潜力、竞争力和社会水平，城市应加快区域增长并协调城乡关系;(2)通过服务和文化设施的优化、住房的改善来提升生活质量;(3)利用更有效的和战略性的国土规划提升土地使用效率并保护未开发土地不受侵占;(4)一个高效国家，有稳定的公共财政、电子政务，以及与公共行政机构合作的制度化的非营利部门。

《规划与建筑法》(2006)将可持续发展作为规划的核心任务。对生态的关注逐渐被规划视为一种“特殊的公共利益”。尽管经济利益作为优先事项无可非议，社会融合、经济持久性以及可持续发展的其他部分在规划师和政治家的观念中仍然式微。

受到最近发生的洪灾、恐怖袭击新闻（目前还没有发生在捷克）、对能源安全的担忧以及主要基础设施的脆弱性等方面的影响，风险规划越来越受重视。城乡规划作为实现“美好城市”的传统概念（Lynch，1981：111–239）面临着新的议题。规划的任务逐渐从“创造一个好城市”变为“减少威胁”，其所关注的焦点也从“达到所有人的最佳状态”转变为“抵制不良事件”。与整合处理社会、环境和经济问题的可持续性概念不同，抵御的概念往往是有选择性的，甚至是排他性的：它涵盖了相当有限的议题，比如特定的人群或地区。这与大多数发达国家普遍存在的社会融合倒退现象接近。

11.4.6 参与者及决策权力

（1）中央政府仍然是国土规划和区域政策的主要参与者。中央政府和各部委希望通过规划层级结构确定国家优先事项，并将空间发展的公共利益从国家层面落实到规划决策的各个层面。

在横向层面，特定的公共利益有其法定的权力和责任，大部分是以领土的形式表现出来的。在领土或法律范围内，对特定的具体利益的保护几乎是绝对的。相关机构可以在自身领域内否决规划提案，但在其职能范围以外，它们的干预能力会很弱。对特殊公共利益进行保护的系统割裂，往往会在特殊利益重叠的区域造成冲突。要对任一规划的公共利益进行解释，都涉及复杂的政府间活动，例如在规划过程中没有公众参与。基本的决策是在幕后进行的——通过议员、规划办公室、特别利益机构和开发商之间的谈判和交易。虽然国家及其部委的法定权力是规划的核心，但它们的实际影响力却受到跨国企业和机构在经济方面的制约。

232

（2）地方政府，包括小型社区机构，在地方的土地开发中作为公共方具有充分的权利和义务。只要不干涉国家或区域政策、特定的公共利益或项目，国家和区域政府都无权约束地方的规划和相应的决定。

市场的力量往往会挑战国家和市政府的合法权力。跨国公司是主要投资者，政府官员多会认真听取这些大公司的意见，并为他们准备好开发场地。在地方层面，地方政府也经常与当地的商业集团或开发商联合。区域层面的国土规划和区域经济政策是从国家到地方的政策通道。

商界和政治家之间的相互联系以及政治庇护主义是目前公众舆论的焦点。在过渡期和转型期，企业主往往试图忽视或否定规划；现在他们已经找到了通过与议员和高级官员的联系来推动／掌控规划。因此规划正在从推动和执行公共利益的传统使命转为服务特定的经济利益。

（3）公民社会在规划程序中的地位得到法律的明确界定：公民和公民团体代表可以在规划制定的各个阶段提出意见。所有的意见和立场都必须给予考虑和研究。在邀请公民成为规划的积极参与者方面，具体的实践往往符合法定最低标准但很少做更多。在大城市和大型项目中，公民和潜在投资者的立场往往是矛盾的。在此种情况下，官员和开发商则试图向持反对意见的公民隐藏相关信息。公民有时被描绘成“邻避主义者”（NIMBYists）。斯特德和纳丁（Stead 和 Nadin，2010：167）评论说，中欧和东欧某些地区在建立更有效、民主的规划进程方面进展缓慢。

布拉格和布尔诺的主要道路建设项目展现了公民社会的待遇。布拉格市区内的环城公路隧道的建设，市民未被告知与该建设有关的滋扰；通往机场的西北段高速公路和通往德累斯顿的高速公路侵占了自然保护区域。在布尔诺，城市的西部高速公路则切断了自然保护区。所有这些例子表明，公众都没有对议员们青睐的“道路混凝土大厅”的提案在自然和文化价值层面提出反对意见；而在布拉格西北段高速公路项目中，布拉格和波希米亚中部地区之间出现了一些矛盾。

公民社会的参与度在 1989 年的公民社会运动浪潮之后下降，从 2000 年左右又开始稳步上升。公民团体学会了寻求专业帮助以提高他们实现目标的概率。这些专业帮助包括由更成熟的民主机构提供的外部帮助和投入，例如，欧盟在可持续发展这一趋势中仍起着关键作用。

（4）规划师作为专业人员，所具有的权力是模棱两可的。规划师的法定资格由捷克建筑师协会授予，其前提是拥有独立规划业务专业资格。然而这个专业资格仅涵盖了这个职业的一部分，并未涵盖规划行政人员和区域管理人员。通常来说，规划专业人员被认为是规划过程的执行者，而非有权发声的专家。

233

总而言之，整个规划过程缺乏哈贝马斯（Habermas，1987：297–298）所说的交流以及与希利（Healey，1997：284–315）所谓的合作。它更像弗林夫伯格（Flyvbjerg，1998）所描述的那样，整个过程充满权力冲突和幕后的权力结盟。从国家的指挥和控制风格来看，规划变成开发商和主要投资者在背后主导的代表国家和地方政府利益的开发活动。公民团体的角色与作用很难企及在大城市和大型项目中市民抗议起到的作用。市民的意见只有在较小城市的战略制定过程中才会被采纳。

11.5 结语

欧盟标准、程序和概念的引入以及规划职能的丰富带来了规划的实际性变化。1989年后过渡时期规划体系的制度连续性十分宝贵，就像地方政府在地方开发决策上被赋予了权利和责任一样。规划的法定工具反映了深刻的社会和经济变化，比如规划行业受到私有化和对外承包的影响。此外，“价值观中立”规划的社会环境以及路径依赖性又抑制了规划文化深层概念的变化。

“价值观中立”的规划仍然被认为是一种技术而不是概念上的突破。规划的固有原则丧失。 因此，规划文化又回溯到20世纪七八十年代的简单执行政府经济计划的命令。但与1989年以前的时代不同的是，规划缺乏中央施令者，这使得缺乏核心观念的规划师难以应对各种权力和商业团体的压力。因此，欧盟的核心理念（如多中心发展、可持续发展和风险管理/缓解气候变化的威胁）成为规划议程的重要参考，而规划实践则受到空间差异、污染、自然灾害和基础设施崩溃等问题的挑战。从组织架构上来说，区域政策和战略规划与国土规划的区分限制了特定规划机构的职权范围，因而削弱了其行政效率。

人们将规划作为一种达成目的的工具。当前的空间规划模式服务于国家和城市的政治家，并通过他们为强势参与者（即投资者和开发商）铺路。两极分化的社会存在交流困境，且不相信双赢的解决方案；人们只相信规划是为权力游戏中的赢家服务的。因此，官方宣布的可持续发展的规划目标和传统上嵌入空间规划机构中公共财富的任务都服从于主要参与者的利益。

参考文献

Anděl, P. and Petržílka, L. (2009). Vývoj fragmentace krajiny dopravou v ČR v letech 1980–2040 [The development of landscape fragmentation in the Czech Republic in 1980–2040]. *Proceedings of the 18th Conference ESRI*, 50–56.

Brynda, R. (2011). Umísťování výrobních závodů a průmyslových zón v Ústeckém kraji. *Urbanismus a územní rozvoj XIV*, 1, 44–51.

CEC – Commission of the European Communities. (1990). *European Landscape Convention*. Retrieved from http://conventions.coe.int/Treaty

CEC – Commission of the European Communities. (1997). *The EU Compendium of Spatial Planning Systems and Policies*. Luxembourg: Office for Official Publications of the European Communities.

CEC – Commission of the European Communities. (1999). *European Spatial Development Perspective (ESDP)*. Luxenbourg: Office for Official Publications of the European Communities.

CEC – Commission of the European Communities. (2001). *Directive 2001/42/EC of the European Parliament and of the Council, on the Assessment of the Effects of Certain Plans and Programmes on the Environment*. Luxembourg: Office for Official Publications of the European Communities.

CEC – Commission of the European Communities. (2002). *Towards a Local Sustainability: European Common Indicators*. Retrieved from http://ec.europa.eu/environment/urban/common_indicators.htm.

Černý, Z. (2010). GIS: dobrý sluha, ale špatný pán [GIS: a good servant but evil master]. *Aktuality AUÚP*, *81*, 10–13.

ČKA – Česká komora architektů [Czech Chamber of Architects]. (2008). *Profesní a etický r˅ád [Professional and Ethical Code]*. Czech Chamber of Architects. Retrieved from www.cka.cc.

ČSÚ – Český statistický úřad [Czech Statistical Office]. (2010). Statistical data on population. Retrieved from www.czso.cz/csu/cizinci.nsf/kapitola/ciz_pocet_cizincu.

CULTPLAN. (2007). *Cultural Differences in European Cooperation: Learning from INTERREG Practice*. Retrieved from www.cultplan.org.

EUROSTAT. (2009). At-risk-of-poverty rate after social transfers by gender. Retrieved from http://epp.eurostat.ec.europa.eu/portal/page/portal.

Faludi, A. (2000). The performance of spatial planning. *Planning Practice and Research*, *15*(4), 299–318.

Flyvbjerg, B. (1998). Rationality and power: democracy in practice. In S. Campbell and S. S. Fainstein (eds) *Readings in Planning Theory* (2nd edn) (pp. 318–329). Oxford: Blackwell.

Gullestrup, H. (2001). The complexity of intercultural communication in cross-cultural management. In J. Allwood and B. Dorriots (eds) *Anthropological Linguistics 27 – Intercultural Communication – Business and the Internet*, 5th NIC Symposium. Gothenburg.

Habermas, J. (1987). *The Philosophical Discourse of Modernity: Twelve Lectures*. Cambridge, MA: MIT Press.

Healey, P. (1997). *Collaborative Planning*. London: Macmillan Press.

Lynch, K. (1981). *Good City Form*. Cambridge, MA: Massachusetts Institute of Technology.

Maier, K. (2000). The role of strategic planning in the development of Czech towns and regions. *Planning Practice and Research*, *15*(3), 247–255.

Maier, K., Mulíček, O. and Franke, D. (2010). Vývoj regionalizace a vliv infrastruktur na atraktivitu území České republiky [Development of regionalization and the influence of infrastructures on the attractiveness of the territory of the Czech Republic]. *Urbanismus a územní rozvoj XIII*, 5, 71–82.

MMR – Ministry for Regional Development. (2006). Spatial Development Policy 2006. Retrieved from www.mmr.cz/getmedia/23ca2d77-697f-4db4-b2c8-7de17fbfed3d/PUR_eng.

MMR – Ministry for Regional Development. (2008). Spatial Development Policy 2008. Retrieved from www.mmr.cz/getdoc/ef497e10-bb4f-4c7e-9253-b6ba24f41751/Politika-uzemniho-rozvoje-CR-2008----v-anglickem-j.

MMR – Ministry for Regional Development. (2010). *Společný dokument územního rozvoje států V4+2* [*Common Document of the V4+2 States*]. Praha: MMR.

MPSV – Ministry of Labour and Social Issues. (2006). *Analýza sociálně vyloučených romských lokalit a komunit a absorpční kapacity subjektů působících v této oblasti* [*Analysis of Socially Excluded Roma Localities and Communities, and Absorbing Capacity of Subjects in this Area*]. Retrieved from www.esfcr.cz/mapa/souhrn_info.html.

Musil, J. (1987). Housing policy and the sociospatial structure of cities in a socialist country: the example of Prague. *International Journal of Urban and Regional Research*, *1*, 27–36.

Musil, J. (2004). *Srovnání vývoje struktury obyvatelstva v C˅R a v jiných státech v Evrope˅* [*Comparison of the Development of Population Structure in the Czech Republic and Other European States*]. Proceedings of the ForArch Conference. Prague: ABF.

MŽP (Ministry of Environment). (2010). *Strategický rámec udržitelného rozvoje ČR* [*Strategic Framework of Sustainable Development*]. Retrieved from www.mzp.cz/C1257458002F0DC7/cz/strategie_udrzitelneho_rozvoje/$FILE/KM-SRUR_CZ-20100602.pdf.

Petrakos, G., Psychari, Y. and Kallioras, D. (2005). Regional disparities in EU enlargement countries. In D. Felsenstein and B. Portnov (eds) *Regional Disparities in Small Countries* (pp. 233–250). Berlin/Heidelberg/New York: Springer.

REPUS. (2007). INTERREG IIIB CADSES Project, *Strategy for a Regional Polycentric Urban System in Central Eastern*

Europe – Final Report: Regional Polycentric Urban System. Budapest: VÁTI.

Stead, D. and Nadin, V. (2010). Shifts in territorial governance and the Europeanization of spatial planning in Central and Eastern Europe. *Territorial Development, Cohesion and Spatial Planning* (pp. 154–177). London: Routledge.

Sýkora, L. (2006). Urban development, policy and planning in the Czech Republic and Prague. In U. Altrock, S. Günter, S. Huning and D. Peters (eds) *Spatial Planning and Urban Development in the New EU Member States: From Adjustment to Reinvention* (pp. 113–140). Aldershot: Ashgate.

Sýkora, L. (2007). Social inequalities in urban areas and their relationships with competitiveness in the Czech Republic. *Social Inequalities in Urban Areas and Globalization: The Case of Central Europe*. Pécs: Centre for Regional Studies of Hungarian Academy of Science.

Sýkora, L., Maier, K., Drbohlav, D., Ouředníček, M., Temelová, J., Janská, E., Čermáková, D., Posová, D. and Novák, J. (2007). *Segregace v České republice* [*Segregation in the Czech Republic*]. Prague: Charles University.

Toušek, L. (2011). *Sociální vyloučení a prostorová segregace*. Plzeň: Centrum aplikované antropologie a terénního výzkumu, Katedra antropologických a historických věd FF ZČU. Retrieved from http://antropologie.zcu.cz/socialni-vylouceni-a-prostorova-segregace.

Wasilewski, J. (2001). Three elites of the Central-East European democratization. In R. Markowski and E. Wnuk-Lipiński (eds) *Transformative Paths in Central and Eastern Europe* (pp. 133–142). Warszawa: Instytut Studiów Politycznych Polskiej Akademii Nauk.

扩展阅读

Kostelecký, T. and Čermák, D. (2004). *Metropolitan Areas in the Czech Republic: Definitions, Basic Characteristics, Patterns of Suburbanisation and Their Impact on Political Behaviour*. Prague: Sociological Institute.

Maier, K. (2011a). The pursuit of balanced territorial development: the realities and complexities of the cohesion agenda. In N. Adams, G. Cotella and R. Nunes (eds) *Territorial Development, Cohesion and Spatial Planning* (pp. 266–290). London: Routledge.

Maier, K. (2011b). Changing spatial pattern of East-Central Europe. In L. Mierzejewska and M. Wdowricka (eds) *Contemporary Problems of Urban and Regional Development* (pp. 113–131). Poznań: Boguck.

Maier, K. (2012). Europeanization and changing planning in East-Central Europe: an easterner's view. *Planning Practice and Research*, *27*(1), 137–154.

Pichler-Milanovič, N., Gutry-Korycka, M. and Rink, D. (2007). Sprawl in the post-socialist city: the changing economic and institutional context of central and eastern European cities. In C. Couch, L. Leontidou and G. Petchel-Held (eds) *Urban Sprawl in Europe Landscapes: Land-Use Change and Policy* (pp. 102–135). Oxford: Blackwell.

Sýkora, L. (2007). The Czech case study: social inequalities in urban areas and their relationships with competitiveness in the Czech Republic. In V. Szirmai (ed.) *Social Inequalities in Urban Areas and Globalization: The Case of Central Europe* (pp. 77–104). Pécs: Centre for Regional Studies of Hungarian Academy of Science.

第 12 章　土耳其空间与战略规划的制度变迁与新挑战

236

居尔登·埃尔库特，埃尔温·赛兹金

本章目标

本章旨在描述：

- 在国家历史背景下理解土耳其的规划体系；
- 简单介绍土耳其的战略规划、法律障碍和政治挑战；
- 行政改革以及中央政府对规划体系的影响；
- 中央政府的大型项目和城市层级规划的衰退（以伊斯坦布尔为例），涉及在土耳其规划体系中新出现的参与者；
- 区域发展机构（Regional Development Agencies）在土耳其规划体系中的作用；
- 国家权力从中央到地方，再回到中央的转移。

12.1　引言

本章将从历史视角介绍土耳其的规划体系及其制度背景，通过引用土耳其当前的一些经验，描述土耳其过去 10 年发生的重大变化，并指出规划体系中存在的冲突和缺陷。本章将重点讨论以下问题：

- 土耳其的规划体系在国家、区域和地方各个层级分别发生了哪些重大变化，特别是在过去 20 年中？哪些新制度被引入？
- 在立法与制度改革、中央与地方关系、公私伙伴关系和尺度方面，这些变化涉及哪些维度并有何趋势？
- 哪些主要参与者成为影响重大规划决策和城市 / 区域变化的有力因素？
- 在不久的将来，促进区域与城市发展的挑战有哪些？

本章结构如下:第 2 节在简要描述 20 世纪 20 年代以来土耳其规划体系的发展现状后，237 指出目前存在的基本问题与挑战；第 3 节关注土耳其规划体系的变化特点和趋势，还提到了伊斯坦布尔的战略规划；第 4 节介绍了新的参与者和他们对规划实践的影响；基于伊斯坦布尔和色雷斯（Thrace）大都市区的具体空间规划实践，第 5 节分析了在不久的将来可能成为区域与城市发展障碍的新视角和挑战。本章最后为土耳其规划体系提出了意见和建议。

12.2 土耳其空间规划体系的特点、问题与挑战

基于对主要历史时期的回顾，本节将介绍影响土耳其空间规划的社会经济和立法变化因素。本节还进一步分析了影响规划变革包括内部（行政改革和新自由主义政治议程）和外部（加入欧盟的进程和全球化）两个方面的主要驱动力，并提供有关立法和制度变化的信息及其背后的理由。

在土耳其，城市政策和城市规划进程受到社会、经济、政治、人口和技术转型的重大影响。土耳其共和国（Turkish Republic）依据社会政治和社会经济的转折点可划分为五个不同阶段。

第一阶段从共和国建立开始，一直持续到第二次世界大战以前的“民族国家建设阶段”。这一阶段伴随着国家建设进程，具有强烈的集权倾向。这个进程的一个重要特征是出现了居住在土耳其的希腊社区与居住在希腊的土耳其社区之间的公民互换。这导致土耳其，特别是伊斯坦布尔流失了重要的熟练技工。在空间规划方面，邀请法国和德国专家分别对伊斯坦布尔和新首都安卡拉进行规划成为这一时期的关键事件。这些最初的尝试塑造了土耳其的规划传统和规划教育。

第二阶段处于第二次世界大战与“规划发展阶段”（1945—1960 年）之间。这一阶段的特点是美国“马歇尔计划”（Marshall Aid）带来的快速工业化和较高的人口流动率，及随之而来的城乡迁移。为了容纳工业部门不断发展所需要的廉价劳动力，第一个非法的住房街区在伊斯坦布尔这样的大城市建立起来。随着国外专家相继被邀请到土耳其，继伊斯坦布尔和安卡拉之后的第二轮规划在安纳托利亚（Anatolia）地区的几个城市进行。规划教育被设置在建筑学院，它虽然未独立成系，但单独开设了一部分与城市性 * 相关的课程。

第三阶段称为“规划发展阶段”（1960—1980 年）。该阶段的界定与 1960 年成立的国家规划机构（State Planning Organization，SPO）和该机构于 1963 年编制的第一个国家五

* 此处借用城市社会学相关术语将“urbanism”翻译为“城市性”。——译者注

年发展规划相关。国家规划机构从这一时期开始直到 2012 年更名为发展部（Ministry of Development），一直负责五年发展规划的编制。而五年发展规划的内容侧重于经济发展层面，缺乏详细的空间策略。它除了在公共投资的分配上发挥作用，并不作为区域和省级层面空间规划的基础。国家规划机构从过去到现在一直位于土耳其规划体系的顶层。刚刚提及的区域和省级层面的规划，当然也包括空间规划，是由相关领域的专家负责编写的。宗古尔达克（Zonguldak）和丘库罗瓦（Çukurova）地区的第一个区域发展规划也在这一时期由国家规划机构编制。规划教育方面，位于安卡拉的中东科技大学（Middle East Technical University）还在该阶段初期率先设立了城市与区域规划系。 238

第四阶段为 1980 年到 2000 年。这一阶段被认为始于 1980 年 1 月 24 日实施的“1 月 24 日决议”，它导致土耳其货币“里拉”的贬值，开启了大规模的私有化过程，以及将外资引入土耳其经济建设发展。可以说土耳其引入了一项新自由主义的议程，而这一议程在是年的 9 月 12 日又被一场军事政变所强化（Boratav，2007：145）。虽然规划环境没有发生根本性变化，但是在土耳其的城市范围内，持续增长的外来人口和非正式住房的发展进程已经稳定下来。该时期结束时有两个重要事件：一是 1999 年的马尔马拉（Marmara）地震；二是 1999 年的赫尔辛基峰会，这为土耳其加入欧盟提供了可能性。这两个事件极大地影响了土耳其在过去 10 年中的规划实践和城市转型。马尔马拉地震造成超过 18000 人死亡；被摧毁或严重破坏的建筑物数量超过 10 万，其中 90% 为住房单元。随后，土耳其各地的许多城市重建项目都以此为理由。就连公众住房管理局（Mass Housing Authority，TOKI）的职责与权利延伸，也通过 2012 年 5 月 15 日颁布的《灾害风险区改造法第 6306 号》（Law on Transformation of Areas with Disaster Risks 6306）进行合法化。与此同时，加入欧盟的候选资格使得土耳其法律体系必须与欧盟既有法规相协调，其中包括公共行政和空间规划领域。

第五阶段为刚刚过去的 10 年，它与上述两个事件共同铸就了土耳其在法律和制度框架、城市化进程和规划实践方面的社会与经济转型。实际上，对这一时期的评价将成为下文讨论的重点。

表 12.1 总结了上述各个时期的主要特点及其对空间、规划活动和特定立法进程的影响，突出了规划制度应对重大社会、经济变化的方式。

在过去的 20 年中，土耳其空间规划的变化和最近几十年欧洲的情况一样，受到了战略空间规划和多层次治理趋势的影响。该时期主要特征表现为公共行政法的改革、现行法律的修改、私有化进程和项目主导的规划活动。

土耳其在社会、空间和立法方面的变化　　表 12.1

阶段	主要特点与发展进程	对空间和规划的影响	立法进程、机构和参与者
1923–1945 年	• 建国后的民族国家建设时期； • 国民经济发展； • 人口互换导致伊斯坦布尔熟练技工和人口的双重流失	• 安卡拉成为新首都； • 邀请外国专家参与规划竞赛； • H. Jansen，编制《安卡拉总体规划》（Ankara Master Plan），1927 年；H. Prost，编制《伊斯坦布尔规划》（Istanbul Plan）1936 年；Ernst Reuter [伊斯坦布尔国际机场阿塔图尔克（Ataturk）顾问，安卡拉大学城市与区域规划系创始人] • 安卡拉人口增加	•《市镇法第 1580 号》（Municipal Law1580），1930—1936 年； •《一般卫生法》（General Health Law），1953 年
1945–1960 年	• 从第二次世界大战开始直到“规划发展阶段”； • 马歇尔计划为农业机械化提供援助	• 从农村到城市的迁移； • 住房需求增加； • 第一代违建住宅 / 棚户区（squatter housing）； • 双重住房市场（正式和非正式）	• 1954 年，土耳其建筑师和工程师协会（Turkish Chamber of Architects and Engineers）成立； • 1955 年以后，伊斯坦布尔科技大学（Istanbul Technical University）、安卡拉政治科学学院（Political Science Faculty in Ankara）和伊斯坦布尔美术学院（Fine Art Academy in Istanbul）对规划产生影响力； • 1958 年，住房和安置部（Ministry of Housing and Resettlement）成立
1960–1980 年	• “规划发展阶段”； • 始于 1963 年的五年发展规划	• 1961 年的《宗古尔达克区域规划》（Zonguldak Regional Plan）和 1962 年的《丘库罗瓦规划》（Çukurova Plan）； • 国家规划机构负责编制区域经济发展规划	• 1960 年，国家规划机构成立； • 安卡拉的中东科技大学于 1961 年开设城市规划本科教育； •《棚户区法第 3191/1966 号》（Squatter Law 3191/1966），1966 年； • 1968 年，城市规划师协会（Chamber of City Planners）成立
1980–2000 年	• 1999 年赫尔辛基峰会后，准备加入欧盟阶段； • 新自由主义的经济政策和全球化； • 欧盟一体化	• 1999 年马尔马拉地区地震，《伊斯坦布尔地震总体规划》（Earthquake Master Plan for Istanbul）	• 1985 年，《发展法第 3194/1985 号》（Development Law 3194/1985）

续表

阶段	主要特点与发展进程	对空间和规划的影响	立法进程、机构和参与者
2000 年后	• 公共行政改革，权力下放； • 私有化	• 确定了 26 个 NUTS 2* 区和 12 个 NUTS 1 区； • 要求公共机构编制《战略合作规划》（Corporate Strategic Plans）； • 由伊斯坦布尔大都市规划办公室（IMP）编制的《伊斯坦布尔大都市规划》（Metropolitan Plan of Istanbul）； • 经合组织的《伊斯坦布尔地区评估》（OECD Territorial Review of Istanbul）； •《NUTS 2 级区域环境规划》（Environmental Plans of NUTS 2 regions）； •《NUTS 2 级区域区域规划》（Regional Plans of NUTS 2 regions）	• 2002 年 1 月 4 日，《公共采购法第 4734 号》（Public Procurement Law 4734）； • 2004 年 7 月 9 日，《新市政公共管理法第 5215 号》（New public administration Laws of Municipality 5215）；2004 年 7 月 10 日，《大都市市政公共管理法第 5216 号》（Metropolitan Municipality 5216）； • 2005 年 2 月 22 日，《省级特别行政管理法第 5302 号》（Provincial Special Administration Law 5302）； • 2005 年 5 月 26 日，《地方行政联合法第 5355 号》（Union of Local Administrations Law 5355）； • 2005 年 6 月 16 日，《城市更新法第 5366 号》（Urban Regeneration Law 5366）； • 2006 年 1 月 25 日，《发展机构法第 5449 号》（Development Agency Law 5499）； • 2011 年，法律授权行政部门重组； • 2011 年 6 月 3 日，新发展部（Ministry of Development）成立（《KHK/ 第 641 号法令》）；2011 年 6 月 29 日，环境与城市规划部（Ministry of Environment and Urbanism）成立（《KHK/ 第 644 号法令》）； • 2012 年 5 月 16 日，《灾害风险区改造法第 6306 号》（Law on Transformation of Areas with Disaster Risks 6306）颁布； • 2012 年 11 月 12 日，关于新建 13 个大都市的《第 6360 号法令》颁布

资料来源：笔者在 Eraydın（2011）和 Tekeli（1994）的基础上整理。

* NUTS system，Nomenclature of Territorial Units for Statistics。欧盟的“标准地域统计单元”。土耳其据此建立了三个层级的 NUTS 体系。NUTS 1 层级最高，涵盖了 12 个区域；NUTS 2 次之，包含了 26 个次区域；NUTS 3 指的是原有的 81 个省份。——译者注

土耳其是一个统一的国家，具有强大的集权主义传统。中央政府通过分级决策和对地方政府的控制实现其对地方各级的管理。地方行政管理机构分为三个层级：省级特别行政部门（Special Provincial Administrations）、市级或大都市级行政部门（Municipalities or Greater Municipalities）和村级行政部门（Village Administrations）。自治市作为行政单元，是由直选市长管理并由相关省和地区的城市组成。自治市负责编制其管辖范围内的发展（1/5000 比例）和实施规划（1/1000 比例）。这一职责是中央政府于 1985 年通过《发展法第 3194/1985 号》 241 （Development Law 3194/1985）转交到地方的。大的自治市可以被视为大都市，其除了区级行政长官外，还有一名省级行政长官负责协调全省所有区级地方政府，并提供必要的省级尺度的服务。村级行政部门负责村庄管理，但它们除了审批村庄居住区建设和规范村庄公共物品的使用外，几乎没有任何规划权力。省级特别行政部门是中央政府在省级层面的代表，它们受制于中央政府任命的省长和秘书长，这些行政部门的职责范围是地方政府管辖边界以外的农村地区。此外，它们有权编制 1/100000 或 1/50000 的“省域环境保护规划”以明确各省的主要发展战略和发展轴线。因此，各市制定的规划方案必须符合省级行政部门规划编制中的主要决定。

这个问题中有两点值得注意，本章后面也会对此展开进一步阐述。首先，编制环境规划不仅是省级特别行政部门的职责，也是环境与城市规划部（Ministry of Environment and Urbanism）的责任。部门职权界限模糊与混乱导致一些规划的编制工作一直拖延到近期才有所进展。其次，土耳其省级特别行政部门的存在正受到质疑，该机构在部分省近期的公共行政部门改革中已被撤销。

正如预期的那样，规划体系与这种自上而下的中央集权制管理体系具有相似的特征。在土耳其，这一等级分明的法定规划体系关注土地利用规划和开发控制两个方面（Türk 和 Korthals，2010）。主流的规划包括两个层面。第一个层面由区域规划和环境规划组成，它们最初是由新成立的区域发展机构（Regional Development Agencies，RDAs）为 NUTS 2 地区（图 12.1）编制；后来由省级特别行政部门或环境与城市规划部为相关省或几个省的联合体编制。第二层是由市政府编制的发展规划和实施规划。

关于土耳其空间规划体系的数据摘要见表 12.2。

虽然土耳其的规划体系中有一个明确的等级结构，但其缺少纵向或横向的功能整合，不同尺度之间的规划也缺乏连续性。区域规划并不作为低层次规划的约束性文件，并且它更多地指向经济发展而不是空间决策。此外，规划实践零散，政府权力关系也比较复杂（例如官僚主义导致的拖延，市政当局之间缺乏协调），也就是说，在某一空间层次上常有多个规划部门介入，相应的，某一空间单元内亦会出现多个规划文件。由于区域发展规划直到

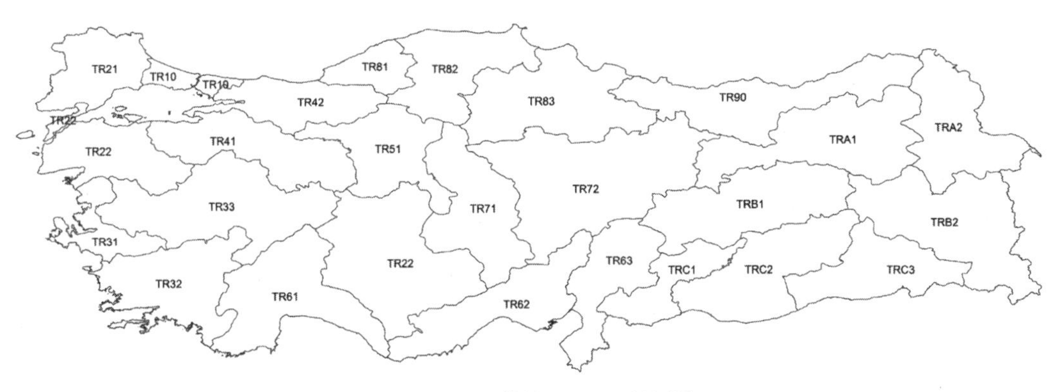

图 12.1　土耳其的 NUTS 2 级区域

土耳其空间规划体系的数据摘要　　表 12.2

242

规划类型	比例	属性	规划职责
国家发展规划	尺度、比例未定；整个国家	• 规划编制期限为五年； • 包括总体发展框架或愿景	由国家规划机构（现发展部）授权的专家委员会编制
区域规划	尺度、比例未定；NUTS 2 级地区	• 社会经济发展规划； • 以 NUTS 2 级地区为规划单元； • 旨在成为指导地方经济发展的战略规划文件	由相关区域的区域发展机构负责编制
环境规划	1/100000 1/50000	• 在省级（NUTS 3）或区域层级编制； • 区域层面很少使用，其主要依据流域边界界定； • 土地利用规划； • 根据《省级特别行政法第 5302/2005 号》(Special Administration Law 5302）编制	在环境与城市规划部或省级特别行政部门的授权下编制； 可以与大都市政府、省长和环境与城市规划部等相关机构联合编制
物质空间发展规划	1/25000 1/5000	• 地方规划； • 根据《发展法第 3194/1985 号》编制	由城市或大都市层级的地方政府编制
实施规划	1/1000	• 根据《发展法第 3194/1985 号》编制	由各区政府编制的地方规划

2011 年才开始编制，在这之间出现了很多不同层次的规划，而区域层面的规划特别弱势。

规划过程的跨学科性质没有被制度化。每个规划层级都缺乏参与式决策的方法和机制。大部分发展规划是土地利用规划，用于提供和安排土地租让；此外，它们也难以创造出可持续和宜居的空间环境。为了克服规划部门分割的问题，行政机构最近开始进行部门重组。新成立的“环境与城市规划部”被法律赋予为所有物质规划的编制制定标准和条件的权利（2011 年 6 月 29 日，《第 644 号法令》），若该部门能够正常运作，那么它能起到协调规划实践的作用。这一法律还明确了该部门编制《空间战略规划》以及监督其实施的职责；然而，这一职责被转移到区域发展机构——因此，区域规划的编制由另一个新成立的部门（即发

243

展部）负责。

《欧盟空间规划体系与政策纲要》（欧洲委员会，1997）不包含土耳其。但是，如果我们要把20世纪90年代的土耳其规划体系按纲要的四种模式进行分类，它比较接近“城市设计”类型。这是因为它以多等级结构、指挥和控制机制、家长式和强大的法律传统为基础，具有“监管式”规划的特征（例如建筑许可、土地利用、法定规划）。然而，临时和事后实施的法定规划条例不能充分解决这些问题（例如非正式的住房问题）。解决上述问题的挑战可能包括采用参与式规划的当代空间规划原则、环境议题、新的规划工具、向战略空间规划转变、将空间规划与区域社会经济发展相联系和克服规划部门碎片化的问题。

12.3 规划体系转型的特点与方向

布伦纳（Brenner，2001：603）讨论了对地理尺度的理解并将其与社会空间结构的其他主要维度区分开来：

> 近年来对规模生产和尺度转型研究的贡献，有希望为学者提供一种比过去20年更精确、分异度更高和更严谨的社会空间分析理论词汇。然而，要实现这一理论潜力，关键是区分社会空间尺度结构（包括在垂直分化的空间单元之间的层级化和再层级化关系）与其他形式的社会-空间结构，如地方营造（place-making）、本土化（localization）和地域化（territorialization），这些社会-空间结构的理论基础目前在人文地理学领域发展较快。

土耳其空间规划体系的转型已经持续了一段时间，并与广义的“公共行政改革”框架相联系。受新公共管理理论的新自由主义的影响，土耳其在21世纪头10年开始实施公共行政和空间规划的重大改革。在过去的10年中，作为对可持续发展、全球化和欧盟一体化以及相关制度环境变化等广泛关注的回应，在区域层面已设立起提高规划效率的新愿景。这一改革的主要内容包括：引入NUTS体系界定区域；为NUTS 2级地区设立区域发展机构；调整13个市（目前合计29个大都市）的法规以创建更大的市（大都市）；根据2012年11月12日颁布的《第6360号法令》，取消部分省的省级特别行政单位；重新明确公众住房管理局的地位，使其可以不受其他规划限制，在土耳其全国范围内落实大规模住房建设项目和城市更新项目。通过对《公众住房管理局法令第2985/1984号》（TOKI Law 2985/1984）的修正，公众住房管理局进一步获得了清除或修复棚户区和开展棚户区改造项目的权力。

244

土耳其的空间规划议程也因此发生改变：它开始重视战略规划和协商式规划。这也符合欧盟多维度的地域政策框架。城市议会正在支持公众参与和协作式规划。2000 年以后，公共行政的权力下放被认为是土耳其应优先考虑的事项。新的公共行政管理模式在《公共行政基本法》（Public Administration Basic Law）草案中被提出，后来在《市镇法第 5393/2005 号》（Municipality Law 5393/2005）、《大都市区法第 5216/2004 号》（Metropolitan Municipality Law 5216/2004）和《省级特别行政法第 5302/2005 号》（Special Provincial Administration Law 5302/2005）（官方公报）中生效。

虽然公众对立法机构改革的关注度和支持率越来越高，但由于涉及国家主权的政治问题，将“区域”尺度作为行政单位仍然存在问题。在土耳其的文化背景下，强化区域角色以及倡导财政和政治自治的行政体系，具体被中央政府界定为分裂的威胁。

因此，空间规划转型的方向涉及制度能力、中央与地方的关系和公私伙伴关系。从综合规划到战略规划的转变也是发展趋势之一。

与大都市治理、城市与区域的发展管理相关的立法改革主要关注以下问题：

- 制度能力的建设以及在制度层面通过战略规划加强管理

区域发展机构负责为它们所在的区域编制战略发展规划。此外，新的公共行政法，如《市镇法第 5393/2005 号》，《大都市法第 5216/2004 号》和《省级特别行政法第 5302/2005 号》，都要求所有的公共机构以及大都市政府和地方政府编制战略规划。Tewdwr-Jones 和 McNeill（2000）评估了这种战略决策意识在过去几年中产生的四个关键因素：通过合作赢得中央政府融资的机会；区域规划的出现；具有城市管理职权的区域发展机构的建立；欧盟援助机制所提供的机会。

- 管辖权和财政权下放到地方政府

新的法律允许地方政府享受更多由房地产市场和其他地方财政来源所产生的地方税收，这为实施地方发展战略和提高财政独立性提供了必要的资金。新的大都市法律已将中央政府的许多职权转移给大都市政府。此前省级行政机构负责编制省域规划。这不仅拓宽了权力的空间边界，也扩宽了职责范围。在新的更广泛的范围内（功能性城市 / 大都市区）编制战略规划的需求已经得到广泛认可。

245

- 构建政府、私人和非政府组织的伙伴关系虽然市政府在过去可能已经与私营部门建立起不同类型的伙伴关系，但是新的《市镇法第 5393/2005 号》（第 76 条）规定：应建立一个能够代表不同的社会经济群体的城市委员会。最近《区域发展机构法第 5549/2006 号》（Regional Development Agency Law 5549/2006）建立了一种政府、私人和非政府组织间合作的组织形式，这可能是城市区域层面战略规划成功的关键。

虽然这种法律和制度的变革为优化决策和实施战略规划铺平了道路，但规划方法本身还比较传统，既没有明确参与者的角色也没有明确参与者之间的合作形式。

在土耳其，国家发展规划、空间规划体系以及战略三者之间缺乏联系成为主要障碍。国家发展规划在尽量配合欧盟体系；第九个国家发展规划（2007—2013 年）[1] 是在《社区战略导则》（Community Strategic Guidelines）提供的信息基础上编制的（欧洲共同体委员会，2005）。但由于国家发展规划缺乏对空间维度的考量，其对低层次空间规划的影响十分有限。

土耳其的空间规划背景以及过去 20 年所经历的所有制度变革回应了本节开篇引用的布伦纳（Brenner，2001）的观点。“垂直分化的空间单元之间的等级结构的形成和调整”恰当描述了当前形势。一方面，将公共行政权力下放表现为区域发展机构的创建，这类机构负责编制区域发展规划，拓展了城市管辖区和财政资源。这一趋势增加了区域层面以及编制区域空间发展规划的必要性和重要性。但另一方面，当涉及大量的城市租金时，权力下放的尝试会明显减少，从而有利于中央政府。这体现在中央层级参与者（例如公众住房管理局）的出现，它可以绕过当地的空间发展规划。它还体现在中央政府部分大尺度和激进的决策中，例如建立百万人口的新城、在伊斯坦布尔北部修建国际机场，以及建设连接马尔马拉海与黑海的伊斯坦布尔人工运河项目（Kundak 和 Baypınar，2011）。在博斯普鲁斯海峡上建造第三座桥成为当下受到公众严厉批评的决定。目前，这一大型交通运输决策出于对环境的考虑并未被伊斯坦布尔的规划采纳，但被安卡拉交通运输部门采纳。这个决定反映了中央政府对规划体系的影响力。图 12.2 标出了没有纳入《伊斯坦布尔环境规划》（Istanbul Environmental Plan），但由中央政府强制实施的大型城市开发项目。

这些项目的功能分类请见表 12.3。它们引起了公众的广泛讨论，并受到专业人士的批评；但中央政府不顾舆论反对，仍然坚持建设。Swyngedouw 等人（2002）指出，这样的大型城市开发项目通常难以与现有规划有效结合，并常被中央政府用于控制地方政府，实现对城市政策的直接干预。

246

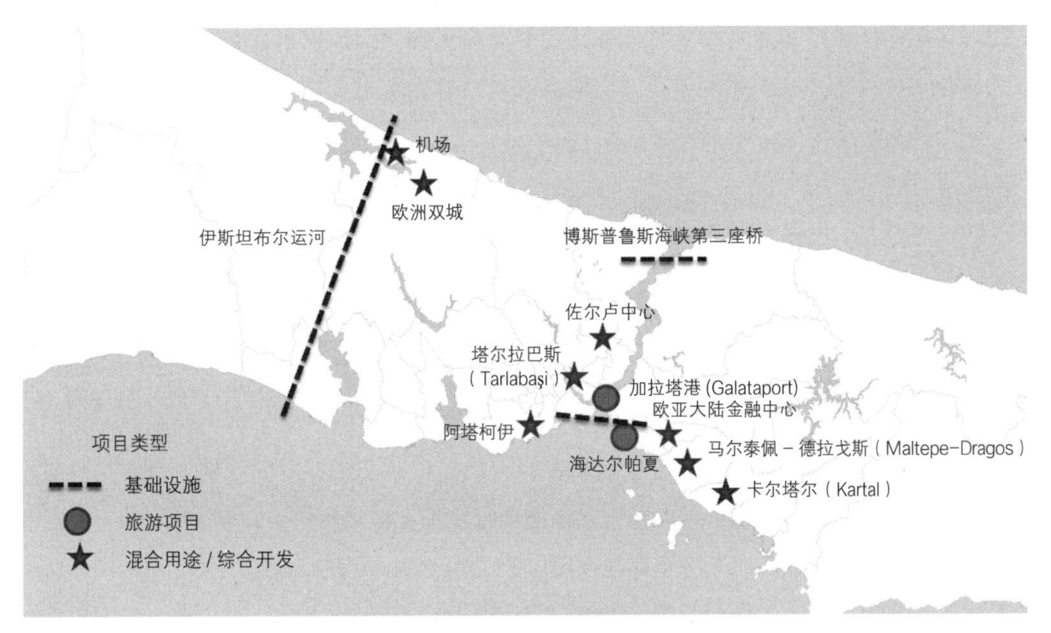

图 12.2　中央政府实施的大型城市开发项目

伊斯坦布尔近期大型城市开发项目　　表 12.3

项目类型	项目名称
基础设施项目	博斯普鲁斯海峡的第三座桥 第三机场基础设施项目 欧亚大陆隧道项目 伊斯坦布尔运河 塔克西姆（Taksim）（位于伊斯坦布尔）人行道项目
旅游项目	海达尔帕夏（Haydarpaşa，土耳其欧亚交界处亚洲部分海滨城市） 加拉塔港（位于伊斯坦布尔）
综合项目 （居住 + 办公 + 服务 + 文化）	佐尔卢（Zorlu）中心改造 阿塔柯伊（Ataköy，土耳其欧亚交界处欧洲部分海滨城市）旅游中心 阿塔瑟西尔（Ataşehir，伊斯坦布尔东部城市）金融中心 双城（2-Cities）项目

关于空间规划，2010 年 3 月，城市化委员会（Urbanization Council，UC）的官员、学者和专业人士一致认为，需要国家层面的空间规划方法来指导空间发展模式和较低层次的空间规划（城市化委员会，2010）。城市化委员会提出了另一个观点，认为国家空间战略应与《国家发展规划》（National Development Plan）制定的战略保持协调。

247

基于此，某优先事项有望在第九个国家发展规划（2007—2013 年）的 2012 年度项目中得以体现（发展部，2011：134）：

> 社会经济发展政策和空间发展政策将更加协调，战略规划体系将被建构以指导物质规划的实施和环境建设。空间战略规划旨在强化区域与空间发展规划、城市化以及物质环境发展之间的关系。

2012年中期，环境与城市规划部为新的战略空间规划的编制、实施和监控项目立项。

12.4 新兴参与者及其对决策和城市 / 区域发展的影响

哪些关键参与者的出现对重大规划决策和城市 / 区域变化产生了有力的影响？它们与全面和综合的规划方法有何关系？这一节通过多层次行政管理和空间框架下的空间与战略规划实践案例，以及伊斯坦布尔大都市层面的项目实施案例来解答上述问题。

伊斯坦布尔是土耳其和经济合作与发展组织（OECD，简称经合组织）成员国中经济增长最快的大都市区之一（经合组织，2008）。从20世纪50年代开始，这个城市吸引了来自安纳托利亚东部和黑海地区的国内移民，因此被称为“gecekondu”（土耳其语）的非法住房作为一种特定的土地使用类型出现在伊斯坦布尔和其他大城市。20世纪90年代后，来自非洲和中东的国际移民者也迁移至此。

伊斯坦布尔是土耳其高附加值生产活动最集中的地区，经济发展全国领先，创造了接近全国四分之一的GDP。经济生产集中在伊斯坦布尔，也导致了国内地区差距巨大。随着大都市边界扩大并覆盖省界，伊斯坦布尔大都市政府和省特别行政部门都为伊斯坦布尔的规划问题负责。这是土耳其的大都市政府扩大边界的第一例。后来，规划职责全部移交伊斯坦布尔的大都市政府，这一发展统一了规划过程。伊斯坦布尔省同时是NUTS 3、NUTS 2和NUTS 1层级的行政单位。

1995年，《伊斯坦布尔大都市区总体规划》（Istanbul Metropolitan Area Master Plan）（一项仅以土地利用为焦点的综合性总体规划）因大都市立法权的限制（上文提到的立法边界不匹配）而被取消。四年后的1999年，《欧洲空间发展愿景》（ESDP）被引入（欧洲委员会，1999）。该文件提出的一个关键问题是建立地方和政府间纵向和横向联系的必要性，还有人提出通过创造就业机会克服地区发展不平衡。1999年的地震发生后，规划层面的主要优先事项成为防灾和风险管理。缺乏立法背景和制度潜能也阻碍了将《欧洲空间发展愿景》政策纳入伊斯坦布尔的规划议程。这种复杂的情况造成了一个混乱的局面：规划实践与越来越多的社会、私人和政府参与者的介入密切相关。其中政府的行动无论在什么尺度都不易受到正式和有约束力的空间规划控制（Dührr等，2010：58）。

248

正如 Loewendahl-Ertugal（2004）所述：

> 规划方法的缺失与伊斯坦布尔租赁经济的现状密切相关（Tekeli，1994：37）。有人认为部分利益集团出于对租金收益的期望不愿意做规划。一些政治家和行政管理人员也仰仗某些特定的利益集团；他们不希望规划限制了他们与这些利益集团分享租金的决策自由。

伊斯坦布尔大都市区目前（2007 年）的大都市规划经验为土耳其未来的城市发展和区域规划体系提供了一些至关重要的基本信息及其与欧洲政策相关的联系。土耳其成功融入欧盟有赖于有效的宏观经济政策，其城市和区域体系与欧盟的整合更为土耳其和欧盟公民创造了价值并提高了生活品质。因此，本节旨在强调以下相关问题：伊斯坦布尔在全球和欧洲城市体系中的真实地位，以及竞争性战略决策与当地城市社会以及国家需求相结合所面临的挑战。

在城市层面关于特定经济部门、文化体系和社会人口变化的国际数据的缺乏是分析问题的一大挑战。虽然在国家尺度上有一组数据，但当前全球城市与区域体系强调了更好地理解不同国家间城市的相互关系的必要性。

尽管其他地方的许多政策表明生产部门和服务业的发展对国家持续的竞争力具有关键作用，但以出口工业增长为核心的国家政策是其面临的一项挑战。这就造成了工业活动分散化和再聚集之间的理念矛盾，以及伊斯坦布尔发展（金融）服务部门和高端经销服务（如电信服务和高速铁路系统等）之间的利益矛盾。

对当地的城市与区域规划师来说，当规划的立法基础和区域管理迅速发生变化时（这与其他欧盟或经合组织成员国的情况一样），情况会变得十分复杂。行政权力不断下放到地方政府以及开发部地位的不断强化（前身为国家规划机构）也会使问题越来越复杂，其中开发部是为开发政策建立信息与金融平台的机构。无论如何开发部为战略规划提供了基本依据，使城市与区域政府能够更好地适应全球范围内新的竞争领域所带来的挑战。

249

新成立的伊斯坦布尔大都市规划办公室（Istanbul Metropolitan Planning Office，IMP）与其市政府参与的一个公私合作伙伴联盟 BİMTAŞ，为伊斯坦布尔省编制了最新的规划（2007）。大都市规划中的背景研究与分析是由学者和许多规划师共同完成的。人类居住协会（Human Settlement Association）等非政府组织、规划师协会（Chamber of Planners）和建筑师协会（Chamber of Architects）等施压集团批评规划过程缺乏公共参与，因为参与者的作用和角色没有事先明确。

由于法律的变化，伊斯坦布尔还同时编制了其他的战略规划。虽然这些战略规划只起协调作用，但它们通常也会对空间产生影响。它们包括地区总体（空间）规划、这些地区自治市新的协调战略规划，以及《地震总体规划》（Earthquake Master Plan）和《历史半岛区域管理规划》（Historical Peninsula Area Management Plan）等专题规划。经合组织的《伊斯坦布尔地区评估》（OECD Territorial Review of Istanbul）（2008）阐述了所有这些规划的愿景，提出旅游业、物流业和金融业的发展战略对参与城市空间发展的当局至关重要。

地方层面和立法框架都缺乏制度能力，这阻碍了伊斯坦布尔空间战略规划的编制和实施。在地方层面，Ünsal（2007）依据城市项目参与者的不同背景将其分为四类：

- 由开发商和房地产商等强势机构主导的“强制实施项目”。例如加拉塔港项目（具有购物中心、酒店和休闲空间的游轮码头）、海达尔帕夏港项目（旨在将大型历史火车站改造成由码头、游艇俱乐部、游轮港口、办公楼和购物中心构成的七星级酒店），及迪拜塔。
- 公众住房管理局的“大型拓展项目”。
- “公益项目”，例如彭迪克（Pendik）市政府的项目。
- “以社区为基础的项目”，例如有学者参与的居尔素优（Gülsuyu）“社区改造项目”。

一方面规划权力下放到地方层面；另一方面中央政府对伊斯坦布尔大都市的影响却越来越大，这主要因为部分工具被再度集权化。例如，由公众住房管理局（借助法律管理公众住房）、文化与旅游部（Ministry of Culture and Tourism）（借助法律鼓励旅游）和私有化主管单位（Directorate of Privatization）[借助《私有化法》（Privatization Law）] 实施的“强制实施项目”。另一个工具是《重建法》（Redevelopment Law），它通过修改《市镇法》中的一个条款而生效。这项法律使指定改造区域和在城市更新地区实施项目成为可能。这里的主要参与者是地区和大都市政府。在历史街区，另一项法律即《城市更新法第 5366/2005 号》（Regeneration Law5366/2005）生效，它由相关城市政府执行。

洛夫琳（Lovering，2009）指出，建筑与城市设计潮流与“新自由主义时代”相关。他对参与伊斯坦布尔大型项目的参与者进行评估：“开发商和地方政治家们随心所欲地进行项目开发……从西欧的角度来看，缺乏对重大开发项目的信息公开，且公众对此也普遍缺乏关注，这都是很不寻常的。”

说到公众关注的证据，我们必须提到城市抗议组织（urban resistance groups）。它是为了防止作为弱势群体的来自苏鲁库勒（Sulukule）和塔拉巴斯（Tarlabaşı）的吉普赛居民的迁居而成立的。

12.5　对促进区域与城市发展以及战略空间规划的新挑战

在不久的将来可能阻碍区域与城市发展的是什么？哪些与规划体系相关的关键技术 / 专业以及制度问题有可能妨碍城市与区域的发展？未来可以提出哪些介入土耳其规划体系的措施？本节尝试借助埃尔库特等人（Erkut 等，2007）的研究，详细阐述这些问题。该研究通过对马尔马拉西部地区的一个跨境合作和战略规划的案例学习，提供了一些与该问题相关的重要见解。该研究简要阐述了行政改革的影响力很难在实践中被观察到，在西马尔马拉地区，《欧盟融合政策》（Cohesion Policy）涉及的领土相关议题也存在问题。对成立区域发展机构（RDAs）的事前分析表明，无论是公共还是私人机构对区域发展机构都没有充足的了解。该研究的一些重要发现包括：

- 地方政府还未完全意识到本地区乡村范围内的发展、就业和经济多样化的问题，以及可以通过与地方、国家、跨国和区域的合作伙伴关系增强本地区竞争力、实现规模经济和提高创新性等问题。
- 他们在获得财政支持、解决人力资源和专业技术相关的问题方面也面临重大困难，并且大多没有遵循共同建立的空间发展战略。
- 区域发展机构没有纳入土耳其的行政和规划体系。开发机构制定的区域规划有助于解决区域内职权重叠产生的混乱。

伊斯坦布尔也在面临一些规划挑战和制度问题。21 世纪初，伊斯坦布尔是土耳其最大的金融中心，也是被居民区围绕的最大的工业集聚区。虽然伊斯坦布尔一再巩固其在土耳其的经济地位，但其在全球城市与区域体系中的地位直到最近才逐渐凸显。

251

政府治理权力的下放一直是政策关注焦点，但其结果是出现了众多不同层级的参与者，他们声称要在全球城市区域中获得权力并通过战略规划框架实现其作用。这是基于地方、区位和身份之间的冲突根源。空间战略规划的框架是空洞的，所以常被用来实施一系列市场导向的项目。土耳其的战略规划框架是非常新的，由于它处于起步阶段，所以还没那么空洞，但其很难基于良好的区域分析和共同决策来制定可靠战略。而且，规划环境还没有完全内化战略空间规划的概念。因此，它向所有参与者开放。可以说，土耳其正试图参与西方世界战略规划的复兴，更多的地方参与者自此开始了解战略规划的各个方面及其潜在成果，对促进社会融合与公平的呼吁声也更大。正如洛夫琳（Lovering，2009）所说，“土耳其的城市发展问题表现在建成环境和薄弱的政治文化中。”就伊斯坦布尔而言，能否建立一个参与者网络以提供完整空间战略规划框架仍不明朗。该框架不仅包括市场导向的项目，还包括社会经济和生态战略，这些战略将有利于把全球城市区域与国际 / 国家发展的优先事项以及区域和次区域发展的优先事项相结合。

通过前几节内容可总结一些结论，在区域层面上，区域发展机构编制的土耳其区域规划并不具备法定规划地位。这些区域规划在空间层面上的内容常被忽视，其仅为区域经济战略提供了基础。这些机构的短期议程似乎仅仅关注国家和加入欧盟前的资金分配以及促进投资，而无意编制战略发展框架和区域规划。但发展部的年度计划显示，该部门目前正尝试克服这一问题。

除区域发展机构以外，战略规划的概念被其他规划机构广泛使用但不曾被内化。战略规划思想还需要利益相关者的理解。从这些方面来看，需要对规划有一个全新的理解。国家空间战略规划应在所有相关者的参与下共同编制。一项关于“城市化与规划”的新法律自生效以来，其唯一目标就是协调和统一规划体系。正如城市化委员会也提到的那样，国家空间战略和较低行政层级上的空间策略都是迫切需要的；规划过程中的参与机制也应该被明确界定。

12.6 结论

土耳其规划议程的重点是将传统的综合土地利用规划与空间战略规划的方法相结合。对于土耳其地方政府机构来说，未来几年学习如何将各种利益相关者纳入战略决策的实施过程，以及如何将区域发展和提高竞争力所需的战略与制度策略相结合是至关重要的。尽管新的立法基础为伊斯坦布尔等大都市政府提供了一个更好的制度环境，但在机构间和机构内部关系方面的适应过程似乎对那些参与战略规划的人提出了挑战（Erkut 等，2006）。

252

在大都市层面，战略的编制和实施主要受限于国际和跨边界关系数据的缺乏。就目前的情况而言，这仍将是妨碍战略规划过程的主要障碍。

伊斯坦布尔很可能是土耳其受欧盟一体化进程影响最大的地区。因此，其规划体系需要与一项研究和发展议程相协调。该研究与发展议程明确伊斯坦布尔在欧洲东南部的准确定位、对地区稳定和福利的贡献，以及为欧洲作为一个有竞争力的地区增加价值。该议程的部分重点应包括对跨边界关系、促进 / 限制跨边界合作的国际法、地方优先发展事项及其对国际利益的服从有更好的理解，以及更好地确定地方参与者的角色和力量。

考虑到上述障碍和发展，土耳其规划议程中有五个主要领域需要立即进行干预（Erkut，

2008）。第一是城市与区域治理及其制度背景。某些失败已经确认是由于缺乏人力资源、分析工具和知识基础、跨学科性和专业多样性造成的。因此，有关机构应该聘请规划师和其他专业人员介入这些问题，并通过必要的组织改革来吸纳这些技术专家。

第二，需要将地方参与者更好地融入空间战略规划体系，因为这使参与者与地方政府之间的交流更加容易。各机构应寻找可靠的知识和专业意见，并将其与上述议题结合，集中反映在《欧盟融合政策》（EU Cohesion Policy）、《欧盟邻国政策》（EU Neighbourhood Policy）和《领土主权国家和欧盟发展展望》（Territorial State and the Perspectives of the EU）等文件中。

第三是关于规划体系的转型以及规划师所扮演角色的转变。土耳其专业人员应满足地方政府复杂的要求，它们应掌握更多的跨学科方法，具备不同的教育背景。地理学家（包括自然和经济文化方面）、社会学家、经济学家、环境规划师、公共管理人员和其他群体，都应能在一个具有坚实立法和制度基础的空间战略规划体系中找到参与的机会。规划师目前应通过联合其他学科和专业认证项目开发新技术和学习新知识。为了能输送这样的规划从业者，大学应该在教学计划、方法和组织上进行必要的改革，聘用相关领域的研究人员，并通过本科或研究生课程和专业认证项目来推广这些知识。大学应能通过研究支持战略空间活动以及支持相关专业从业者、技术专家和行政人员参与这些活动。还应该为公众提供更多的知识，促进城市委员会和非政府组织更好的运作。

253

第四个亟待解决的是让社会中的关键参与者更加了解这些议题。虽然许多心照不宣的知识可以有效地用于实现第九个国家发展规划和《欧洲融合政策》中确定的目标，但缺乏有能力的参与者阻碍了将这种心照不宣的知识转化为对空间战略规划有用的知识。从这个意义上说，中央政府、地方政府、专业人士、大学和非政府组织应该承担知识传播的责任。

最后也是最重要的一点，土耳其应获得相应的财政和技术支持以展开上述行动。入欧前的援助措施（Instrument for Pre-Accession Assistance，IPA）为土耳其争取到欧盟一体化基金，可以有效用于战略空间规划相关事项。

总的来说，土耳其规划体系同时表现出权力分散和再集聚的双重趋势。这些变化的驱动力包括全球化、欧洲一体化以及中央政府在不同尺度上的干预所体现出来的新自由主义倾向。关于权力关系，多角色的规划实践已经以新的联盟形式出现。私有部门在规划中发挥了新的作用。整合规划体系和其他部门政策（如区域发展政策）的需求和努力日益迫切。对伊斯坦布尔规划活动的分析显示，法定规划、战略规划和项目规划等不同规划实践共存。土耳其的规划体系正设法寻找应对新问题和新挑战的方法。

注释

1 第九个国家发展规划为期 7 年（2007—2013 年），其意义在于糅合土耳其的规划体系与欧盟的关系。

参考文献

Boratav, K. (2007). *Türkiye İktisad Tarihi 1908–2005* [*Economic History of Turkey 1908–2005*]. Istanbul: Imge Kitabevi.

Brenner, N. (2001). The limits to scale? Methodological reflections on scalar structuration. *Progress in Human Geography*, *25*(4), 591–614.

CEC – Commission of the European Communities. (2005). Communication from the Commission, Cohesion Policy in Support of Growth and Jobs: Community Strategic Guidelines, 2007–2013. Brussels: Commission of the European Communities.

Dühr, S., Colomb, C. and Nadin, V. (2010). *European Spatial Planning and Territorial Cooperation*. London/New York: Routledge.

EC – European Commission. (1997). *The EU Compendium of Spatial Planning Systems and Policies*. Luxembourg: Office for Official Publications of the European Communities.

EC – European Commission. (1999). *European Spatial Development Perspective*. Luxembourg: Office for Official Publications of the European Communities.

Eraydin, A. (2011). Changing Istanbul city region dynamics: re-regulations to challenge the consequences of uneven development and inequality. *European Planning Studies*, *19*(5), 813–837.

Erkut, G. (2008). EU territorial policy and planning agenda in Turkey. *Town Planning Review*, *79*(1), i–vi.

Erkut, G., Baypinar, M. B. and Özgen, C. (2006, June). Istanbul as part of an emerging EU global connection zone: prospects for strategic metropolitan planning. *International Conference on Shaping EU Regional Policy: Economic, Social and Political Pressures*. Leuven: RSA International Conference.

254

Erkut, G., Baypinar, M. B., Özgen, C. and Gönül, D. (2007). *Batı Marmara Bölgesi'nde Stratejik Kalkınma ve Sınırötesi İşbirliği* [*Strategic Development and Cross-Border Cooperation in Western Marmara Region*]. Istanbul: Program for International Scientific Research, Istanbul Technical University.

Kundak, S. and Baypınar, M. (2011). The crazy project: canal Istanbul. *Tema Journal*, *4*(3), 53–63.

Loewendahl-Ertugal, E. (2004). Regional and European integration: prospects for regional governance in Turkey. *Second Pan-European Conference: Standing Group on EU Politics*. Bologna, Italy.

Lovering, J. (2009). The mystery of planning in Istanbul: three impressions of a visitor. *Megaron*, *4*(1), 96–100.

Ministry of Development. (2011). 9th Development Plan, 2012 Programme. Ankara.

OECD – Organisation for Economic Co-operation and Development. (2008). Territorial Reviews, Istanbul, Turkey. OECD Policy Brief (March, 2008). Retrieved from www.oecd.org/regional/regional-policy/40317916.pdf.

Swyngedouw, E., Moulaert, F. and Rodriguez, A. (2002). Neoliberal urbanization in Europe: large-scale urban development projects and the new urban policy. *Antipode*, *34*(3), 542–577.

Tekeli, İ. (1994). *The Development of the Istanbul Metropolitan Area: Urban Administration and Planning*. Istanbul: Kent Basımevi.

Tewdwr-Jones, M. and McNeill, D. (2000). The politics of city-region planning and governance: reconciling the national, regional and urban in the competing voices of institutional restructuring. *European Urban and Regional Studies*, 7(2), 119–134.

Türk, Ş. Ş. and Korthals, W. K. (2010). Institutional capacities in the land development for housing on greenfield sites in Istanbul. *Habitat International*, *34*, 183–195.

UC – Urbanization Council. (2010). *Spatial Planning System and Institutional Structuring Commission*. Ankara: Ministry of Resettlement and Housing.

Ünsal, F. (2007, September). The evaluation of project typologies in Istanbul: from conspiring dialogues to inspiring trialogues. *43rd ISoCaRP Congress*. Antwerp, Belgium.

延展阅读

Dulupcu, M. A. (2005). Regionalization for Turkey: an illusion or a cure? *European Urban and Regional Studies*, *12*(2), 99–115.

Erkip, F. (2000). Viewpoint global transformations versus local dynamics in Istanbul: planning in a fragmented metropolis. *Cities*, *17*(5), 371–377.

Lovering, J. and Evren, Y. (2011). Urban development and planning in Istanbul. *International Planning Studies*, *16*(1), 1–4.

Pinarcioglu, M. and Oguz, I. (2009). Segregation in Istanbul: patterns and processes. *Tijdschrift voor Economische en Sociale Geografie*, *100*(4), 469–484.

255 # 第13章　在欧盟影响和主要市场力量作用下的波兰空间规划

贾恩卡洛·科特拉

本章目标

- 描述了1989年苏联解体后波兰空间规划的演变；
- 推动规划变革的动力，包括从计划经济到市场经济的过渡，国外投资者以及欧盟日益增长的影响力；
- 介绍波兰空间规划的法律和体制框架；
- 介绍负责各个层级（国家、区域和地方）空间规划的主要参与者；
- 介绍各个地域层级所运用的不同空间规划工具；
- 对波兰各层级空间规划话语的主要空间规划概念和思想进行定性描述，指出波兰专家和决策者如何越来越多地参与欧洲空间规划的讨论；
- 反映波兰空间规划体系的横向和纵向的整合，指出了国家和区域战略活动之间存在的断裂，这映射了欧盟话语和财政支出政策的影响，地方规划实践十分依赖市场力量；
- 在地方层面，一方面公民社会比较弱势、社区参与程度较低；另一方面私营开发商则对地方政府施加巨大压力，这就造成强势群体往往会以牺牲居民生活质量为代价来实现自身的利益。

13.1　引言

在最后一批加入欧盟的东欧国家中，波兰无疑具有最强的空间规划传统，这得益于两
256 次世界大战间隙的科学和实践经验的逐渐积累，而这些经验又在20世纪的社会主义实践阶段逐步升华。1989年以后，其规划架构因为鲜少关注空间要素，迅速地被宏观经济改革所替代。几年之内，新自由主义的宏观经济政策加剧了地区间的不平衡，因此对区域政策的回归以及引入国家层面空间规划的呼声越来越高。同时，外国投资者越来越重要的地位以及加入欧盟所产生的压力，要求波兰空间规划与新兴的经济状况保持同步，因此也逐步形

成了目前的情况（以推倒过去体系为前提）。目前的规划体系高度分裂：一方面，国家和区域层面往往采用战略活动（受欧盟话语和支出政策的高度影响）；另一方面，地方发展实践被市场力量以及私人利益主宰。

基于上述讨论，本章对苏联解体后波兰空间规划的演变进行了反思。本章先简要介绍了当前空间规划体系得以建立的基础，即相关的立法和行政改革；然后集中讨论规划体系在过去 20 年里面临的主要挑战和驱动力。接下来对各个层级的变化方向和维度进行阐述，重点包括变革进程中的参与者，影响不同时期政策框架形成的规划理念（planning ideas）、教义（doctrines）和思想，还有新的规划工具及其他关键方面。本章结尾对上述变化产生的影响进行了总结，并展望了波兰空间规划的未来。

13.2　1989 年后的波兰空间规划：最新趋势

高度的不确定性是所有转型国家都存在的，因此关于中欧和东欧国家的空间规划演变的研究重点主要集中在这些变化的过渡性特征（Newman 和 Thornley，1996；Balchin 等，1999；Altrock 等，2006；Cotella，2009a）。过去 20 年，许多研究试图对空间规划的“传统”或“风格”进行归纳、统一，却忽略了中欧和东欧国家之间的差异性（Nadin 和 Stead，2008）。 在改革过程中，东欧国家表现出的差异性远远高于其相似性。每个国家都依据自己的行动路径建立了空间规划体系，以满足整体市场的经济需求和内生条件。

20 世纪 80 年代末，波兰的行政管理高度集权，其规划体系主要分为两个层级：49 个区域（voivodships）和 2450 个城市（gminy）。执政党为地方选举和地方长官提供候选人，他们一旦当选，则必须按照中央经济规划规则执行党的国家项目（Regulski 和 Kocan，1994）。分权后所带来的压力与 80 年代日益恶化的经济危机同时发生（Regulski，1989）。由于社会经济形势严峻，政府不堪重负，逐渐放弃了已用几十年的复杂的中央经济计划（Korcelli，2005）。当时的共产党政府与反对派团结工会进行讨论时，地方政府的合法性突然成为主要议题。1990 年，八项议会法案以及 200 项其他法案的修正案被草草颁布（Swianiewicz，1992; Regulski 和 Kocan，1994）;《自治法》（Self-Government Act）还没有颁布详细规定之前就进行了新的民主选举。为了对过去的高度集权进行调整，该法案采取了非常分权的方法，将市政府变为完全自治的法律实体（Regulska，1997）。[1]

257

然而转型后的波兰所释放出来的政治力量，并不能转化为政府所需要的经验，也无法转化为新的制度结构所需要的政治稳定性。[2] 政治实验的背景使决策僵化，特别是在有争议的领域，例如常被认为与自由市场相矛盾的规划。这种境况使得政府近 10 年都无法进行区域改革，各省份直到1999年都一直服从中央政府的管理。迫于欧盟的压力，政府自20世纪90年代后期开始了区域化改革进程：一方面减少省份的数量，另一方面还要为它们提供自主选举的政府机构（ESPON，2006a）。1999年1月实施的区域改革施行了三个层级的行政区划，这与1975年以前的行政结构类似，将波兰划分为16个区域（NUTS，标准地域统计单元），其中两个单元同时包含中央政府代表（全国代表大会）和自治政府单位代表（省议会，四年一届，由省长管理）。[3] 省政府旨在保证地方政府与中央政府之间的亲密合作，而省长办公室（Marshal Office）则负责拟定区域发展政策、获取财政资源、保护环境、文化及旅游。

尽管1961年的《规划法》(Planning Act）的意识形态已不复返，但其仍然是领土治理的主要参考依据（Judge，1994）。地方政府在1990年重获自治权后，就需要对空间规划法的不确定性进行调整、解决。这使得地方政府可以展开日常工作；但规划相当僵化，既不适合指导市场进程，也不适合在新的经济条件下进行土地使用管理。因此，议会开始通过后来的法律修正案逐步改革领土管理活动，直到1994年《空间治理法》(Spatial Management Act）[4] 颁布。该法案通过建立国家和城市两个层级的空间规划体系（包括相应的行为主体），取代了原先集权的、等级森严的体系。中央政府负责国家层级的空间规划，并通过其下设的分权机构编制发展方案，以此汇总特定区域的国家活动。民选的城市政府实施的地方物质空间规划作为法定规划成为规划体系的基础（Sykora，1999）。

260

改革的弊端几乎立即显现出来，因为空间规划活动在某种程度上被市场主体所僭越（Lendzion和Lokucijewski）。在私人投资者的财政援助下，土地利用规划中的很大部分得以实施，这反过来又对规划编制产生了很大影响。此外，可预见的公众参与是以相当正式和合法的方式进行管理的。大多数情况下，以“更高的公共利益”的名义解决的争端实际上阻碍了民间社会的任何影响力。1999年的行政改革推动了关于进一步修订空间规划法律框架的辩论，最终使得取代旧法的《空间与领土发展法》(Spatial and Territorial Development Act）于2003年3月颁布。

依据目前的法案，空间规划将按照国家的地域划分进行管理（图13.1）。这是通过相应的机构主体批复的相关规划概念、研究和文件实现的，这些机构主体指的是议会、区域议会和社区理事会。在国家层面，规划职权掌握在部长会议（Council of Ministers）和区域发展部（Ministry of Regional Development）的手中；而在其他层级，各层级自治政府则具有相似的规划职权。国家层面负责编制《国家空间发展纲要》(National Concept of Spatial Development，NCSD)、《国家发展规划》(National Development Plan)、《部门行动计划》(Sectoral Operative Programs，SOPs）等一系列关于国家领土发展状况的定期报告。

各个省则负责起草《省级发展战略》(Vivodship Development Strategy)、《省级开发规划》(Vivodship Development Plan)和《省级规划实施计划》(Vivodship Operative Program)。最后，各市政当局负责编制《城市空间开发条件和方向研究》(Study on the Development Conditions and Directions for Municipality Spatial Development) 和《地方空间发展规划》(Local Spatial Development Plans)。上述批复文件对行政机构的内部管理行为具有法定约束力，但对第三方只起到不具备法律约束力的指导作用。唯有《地方空间发展规划》对社区领土具有法律约束力。

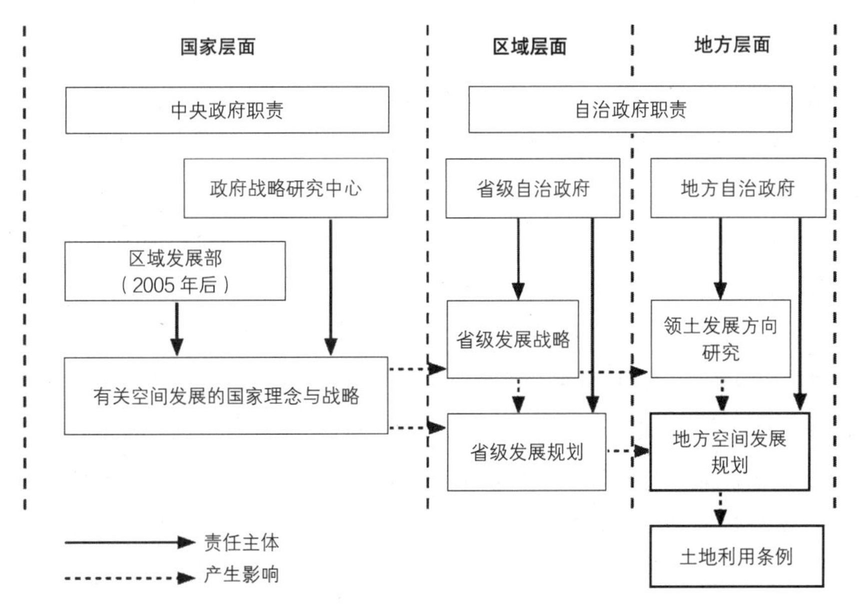

图 13.1　2003 年的《空间与领土发展法》框架下的波兰空间规划组织

13.3　变革的主要挑战和驱动力

波兰 1989 年以来的改革是由外部力量（欧盟和国际货币机构的影响，及国外直接投资增加的影响）和内部因素（选择的宏观经济路径、社会经济失衡等）共同推动的，反过来又影响了空间规划体系的演变。

波兰政治转型后，新秩序的建立经历了一个缓慢而曲折的过程（Newman 和 Thornley，1996）。各种市场模型能为新秩序的建立提供灵感，每种模型都体现了自身的制度架构和一系列价值观；各种外国和国际机构都在宣扬其自身独特的市场经济模式的优势，往往将财政支持与采取的具体措施联系起来（Newman 和 Thornley，1996；Cotella，2007）。特别是国际货币基金组织（IMF）和世界银行通过信贷和贷款影响了改革的推进，保证了变革的实施和市场主体的操作所必需的经济稳定性，从而减少了政府在解读政策方面的机动范围（Shields，2004）。[5] 专家的态度出现了两极分化。保守派希望采用半保护主义的措施来帮助人们和企业适应新的经济模式（Murrel，1993）。然而，国际机构宣称有必要尽快实现宏观经济改革，因此，波兰政府在此压力下选择了所谓的休克疗法（极度的反通货膨胀方案）——通过快速私有化，向全球市场价格过渡以及减少国家援助来实现经济的快速自由化（Lipton 和 Sachs，1990；Swianiewicz，1992；Newman 和 Thornley，1996）。[6]

改革的第二个驱动力与前一个驱动力紧密地交织在一起，其特点是所采用的改革具有新自由主义色彩。人们通常认为规划和社会政策优先级别的降低是公共部门淡出的试金石；然而旧的经济生产模式的取消并没有削弱中央政府的影响力，而只是改变了它的影响机制（Paul，1995；Shields，2004）。尤其在生产和财政领域，中央政府仍扮演领导角色。与国民经济直接相关的机构，例如财政部，逐步将工业部、劳动部、住房部等部门的作用从属于国际经济力量。实施强制统一 45 年以后（Sykora，1999），在波兰全国所采用的最低限度的国家干预为复兴的文化信念（自力更生和个人主义）提供了强有力的基础，“越少政府越好”（the less government the better）的口号为减免外资税收和福利部门的私有化提供了支持。

262

被采纳的新自由主义经济项目旨在充分实现国际资本的运作，并使外国直接投资对经济的影响呈指数级增长，进而影响土地开发（Blazyca，2001）。外企开始将资本和生产线转移到波兰境内。这些外资几乎渗透到所有行业，如汽车工业、贸易、食品工业、家具、消费电子产品和自 20 世纪 90 年代后半期以来的银行和金融服务业（Sleszynski，2006；Cotella，2007）。一些经济部门经历了从国有化向跨国资本垄断的转变，在这个过程中，私有化不但没带来竞争和去垄断，反而加剧了市场的支配和集中作用（Shields，2004）。通过与国有银行有关的投资，一个包含交叉股权、自有股权和低效率小股权的复杂网络得以形成（Stark，1996）；新的“权力精英”在政治和经济制度领域的控制地位得以巩固。这一切都是在以国家和国外资本作为唯一明确的主人的背景下，依靠巩固新的“波兰资产阶级”实现的（Eyal 等，1997）。

一旦消除波兰经济在国际竞争中的经济和政治障碍，旧的经济生产模式就难以为继，新的社会经济和政治组织模式开始出现。在公共部门和私营部门的角逐中，后者逐渐体现优势，城市和区域的角色逐渐从公共规划对象转变为私人投资场所（Sykora，1999；Śleszyński，2006）。这对劳动力市场的影响是巨大的，贫困化和失业率居高不下。[7] 由于收入分化和工作不稳定，大多数工人的生活水平恶化。此外，由于工作场所和专业组织是社会服务供给的主要场所，因此波兰国营工业的危机进一步削弱了社会福利（Gorzelak，2001）。

在促成社会经济迅速两极分化的宏观经济框架内（Paul，1995；Gorzelak，1996），过去的 20 年里，区域内和区域间日益加剧的不平衡发展已成为波兰空间规划面临的主要挑战。经济竞争加强了部分地区的实力，同时也暴露了其他地区的弱点。华沙（Warsaw）、波兹南（Poznan）、克拉科夫（Cracow）、弗罗茨瓦夫（Wroclaw）和格丁尼亚 – 格丹斯克（Gdynia-Gdansk）等大城市和大都市地区以及一些吸引大量外资的小城镇受惠于此。而以传统重工业和广泛耕作为主的地区则经历了巨大的社会经济衰退，绝大多数东部省份的表现远低于波兰全国平均水平。[8] 历史遗留下来的乡村定居系统的多中心特征在一定程度上抵消了这一趋势。然而具有传统的与中小型城市相关的专门活动日益向主要城市转移，这与就业、社会服务门槛和收入极化一样，加剧了地区间的差距（ESPON，2006b）。

运输基础设施的短缺至今仍然被认为是亟待解决的地域问题，这引起了道路交通改善和环境保护之间的许多冲突。在经济复苏中也遇到了相同的困境，比如无论是污染土壤的再利用还是周边地区的经济衰退，都是一个挑战。除了需要对抗空间不平等，地方层面来自市场主体不断增长的需求很快就成为在建立空间规划体系中需要整合的基本环境特征。建立土地和房地产市场是通过将土地归还给前业主实现的。然而这个过程缓慢且富有争议，因为产权评估困难重重且产权归还要进行到什么程度尚难达成共识[9]（Newman 和 Thornley，1996）。另外，中央政府和地方政府缺少足够的资金进行补偿，因此当所判赔偿与实际占有情况不符时也常常反应出这些问题。

263

最后，欧盟是推动变革的另一个重要因素。正如皮亚佐洛（Piazolo，2000）所强调的那样，加入（欧盟）后，这种转变日益带了点儿欧洲风味：成员国要符合加入欧盟的基础门槛，也要满足建立有效市场经济秩序的政治条件。因为成员资格不仅与欧盟庞大的共同利益有关，而且与建立有效市场经济的政治条件有关。空间规划方面，加入（欧盟）前期所采取的一系列财政措施，通过经济制约条件对空间规划改革产生了直接影响（Cotella，2009a）。与此同时，20 世纪 90 年代末以来，《欧洲空间规划议程》（European Spatial Planning Agenda）通过空间规划理念和思想的传播，对波兰空间规划的变化产生了日益重要的影响。

13.4　变化的层级和方向

13.4.1　国家层级空间规划的演变

13.4.1.1　转型的头几年

20 世纪 90 年代初，转型政策的基本意识形态假设市场力量是监管的唯一原则。由于波兰政府几乎未采取任何形式的空间政策，因而地区差距扩大（Paul，1995；Gorzelak，1996）。为了避免社会和经济问题在某些地域过度集中，中央政府在改革的头几年便采用了一些国家层面的土地干预措施。这些干预措施大部分来自工会的压力，且部门专属性较强。但总的来说，它们对经济急速衰退地区有所帮助，并从基础设施建设到给予危机企业经济补贴各个方面予以支持。

1993年，劳动和社会政策部（Ministry of Labour and Social Policy）在转型初期便采用了最为先进的区域政策概念，即对受结构性失业影响最为严重的空间区域启动优先扶持计划，该计划惠泽412个城市，15%的波兰总人口和20%的失业者（Sykora，1999）。次年，所有面临失业人数增加的地区都从下列政策中受惠：缩短固定资产折旧率（以带动企业更新技术设备），对地方政府追加基础设施补助，对接受职业培训的私营企业减免所得税，对雇用就业办公室（Employment Offices）指导下的应届毕业生的公司采取免税措施（Gorzelak，1996：134）。

对上述措施的评估，尤其是它们与经济复苏和减少失业之间的联系难以下定论，但不难看出这些措施缺乏全面性，机构事权方面缺乏透明度，各部之间也缺乏合作。

13.4.1.2　欧盟的影响力越来越大

20世纪90年代后半段，入欧协议对波兰的区域政策产生了重大影响。入欧预备项目的财政支持和专门知识刺激了国家空间规划的复苏，并使其在概念、优先事项和程序方面具有较强的欧洲风格（ESPON，2006a）。国家空间规划活动的第一次调整发生在1995年，当时政府战略研究中心（Governmental Centre for Strategic Studies，GCSS）负责编制《国家空间发展纲要》（GCSS，2001）。议会于2001年颁布了该文件，作为波兰转型后颁布的第一份综合空间规划文件，它确定了国家可持续发展的条件、目标和方向（Korcelli，2005；ESPON，2006a）。《国家空间发展纲要》虽然构建了一套土地开发的指导方略，但因其法律价值有限，地方层级是否以此作为行动依据全凭自愿（ESPON9，2006a）。区域发展部自2005年成立以来，一直在负责加强《国家空间发展纲要》和省级发展战略之间的一致性，以及负责《国家空间发展纲要》的定期更新报告。

中央政府自2000年以来，一直按照欧盟的要求编制《国家发展规划》（National Development Plans，NDPs）。[10] 第一个《国家发展规划》是在2000—2003年为加入欧盟前期提供支持而编制的。随后，在与欧洲共同体支持框架委员会（European Commission on the Community Support Framework）协商后，一份类似的文件（针对2004—2006年的）出台，并确定了对波兰的结构性支持规模[2004—2006年编制国家发展规划跨部门研究小组（IGPNDP），2003]。虽然收效甚微，但该文件旨在通过提供关于波兰加入欧盟后的领土发展问题的指示性指引，在国家层面整合部门和区域的观点。《国家发展规划》（2004—2006

年）由一系列《部门行动计划》作为补充，这些计划侧重于实现与国家相关的部门目标，并确定各政府部门机构的预算。

有趣的是，欧盟在 20 世纪 90 年代下半叶施加的影响使得波兰国家空间文件的目标与欧盟主要的空间导向性文件的内容保持一致。《国家空间发展纲要》和《国家发展规划》（2004—2006 年）的优先事项与《欧洲空间发展愿景》（ESDP）的政策目标一致（欧洲共同体委员会，1999；ESPON，2006a）。有些作者将这种一致性归因于《欧洲空间发展愿景》流程与构建《国家空间发展纲要》的知识领域之间沟通渠道的畅通[11]；也有人认为这得益于波兰规划师对某些关键概念的发展作出的贡献，而这些关键概念已成为欧洲空间规划的话语基础[12]（ESPON，2006a；Adams 等，2011）。

265

然而也有一些针对波兰国家空间规划文件的批评意见。比如，过度依赖欧盟的财政支持限制了国家目标制定的独立性。这在《国家发展规划》（2004—2006 年）中尤其明显，因其过度聚焦于某种特别的方式以获取和管理尽可能多的欧盟基金（Grosse 和 Olbrycht，2003；Grosse，2005；Korcelli，2005）。同样，《国家空间发展纲要》的优先事项也被欧盟的话语统治，与国情不适应甚至相悖。将经济增长和地域融合相互平衡下所产生的紧张局面显而易见；在大多数情况下，问题的解决有赖于进一步发展优势地区，然而这会加剧空间极化（Korcelli，2005；Cotella，2007，2009b）。此外，部门协调程度一直匮乏（Grosse 和 Olbrycht，2003；Grosse，2005）。由于中央的经济计划是建立在高度的部门机构分权的基础之上的，这一传统并不令人惊讶：1989 年后的空间政策相对于部门利益依然处于弱势，政府机构的行政部门组织不力，无法应对横向协作与整合的需求（Gorzelak，2001：323；Sagan，2010）。尽管《国家空间发展纲要》《国家发展规划》和《部门行动计划》之间需要协调一致，但是不同的部门仍鲜少协作，因此政策重复甚至矛盾的现象频频出现。基础设施建设措施和环境政策目标之间的冲突屡见不鲜，例如波罗的海通道（Via Baltica）和克拉科夫 - 格丹斯克（Cracow-Gdansk）的高速公路（ESPON，2006a）。

13.4.1.3　*走在欧洲话语的最前沿？*

近年新成立的区域发展部出台了多项措施：一方面打破部门桎梏；另一方面要把国家优先发展事项从欧盟话语霸权中解放出来。因此，《国家发展规划》（2007—2013 年）致力于整合不同部门优先事项以及融合不同领土层次。与其前身相比，其目的不再局限于获得欧盟的支持，而是更多地思考如何将欧洲和国家的资源纳入一个连贯的、全面的国家空间发展战略（Grosse 和 Olbrycht，2003；2007—2013 年编制国家发展规划跨部门研究小组，2005）。这其中包含了几个与欧盟的目标和优先事项并不匹配的国家战略目标，并因此形成了一个创新工具以协调超越国家和国家层级的目标。此外，它还首次将区域行动计划（Regional

Operative Programs）的编制权委以各省，以抵消国家各部委自主推行部门政策的趋势。它还主张在国家、部门和区域之间进行更广泛和更深层次的整合与互补（Grosse，2005）。

此外，区域发展部最近负责《国家空间治理纲要（2008—2030）》（National Spatial Management Concept，NSMC）（2011）的编制工作，该文件将是未来波兰空间发展的主要依据。该文件是由来自不同领域（社会、学术、部长级的、自治）和学科（地理学家、规划师、经济学家）的专家组起草的。当然它也是应对经济危机的产物，它明确反映了当代欧盟关于领土发展的空间论述所特有的竞争性转向，同时将地域融合目标作为促进经济增长的工具（Czapiewski 和 Janc，2011；参见 Tewdwr-Jones，2011）。《国家空间治理纲要》聚焦于波兰最大的城市网络：华沙、克拉科夫、上西里西亚地区的城市（Upper Silesian conurbation）、弗罗茨瓦夫、波兹南、罗兹（Lodz）和三角城市 [格丹斯克 / 索波特（Sopot）/ 格丁尼亚]。这些城市的多节点基础设施连接形成了所谓的“中心对角线”（Central Exagon）并有助于协同发展，而这正是《国家空间治理纲要》（2011 年）希望借以增强波兰城市系统在欧洲大都市区域网络中的竞争力。

266

需要强调的是，《国家空间治理纲要》是如何通过近期的努力来确定欧盟的主要发展趋势和挑战的 [《领土议程》（Territorial Agenda）和《巴萨报告》（Barca's Report），德国总统办公室，2007;《巴萨报告》，2009]。它首先将欧盟的概念和目标进行转换，并辅以国内优先事项作为补充（Szlachta 和 Zaleski，2005：81）。该文件强调巩固现有的多中心网络，并改善周边地区到中心城市的可达性。这在一定程度上挑战了欧洲领土发展与融合观测网 3.2 项目目标，后者旨在发展先进的以知识为基础的经济轴线；而这条轴线实际上忽略了波兰的北部和南部地区（Czapiewski 和 Janc，2011；详见欧洲领土发展与融合观测网，2007a）。波兰专家和政策制定者最近频繁参与欧洲空间规划的辩论，这可以被解读为波兰的空间规划话语试图从欧盟霸权压力中解放出来。通过仔细分析关于地域融合的讨论，不难发现波兰参与者非常积极加入各种前沿辩论，他们对《欧盟委员会关于地域融合的绿皮书》（European Commission Green Paper on Territorial Cohesion）发起的咨询项目中的至少 46 项给予了回复（Cotella 等，2012），并在起草《欧盟领土议程 2020》（Territorial Agenda of the European Union 2020）方面发挥了重要作用 [匈牙利总统办公室（HU Presidency），2011]。

13.4.2 区域规划的回归

13.4.2.1 20 世纪 90 年代的区域规划

区域机构到 1999 年都只是中央政府的一个“前哨”。区域的发展要么通过特殊的中央预算划拨实现，要么通过建立特定的区域发展机构（RDAs）进行管理（Gorzelak，1996；Balchin 等，1999）。之前施行的省域规划在 1989 年被废除，取而代之的是两个新的文件：《空间组织研究》（Spatial Arrangement Study）和《区域发展计划》（Regional Development Program）。这些文件由分散的政府单位编写，并对各区域的发展提出了核心观点。纳入上述两个文件的干预措施是与各省（比现在的省的范围要小得多）主要城市的代表进行协商的；每项措施安排都必须纳入当地规划文件，因此具有法律效力（Gorzelak，1996）。各部委负责审议未达成一致意见的案件，这为该体系附上了浓浓的等级色彩。不同省份提出的目标凸显了高度的部门特征，省政府办公室则负责传达不同部委的优先事项。上文提及的干预措施几乎不涉及与空间有关的内容，仅对某些衰败的地区采取有限的经济结构和就业调整行动（Gorzelak，1996，2001）。

区域发展机构所追求的目标则涉及更多的空间维度，该机构大部分是由政府工业发展署（Governmental Agency for Industrial Development）在 20 世纪 90 年代中期与区域行政机构、地方当局、商会和各种企业协会、银行等合作建立的（Gorzelak，2001）。在编制区域和地方发展战略的过程中，区域发展机构为当地企业和公共行政部门提供咨询服务；它们也经常负责管理和实施入欧启动资金资助的项目。[13] 在区域发展机构所追求的目标中，值得一提的包括：就失业问题的应对办法进行经验交流，致力于创造环境低冲击的工作机会，协调工业遗产重构的活动，对劳动力市场问题采取行动，对现有劳动力的教育和重新安置，促进公私合作，支持中小企业以及促进国际合作以确保外国合作伙伴在地方和区域发展事务中的参与度（ESPON，2006b）。

13.4.2.2　行政改革和 21 世纪头 10 年的变化

1999 年的行政改革使得区域层级机构在空间规划方面具有更多的自主权。经历了 1994 年版《空间治理法》（Spatial Management Act）的特定修改和 2003 年新版的出台，新的行政配置实现了规划和开发职能的去中心化。省长办公室（Marshal Office）引入新的区域空间开发工具：《省域发展战略》（Voivodship Development Strategy，VDS）和《省域发展规划》（Voivodship Development Plan，VDP）。此外，各省负责与国家行政部门签署《区域合作协议》（Regional Contracts），以及欧盟融合政策框架下的《区域行动计划》的准备工作。[14]

《省域发展战略》和《省域发展规划》为特定省份的发展提供了框架。《省域发展战略》依据 1999 年的《省域自治政府法》（Voidodships Self-Government Act）和 2003 年的《空间和土地管理法》确定的目标，确定了各省发展所具备的条件、目标和方向。《省域发展规划》则旨在实现省域发展战略，为其提出的省域领土政策提供相应的指导方针。《省域发展规划》包含的超越本地利益的公共利益干预指引对于地方政府具有法律约束力，并须与地方规划文件相协调。

改革为各区域按照自主制定的空间目标和愿景发展提供了空间。第一轮选举结束后，各个省的政府机构对《省域发展战略》的编制进行了分析和研究。除了目标和方法体现出 268 实质差异，16 个省的《省域发展战略》都体现了强烈的欧洲风格，其中许多文件更是明确引用了欧盟话语。无论如何，下面这些概念都被一再强调：对自然和文化资源的精明管理，提高基础设施和知识的可达性以及发展多功能乡村地区。16 个《省域发展战略》中有 15 个都涉及多中心发展的概念，唯一例外的是首都华沙所在的马佐夫舍省（Mazowieskie）（ESPON，2006a）。

为了进一步界定国家和区域之间的关系，特别是各部门和空间政策领域之间的关系，《区域合作协议》被引入。这些《区域合作协议》采用契约协议的形式，界定中央财政预算，从而实现《省域发展战略》和《省域发展规划》规定的特定省份的目标。政府依据各部委拟定的文件制定了一个《支持计划》（Support Program），明确了国家区域政策的主要目标和相关资源。这些目标随后被纳入《省域发展战略》中，旨在实现合作协议中的五个主要优先事项：（1）交通基础设施体系的发展和现代化；（2）经济结构调整和多样化；（3）人力资源的发展；（4）对衰落地区的资助；（5）鼓励区域间和区域内的合作。《区域合作协议》界定不同干预措施实施的范围、程序和条件，由各部委和各省政府进行谈判并签署（ESPON，2006b）。

13.4.2.3　区域规划的关键事项

整个 20 世纪 90 年代，波兰的规划师都在批评区域规划体系的不足之处，即其简单地把部委的优先事项传达到区域一级，从而加强了部门的自主权，而剥夺了区域层级的权益。1999 年改革之后，权力和权限下放到区域一级以及引进新的空间规划工具，这为今后部门和区域优先事项的协调提供了新的希望。尽管恢复了自主权，地方政府至少在 2006 年之前一直受着中央政府的影响。区域层级的财政预算缺乏独立性（近 80% 由中央补贴）。它们必须整合国家层面下达的部门优先事项来实现自身目标所需的财政资源（Gorzelak，2001；Grosse，2005）。

在《区域合作协议》（2001—2006 年）签署期间，国家优先事项在各种区域战略中得到了全面体现，这无疑显示了中央政府在与省政府谈判中运用《支持计划》取得的强势立场。国家重点优先事项（如完工高速公路网）因为绑定了大量资金，因而对大部分省份具有较大的吸引力（Gorzelak，2001）。为了使部门和区域优先事项的制定更加透明，2007—2013 年的《国家发展规划》重新调整区域政策总框架，引入《区域行动计划》以进一步推动权力下放（Grosse，2005）。然而，《区域行动计划》的管理工作对省级政府而言是一个复杂 269

的任务，在很多情况下需要调整其内部的组织结构。因此，现在几个省级行政部门的职责断裂，《省域发展战略》和《区域行动计划》由不同部门管理，这明显体现出协调上的障碍。

13.4.3　地方层级的空间规划

13.4.3.1　旧规则下的新规划

随着 1990 年《自治法》(Self-Government Act) 的颁布，波兰各城市地方政府开始自主管理其地域内的开发，也成为唯一有权编制法定规划文件的机构，因此成为波兰空间规划的中坚力量。然而，规划事权的下放并未配备财权的下放，因此地方政府的活动受到严峻的财务状况的影响。(各城市)地方政府由于有限的技能、日常事务的压力以及许多其他因素，并未在规划管理中扮演好这一新角色（Gorzelak，1996）。由于 1961 年的旧法仍然有效，开发过程中如何运用一系列旧工具应对新的经济形式产生了一系列的挑战。政治的不稳定性和对“监管”问题的不重视，使得规划体系的市场化进程一再延迟。因此，地方行政部门必须在没有任何通用指引的情况下，处理土地利用管理的日常工作以及建立对不动产权的监督和管理。

在这种背景下，每个城市都开始采取自己的方法来契合新的政治现实和市场导向，并在外国开发商和投资者的压力下确认规划体系的重要性（Judge，1994）。整个 20 世纪 90 年代，地方政府的主要作用体现在两个方面：其一，处理所有权的确权以及建设许可的相关紧迫挑战；其二，在城市边界吸引外资以刺激当地经济发展和就业，以及增加新经济活动产生的税收。

城市之间的竞争气氛使得新生的公共行政部门逐步具有了企业精神。它们发起了一系列的城市营销事件，这些事件大多借鉴西方城市背景的营销逻辑而鲜少考虑其是否适应当地的现实（Dimitrovska Andrews，2004；Capik，2011），它们还通过地方上的激励措施以及逐步对建设过程放松管制来支持外国投资者。例如在罗兹市（Lodz），1993 年最新总体规划明确表明地方政府会依据自身实力来构建规划“愿景”，以争取更多投资（Markowski 和 Kot，1993）。波兹南市（Poznan）也有类似的文件，旨在吸引酒店投资，安排酒店开发可能的位置、成本和收益 [波兹南城市规划办公室（Poznan Municipal Town Planning Office），没有日期]。“经济特区”的概念还出现在波兰其他几个城市新的城市规划中（波兹南城市规划办公室，1992），这表明市场机制开始取代空间规划。 270

13.4.3.2　新的空间规划法

为了建立一个新的空间规划框架，波兰政府在经过一系列议会辩论和立法建议之后，于 1994 年颁布了新的《空间治理法》（Act on Spatial Management）。由于一些严重缺陷，以及 1999 年的行政改革的影响，《空间治理法》又被 2003 年获批的一项新立法取代。这两部法案都明确了地方规划的两个主要工具，即《城市土地开发条件和方向研究》（Study on the Condition and Direction of Municipal Territorial Development）和《地方空间发展规划》（Local Spatial Development Plan，LSDP）[ESPON，2006b；欧盟资助项目（COMMIN），2007]。

城市政府主导《城市土地开发条件和方向研究》在其行政范围内的研究，是一个与地方政府的空间政策统一层次的战略文件。该文件不具备法律效力，但对《地方空间发展规划》的编制过程有约束和协调作用。该研究包括以下内容：

（1）城市空间结构变化的方向；

（2）土地利用方向，明确非建设用地；

（3）保护区清单；

（4）基础设施系统的发展；

（5）为地方公共投资项目选址；

（6）符合《省域发展规划》的跨区域公共投资项目的选址；

（7）地方政府将编制特殊《地方空间发展规划》的地区。

《城市土地开发条件和方向研究》在经过省议会的协商和公开讨论后获得批准（在此每个公民都有权提出意见）。它的筹备工作将《国家空间发展纲要》的原则和《省域发展规划》的发展方向考虑在内。城市政府在获得批准后为行政范围内的特定地块起草《地方空间发展规划》，包括《国家空间发展纲要》和《省域发展规划》指定的超越地方利益的特殊地块和项目。《地方空间发展规划》的内容包括用地发展方向、区划和开发原则、保护原则和空间秩序的定义、公共空间的各相关因素、建设行为的相关参数，以及保护区的边界和开发适应性。《地方空间发展规划》的编制过程与《城市土地开发条件和方向研究》相似：市长需与城市建筑和规划委员会达成一致意见，并确保这类项目（超越地方利益的项目）能惠及周边城市。

与 1994 年的法案相比，2003 年颁布的法案通过限制产权引入了更有效的公共利益保护手段。它还进一步明确了《城市土地开发条件和方向研究》的法定地位，及其作为城市空间政策重要参考的地位（包括更准确地描述了它与《地方空间发展规划》的关系）。不过，现行法律仍然给地方行政机构留有太多自由裁量权，下文将进一步阐述。

271

13.4.3.3 “真空”的空间开发？

尽管有了新的空间规划法律框架，20 年的改革使得城市规划活动受到极大的限制，其规范性的、调节性的角色转为战略性的角色。这种变化与新自由主义背景下城市的“企业化”

空间开发管理手段步调一致（Sagan，2010）。虽然城市规划已经沦为实现中央政府目标的工具，甚至矫枉过正以至于几乎完全被忽视了（Izdebski 等，2007）。城市地方政府有权决定《地方空间发展规划》覆盖的区域，某些地方的空间开发过程不受制约，因此大多数地方政府发现在没有法定规划工具时与私人投资者直接谈判更有效率。在这种情况下，城市空间被投资者塑造着。这些投资者往往与地方公共机构共谋，他们的动机是投资回报及选举连任等短期利益，而并未关注长期的城市质量问题（Kafka 和 Nawratek，2004）。

这种“真空”的空间开发在城市开发建设中占比几乎达到 80%，并以“由场地开发的建设条件决定”的名义落地 [《关于建筑条件的决定》（decyzja o warunkach zabudowy，WZ）]。《关于建筑条件的决定》实际上是《地方空间发展规划》未覆盖地区的替代方案，它基本上是由城市地方政府逐案审议投资者提案来实施的。而城市领导人和私人投资者往往将其视为柔性城市开发管理的理想工具（Sagan，2010），但实际上程序的简化以及对决策缺乏控制威胁了地方发展的空间和功能秩序。[15] 由于地方发展决策不适用于《地方空间发展规划》所覆盖的地区，因此城市地区的规划覆盖率明显受到限制。[16] 2009 年，《城市土地开发条件和方向研究》在波兰的覆盖率高达 95%，《地方空间发展规划》的覆盖率只有 26%。例如在华沙，2006 年只有 15.9%的城市地区由《地方空间发展规划》覆盖。同年，《地方空间发展规划》在克拉科夫市的覆盖率仅为 10.7%。[17]

来自什切青市（Szczecin）的案例证实了指导波兰当前地方空间规划实践的原则模糊不清。通过《关于建筑条件的决定》程序，什切青市市长于 2005 年出售了一块 5.28 公顷的土地（名为 Gontyka），投资商计划在该地块建设一个超市。最终，投资商决定在其租用 25 年的另一个地块上建一个水上乐园作为回报，该提案立即得到了地方政府的许可。尽管市议会（City Board）意在出售该地区，但他们不得不接受新的开发条件，因为市政预算已经包含了地块开发的预期收入（Matuszczak，2005）。同样，克拉科夫市政府于 2000 年年底同意家乐福对一家专门生产苏打水的老工厂进行更新改造。除了建立一个新的购物中心，投资者还承诺对污染土地进行更新处理，并为两个相邻社区的基础设施和公共空间的建设提供资金。但家乐福最终以成本太高为由终止了污染地块的清理；购物中心的建设成了唯一得以实现的项目（Cotella，2005）。

272

13.5　结论

在波兰，1989 年转型以后，某些问题的解决方案，尤其是国家的治理体系受到一些变数和推动力量的影响。在强大的国际力量的作用下，国家在转型过程中扮演着建筑师的角色，制定新的“游戏规则”。在改革的头几年，新自由主义范式是转型的主要推动力。因为当时改革的重点是为新的经济模式的正常运作创造必要条件，从而有利于外国投资者在波兰经济中日益增长其影响力。此外，一旦加入欧盟成为可期的未来，谈判就开始对波兰的转型模式产生越来越大的影响，从而触发了基于信息交换和经济制约机制的欧洲一体化进程。

波兰空间规划的演变模式是众多要素的结果。改革头几年，宏观经济改革并未触及任何空间规划维度（除个别经济衰退地区的遏制失业率的特别干预措施）。在地方层级，新成立的自治政府不得不继续负责土地使用的管理和开发，以及应对系统性变化所带来的新挑战。但所有这些在旧的法律制度下产生的规划工具，在新的经济条件下显得力不从心。

从 20 世纪 90 年代中期开始，日益增长的空间极化和欧盟的影响促成了新的《空间规划法》的出台，该法案旨在建立以市场为导向的空间规划体系。区域政策重新抬头，第一部全国性的规划文件也相继出台。欧洲空间规划话语中的理念和优先事项开始渗透到波兰国内的讨论中并影响国家层面的空间战略（以此最大限度地争取欧盟的结构性支持）。同样，波兰专家和政策制定者越来越多地参与到跨国认知社群中，这有利于国内欧盟化的话语融合进程（Adams 等，2011）。

从 1995 年开始，国家层级的空间倡议呈指数级增长，而区域规划则一直等到 1999 年的行政改革，即自选的省级政府被赋予了各自地域的空间规划权限之后才得以释放。然而，各省所制定的战略和规划仍然受到中央政府各部委的强势影响。因为这些部委通常利用省级财政对中央财政的高度依赖作为杠杆，以确保将其优先事项纳入区域战略。垂直条块化的行政结构一直占据着支配地位。直到区域发展部和《国家发展规划》（2007—2013 年）通过推动旨在空间重组和进一步协调国家、部门和区域优先事项的创新治理体系，才在一定程度上限制了国家部门的目标和优先事项对空间规划的影响。国家层面制定的一系列新的区域政策文件和空间指导方针也使得国家优先事项从欧盟话语的霸权压力中得到部分解放。这一方面是本国专家和决策者越来越多地参与欧盟规划讨论的结果，另一方面是波兰将更为自主地确定自身发展的理念和原则以获得欧盟的支持（Cotella 等，2012）。

273

尽管如此，这些活动与当地的空间规划和发展实践之间仍然存在强烈分歧。尽管新的空间规划法律基础在 1994 年和 2003 年相继被引入，但地方空间规划似乎逐渐失去了重要性。废除集权的、全面的规划体系的初衷，逐渐演变为一个地方性的空间规划体系的形成。该体系的特征在于地方政府具有高度的自治权，以决定法定空间规划所包含的内容。市长们不愿意扩大地方发展规划的覆盖范围，因为地方发展规划滞后于城市动态治理，他们更倾向于通过具体的土地开发决策来实现干预。

许多城市广泛进行“投资友好型”的宣传，这清楚地表明了政府依赖于投资者的美好愿望（Sagan，2005：53）。各地方政府不惜以牺牲其他长期目标和理想为代价，拼命讨好私人资本。在这种情况下，来自投资者的压力和游说极大地影响了城市的空间发展，打开了腐败和投机的大门。地方政府越来越倾向于对各种开发决策保留临时裁判权。人们普遍认为与当地社区达成共识几乎是不可能的；地方社区需要开明的领导人。取消规划实践中的社区参与也因此找到了借口。实际上，公民社会的弱势、有限的社区参与和私人开发商对地方政府施加的压力是相辅相成的；这导致了强势群体的利益得以实现是以牺牲普通居民的利益为代价的。

总之，这一章说明了波兰政府在欧盟的影响下建立其“全面、整合”的空间规划体系，该体系在政策制定方面注重“（具有空间规划事权的各个层级之间的）纵向协作和（具有领域影响的政策之间的）横向协调”（ESPON，2007b：41）。尽管政策话语和法律框架在过去 20 多年里发生了重大变化，但实践并不总是如此。欧洲领土发展与融合观测网治理报告也承认：“立法和政策作为改革的风向标是有价值的，但也可能具有误导性”（ESPON，2007b：285）。在强大的私人利益（甚至比民选代表更强势）以及弱势的公众地位的情况下，即使法律要求到位，新政策工具的发展进程也多有变数，出台的规划和政策的影响也明显受到限制。20 世纪 90 年代后期以来，规划立法和体制结构方面的改革取得了进展，但“优质的治理”仍有待进一步发展：透明、负责任的决策过程以及城市、区域层面明确的政治领导能够为有效规划提供支持（OECD，2001）。

274

注释

1. 1990 年《自治法》颁布以后，波兰的基本行政单元是社区（波兰语“gmina”）（NUTS 5）。2009 年有 2478 个社区，其中包括：306 个城市社区（与城市边界重叠）、1586 个乡村社区（其边界可能包括多个村庄，其中一个村庄是行政办公室所在地）和 586 个城市 - 乡村社区（其边界包括一个主要城市和周边的若干个小乡村）。乡村社区被细分为较小的子单元（乡村，波兰语“solectwo”），城市社区则被细分为区。这些子单元行使特定的管理功能，它们可以被视为额外的领土层级。

2.《卫报》（1992 年 4 月 1 日，引自 Newman 和 Thornley，1996：25）讽刺道，许多政党为了 1991 年的大选而成立，它们各执己见。这其中包括赢得 16 个席位的波兰啤酒爱好者党（Polish Beer Lovers Party），其后分解为大啤酒派（Big Beer）和小啤酒派（Little Beer）！

3. 自 1999 年以来，波兰也被分为 314 个县（NUTS 4）和 65 个小城市（有县权的城市），负责实施超出公共范围的法定公共任务（如先进的社会和技术基础设施、跨边界的自然保护区、旨在解决当地问题的组织活动等)。出于统计目的,两个新的层次被引入:6个由不同的省份(NUTS 1)组成的大区和45个次区域,其中包括一个省内的几个县(NUTS 3)。

4. 该法案可以回避“规划”(plannng)一词,这表明政府希望与“集权规划”划清界限。除其他外,新法案强调“特定用途、目的和特定开发方式的地块的开发范围与程序”,从而促成从“法律框架下的总体规划”向“基于产权的控规性规划”的转变(Matuszczak,2005)。

5. 一些批评指出,波兰政府经常以需要获得国际货币基金组织批准(也要遵从入欧条约)为由来采取最具争议的措施(Paul,1995;Szul和Mync,1997)。

6. Gorzelak(1996)指出,其他东欧国家选择了不同的改革路径,捷克斯洛伐克的改革比较温和、务实;匈牙利的“软着陆”宏观经济政策为更谨慎的向资本主义的转型。

7. 1990—1993年,波兰的失业人口达到200万;1994年,失业率达到16%。

8. 卢布林省(Lubelskie)和圣十字省(Swietokrzyskie)在2007年之前一直是欧洲最贫困的地区。

9. 比如有些人说这要追溯到纳粹占领期间的征收,波兰教会声称恢复原状可以追溯到亚历山大一世时期的征收。

10. 相比《国家空间发展纲要》,《国家发展规划》是更为具体和实用的中期工具。

11. 值得指出的是,波兰科学院的地理与空间组织研究所(Geography and Spatial Organization of the Polish Academy of Science)在欧洲空间规划辩论和这些政府机构编制国家空间战略与项目之间起到了关键纽带作用。

12. 多中心的概念和城乡合作早在1964年就由K. Dziewoński在其论文“当代波兰的城市化”(Urbanization of Contemporary Poland)中做了介绍,后又被众多科学出版物引用和转载(Dziewo ń ski,1964)。

13. 直到行政改革之后,区域发展机构所起到的作用都只是促进地方经济发展以及为入欧提供相应的技术服务。

14. 与此同时,中央政府仍然通过省级行政办公室直接掌控特殊政策,比如涉及国家公园的、军事地区的、被确定为超越区域层面重要性的本土干预措施的区域。

275

15. 这是因为他们无需遵从事先研究,发布地块可能不与已开发地块相邻,没有出入口连接公共道路,也不连接任何用地基础设施。

16. 1994年法案批准之前编制的所有空间发展规划都因为2003年颁布的《规划法》而作废,这使得情况更加糟糕。

17. 根据波兰大都市联盟(Union of Polish Metropolises)的数据,在2005年,华沙有6175个地块开发提案获批,克拉科夫有3510个,格丹斯克有1104个。

参考文献

Adams, N., Cotella, G. and Nunes, R. (eds) (2011). *Territorial Development, Cohesion and Spatial Planning: Knowledge and Policy Development in an Enlarged EU*. London/New York: Routledge.

Altrock, U., Güntner, S., Huning, S. and Peters, D. (eds) (2006). *Spatial Planning and Urban Development in the New EU Member States: From Adjustment to Reinvention*. Aldershot: Ashgate.

Balchin, P., Sykora, L. and Bull, G. (1999). *Regional Policy and Planning in Europe*. London/New York: Routledge.
Barca, F. (2009). An agenda for a reformed cohesion policy: a place-based approach to meeting European Union challenges and expectations. Independent report prepared at the request of Danuta Hübner, Commissioner for regional policy. Retrieved from www.interact-eu.net/news/barca_report/7/2647.
Blazyca, G. (2001). Poland's place in the international economy. In G. Blazyca and R. Rapacki (eds) *Poland into the New Millennium* (pp. 249–273). Cheltenham: Elgar.
Capik, P. (2011). Regional promotion and competition: an examination of approaches to FDI attraction in the Czech Republic, Poland and Slovakia. In N. Adams, G. Cotella and R. Nunes (eds) *Territorial Development, Cohesion and Spatial Planning: Knowledge and Policy Development in an Enlarged EU* (pp. 321–344). London: Routledge.
CEC – Commission of the European Communities. (1999). European Spatial Development Perspective: towards balanced and sustainable development of the territory of the EU. Luxembourg: Office of the Official Publications of the European Communities.
COMMIN. (2007). Promoting spatial development by creating COMmon MINdscapes: the Republic of Poland, Baltic Sea Region Interreg IIIB. Retrieved from www.commin.org.
Cotella, G. (2005, October). Interventi di Riqualificazione Urbana a Cracovia. *Città e Regioni del Sud Europa*. XXVI AISRE Conference, Naples.
Cotella, G. (2007). Central and Eastern Europe in the global market scenario: evolution of the system of governance in Poland from socialism to capitalism. *Journal für Entwicklungspolitik*, *XXIII*(1), 98–124.
Cotella, G. (2009a). Governance territoriale comunitaria e sistemi di pianificazione: riflessioni sull'allargamento ad est dell'Unione europea [EU territorial governance and spatial planning systems: reflections on the eastwards enlargement of the European Union], Ph.D. thesis in Spatial Planning and Local Development (discussed in May 2009), Politecnico di Torino.
Cotella, G. (2009b). Exploring the territorial cohesion/economic growth multidimensional field: evidences from Poland. In T. Markowski and M. Turala (eds) *Theoretical and Practical Aspects of Urban and Regional Development* (pp. 71–95). Warsaw: Polish Academy of Science.
Cotella, G., Adams, N. and Nunes, R. J. (2012) Engaging in European spatial planning: a central and Eastern European perspective on the territorial cohesion debate. *European Planning Studies*, *20*(7). pp. 1197–1220.
Czapiewski, K. and Janc, K. (2011). Accessibility to education and its impact on regional development in Poland. In N. Adams, G. Cotella and R. Nunes (eds) *Territorial Development, Cohesion and Spatial Planning: Knowledge and Policy Development in an Enlarged EU* (pp. 346–372). London: Routledge.
DE Presidency. (2007). Territorial agenda of the European Union: towards a more competitive and sustainable Europe of diverse regions. Agreed at the occasion of the informal ministerial meeting on urban development and territorial cohesion on 24/25 May 2007. Retrieved from www.eu-territorial-agenda.eu/Reference%20Documents/Territorial-Agenda-of-the-European-Union-Agreed-on-25-May-2007.pdf.
Dimitrovska Andrews, K. (2004). La gestione della città post-socialista: impatti sulla pianificazione e sull'ambiente costruito. In G. Caudo and G. Piccinato (eds) *Territori d'Europa* (pp. 83–104). Firenze: Alinea.
Dziewoński, K. (1964). Urbanization in contemporary Poland. *Geographia Polonica*, *3*, 37–56.

276

ESPON. (2006a). Application and effects of the ESDP in member states – national overview: Poland. ESPON Project 2.3.1. Luxembourg: ESPON.
ESPON. (2006b). Governance of territorial and urban policies from EU to local level – national overview: Poland. ESPON Project 2.3.2. Luxembourg: ESPON.
ESPON. (2007a). ESPON Project 3.2: scenarios on the territorial future of Europe, final report. Luxembourg: ESPON.
ESPON. (2007b). Governance of territorial and urban policies from EU to local, final report. Luxembourg: ESPON.

Eyal, G., Szeleny, I. and Townsley, E. (1997). The theory of post-communist managerialism. *New Left Review*, *222*, 60–92.

GCSS – Governmental Centre for Strategic Studies. (2001). Koncepcja polityki przestrzennego zagospodarovania kraju. *Monitor Polski*, *26*, 503–595.

Gorzelak, G. (1996). *The Regional Dimension of Transformation in Central Europe*. London: Jessica Kingsley Publishers.

Gorzelak, G. (2001). The regional dimension of Polish transformation: seven years later. In G. Gorzelak, E. Ehrlich, L. Faltan and M. Illner (eds) *Central Europe in Transition: Towards EU Membership* (pp. 310–329). Warsaw: Regional Studies Association.

Grosse, T. G. (2005). Assessment of the National Development Plan for 2007–2013. *Analysis and Opinions*, *31*. Warsaw: Institute of Public Affairs.

Grosse, T. G. and Olbrycht, J. (2003). Preparing for the absorption of structural funds in Poland: critical overview and recommendations. *Analysis and Opinions*, 7. Warsaw: Institute of Public Affairs.

HU Presidency. (2011). Territorial agenda of the European Union 2020: towards an inclusive, smart and sustainable Europe of diverse regions. Agreed at the Informal Ministerial Meeting of Ministers responsible for Spatial Planning and Territorial Development on 19 May 2011, Gödöllő, Hungary. Retrieved from www.eu2011.hu/files/bveu/documents/TA2020.pdf.

IGPNDP 2004–2006 – Interministerial Group for the Preparation of the National Development Plan 2004–2006 (2003). National Development Plan 2004–2006. Warsaw.

IGPNDP 2007–2013 – Interministerial Group for the Preparation of the National Development Plan 2007–2013 (2005). National Development Plan 2007–2013. Warsaw.

Izdebski, H., Nelicki, A. and Zachariasz, I. (2007). *Land Use and Development: Polish Regulatory Framework and Democratic Rule of Law Standards*. Sprawne Państwo, Program ErnstandYoung, Warsaw.

Judge, E. (1994). Poles feeling good on the road to market. *Planning*, 21 January.

Kafka, K. and Nawratek, K. (2004). Przegrana gra w miasto. *Gazeta Wyborcza*, 8 września, 15.

Korcelli, P. (2005). The urban system of Poland. *Built Environment*, *31*(2), 133–142.

Lendzion, J. and Lokucijewski, K. (no date). Compendium of spatial planning systems in the Baltic Sea Region. Retrieved from www.vasab.leontief.net/teams.htm.

Lipton, D. and Sachs, J. (1990). *Creating a Market Economy in Eastern Europe: The Case of Poland*. Brookings Paper on Economic Activity, 1. Washington: Brookings Institution.

Markowski, T. and Kot, J. (1993). Planning for strategic economic development of Lodz: concepts, problems and future vision of a city. In T. Marszal and W. Michalski (eds) *Planning and Environment in the Lodz Region* (pp. 28–42). Lodz: Zarząd Miasta Lodzi.

Matuszczak, K. (2005). *Brief Overview of Planning Legislation in Poland 1994–2005*. ECORYS Research and Consulting.

Murrel, P. (1993). What is shock therapy? What did it do in Poland and Russia? *Post-Soviet Affairs*, *2*, 111–141.

Nadin, V. and Stead, D. (2008). European spatial planning systems, social models and learning. *disP*, *44*(1), 35–47.

Newman, P. and Thornley, A. (1996). *Urban Planning in Europe*. London: Routledge.

NSMC – National Spatial Management Concept. (2011). *Koncepcja przestrzennego zagospodarowania kraju do roku 2030*. Warszawa: Ministerstwo Rozwoju Regionalnego.

OECD – Organisation for Economic Co-operation and Development. (2001). *Cities for Citizens: Improving Metropolitan Governance*. Paris: OECD.

277 Paul, L. (1995). Regional development in central and eastern Europe: the role of inherited structures, external forces and local initiatives. *European Spatial Research and Policy*, *2*(2), 19–41.

Piazolo, D. (2000). The significance of EU integration for transition countries. In G. Petrakos, G. Maier and G. Gorzelak (eds) *Integration and Transition in Europe* (pp. 200–216). London: Routledge.

Poznan Municipal Town Planning Office. (1992). *The Guidelines for the General Physical Plan of Poznan City*. Poznan: Municipal Town Planning Office.

Poznan Municipal Town Planning Office. (no date). *Proposal of Hotel Sites in Poznan*. Poznan: Department of Information and Development.

Regulska, J. (1997). Decentralization or (re)centralization: struggle for political power in Poland. *Environment and Planning C: Government and Policy*, *15*(2), 187–207.

Regulski, J. (1989). Polish local government in transition. *Environment and Planning C: Government and Policy*, 7, 423–444.

Regulski, J. and Kocan, W. (1994). From Communism towards democracy: local government reform in Poland. In R. Bennett (ed.) *Local Government and Market Decentralization* (pp. 41–66). Tokyo: United Nations University Press.

Sagan, I. (2005). The policy of sustainable development in post-socialist cities. In I. Sagan and D. M. Smith (eds) *Society, Economy, Environment: Towards the Sustainable City* (pp. 45–57). Gdańsk-Poznań: Bogucki Wydawnictwo Naukowe.

Sagan, I. (2010, December). Soft space governance: the case of Poland. Draft paper presented at the *ESF Explanatory Workshop Planning for Soft Spaces across Europe*.

Shields, S. (2004). Global restructuring and the Polish state: transition, transformation or transnationalization? *Review of International and Political Economy*, *11*(1), 132–155.

Stark, D. (1996). Recombinant propriety in East European capitalism. *American Journal of Sociology*, *101*(4), 993–1027.

Swianiewicz, P. (1992). The Polish experience of local democracy: is progress being made? *Policy and Politics*, *20*(2), 87–98.

Sykora, L. (1999). Local and regional planning and policy in East Central European transitional countries. In M. Hampl (ed.) *Geography of Societal Transformation in the Czech Republic* (pp. 153–179). Prague: Charles University, Department of Social Geography and Regional Development.

Szlachta, J. and Zaleski, J. (2005). *Approximate Assessment Preliminary National Development Plan on Years 2007–2013, Final Report*. Varsavia: MGiP.

Szul, R. and Mync, A. (1997). The path towards European integration: the case of Poland. *European Spatial Research and Policy*, *4*(1), 5–36.

Śleszyński, P. (2006). Socio-economic development. In M. Degorski (ed.) *Natural and Human Environment of Poland* (pp. 109–124). Warsaw: Polish Academy of Science.

Tewdwr-Jones, M. (2011). Cohesion and competitiveness: the evolving context for European territorial development. In N. Adams, G. Cotella and R. Nunes (eds) *Territorial Development, Cohesion and Spatial Planning: Knowledge and Policy Development in an Enlarged EU* (pp. 84–102). London: Routledge.

278 # 第14章　结论：延续与变化的多种趋势

帕纳约蒂斯·格蒂米斯，马里奥·赖默，
汉斯·海因里希·布洛特福格尔

前面各章重点讨论了在过去20年中各国规划体系的转变，强调了各个体系之间不同的规划实践。早在我们比较研究的开始阶段（第1章），我们的假设便是，变革并不存在一个主导方向，对应于每个国家不同的路径依赖和路径选择，变化和延续的多重趋势在各国的规划实践中并存。

本书主体章节涵盖了欧洲12个国家和地区风格迥异的规划体系。《欧洲空间规划体系与政策纲要》提及四种不同的“理想类型”或“规划传统”，本书在每种类型中都至少选出两个“代表”国家（CEC，1997）：（1）全面整合类型（丹麦、芬兰、荷兰、德国）；（2）区域经济类型（德国、法国）；（3）城市设计类型（意大利、希腊）；（4）土地管理类型（比利时/佛兰德斯，英国）。本书还对1997年未列入《欧洲空间规划体系与政策纲要》的另外三个国家进行了分析，重点介绍了东欧国家（捷克、波兰）和正准备加入欧盟的东南欧国家（土耳其）的最新发展情况。

我们并非要在现有框架下建构一种新的规划类型，而是旨在挖掘共同的、多样的变化趋势，并且解释20世纪90年代以来规划系统和规划实践的惯性、刚性和弹性。着眼于规划转型共同的、多元化的趋势，可以凸显出趋同与离散的背后动因，并强调变化与延续的多样性。

无论从单个国家还是从相同规划类型的国家来分析，上述12个欧盟国家的空间规划转型的多重趋势是否反映了共同的变化趋势，这有待对具体国家的调查结果进行比较分析。基于已有的方法论框架，我们的比较分析主要集中在三个方面：

（1）问题、挑战和驱动力；

（2）变化的维度：目标、规划模式和工具、尺度、变革的参与者和政策/规划风格；

（3）有关变化和延续性的评估。

279 ## 14.1　问题、挑战和驱动力

前面的章节显示，各国所面临的空间问题的差异乍一看并不十分显著。在所有被调查

的 12 个国家和地区中，20 世纪 90 年代已经存在或多或少相似的空间问题和挑战，这些问题和挑战在过去几十年的城市化和城市发展过程中已经形成。城市蔓延、土地利用开发失控、地区间的不平衡和人口问题、基础设施和交通运输设施的缺乏、环境恶化、能源供应问题和旧城区的城市衰退在几乎所有的国家中都普遍存在，因此它们是宏观层面上需要考虑的问题（第 1 章）。

即便是在“全面整合类型”规划体系的国家（如丹麦和芬兰），城市蔓延以及“非法”的土地分配等问题也很普遍；南欧（例如希腊）的情况自然也是如此。

然而，当不同的空间问题体现出来的时候，各国解读和应对的优先次序也有差异。总之，地方的介入程度和“地方的内在逻辑”至关重要（Selle，2007，2009；Getimis，2012）。南欧国家，如意大利和希腊，城市边缘区和沿海地带的非法建设成为主要矛盾；在中欧和北欧国家，其他空间问题盛行，比如零售行业在郊区的失控式蔓延（比如在丹麦、芬兰、德国和法国）。

不同国家的规划群体（planning community）对于其主流规划体系在应对和“解决”空间问题（即中观层面的适应能力，参见第 1 章）时所表现出的效率低下的情况，持有不同的认识。例如在希腊，法定的、等级制完善的、主流的土地利用规划的效率低下主要表现为规划实施的“事后反应”和“应急处理”特征，这些措施往往是非法的（例如通过立法将非法建设合法化，以棚户区为典型）。在中欧和北欧国家（如丹麦、芬兰、荷兰、德国），批评主要集中在其制度架构的成熟度和惰性、官僚的规划程序，以及参与和协商机制灵活性不足及不同层次和部门之间政策协调不足等方面（对于后者，请特别注意其对德国规划体系的贡献）。

来自不同国家的循证研究结果表明，各国因其空间规划的重点不同而有不同的理解和行动逻辑。除了过去几十年积累的空间问题，各国的空间规划体系其实在 20 世纪 90 年代和 21 世纪头 10 年都面临着共同的挑战。众多挑战中最严峻的是：

a. 经济发展方案和部门政策之间需要更好的协调

空间规划与部门政策在各个层级（国家、区域和地方）都缺乏协调几乎是所有国家都面临的主要问题。即使在规划体系是“全面整合类型”的国家，协调与整合的目标也成为核心议程；因其缺乏协调、部门政策占压倒性优势（例如德国）、规划部门和经济发展部门缺乏合作（即便它们同属相同机构）都存在。此外，对于那些规划程序等级森严和官僚的国家，它们所面临的问题除了缺乏协调，其主流规划往往成为地方和区域发展机会的“负担”（例如希腊）。　280

b. 简化规划体系以获得灵活性

无论是具有法律约束力的“监管 / 法定”规划制度，还是有高度“自由裁量权”的规划制度，克服僵化和复杂性的挑战是所有规划体系普遍面临的问题。

在漫长的渐进式改革过程中，大规模的官僚主义和滞后不仅出现在中央集权的等级制完善的规划体系（如希腊和波兰）中，也出现在区域和城市层面具有较多规划事权和能量的，以及权力分配较为均衡的规划体系中（如丹麦、芬兰、英国、荷兰）。空间规划方面的行政滞后是阻碍私人和公共部门实施重要投资项目的“障碍”。此外，旷日持久的冲突和诉讼对经济发展也产生了负面影响。

为了应对改革和精简规划程序的挑战，“柔性空间”（soft spaces）中的“模糊边界”（fuzzy boundaries）（Allmendinger 和 Haughton，2009）和“弹性规划”（flexible planning）被相继引入。这在规划界赢得了越来越多的支持者（即由欧盟资助的跨境合作项目“Interreg”）。此外，组织“大事件”（如意大利、希腊）和严格遵守时间表的挑战提出了两个需求：一是对现有的规划制度进行改革；二是提供能“绕开”主流法定规划障碍的新规划工具。

c. 效率和竞争力的特权地位

在“效率”和“合法性”之间取得平衡，一度成为所有规划体系所面临的主要问题。一方面，规划必须有效地实现与空间发展相关的目标并协调各层级的部门政策；另一方面，空间规划活动需要通过透明化、问责制和参与机制使公民和其他参与者认同其合法化。20世纪90年代，有关空间规划的“一轮辩论”（如 Fischer 和 Forester，1993；Healey，1997）一度聚焦在合法性和问责制的必要性上。

“全面整合类型”的国家（例如荷兰、德国、丹麦、芬兰）相较于“自上而下的等级制完善的”规划国家（如波兰、希腊）在效率和合法性之间较好地取得了平衡。然而即使在这些以协商一致为导向的规划体系中，“慎重决策和公众参与仍显不足”（例如芬兰）。

20世纪90年代至21世纪头10年，效率和竞争力在所有公共政策（包括空间规划）中都占有特权地位。这主要是在欧洲一体化和新自由主义政策统治下，所有欧盟国家都将“提升辖区内区域和城市的竞争力”作为其优先事项。空间规划也要屈服于这一原则，因而合法性也失去了立锥之地。2008年的金融和经济危机（紧缩政策和公共开支缩减）及其对空间规划的负面影响深化了这一趋势。

281

d. 对环境议题的关注升级

20世纪90年代至21世纪头10年，空间规划体系在环境议题上受到了更大的挑战。早在20世纪80年代，一些欧盟国家（例如丹麦、英国、德国、荷兰）就开始通过早期立法和政策加强对自然环境的保护。这些国家是欧盟环境政策的“先驱者”。然而将环境原则和工具整合到不同的空间规划体系中（如可持续发展原则、气候变化、可持续的土地政策、环境影响评估工具、参与和协商过程）不仅是来自欧盟的巨大压力（合法性），更是一个不可回避的动态变革过程。这个变革过程取决于各种公民运动和地方需求，以及不同规划体系（即规划体系的适应能力）应对变化的各种反应和“开放度”。因此，更具灵活性和综合性的规划体系相较于更严格的规划体系（例如希腊、波兰、土耳其），对“环境保护法律”的适应性更强。

e.“领土治理”概念的兴起

空间规划曾经被认为是一个专有的公共领域，而今却面临着挑战，即需要与公共和私人利益相关者进行谈判。众多参与者和多层次的领土治理安排，夯实了新的“谈判”和“辩论”的网络结构，并对封闭的和正式定义的法律规划体系提出了挑战。欧盟资助的项目和开放式协调方法（Open Method for Coordination，OMC）有助于将“治理”的新原则引入规划体系和实践（例如公众参与、融合、问责制）。

因此，“领土治理”的实施取决于各国规划制度的灵活性。对于规划体系较为灵活和权力分配较为均衡的国家（例如丹麦、芬兰、英国、德国），且过去采用过类似原则的话（例如社会和地域融合、自由裁量权、利益相关者的参与），“领土治理”原则更容易嵌入原有的规划体系。若规划体系（如希腊）较为严苛且等级制完善的话，“领土治理”原则就较难融入。

14.2　变化的维度

14.2.1　规划目标

前面分析过的所有国家，在过去 20 年里都经历着一个共同的转变，即规划方法更具战略性且以发展为导向，其目的是能够更好地协调经济规划、区域发展和各部门政策（特别是基础设施网络）。这一转变意味着需要为投资（经济主导的规划）做铺垫，并将私人利益相关者纳入领土治理的框架内。此外，战略目标指的是协调可持续发展原则并促进地域融合，突破部门和行政辖区的桎梏，促进公共政策在横向和纵向上的协调。

282

但值得注意的是，过去所有国家的空间规划体系必须在总体战略目标和具体目标（土地利用、行政许可管理和项目规划是重点）之间取得平衡。从这个意义上讲，20 世纪 90 年代至 21 世纪头 10 年向战略规划的转变实际上是优先权的变化，“战略”目标的具体内容和意义因国别不同而异。

在丹麦，战略规划大多与地方战略有关联，以实现与经济规划相关的“整体”地方发展。地方（城市）政府在规划方面被赋予了巨大权力，其在权力下放的深化改革中得到了进一步加强（2007）。地方政府采取了一系列战略以协调空间规划和可持续发展。

在芬兰，向战略规划的转变与两方面内容密切相关。一是领土治理（公私合作关系、权力下放、沟通规划模式和网络）；二是在新自由主义背景下加强城市和区域的竞争力以及可持续发展的程度。各层级（国家、区域、地方）战略规划的目标都非常统一，即在欧洲一体化和全球化的框架内增强地方活力 [如“大赫尔辛基愿景 2050”（Greater Helsinki Vision 2050），地方城市发展与全球参与者的“谈判”网络]。

在荷兰，战略规划主要聚焦于提升国家竞争力。在过去，国家空间规划更为全面、整合且更具战略性，在 2011 年的权力重构和分权改革后，国家最具竞争力地区的空间规划转向了区域经济方法（即重视经济发展）。

德国自 20 世纪 90 年代以来发展了几个战略概念（即所谓的“欧洲大都市地区”），以加强国家竞争力。部长级会议（Ministerkonferenz für Raumordnung，MKRO）至今已批准了 11 个所谓的大都市地区，旨在加强社会、经济和文化发展，以及加速欧洲一体化进程。此外，各层级政府（特别是区域和地方层级）开始重视通过非正式的战略规划工具和概念应对新、旧空间挑战。然而，它们只是对现有的、正式的规划工具的补充。尽管有关增长、竞争力和开发导向的战略等议题受到普遍关注，但修复空间不平等发展的议题依然占据核心地位。

在法国，空间规划改革（1999—2000 年）聚焦于“地域融合与协调”的战略目标。基于非法定的国家战略发展愿景（SNADT），这一战略目标包括城市和区域的空间规划协调。此外，它还包括在不同层次的规划文件和政策之间的协调，以及城市之间在指定的“连续地理”空间上，就共同空间愿景和战略方面的合作（超越法定规划）。

283

在意大利，向战略规划的转变主要与领土治理（governo de territorio）挂钩，包括多参与者规划行动、公私联盟以及致力于地方和区域战略发展的参与式网络。人们期待它克服主流空间规划传统（Urbanistica）及其僵化的条例。领土治理的兴起 [1999 年的《单一法案》（Single Act）、2001 年的宪法改革] 受到了战略规划能力（欧盟项目，有效性标准）和新地域主义（将规划权力下放到区域和地方各级）的强烈影响。

在希腊，20 世纪 90 年代至 21 世纪头 10 年向“战略规划”的转变主要聚焦于促进经济增长、社会融合和可持续发展，以及重大基础设施项目的实施（如雅典国际机场、高速公路等）。这种从主流的“物质空间”规划（法定的城市规划、零散的以及事后补充的土地使用条例）向更具战略性和以发展为导向的方式的转变，受到了欧洲一体化原则和指引（地域融合、竞争力、可持续发展、协作）的强烈影响。

在比利时 / 佛兰德斯，战略规划在各级“结构规划”的框架内运作，其旨在协调空间规划、运输、区域和乡村发展、环境和住房。“结构规划”是对支离破碎的土地利用和规划许可证制度的一种平衡，后者往往缺乏整合性和凝聚力。比利时的“结构”规划在某些历史阶段

（1972—1983 年和 1991—1999 年）具有重要意义；而在其他时候，当以项目为导向的规划实践和自由的规划许可制度盛行时（例如 1999 年至今），它的作用就显得弱势了。

英国的规划体系绝不属于战略或“全面整合类型”，但其在 21 世纪头 10 年向战略规划转型的努力有目共睹，“空间规划方法”在所有层级都被提上议程。它们包括“自治政府”（北爱尔兰、苏格兰和威尔士）的规划；区域空间战略（2011 年废除）；涉及商业利益、公民社会以及旨在通过地方政府的自愿安排改善协调（尤其在大都市地区）的“本地战略合作”。然而，这种尝试并未建构起有效的空间策略。

在捷克，城市层级最先引入战略规划，以其灵活性和主动性补充领土规划。区域战略已与欧洲一体化联系在一起，以应对入欧程序。然而战略规划的运用往往只局限于一个执政周期。

在土耳其，战略规划主要关注可持续发展、全球化、欧洲一体化和体制环境的改变。自 21 世纪头 10 年以来，受到新的公共管理范式的影响，公共行政经历了一项重大改革。沟通式规划、公共行政权力下放和公共参与进程成为改革重点。

在波兰，战略规划的发展方向主要是与欧盟空间规划议程（《欧盟空间发展愿景》的原则）的协调过程相联系的，并受到以发展为导向（投资者友好型）的规划方法的支配。

上述各国在向战略规划转型时期所经历的改革内容和具体目标都不尽相同。很明显，空间规划在每个国家都有不同的含义和解释，这与改革时期不同的规划议程、不同的空间问题和挑战息息相关。 284

就空间规划改革的主要目标而言，有证据表明，主流规划体系（无论哪种类型）都在向“战略规划”转型，且这种转变并不都呈线性发展趋势。

即使在同一个国家，规划体系的转型也有着不同的轨迹，比利时就是最为典型的一个案例。多层次的土地利用规划（分区）框架内的规划许可证制度已有 150 年的历史。在 1972—1983 年和 1991—1999 年的改革时期，该制度向更具战略目标的“结构”规划转变；而在 1983—1991 年以及 1999 年至今，规划许可证制度又重新回归，城市设计和项目规划相继出现。英国规划模式的转变也非常明显：20 世纪 90 年代，“规划主导的体系”盛行（从先前“敷衍了事”的规划体系中脱颖而出）；21 世纪头 10 年，战略空间规划方法流行；21 世纪 10 年代，规划体系表现出更集权和较少的战略导向性。

空间规划主要目标的多样性变化，证实了我们最初的假设，即在开发主导的框架下，规划实践存在着不同的路径依赖和路径塑造。这一趋势反映了空间规划在确定和规范土地利用和项目规划方面需要增加灵活性，从而避免阻碍经济发展，并考虑结合环境和可持续发展。不同国家有着自己特殊的空间问题，其空间规划实践的具体目标也不尽相同，值得一提的是：

- 有效组织“大事件”（如希腊2004年奥运会以及意大利2006年世界杯）所面临的挑战，使得一些特定的规划法规很有必要。这些法规旨在克服和“绕行”主流规划体系所设置的障碍。2004年的雅典奥运会就采用了一些特殊规定来开拓一条“快速通道”和临时解决方案（偏离了城市规划的严格程序，将监管权力移交给中央政府），从而有效地实现了最初的目标。
- 危机情况的出现（如地震）和非法用地的尖锐问题以及城市边缘和沿海地区的棚户区（如希腊、意大利）促成了特定规划法规（如非法定居点的合法化、新规划工具）的产生。
- 欧洲许多大、中型城市的城市化过程以及相邻城市之间的协调与合作所面临的新挑战促成了城市战略规划新框架的出现，以及城市聚集区域某些特殊目标的出现（如德国）。
- 大多数国家都面临的一个现象是，需采取特殊的规划法规来引导和控制零售业的扩张需求（如丹麦、德国、法国、荷兰）。
- 285 面对当前的金融和经济危机（如希腊、意大利、英国），许多国家开始采用特殊法规，以刺激/鼓励私人投资和“绕过”传统的法定规划（如外包、私有化）。
- 德国的统一进程导致20世纪90年代社会和空间的平等这一具有历史根源的原则得到强化和“复兴”，因为德国西部和东部地区的差异无论是在过去还是现在都十分显著，因此，空间议程的竞争性趋势放缓。

14.2.2 规划模式和规划工具

规划目标的改变伴随着规划体制改革框架中所预见的规划模式和规划工具的变化。在不同的国家，这些问题出现在不同时期，涉及各种各样的规定：规划立法的逐步修正，新的规划法、法案、法令或新的行政法案的颁布。规划改革取决于更具普遍性的行政改革，涉及每个国家的中央与地方的关系，例如权力下放和公共政策范畴内新的公共管理改革。总的来说，新的规划模式和规划工具更具有战略性和前瞻性，为不同层次的多参与者的谈判、参与和交流提供了可能性。新的规划模式和规划工具可以是正式的或非正式的；它们的灵活性增强，并与经济主导的项目和管理原则密切相关。它们作为更具创新性的规划模式被引入，但并未覆盖主流规划体系现有的模式和工具。

每个国家都有各种不同的规划模式和工具。它们可以归为两类：（1）规划条例和文件；（2）新的有关“领土治理”的制度设置。

14.2.2.1 规划条例和文件

新的规划条例和有关文件主要是对不同层级的现有规划体系（国家、区域、地方）的取代、重组、创新或修订。它们涉及较为广泛的议题（如战略空间计划、总体指导方针、空间愿景）或具体问题（如土地利用和许可证制度、建筑法规、特殊紧急事故条例、大都市区规划、空间管理工具）。

在丹麦，继 1992 年、1997 年和 2000 年的渐进式规划改革之后，2007 年的分权改革分别在区域层级（非法定的区域规划和愿景）和地方层级（地方空间发展规划的可能性）进一步加强了战略规划的地位（相对于经济规划和可持续发展）。

在芬兰，中央政府颁布的《国家土地利用指南》（National Land Use Guidelines）（咨询）和《国家区域发展目标》（National Regional Development Targets）旨在根据区域竞争力和增长的优先次序，指导对整个国家有重要意义的土地利用问题。

在荷兰，近期的空间规划变革后颁布的《基础设施和空间规划结构愿景》（Structure Vision on Infrastructure and Spatial Planning）（2011 年）构成了一项空间政策，旨在将主要责任下放到低于中央政府的层级，并尽量简化和整合空间政策。

286

在德国，1998 年对《联邦空间规划法》（Federal Spatial Planning Act）的修订使得一般空间规划原则得以适应，即将可持续发展作为一种高级的、整体的空间规划原则加以引入并同时用制度约束。2006 年所谓的“联邦制改革”（Föderalismusreform）意味着联邦政府失去了颁布和实施空间规划框架法律的事权；各州（Länder）可以删减联邦规定。然而，2008 年《联邦空间规划法》再次被修改，联邦政府的地位有所提升，并重获实施国家空间规划的权利，以解决某些全国性问题。但联邦政府目前并未利用这些权利。

法国的空间规划改革（Spatial Planning Reform）（1999—2000 年）主要侧重于提高规划文件的一致性和相互协调 [《地方城市规划》（PLU）、《地域协调发展纲要》（SCOT），2003]。

在意大利，1999 年《单一法案》的改革预见了以领土治理为目标的战略规划条例，而重要的行政改革（如直接选举的市长）则赋予了更多的城市规划权力（也是通过 2001 年的宪法改革）。

在希腊，面向全国的《总体空间规划框架》（General Spatial Planning Framework）和面向 13 个地区的《区域空间规划框架》（Regional Spatial Planning Frameworks，RSPFs）已经准备就绪并获得批准。

在比利时 / 佛兰德斯，三个层级的“结构”规划附属系统和具有法律约束力的行动规划将被合并（1999 年法令）。此外，旨在加强经济发展机会的《佛兰德斯空间结构规划》（Spatial Structure Plan for Flanders）（2009—2010 年）和《空间政策规划》（Spatial Policy Plan）（2009 年）相继出台。

在英国，苏格兰、威尔士、北爱尔兰的第一个具有战略属性的《国家规划》早在 21 世纪头10年就已出台。《国家规划》旨在将社会、经济和环境目标纳入空间战略。战略规划具有很强的市场导向和发展导向，其目的是通过战略项目来纠正市场失灵，促进经济增长。

在捷克共和国，《区域发展法案》（Regional Development Act）（2020年）被引入区域政策，并通过调整适应了欧盟的要求。《规划与建筑法》（Planning and Building Act）（2006年）涉及空间规划，将可持续发展作为规划发展的主要目标。该法案还预见了较低层级的规划干预对地方发展的影响，它会与对规划的监测与评估一样成为规划过程最基本的要素。战略规划在每个层级都存在，然而，它们没有法律基础或法定约束力。

在土耳其，《市镇法第5393/2005号》（Municipality Law 5393/2005），《大都市区法第5216/2004号》（Metropolitan Municipality Law 5216/2004）和《省级特别行政法第5302/2005号》（Special Provincial Administration Law 5302/2005）一致通过并建立了一个新的公共行政管理系统。这些法律规定所有的公共机构、城市和地方政府都应该制定战略规划。此外，地方行政机构获得了更多的规划事权以及财政支配权。

在波兰，新的《空间与领土发展法》（Spatial and Territorial Development Act）（2003年）在各层级引入空间发展规划：在国家层级，《国家空间发展纲要》（National Concept of Spatial Development，NCSD）与《国家发展规划》（National Development Plan，NDP）相配合；在区域层级，《省域发展战略》（Voivodship Development Strategy，VDS）和《省域发展规划》（Voivodship Development Plan，VDP）受欧洲一体化（《欧洲空间发展愿景》的话语和原则）的影响深远；以及在地方层面的《地方空间发展计划》（Local Spatial Development Plan，LSDP）。

287

上述案例的总体规划条例和规划文件反映了所有国家共同的变化趋势，即与经济规划和可持续发展相适应的更具战略性、前瞻性的规划模式和规划工具的普及。我们可以在大多数被分析的国家中找到具体的具有战略特征的规划条例和工具的例子：

- 大都市地区的战略规划［例如“赫尔辛基愿景2050”（Greater Helsinki Vision 2050）、《雅典和塞萨洛尼基总体规划》（Master Plan for Athens and Thessaloniki）、意大利和德国的《大都市地区战略规划》（Strategic Planning for metropolitan areas）、哥本哈根地区的《手指规划》（Fingerplan）、巴黎大区的空间战略］；
- 针对特殊议题和行业的空间规划法规和工具（如2008年希腊关于旅游和新的可再生能源的特别空间规划框架、丹麦的零售行业规划、芬兰国家土地利用指南）；
- “应急”规划（如意大利和希腊对非法定居点的合法化以及地震应急规划实践）；
- 新投资领域的具体计划工具（如规划监督的外包、规划过程私有化）。

14.2.2.2　有关领土治理新的制度设置

新的制度设置作为当下重要的工具，有利于增强多参与者在不同层次的协调。它们与上面提到的规划条例和文件相辅相成，反映了从“政府”到“治理”的更为普遍的转变。它们专注于多参与者的参与（私人和公共利益相关者）和网络（“谈判”和“辩论”网络），从而更有效、合法地提高空间规划实践的灵活性和主动性。

每个国家具体行动者之间的关系不同，规划实施的层级（地方、区域、国家、跨界）也就各不相同，因此不同国家出现了不同类型的制度设置。

丹麦在 2007 年的分权改革之后，城市政府获得了更多的规划权力，这使得城市层级的规划实践（传统的土地利用规划、涵盖更广的空间发展规划、作为战略管理工具的土地利用规划）拥有了更多的参与者。

在芬兰，随着规划权力下放到城市政府，公私合作伙伴关系（Public-Private Partnerships，PPPs）得以巩固甚至加强；利益相关者的参与和规划网络都更为普遍。

荷兰的空间规划向区域经济方法和竞争力提升的方向转变，这提高了公共和私人利益相关者对新伙伴关系的参与程度，同时鼓励外国投资者参与重大公共基础设施项目。

在德国，制度架构本身（制度层面）比较稳定，也没有发生显著变化，因为变化的政治成本过高。现有的制度架构已形成约 40 年，具有一定的成熟度和惰性。因此，德国规划更多表现为法律和程序维度上的逐渐适应性转变，而非激进变革。 288

法国出现了各种新的制度设置，旨在加强领土合作和多参与者的参与。其中最重要的是城市间的合作 [城市间公共合作机构（Établissement Public de Cooperation Intercommunale，EPCI）和发展理事会（Development Councils）]。此外，这些机构设置的目的是为解决跨行政边界的“地理上连贯”的空间（“柔性”规划和“模糊边界”）的问题 。

意大利为了加强领土管理，已经启动了一些合同形式的新工具：

- 机构项目协议（Intesa Instituzionale di Programma）;
- 框架项目协议（Accordo di Programma Quadro）;
- 领土协议（Patto Territoriale）;
- 项目合同（Contratto di Programma）;
- 区域合同（Contratto d 'Area）。

领土协议和项目合同已运用在特定领域，这动用了多参与者网络和公私合作伙伴关系。

在希腊，特殊规划实践（如雅典奥运会）和国家层级（例如设立跨部门委员会、国家空间规划和可持续发展理事会）都出现了多参与者的参与（公共和私营的非政府组织、学术相关人员）。

在比利时 / 佛兰德斯,“土地利用许可证制度”占主导地位,“项目”规划最近也有所发展，新的规划方法和工具开始启用（例如公私合作伙伴关系、项目补贴、城市营销）。

在英国，整个 21 世纪头 10 年是权力下放时期，地方政府获得更多权力；且地方政府之间的协调有所加强。与此同时，公私合作伙伴关系和多参与者参与（公共、私人、非政府组织）的“在地战略”也得到了巩固。

在捷克共和国，规划过程缺乏交流或合作，这主要是因为利益相关者（投资者、商业利益、开发商、市政当局）之间的权力不平衡，冲突未得到解决；其次是因为新的领土治理制度的缺失。

在土耳其，新的《市镇法第 5393/2005 号》规定市议会应该传达不同的社会 - 经济团体的声音。现行法律《区域发展机构法第 5549/2006 号》（Regional Development Agency 5549/2006）则为公私合作以及与非政府组织的合作提供了架构平台，这一层次的战略规划也因此更具话语权。

波兰在欧洲一体化框架下，经历了向经济主导和投资者友好型发展的转变。“区域合作协议”（Regional Contracts）作为新的规划工具值得一提；但“区域合作协议”的专用资源稀缺，区域预算的财务独立性较低。

应当强调的是，一方面正式的制度设置在向领土治理转型；另一方面，为规划实施铺路的“非正式”安排依然存在。例如，我们提到芬兰自 1964 年以来就存在“非正式土地使用协定”。这种“非正式”的安排在土地利用和开发案件中起到的作用是将索赔和纠纷过滤一遍，给予土地所有者开发自己土地的机会（芬兰的主要土地所有者的权利）。在南欧国家，为了满足迫切的住房需要，非正式的安排常用来处理非法用地和住房建设；规划条例往往缺失或事后才出台，它有时在紧急情况下可使整个定居点合法化。

289

14.2.3 尺度

空间尺度不是本体论意义上固定的地理格局，而是社会构建的舞台。在这个舞台上，经济、社会、意识形态和政治权力得以发挥。根据社会空间的变化和参与者关系网络的不同，空间尺度得以重构、重新定义和争夺。我们关注的是规划权力的尺度和重构的过程，且我们的观察不一定在预设的、传统的等级结构框架（地方、区域、国家）中，也要将超越制度边界的新的“柔性空间”考虑在内。规划体系的改变严重依赖于更广泛的机构行政改革，涉及中央和地方的关系（分权和重新集权的改革）。在本书的案例研究中，我们可以归纳规划权力的尺度变化的共同点和多样化的趋势。

自 20 世纪 90 年代以来，所有国家都见证了其规划权力从中央到下层级的下放。然而，与权力下放相反的趋势也同时发生：一些包括关键政策领域在内的规划权力向中央政府收紧，这包括环境、水资源、危机管理、零售规划、沿海区域管理和住房等领域。

规划权力的纵向结构调整，尤其是区域和地方层级的规划权力加强或削弱，在上述国家的情况各不相同。在一些国家（如希腊、意大利、波兰），区域层次正在获得规划权；而在其他国家（如丹麦、英国），地方层级（城市）相对于区域政府反而获得了更多的规划权力。这些差异反映了各国区域层级（或其他中间层级，例如县、省）的不同历史发展轨迹，以及不同国家的制度规划和行政改革的优先次序和范围。

2007 年，丹麦的权力下放改革使区域失去了规划权力（只留下没有法定约束力的区域规划和空间愿景），而地方层级则获得了新的规划权力。然而，合并后的 98 个城市在获得规划权力的同时，中央政府通过就关键议题（环境、水资源、零售业、接管哥本哈根大区的战略规划责任）的一票否决制，巩固了自身的规划权力。

在芬兰，战略规划和管理的转变主要表现在规划权力向地方层面的转移。以前层级分明的三级规划体系已经改变。中央政府仍旧扮演核心角色，比如提供总体的“国家土地利用导则”和区域发展目标；区域层级聚焦于确定区域发展的目标（18 个区域理事会作为法定机构，协调欧盟结构基金方案和法定的区域规划）；地方层级获得了更多的规划权力 [可选的“联合总体规划”（jointmaster plans）和具有约束力的“详细规划”]，它们提出各种规划倡议（确定土地用途、与开发商谈判、加强公众参与）。区域规划和城市区域网络是当下规划实践（涉及大都市功能地区和城市网络的新“柔性空间”）的重要议题。 290

荷兰自 20 世纪 90 年代初以来一直着眼于通过简化治理来让规划实践变得更切实可行。2008 年，《空间规划法》（Spatial Planning Act）的改革通过重新分配不同政府层级之间的权力和责任来加快规划进程。此外，《基础设施和规划的结构愿景》（Structure Vision on Infrastructure and Planning，SVIP）拉近了空间规划与受其影响的居民（公民和企业）的距离，将主要规划权力留给各省和城市政府，中央政府只在必要时进行干预。

德国空间规划的特点是部门政策非常强势。联邦空间规划的一项重大而艰巨的任务是纵向协调不同尺度的责任，以及横向协调部门利益。空间规划控制和调节空间发展的能力有时似乎被高估了。部门政策拥有更多的财政资源可以支配，与政治挂钩也更紧密。因此，相较于空间规划，它们能得到更好的支持。然而空间规划可以通过战略指导原则、目标和愿景实现纵向和横向的协调。尺度转移表现在两个方面：一是规划权力下放（近期规划改革，联邦政府和区域政府拥有与地方城市政府相同的强势地位）；二是超越城市“传统”行政边界的“超尺度”的规划任务。当然这并不意味着国家层面的空间规划已经过时，相反，尺度调整的过程导致新的空间和制度的调整，比如说正式和非正式的治理方式的磨合（例如区域尺度上零售业发展的新程序和新工具）。

出于深厚的“雅各宾派”国家传统，法国规划体系的每个制度层级都保留了它的事权（兼容性的法律义务）。对横向和纵向合作的需求与互补原则都比较普遍。国家层级负责制定一般准则和指引（非法定的国家战略发展展望），区域层级负责空间规划和区域发展。“各部委”负责重要议题（例如道路），而“跨城市合作计划”则利用新的机构设置（市镇合作公共机构、发展委员会）。这些新的机构不仅要履行其主流的规划事权，还要为“地理空间的融合”指定共同的空间愿景和战略。总之，不同尺度的规划层级和“柔性空间”（城市功能区、大都市区域、中等城市、乡村地区、跨边界地区）都发生了深刻的变化。

意大利在20世纪90年代经历了权力下放变革。规划权力转移到本已强大的区域（新地域主义）和地方城市层级，后者因为“直选市长的改革”获得了更多的政治资源。但另一方面，中央政府又重新收拢了一些规划权力，特别是有关部门政策的协调和“危机”情况的管理（例如非法住区规则、地震）。

291

希腊的权力下放改革（1994年、1998年、2010年）使得13个区域层级和城市获得了更多的规划权力。但由于国务委员会（Council of State）的正式反对，规划权力又一次回到中央政府手上（再集权化趋势）。在过去20年里，尤其受到欧洲一体化的影响，区域层级在区域和空间发展方面取得了重要的权力，比如《欧盟结构基金方案》（EU Structural Fund Programmes）、《欧洲倡议》（European Initiatives）、跨边界项目（cross-border programs）。此外，大量规划实践在新的“柔性空间”（例如跨边界区域和大都市地区）开展。

比利时/佛兰德斯的三层级规划体系（中央政府、五个省和308个城市）得以保留，各个层级都有向战略规划（例如三级结构规划）转变的趋势。而在90年代以后，土地利用许可证制度和项目规划的自由化相继出现。

英国的主要规划权力属于中央政府，中央政府向城市地方当局分配某些规划事权（2011年取消了区域规划）。地方政府的能力十分有限，尤其是其不受宪法保障。即使在权力下放进行得如火如荼的21世纪头10年，中央政府对规划“精简化”改革的干预仍是非常关键的。2011年最新的改革虽强调地域主义，但实际上中央规划程序（尤其是交通运输和能源基础设施等领域）得到了进一步巩固。

捷克共和国的规划体系混合了不同的方法。“城市设计”的传统仍然存在，地方规划层级以土地利用管理为主，国家和区域层级则实行全面整合的规划模式。

在土耳其，除了国家层级，空间规划还存在三个层次：执行区域规划的区域层级，编制环境规划的省级，以及看重物质发展规划的地方层级。2000 年之后，权力下放改革使得规划事权转移到（城市）地方当局（例如地方税收）以及 16 个大都市政府。由于政治原因（规避中央政府下放权力的风险），区域层级的规划能力仍比较薄弱。

波兰 1999 年的行政改革，尤其是在 2003 年全面的《空间与领土发展法》（Spatial and Territorial Development Act）出台之后，集权式的等级规划制度得到了经济导向的开发和空间规划的补充。尽管规划权力向区域和城市（省级发展战略与规划、地方空间发展规划）转移，但等级制完善的自上而下的制度得到保留（较低的财务自主权、对中央财政的高度依赖、地方层面缺乏法定规划）。

值得指出的是，各国在规划权力的重新划分方面存在着进一步的差异，其区分标准如下：

（1）对较低层次有法律约束力或无法律约束力 / 可选择的规划规则；

（2）各层级空间规划内容的自由度和灵活性。

虽然在一些国家（如丹麦、芬兰），区域规划对市政府不具有法律约束力（空间愿景、指示性规划指南）已经给予市政府广泛的行动自由（规划实践的灵活性和多样化）；在其他国家（如希腊、波兰、土耳其），高层级的规划对较低行政层级（等级依赖）具有法定约束力。 292

14.2.4　参与者的变化

自 20 世纪 90 年代以来，所有国家规划改革的主要目标都包含多方参与规划实践。这反映了政府管理向治理的转变。引发现有主流规划体系变革的主要力量正在形成所谓的“改革联盟”，包括政治家、公务员、市长、规划者、专家、学术界、私人利益相关者（如土地所有者、开发商、建筑公司、工业家）和非政府组织。领土治理的范围意味着所有有关方面的积极参与，加强互动和谈判是为了达成有效的解决方案。这个倡议经常由政治人物（政治家、市长、执政多数党派）、规划协会、院校和专家牵头。与规划改革相对的是传统的等级规划层级中的主要任务往往在遇到创新和变革时表现得很保守且强硬。个人经济利益（如业主、建筑施工人员）经常阻碍规划深化改革。反对派政党，特别是“轮值民主国家”（pendulum democracies）的反对党，经常表达出对变革的抵制。

不同国家现行的治理模式、中央与地方的关系以及规划转型的具体目标各不相同，因此不同参与者之间的关系在规划改革的准备阶段、各种规划实践的决策和实施过程中表现出不同形式。例如，在等级分明的、自上而下的规划体系（如波兰和希腊）中，中央政府是规划改革的“建筑师”,而在（城市）地方政府较为强势的规划体系中（例如丹麦和德国），城市联盟和规划师在规划改革的各个阶段（倡议、议程设定、实施）起着决定性的作用。

在丹麦，丹麦城市联盟（Association of Danish Municipalities）和丹麦城镇规划研究所（Danish Town Planning Institute）（专业人士、规划人员、专家）首先提议将规划权力向合并后的城市下放并开展权力重组。在没有遇到强烈反对的情况下，地方政客和多数议员组成的改革联盟成功地将空间规划扭转为战略管理并提升了城市规划的权重。地方战略的高度多样化使得规划实践中存在各种参与者的网络关系，包括多方参与 [私人利益相关者（即土地所有者、开发商、非政府组织和规划专家）的作用增强] 成为可能。值得注意的是，虽然地方层面广泛实行分权（与区域的势弱并行），但中央政府仍扮演重要角色，在关键问题上行使一票否决权。

293

芬兰通过将权力下放到区域（负责区域发展和欧盟方案）和市镇（负责土地利用管理的总体和详细规划以及许可证制度），规划向战略和可持续类型转变。这夯实了地方参与者的地位以及公私合作伙伴关系，全球资本也从当地的变化趋势中获利。然而，参与者之间（例如不同的公共行政部门之间）会因为优先事项不同和不同目标的互补性问题而出现紧张局面或者冲突。

荷兰的民间社会和商会比较强势，能够影响决策，尤其是在规划责权移交给城市和省级之后。私人利益相关者（开发商、投资商、土地所有者和商业机构）在规划过程中具有决定性的作用。

德国自 20 世纪 80 年代以来，在区域和地方尺度上已经建立了新的合作治理模式（实验区域主义）。政府雇员、规划专业人员以及其他利益相关者（公共和私人组织、民间社会）是重要的推动力。强大的地方精英能够（甚至以正式的法律为基础）阻止既有做法的任何创新和改变，比如地方层面的可持续土地政策。但要确定变革的主要推动力还比较困难。德国的 16 个联邦州的政治和行政管理的文化不同，它们仍保留了各自的地方规划风格。

法国在动员了多方参与者的情况下，规划向领土治理和更全面综合的规划转变。政治参与者作出的政治决定有赖于三方面因素：（1）通过市政当局以及市镇合作公共机构 / 跨城市之间的合作；（2）通过与专家、咨询公司和规划院校的合作（专家知识）；（3）在新的制度设置框架内（如发展委员会、城市计划、《地方城市规划》、《地域协调发展纲要》、公私合作伙伴关系），私人利益相关者和非政府组织（民间社会）的合作。

在意大利的分权改革（新地区主义）过程中，区域与中央政府以及城市层级的直选市长都起到了决定性的作用。国家城镇规划研究所（National Town Planning Institute）等规划专家和有关机构仍起着重要作用。此外，地方层级在领土治理方面的权力得到加强，促成了多方参与者的参与（私营部门、非政府组织、城市政府以及公私合作网）。

希腊主流的等级规划体系的分权改革主要由中央政府、执政党和城市政府联盟（Municipalities Association）发起；国务委员会 [法院（Court）] 和规划学术界则发挥了决定性的作用。在特定的规划实践（例如雅典奥运会具体的空间规划框架）中也有公共部门、私营部门以及公民社会等多方参与的情况。

在比利时 / 佛兰德斯的改革时期，来自政治力量（政治家、市长、部长）、规划界（规划咨询机构、学校、专家）和公共行政部门（公务员）的参与者共同努力将战略规划原则（结构规划）引入占统治地位的“土地利用”空间规划体系。平衡利益冲突的背景，一方面是土地使用权以及产权的确权和项目开发；另一方面是确保战略规划（保护公共空间、绿色地带、社会基础设施以及环境和可持续发展问题）的实施。由不同利益集团（土地所有者、建筑公司、规划师、咨询公司、律师事务所、行业经济参与者、市政委员会和市长）组成的多方参与者网络由此出现。

294

英国的政府改革使得广大参与者和利益群体得以参与到规划体系中。公共机构、准公共部门机构、私营公司和非政府组织对政策过程施加影响，但影响力不尽相同。在自由裁量体系的框架下，规划过程保持开放和多方参与特征。尽管一直有地方主义的声音以及来自非政府组织和公民社会的反对力量，但是中央政府和工商界的利益仍是空间规划（2011 年之后的重新集权）的驱动力量。

在捷克共和国，中央政府保持着空间规划的核心地位并明确主要的优先事项，跨国资本也同时对其产生重大影响。中央政府对地方发展拥有绝对权力，也负有重大责任。市场，同跨国资本一样，对规划体系有重要的影响。然而，公民社会的作用虽然在规划过程的各个阶段都受法律保护，但其通常会被降级，尤其是在大型项目和重大投资的情况下。最后，参与规划实施的规划师鲜少有发表专业意见的机会。

土耳其的战略规划还处于起步阶段，因此建立一个清晰的参与者网络并不容易。然而，多方参与的规划实践已经以新的联盟形式出现；私营部门在规划中发挥了重要的作用；越来越多不受法定空间规划控制的行动者也参与进规划程序。

波兰以中央集权和等级森严为特征的规划体系在欧洲一体化的框架下向区域和城市放权。这一转变是由中央政府主导的。然而即使在权力下放之后，中央政府仍然是市场化改革的主要“建筑师”。私人利益相关者（如开发商、建筑公司）在地方开发过程中的作用日益增强。

从以上的比较分析可以看出，多方参与者网络已然形成。它们取决于中央与地方的关系以及各国规划改革的程度。尽管各国的规划改革有一个共同的趋势，即加强多方参与规划实践，但是主要参与者的作用和组成却有很大差异，这影响着规划改革的启动阶段和实施阶段（规划实践）。

14.2.5 政策/规划风格

规划实践受到不同政策风格和政治文化的影响，主要表现为“施令与控制”（command and control）以及“以共识为导向”（consensus oriented）这两种政策风格（Richardson 等，1982；Fürst，1997，2007）。

所有国家的规划改革都具有以下特点：建立战略目标、规划权力的下放以及巩固多方参与。规划风格的变化也有一个共同趋势：规划过程中共识的形成或巩固，以及规划过程对新的利益相关者的“开放”。即使是等级制完善的、指令型和控制型的规划体系（如希腊和波兰），在维持主流规划体系不变的情况下，政策风格也在向磋商、网络化和协作的方向发展。然而，“谈判”网络盛行（主要与私人利益相关者进行谈判，如波兰、意大利、比利时/佛兰德斯、丹麦、希腊），而“辩论”网络则落后甚至根本不存在。即使像芬兰、丹麦这种有着悠久沟通规划文化的国家也缺乏审慎的参与和“辩论”网络，因其主流的法定规划体系还没有根本性改变。传统的中央集权国家（如希腊和波兰）也依然保持着施令和控制的规划风格。

295

有证据表明，不同的规划风格可以在欧洲不同国家并存，甚至在同一个国家的不同区域甚至城市并存。在意大利的区域层级，多种政策风格并存且其变化速度也不一样。在丹麦，地方战略（物理/土地利用规划、发展规划、整体地方规划）多种多样，各城市（地方）的规划风格也存在差异。显而易见的是，地方自治权力越强，其行使规划权的选择范围也越广泛，规划实践和风格也就越多样化。

丹麦和芬兰的规划权力下放和尺度的重构进一步巩固了以共识为导向的规划风格。沟通规划在 20 世纪 90 年代以前发展较快，然而缺乏协商参与网络和“谈判”网络的问题也日益凸显。

荷兰规划的特点是具有系统的、正式的从国家到地方的规划层次，并善于与各公共部门活动协商。然而，其规划风格近期至少在国家层级开始向区域经济方式转变，协商导向的规划方式（polderen）、谈判和咨询是规划过程中的催化剂（国家层级的规划不是法定规划，较低级别的政府对其有解释权）。

德国的规划体系也是比较系统且等级分明的。空间规划自 20 世纪 70 年代发生了变化（从被动到主动的空间规划模式），空间规划如今更具战略性和交互性。硬性和软性治理模式相互结合，即分级指导以及基于沟通和共识的互动形式。

法国的规划变革增强了共识规划风格。控制式规划模式并没有被放弃，与之共存的是指向领土治理和地域融合的新型的参与、合作机制（如市镇合作公共机构、发展委员会、公私合作伙伴关系）。“柔性空间”这一新的规划理念与“共识导向”的规划风格相结合。规划方法从“雅各宾派”（Jacobin）转向“吉伦特派”（Girondin），多方参与以及横向和纵向的合作与互补相继出现。“效率”与“合法性”之间的新平衡是规划改革的目标，不同的政策风格（指令和控制、共识和建立合作网络）并存。

在意大利，等级制完善的自上而下的规划方法向多层次的领土治理转变。这强化了以共识为导向的规划风格（协作和谈判）。考虑到利益相关者之间横向网络关系和合作方案存在的备选方案，区域层级同时存在多种规划风格和变化趋势。

296

希腊的规划改革（权力下放、向战略规划的转变）通过创新的规划实践引进了以共识为导向的政策风格的新要素（如国家理事会和论坛、横向和纵向合作、新的参与计划）。但这些要素并未动摇占支配地位的指令和控制式规划风格（“家长式”）的统治地位。

比利时 / 佛兰德斯主流的土地利用规划、许可证制度和项目规划也在选择性地向战略规划（例如三层结构规划）转变，这反映了不同政策和规划风格（指令和控制、共识导向和网络关系的建构）的共存。

英国的规划体系具有“土地利用管理传统”，但是它也包含“整合”类型的规划要素，比如地方政府（主要在大都市地区）的自愿协调。总的来说，英国的空间规划拥有较多的自由裁量权，在开发提案中更加重视协商解决方案。此外，虽然地方政府的能力相当有限并受到英格兰、苏格兰、威尔士和北爱尔兰四个自治政府的牵制，但公众参与（大量具有重大影响力的非政府组织）仍是英国规划的核心。规划的发展方向在审慎 / 协商规划风格（“柔性空间”与“模糊边界”）与专业化和集权式规划风格之间角力。

沟通规划和协作规划并非捷克的风格。国家的指令和控制规划风格已经发生改变，国家、城市和投资者之间的利益角逐取而代之。根据《欧盟空间规划体系与政策纲要》关于灵活性和确定性的标准，捷克的规划具有“指示性”特征，即所有关于土地利用的决定都应有法律基础；并且规划是“没有价值观的”，规划者只需满足客户的需求，而不需设定可持续发展的目标。

土耳其具有强大的中央政府和等级制完善的国家传统，其类似于“城市设计”（等级结构、指令和控制机制、家长风格）类型的规划风格也逐步实现了权力下放。但由于强势的中央政府和等级制完善的集权国家传统，权力下放的同时也伴随着权力重新集中的趋势（如伊斯坦布尔大都市区）。

在波兰，权力下放进程（权力向区域和城市转移）以及引进新的多方参与者共同参与计划（私人利益相关者发挥重要作用），并没有改变中央政府控制下以施令和控制为主的规划传统。

对此我们可以得出两个主要结论：一是各国甚至相同国家的不同地区之间出现了不同的规划风格；二是现存规划风格改变的速度放缓，共识导向的规划风格往往与施令和控制规划风格并存。

14.3 有关变化和连续性的评估

本书对上述 12 个国家和地区在过去 20 年间空间规划的转型的共通性和差异性进行了比较分析。分析聚焦于空间问题、变革的驱动力和变化方向（规划范围、模式和工具、尺度、参与者和政策风格）。证据表明，应对不同的路径依赖和路径选择因素，变革（规划变革的“同质化”路径）没有统一路径，而呈现多样化趋势。然而，规划体系的变化和连续性有相似性和共同特征，这使得变革的方向部分趋同和部分趋异。这将在下文中进一步评估。

297

14.3.1 欧洲一体化和全球化的多方面影响

欧洲空间规划体系的多样性和异质性早在 20 世纪 90 年代早期就已经凸现出来。空间规划体系根植于“当地特定的历史和地理环境,国家体制结构以及文化和经济机遇”（Healey 和 Williams，1993：710）。

这种多样性不仅取决于不同国家的法律和行政框架，也取决于每个国家不同的社会经济、政治和文化条件。然而，不同的规划体系并不是受历史背景约束的“静态”结构，而是具有动态性的（Nadin 和 Stead，2008），并且正在经历渐进的变革和创新。“规则经营者”（“变革的行动者”）以不同的方式应对空间规划改革的“内部”需求以及欧洲一体化和全球化的“外部”影响。

欧洲一体化，作为一个“自上而下”和“自下而上”同时开展的整合过程，既是动态发展的也是相互矛盾的，还是各国（包括欧盟成员国及其邻国）不同制度和政策转变的驱动力（Risse 等，2001；Giuliani，2003；Radaelli，2003，2004；Paraskevopoulos 等，2006）。“欧洲一体化会使得政策趋同，但政策制定过程、工具、政治观点和政体方面同时呈现出趋同和持续分歧”（Börzel 和 Risse，2003：72）。各国规划体系在面对欧洲一体化的挑战时，表现出不同的应对方式和适应能力（参见第 1 章）。挑战不仅来自欧盟的控制框架（如欧盟指令、与结构性基金有关的规则、欧盟的部门政策)，也来自协调与合作的自愿机制和工具 [例如《开放式协调方法》(OMC)、《治理白皮书》]。

经验证据表明，在新的措施和融资工具（如跨边界项目、“Interreg” 项目、欧洲倡议）的支持下，各国的适应强度和节奏不同，国内的规划议程和具体规划实践的优先事项也不同。有些国家和地区（如德国、法国、荷兰、芬兰、波罗的海国家）充分利用了这些机会，而另外一些国家和地区（意大利、希腊、巴尔干半岛国家和东南地中海国家）则相对滞后。

需要强调的是，欧洲一体化的影响在 20 世纪 90 年代至 21 世纪头 10 年中期（即欧洲 “欢欣鼓舞” 和 2004—2005 年欧盟扩张在望的阶段）日益增强。那些由集权规划向市场经济转型的国家（波兰、捷克）至少在第一阶段更加愿意将欧盟空间规划议程纳入国内规划话语，支持有序进行规划改革，并激励欧盟资金（入欧的准备基金和结构基金）的吸纳。

298

尽管欧盟空间规划议程对各国的规划改革都发挥了重要作用，但这并没有使欧洲空间规划体系和实践走向 “同质化”。欧洲一体化的多方面影响反映在各国规划体系对 20 世纪 90 年代至 20 世纪头 10 年普遍出现的空间问题和新的挑战所给出的不同反应（Farinos Daci，2006）。国内参与者的赋权过程差异化，无论推进和促进规划改革，或反对甚至封锁改革的尝试，都加强了欧盟各国规划体系和实践的不断分化。但有证据表明，部分趋同是与 “欧洲语言”（欧洲元叙事）以及自由化和放松管制的主要目标相伴而行的。自由主义和放松管制等核心目标通过介入许多政策部门（如运输、电信、能源、欧洲货币联盟）对空间规划进程产生了重要影响。公共领域的市场化程度通过私有化、外包、公私合作和 “代理制” 等形式日益提高，这使得空间规划的市场导向及其表现形式的多样性更为明确。

与欧洲一体化项目并行的全球化进程加强了新自由主义势力的主导地位，并进一步使得国家经济向世界市场（贸易和金融）和全球参与者（投资者、贷款方）开放。新的不对称、风险和区别对待在成员国之间出现。最为典型的表现是各成员国对待 2008 年的全球金融危机和欧盟南部国家从 2009 年至今的公共债务危机持有的不同反应。遭受全球经济危机冲击的国家，相应的公共资源减少，因此它们正面临强大的 “市场导向” 规划的压力，以吸引私人投资并通过外包具体规划服务来减轻规划负担。面对 2009 年以来的经济和公共债务危机，希腊成为欧盟国家中最为羸弱的一员，其空间规划的 “基本原理” 发生剧变：通过具体的规划条例促成 “市场导向” 和促进增长的发展战略，促进投资、规划服务的外包和市场化；弱化严格的环境和规划条例；“绕开” 一些规划屏障。

全球化和近期的经济危机以不同的表现形式进一步加深了新自由主义和规划的市场导向。新自由主义对空间规划影响的节奏和强度以及对经济增长和竞争力的关注在不同国家的情况各异（“时间、空间和尺度的变化”，Allmendinger 和 Haughton，2012）。英国和荷兰

（在新自由主义政策制定方面是先行者）的规划向市场导向的转变更为激进，德国和法国则更为平衡（参见 Waterhout 等，2012）。

14.3.2 价值观、“基本理念”和政策重点：“市场主导”和促增长的空间规划享有的特权

所有被调查国家在过去 20 年里都经历了一些共同的转变，即规划目标更具“战略”属性。这一变化伴随着不同治理模式下规范框架和政策重点的变化。空间规划体系总是要在价值观和目标之间取得平衡，而后两者往往并不兼容甚至相互矛盾：效率与合法性、全面 / 整体性与可选择性、空间正义与空间碎片化、融合与竞争力、权威 / 命令 / 控制与参与 / 共识、自上而下与自下而上。

299

各国的变化具有的共同特征是向“战略”规划的转变，包括不同的价值观、内容和含义。某些国家（例如德国、法国）表现为空间规划和部门规划的协调，即“地域融合”和空间正义；另一些国家（例如英国、荷兰、丹麦、波兰、捷克）则更关注规划效率，即促进增长和满足本地发展需求。此外，在具有“沟通”规划传统的国家（例如芬兰、德国、丹麦、荷兰），公共参与的价值和“谈判”以及“辩论”网络的合法性与战略规划不可避免地联系在一起。对于等级结构较强的国家（如波兰、希腊）而言，战略规划是通过规划实践自上而下的过程、指令和控制来实现的，正式和合法的参与机制也是可期的。

向“战略”规划的转变在各国的表现形式和意义也各不相同，但共同点是其发展过程为充满角力和矛盾的非线性演进过程。它包括规划改革的试验性事件、成功 / 失败、反转，以及一系列的变化与连续性；这取决于每个国家的空间问题、治理模式、面临的挑战以及政策优先事项（参见 Allmendinger 和 Haughton，2012）。空间规划的市场导向在新自由主义政策主导时期比社会民主政策主导时期更加强烈。社会民主政策主导时期更注重矛盾的规划话语（效率与合法性、融合与竞争力、可持续发展与增长、环境与开发任务的平衡组合）。

总的来说，所有国家的空间规划体系近期的转变具有一些共同特征，即强调竞争力、促进增长、以市场为导向的空间规划逐步占主导地位。空间规划的“基本原理”正在发生变化：它不仅像以往一样，将经济和区域发展的价值与可持续发展、环境和社会目标等其他价值并列，而且完全服从市场导向逻辑、经济投资和选择性增长。在欧洲城市和地区竞争加剧的时代，（面临财政压力的）成员国和欧盟结构基金（减少再分配地区政策计划）的财政资源也十分有限，空间规划的变化面临新的压力。

与经济政策和其他部门政策的迫切性相比，战略规划的政治地位变得越来越弱。空间

规划意欲摆脱由于不灵活的行政管辖权（规划事权的严格界限）所造成的负担；绕开法定条例和长期存在的官僚程序和延误；克服地方抗议和社会运动对增长的“空间阻力”。“以市场为导向”的规划特权对灵活性有新的需求，以便有效地应对宏观经济的迫切要求以及非法定功能区（“模糊边界”的“柔性空间”）的地方发展需求。规划的“战略”属性被简化为单一“项目”和部门规划的软性协调，而以前在规划议程中被优先考虑的政策议题（如地域融合、可持续发展、社会住房、公共服务、环境保护）被忽视，甚至被“市场主导”和“竞争”原则支配。但是，比较分析的经验证据表明，“战略规划”并没有被摒弃，它只是改变了自身的内容、“基本原理”和优先事项（这在各国的表现不同）。 300

过去 20 年间，所有规划改革的共同趋势是由战略规划向“领土治理”转变，这涉及通过引进新的机构设置和规划工具夯实私营部门和公共部门的协调（如领土合同、公私合作）。领土治理安排开辟了新的发展机遇，为所有利益相关者（公共部门、市场、公民社会）创造双赢局面，并发掘地方和区域的潜力。最理想的情况是它们可以提高效率和合法性，并平等分配政策效果。这表明不仅使强势的利益相关者（如投资者、企业、开发商和土地所有者）能从中受益，而且公民社会的其他较为弱势的利益相关者（如协会、非政府组织、当地倡议组织等）也能从中受益。在领土治理的框架下，新的规划工具更加灵活和积极主动，使多参与者网络能够获得其最初设定并达成一致的目标。经验证据显示，各国有不同的制度设置和规划工具，因此参与者网络各异，政策目标混合。在一些国家（例如英国和荷兰），以市场为主导的规划实践中占主导地位的私人参与者的“谈判”网络盛行；而在另一些国家（如芬兰、德国、丹麦），政策相互平衡、相互混合，包括竞争 / 促增长目标和通过公共参与实现的合法性与问责制。总的来说，“谈判”网络和弱势群体的参与相对落后。这主要是因为在新自由主义议程及其影响下，空间规划向“竞争性”“市场主导”或“项目”规划转型。

14.3.3　规划权力和“改革主体”在尺度上的调整

规划权力的调整既有共同特点也呈多元化趋势。过去 20 年来，所有国家都经历了规划权力由中央政府向地方层级下放的过程（多下放到区域和地方层面）。这一改变取决于各国不同时期广泛的行政机构改革（功能性或领土的权力下放）。新自由主义议程的支配地位是推动规划权力向地方层级转移的主要力量（例如，2010 年英国新的“地方主义”、2007 年丹麦的权力下放改革，以及比利时 / 佛兰德斯的土地利用许可证制度的自由化和其 1999 年和 2008 年的项目规划）。

但是，与各国规划权力下放并行的另外一个相反的趋势是中央政府重新收紧了重大政策领域的相关权力，如重大基础设施投资、环境与水资源保护、零售规划或沿海地区管理等。301 中央政府对重要规划领域的干预被认为是对由于权力下放而出现的碎片化和差异化景观格局的必要回应。“集中式的权力下放”所面临的压力（Allmendinger 和 Haughton，2012；Baker 和 Wong，2012）来自有些空间问题无法在地方层面解决。这些问题包括经济危机和环境危机、“紧急”情况、房地产开发周期、房价泡沫、住房用地不足等等。中央政府规划权力加强与权力下放并行，这与差异化的市场发展需求和各治理层级的政策重点相符。

在寻求“完善的”市场支持标量和制度安排的同时，规划改革预见了中间层面（地区、省、城市）的不同角色和规划权力。一些国家（例如希腊、意大利、波兰）的区域正被赋权；而在另一些国家（例如英国），区域失去了规划权力甚至被城市地方层级完全取代。这些差异既反映了各国的区域和其他中间层次（如国家、省份）的历史作用，也反映了各国行政和规划改革的不同范围和优先次序。在等级制完善的国家（如法国、比利时、希腊、波兰、土耳其），行政和规划改革后依然保留了原先传统的等级制规划体系。

值得一提的是，规划权力的调整（较低层次的法定和非法定规划条例）以及各层级规划责权的自由度和灵活性在各国存在着不同的趋势。丹麦的区域规划对城市政府就只具有指示性而不具有约束力。希腊、波兰和土耳其等国的规划条例都对下一层级有严格的法定效力，这使得地方层级的规划实践具有较少的灵活性和自由度。

规划权力的重新调整不仅指行政管辖权纵向关系的变化，也包括不同行为主体自愿合作框架中横向关系的变化。向战略规划和“领土治理”的转变需要激活不同层级的利益相关者，以解决在现有规划管辖范围内出现的空间问题。功能问题指的是当地和区域的劳动力市场、前往工作区、居住区、河流集水区、风险区、大都市区和跨边界地区。这些问题在现有的行政规划部门的僵化边界内无法得到解决。因此具有灵活边界的新的“柔性空间”出现了，针对其具体需求而量身定制的规划实践也在悄然进行。

规划权力的重新调整（横向和纵向）是由“变革主体”和激励制度引发的。这些“变革推动者”或“规则经营者”（Börzel 和 Risse，2003）被说服并认可规划改革的必要性，并试图克服“众多反对意见”或提异议者，在社会学习的过程中或通过推进规划转型的权威性的、自上而下的政策措施重新界定他们的目标和利益。“变革推动者”可以是认知团体 302（掌握知识的权威网络），具有共同信仰、价值观和身份的倡议联盟或“原则性问题网络”，由规划改革共同目标结合在一起的政策网络以及具体规划实践中的参与团体。“改革主体”会因为规划改革主要发起人组成，规划改革的内容、价值和优先级方面的不同而有差异（Adams 等人，2011）。

成功的规划改革是建立在参与者的“改革联盟”基础上的。改革联盟包括政治力量（政治家、部长、市长）、认知共同体（规划师、顾问、专家）、公共行政（公务员）、私人利益相关者（土地所有者、开发商、投资者）和公民社会（非政府组织）。规划改革不是简单地传递上级指令，这个过程包含了对立的利益集团之间进行的妥协、抗争和协商。在传统的官僚规划阶层和政党中的参与者反对改革，并坚持合作创新。这是一个平衡利益冲突的动态过程，一方面是土地利用和资产的确权与项目投资；另一方面是保障战略规划和领土治理目标（地域融合、平等、可持续发展、参与原则）。

总而言之，所有的规划改革都是由多元化的“变革主体”发起的，它们形成了具有不同构成、角色和变革路径的联盟。在规划改革实施阶段，参与者之间的关系发生了变化并表现在领土治理的差异化规划实践中。

14.3.4　规划实践，政策风格和政治文化

所有国家的规划改革不仅使规划过程向多个利益相关者“开放”，而且进一步加深了对领土治理政策制定的共识。无论是在规划体系等级制完善的国家（例如希腊、波兰、土耳其），还是具有沟通规划传统的国家（如丹麦、芬兰），磋商、谈判、辩论和合作决策的原则都被纳入规划改革议程。但是在实施这些规划改革的过程中，我们会发现改革的速度和强度不同。影响规划实践出现异质性的一个重要因素是政策风格，这与每个国家主导的政治文化类型有关。

政治文化可以是整合的或矛盾的（Lijphart，1999）。整合的政治文化是指基于共识（非多数）的决策，即整合民主传统；而权力的行使具有开放性和包容性（Loughlin 等，2011）。矛盾的或对抗性的政治文化是指一种多元的民主传统，决策是根据多数主义原则（“轮值民主国家”）而作出的（March 和 Olsen，1989）。在第二种情况下，权力的行使较为封闭且大多具有排他性（“威斯敏斯特民主”“胜利者具有全部话语权”）。

有证据表明，在具有基于共识与合作的联合政治文化和整合民主传统的国家，政策和制度的改革更有效率。由于谈判和辩论过程可以保证变革成本更有效的分配，众多的反对观点更容易被克服。此外，社会化和学习可以通过游说实现；“国内变革的既得利益者赔偿失利者”（Börzel 和 Risse，2003：72）。反之，行使强权的可能性大，两极分化和利益冲突放缓，政策和制度变革常遭遇阻碍甚至封锁。地中海国家的政治文化在中央政府和社会之间的对抗关系框架下形成了一种矛盾的政治文化（Loughlin 和 Peters，1997），强大的多重否决权削弱或阻碍了体制和政策改革。

303

政治文化与国家政策风格（Richardson 等，1982），或者说“主要的”政策风格（Fürst，

1997，2009）相关。因此，矛盾的政治文化往往与指令和控制型的风格相辅相成；而整合的政治文化则与共识型风格相伴相随。在具有整合的政治文化的国家（如德国、北欧国家），在规划实践中普遍采用共识的政策风格。在政治文化相矛盾的国家（例如希腊、意大利、波兰），即使通过规划改革引入了新的共识和参与因素，指令和控制型规划方式仍会占主导地位。

通过对12个国家和地区的比较分析得出，各国不同的规划风格根植于其政治文化和国家的政策风格，这也决定性地影响着各国规划改革的路径。不同国家之间，甚至相同国家（例如意大利、丹麦）的不同地区甚至城市之间也有不同的规划风格。这取决于区域与城市在行使规划权力的过程中具有的不同的自由裁量权和风格（包容/排斥、指令和控制/共识）。

不同的规划风格并立共存体现在各种规划实践中：一方面是通过多方参与者网络中“谈判”和“辩论”（以共识为导向）的“柔性空间”的领土治理安排；另一方面通过等级分明的主流规划体系下（指挥和控制）法定的、规范的规划实践。规划改革试图引入以共识为导向的规划风格的创新规划做法，但其并没有覆盖主流的法定规划方法；这两种方法并存。根植于本国政策风格和政治文化的主导规划风格难以改变。在众多的变化与延续事项中，与政策风格相关的规划转型是非常缓慢的。

14.4 总结

本书通过对上述12个国家和地区过去20年间的空间规划体系与实践的比较分析，强调了规划转型的主要变化和连续性，以及规划体系趋同和分异的主要变化趋势。基于上述结论，我们认为规划转型不存在“同质化”，无论延续还是变化，都具有多重趋势；另外规划转型因不同的路径依赖和路径形成，其“异质性”表现突出。

共同的趋势包括：欧洲一体化和全球化的挑战和推动力，对欧洲空间规划议程的采纳，新自由主义影响下放松监管的必要性，对增长导向的空间规划的青睐，以及屈从于市场的价值观和政策优先事项，向“战略规划和领土治理”的转变，规划权力的重新调整（一方面权力下放，另一方面中央政府重新收拢权力），旨在解决跨行政边界空间问题的具有灵活边界的新的“柔性空间”的出现，激活多个“变革推动者”（规则经营者）和激励制度，以实现规划转型。在横向和纵向的合作网络中对多方参与者（公共和私营部门）的需求，以及在“话语层面”引入以共识为导向的政策风格。

304

不同的趋势包括：欧洲一体化和全球化的多方面影响以及各国规划体系不同的应对，南欧国家对全球经济和金融危机以及公共债务危机所表现出的新的不对称和差异化的反应，新自由主义对空间规划体系的影响程度、速度以及内容的多样性，对“战略规划”和“地域融合”含义的不同理解，规划权力在纵向和横向上调整的不同趋势，推动规划改革的“变革主体”的构成、角色和设定，占主导地位的不同政策风格和政治文化，都以不同的方式影响规划改革的实施。

未来的比较规划研究会在本研究中选择的五个主题（范围、模式和工具、尺度、参与者、政策风格）的基础上，就更为具体的议题和变革方向展开。考虑到空间规划体系和实践的多样性以及变化与延续的多重性，我们更需要通过对具体的、比较性的规划实践掌握关于规划实施的具体知识。

注释

1. 德国的规划体系同时具备两种类型的要素特征。

参考文献

Adams, N., Cotella, G. and Nunes, R. (eds) (2011). *Territorial Development, Cohesion and Spatial Planning: Knowledge and Policy Development in the Enlarged EU*. London/New York: Routledge.

Allmendinger, P. and Haughton, G. (2009). Soft spaces, fuzzy boundaries, and metagovernance: the new spatial planning in the Thames Gateway. *Environment and Planning A*, *41*, 617–633.

Allmendinger, P. and Haughton, G. (2012). The evolution and trajectories of English spatial governance: "neoliberal" episodes in planning. *Planning Practice and Research*, *28*(1), 6–26.

Baker, M. and Wong, C. (2012). The delusion of strategic planning: what's left after the Labour Government's English regional experiment? *Planning Practice and Research*, *28*(1), 83–103.

Börzel, T. A. and Risse, T. (2003). Conceptualising the domestic impact of Europe. In K. Featherstone and C. M. Radaelli (eds) *The Politics of Europeanization* (pp.57–80). Oxford: Oxford University Press.

CEC – Commission of the European Communities. (1997). *The EU Compendium of Spatial Planning Systems and Policies*. Luxembourg: Office for Official Publications of the European Communities.

Farinos Dasi, J. (2006). *ESPON Project 2.3.2, Governance of Territorial and Urban Policies from EU to Local Level, Final Report*. Esh-sur-Alzette: ESPON Coordination Unit.

Fischer, F. and Forester, J. (1993). *The Argumentative Turn in Policy Analysis and Planning*. Durham/London: Duke University Press.

Fürst, D. (1997). Humanvermögen und regionale Steuerungsstile: Bedeutung für das Reginalmanagement? *Staatswissenschaften und Staatspraxis*, *6*, 187–204.

Fürst, D. (2007). Planungskultur: auf dem Weg zu einem besseren Verständnis von Planungsprozessen? *PND online*, *III*, 1–15.

Fürst, D. (2009). Planning cultures en route to a better comprehension of "planning process." In J. Knieling and F. Othengrafen (eds) *Planning Cultures in Europe* (pp. 23–48). Farnham: Ashgate.

305

Getimis, P. (2012). Comparing spatial planning systems and planning cultures in Europe: the need for a multi-scalar approach. *Planning Practice and Research*, *27*(1), 25–40.

Giuliani, M. (2003). Europeanization in comparative perspective: institutional fit and national adaptation. In K. Featherstone and C. M. Radaelli (eds) *The Politics of Europeanization* (pp. 134–156). Oxford: Oxford University Press.

Healey, P. (1997). *Collaborative Planning*. London: Macmillan Press.

Healey, P. and Williams, R. (1993). European urban planning systems: diversity and convergence. *Urban Studies*, *30*(4/5), 701–720.

Lijphart, A. (1999). *Patterns of Democracy: Government Forms and Performance in Thirty-Six Countries*. New Haven, CT: Yale University Press.

Loughlin, J. and Peters, B. G. (1997). State traditions, administrative reform and regionalization. In M. Keating and J. Loughlin (eds) *The Political Economy of Regionalism* (pp. 1–62). London: Routledge.

Loughlin, L., Hendriks, F. and Lidstroem, A. (2011). *The Oxford Handbook of Local and Regional Democracy in Europe*. Oxford: Oxford University Press.

March, J. G. and Olsen, J. P. (1989). *Rediscovering Institutions: The Organizational Basis of Politics*. New York: Free Press/Oxford: Maxwell Macmillan.

Nadin, N. and Stead, D. (2008). European spatial planning systems, social models and learning. *disP*, *44*(1), 35–47.

Paraskevopoulos, C. J., Getimis, P. and Rees, N. (2006). *Adapting to EU Multi-Level Governance: Regional and Environmental Policies in Cohesion and CEE Countries*. Aldershot: Ashgate.

Radaelli, C. M. (2003). *The Europeanization of Public Policy*. In K. Featherstone and C. M. Radaelli (eds) *The Politics of Europeanization* (pp. 27–56). Oxford: Oxford University Press.

Radaelli, C. M. (2004). Europeanization: solution or problem? *European Integration Online Papers*, *8*, pp. 1–23.

Richardson, J. J., Gustaffson, G. and Jordan, G. (1982). The concept of policy style. In J. J. Richardson (ed.) *Policy Styles in Western Europe* (pp. 1–16). London: Allen and Unwin.

Risse, T., Caporaso, J. and Cowles, M. G. (2001). *Europeanization and Domestic Change: Introduction. Transforming Europe: Europeanization and Domestic Change*. Ithaca, NY: Cornell University Press.

Selle, K. (2007). Neustart: vom Wandel der shared mental models in der Diskussion über rämliche Planung, Steuerung und Entwicklung. *PND Online*, *III*, 1–15.

Selle, K. (2009). Gruppendiskussion über Planungskultur. *PND Online*, *II*, 6–7.

Waterhout, B., Othengrafen, F. and Sykes, O. (2012). Neo-liberalization processes and spatial planning in France, Germany and the Netherlands: an exploration. *Planning Practice and Research*, *28*(1), 141–159.

译后记

本书即将付梓，心里有一种满足的欢愉，这可能比前些年发一篇期刊文章所带来的愉悦感更加强烈。这种感受大概是对过去6年工作欠债的一个回应，它带着我回国6年来的生活和工作的记忆；同样也是对2020年这个特殊的疫情期间的产假中频繁熬夜加班的回应。

2015年2月9日我虽顺利通过了博士答辩，但答辩评委的那个问题——“你评估的这个总体规划确有战略规划的属性么”，一直停留在我心里并引发了我的后续思考和探索。带着这个问题，我开始继续深入了解欧洲战略空间规划的发展与演进，本书因此很快进入了我的视野。加上我回国工作的既成事实，我决定不但要通过本书深入了解欧洲各国规划体系在欧盟《欧洲空间发展愿景》（ESDP）语境下的应对与发展，更要将其介绍给国内的规划专业学子和从业者。

从拿到版权和签下翻译合同至今已有5年之久，而这5年的拖沓反而让本书中文版的出版时间恰到好处。记得我刚回广州的时候，大家还在讨论《广州市城市总体规划》没有得到及时审批的遗憾。而自2018年3月自然资源部成立以来，我国的规划行业经历着巨大的变化，新一轮的空间规划编制浪潮翻滚而来。而今，我们已然身处“国土空间规划”的语境下讨论着各种城市问题和规划实践。

空间规划是个舶来品，它来自1999年欧盟的《欧洲空间发展愿景》基于区域发展平和、可持续发展和提升地方竞争力语境下的区域发展统筹。要深刻理解空间规划的本质和工作方法并有效地将其本土化，恐怕离不开对欧洲空间规划实践的深入学习。另一方面，虽然对空间规划的讨论和实践正在国内如火如荼地进行，文章、书籍层出不穷，但已经出版的书籍大多是国内学者对空间规划进行主观过滤以后的观点，对空间规划的溯源学习仍相当稀缺。那么，这本《欧洲空间规划体系与实践——比较视角下的延续与变革》正是一本全面地展现欧洲各国规划体系在欧盟的空间规划语境下的延续与变革、展现空间规划发展真相的图书。

书中所呈现的欧洲各国规划体系沿革的多样化，不仅反映了制度的路径依赖，也反映了各个地区发展需求和面临挑战的多样化。中国的尺度跟整个欧洲接近，虽然体制、制度同根同源，但每个地区所面临的发展需求和挑战各不相同。因此欧洲的差异化演变和多样化的格局值得借鉴。另外，各国的空间规划实践[现欧洲普遍称为领土治理（territorial governance）]在重要资源的再度集权与地方事务的权力下放之间寻找平衡，这也提示着中国空间规划实践的精密化管理和差异化路径。

本书涉及 12 个国家和地区，每个国家和地区有其特殊的制度框架和特定的发展困境 / 挑战。这些国家有西欧的自由民主国家、北欧的国家福利制度主义国家，也有才从苏联解体出来的前社会主义国家。他们之间的制度差异巨大。在翻译之前，本人和翻译团队做了重组及背景知识储备——关于各国规划体系、政治制度和规划风格、工具，以及用地开发模式的基础阅读。另一方面是各篇章作者的行文风格、英文表达都沿袭了自身的母语习惯，对于语言的适应也需要一定的磨合期。如上种种，使得翻译的工作量翻倍，也使得翻译工作难度加倍。

索性书中的多篇作者，比如文森特・纳丁、多米尼克・斯特德、维尔・宗内维尔德等是我在代尔夫特大学求学期间的老师、同事或者是朋友。在遇到翻译上的难题或者内容上的疑惑时，我会不时求助这些老朋友们。他们给予的释义、扩展帮助我较为准确地完成了翻译工作，我在此表示深切感谢。当然我还要感谢在翻译之初，给予我基础支撑的同事阎瑾老师；以及我翻译团队的小朋友们：武晓霞、赵楠楠、李雅倩、吴秋虹、李东沅、王志明、梁伟研、李亮稷、莫悠、谢漪、施佳璇、李亚萌、温丽、梁选、冯倩晶、李晶晶、唐昕、谭诗敏、易品、黎羽龙、阮宇超、赵伟奇、张逸舒、吴佳宁、邓雨晴、覃志凝。最后，要感谢国家自然科学基金青年项目“广州城市边缘区规划实施评估研究”（51908221）以及广东省自然科学基金博士启动项目“欧洲空间规划发展与嬗变比较研究”（2018A030310369）的资助。

同事也曾疑惑地问我，“为什么甘愿当绩效如此低的搬运工，不是你们留学回来的博士都爱发英文冲绩效么？”确实，翻译工作虽然不如英文期刊文章发表绩效指标高，但中文书籍的受众广泛，能确确实实给予当下的实践和讨论一些参考是我翻译的初衷。

尽管经过反复修改完善以及各编委的校对和外审专家的审核，译文仍然难免存在不当与疏漏，望读者不吝赐教，以帮助将准确文义的传递工作继续下去。欢迎来信（42620120@qq.com）交流、切磋。

贺璟寰

2021 年 1 月于广州琶洲家中